教育部教改项目成果

高职高专机械类专业基础课规划教材

现代机械制图

第 2 版

主　编　何文平
副主编　刘冬敏　牛红宾
参　编　王定保　任彩霞　李绍鹏
　　　　李晓华　李　敏

机械工业出版社

本教材是教育部“新世纪高职高专教育机械基础课程教学内容体系改革、建设的研究与实践”项目的研究成果，全部采用我国最新颁布的《技术制图》和《机械制图》国家标准与制图有关的其他标准，与之配套使用的《现代机械制图习题集第2版》同时出版。

本教材以增强应用性和培养能力与素质为指导；以体为主线，遵循从三维立体到二维平面图形的认识规律，加强绘制和阅读三维图能力的培养。全书共有十二章，主要内容有：制图的基本知识、投影法基础、三维实体造型设计基础、简单实体二维图的画法、组合体二维图的画法、机件的常用表达方法、标准件和常用件、零件图、零件几何量公差、装配图、展开图、焊接图。

本教材可作为高职高专和成人教育学院机械类、近机类专业的教材，也可作为高等教育自学考试相关专业的教学用书，亦可供有关工程技术人员参考。

本教材配有免费电子课件，可在机械工业出版社教材服务网下载，网址为 http：//www. cmpedu. com。

图书在版编目（CIP）数据

现代机械制图/何文平主编. —2版. —北京：机械工业出版社，2013.8

教育部教改项目成果　高职高专机械类专业基础课规划教材

ISBN 978-7-111-43796-3

Ⅰ.①现…　Ⅱ.①何…　Ⅲ.①机械制图-高等职业教育-教材　Ⅳ.①TH126

中国版本图书馆 CIP 数据核字（2013）第200644号

机械工业出版社（北京市百万庄大街22号　邮政编码100037）
策划编辑：王晓洁　责任编辑：王晓洁　宋亚东
封面设计：鞠　杨　责任校对：任秀丽
责任印制：张　楠
北京京丰印刷厂印刷
2013年10月第2版・第1次印刷
184mm×260mm・19印张・468千字
0 001—4 000册
标准书号：ISBN 978-7-111-43796-3
定价：35.00元

凡购本书，如有缺页、倒页、脱页，由本社发行部调换

电话服务	网络服务
社服务中心：（010）88361066	教材网：http：//www. cmpedu. com
销售一部：（010）68326294	机工官网：http：//www. cmpbook. com
销售二部：（010）88379649	机工官博：http：//weibo. com/cmp1952
读者购书热线：（010）88379203	**封面无防伪标均为盗版**

前　言

本教材第1版自出版以来，得到了广大读者的广泛关注和热情支持，很多读者向我们提出了宝贵的意见和建议。近年来各学校普遍进行了教学和课程的改革，使得教学内容也有了一定的调整，同时新的国家标准和行业标准相继颁布实施，有鉴于此，为了适应我国高职高专教育的迅速发展，满足教育部对高职、高专培养模式的要求，我们特对本教材第1版进行了修订。

修订后的教材具有以下特点：

1. 实用先进：对内容做了一些调整，同时增加了实用教学案例，更加符合教学要求；采用最新国家标准及行业标准。

2. 便学易懂：大部分实例采用视图和三维立体图对照的方法讲解，既便于教师授课，也便于读者理解。

3. 配套齐全：与本教材配套的《现代机械制图习题集（第2版）》同步出版，并附有参考答案；另外还配有电子课件，凡选用本书作为教材的教师均可登录机械工业出版社教材服务网 www.cmpedu.com 注册后免费下载。

本教材可作为高职高专和成人教育学院机械类、近机类专业的教材，也可作为高等教育自学考试相关专业的教学用书，亦可供有关工程技术人员参考。

本教材由河南工业大学的何文平主编，中州大学的刘冬敏与河南工业大学的牛红宾任副主编，参加编写的人员有洛阳理工大学的王定保、河南工业大学的任彩霞、漯河职业技术学院的李绍鹏、河南工业大学的李晓华、郑州经贸职业技术学院的李敏。具体编写分工如下：绪论、第十章与附录由何文平编写，第六章由刘冬敏编写，第九、十一章由牛红宾编写，第八章由王定保编写，第二、四章由任彩霞编写，第五章由李绍鹏编写，第一、七章由李晓华编写，第三、十二章由李敏编写。河南工业大学的孔雪清和马宁绘制并润饰了立体图。

本教材由郑州大学工学院的赵建国教授审阅，并提出了许多宝贵意见，在此表示感谢。本教材在编写过程中得到了河南工业大学领导的指导和帮助，同时也得到其他院校领导和许多教师的支持和帮助，在此一并表示感谢。本教材在编写过程中参考了一些专家和学者的著作，在此表示感谢。

由于时间仓促，水平有限，书中难免有不足之处，欢迎广大读者批评指正。

编　者

目　录

绪　论

一、现代机械设计与机械制造

任何产品的诞生，都要经过设计与制造两大过程。设计是为制造而制订的规划或方案，它具有构思、创造的含义。

机械设计是以机械产品为对象所进行的设计，它是根据产品的使用要求，确定其工作原理、运动方式、结构形状，通过分析和计算，选择合适的材料、几何形状及尺寸，并用机械图样和其他技术资料等信息表达出设计结果。因为复杂的结构无法用普通的语言来描述，而图样是最直观明了的表达方式。

机械制造过程是按一定的加工方法及手段将机械图样所表达的物体加工制造成产品。传统的机械设计与制造过程是从三维构思→二维图形表达→加工并装配成三维实体。这种设计与制造过程要求设计人员必须具备较强的空间想像力和二维图样的表达能力，制造者也必须具备较强的识图能力。随着计算机技术的发展，计算机辅助设计的广泛应用，改变了过去的设计与制造的手段与方法，现代机械设计与制造过程是从三维构思→三维表达→二维表达→加工并装配成三维实体（也可以不要二维表达，直接进行数控加工）。

现代机械设计与机械制造的一般过程如图 0-1 所示。

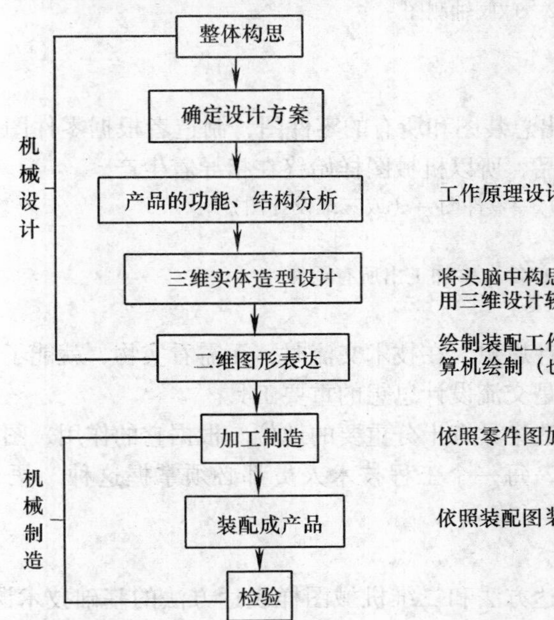

图 0-1　现代机械设计与机械制造的一般过程

二、图样的作用

产品在机械设计、制造、检验、安装等过程中使用的图样称为机械图样，简称图样。例如，图 0-2 所示球阀轴测图、图 0-3 所示球阀装配图、图 0-4 所示球阀阀体零件图。

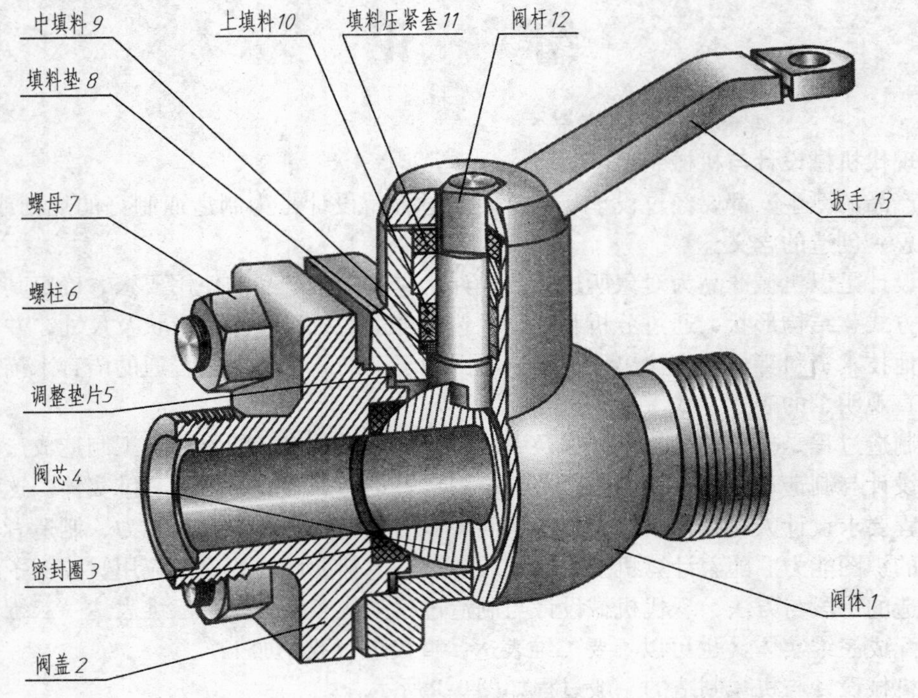

图 0-2　球阀轴测图

1. 指导生产的重要技术文件

从图 0-1 可看出设计工作的成果是画出总装图和所有的零件图，制造者根据零件图生产出所有的零件，然后根据装配图装配成产品，所以机械图样始终在指导着生产。

装配图（机器或部件）→零件图→（或三维设计图）
↓　　　　　　　　　　　↓
装配成机器（或部件）←加工出所有零件

2. 技术交流的工具

图样能直观简明地表达设计人员的设计思想，在技术交流时，无需看实物，就能了解产品的工作原理、结构形状等信息，所以它是交流设计思想的重要工具。

由此可见，图样在现代机械设计与制造中具有十分重要的地位。根据它的作用，图样一直被人们誉为工程界“共同的技术语言”，每一个工程技术人员都必须掌握这种“语言”，否则就无法从事工程技术工作。

三、本课程的研究内容及任务

现代机械制图是一门研究三维设计表达方法和二维机械图样表达方法的基础技术课程，它是工科院校多数专业学生的一门十分重要的、必修的课程。本课程的主要任务是：

1）了解机械产品三维设计思想，学习三维设计的表达方法。

2）学习平行投影法的基本原理，掌握正投影法的基本原理。

3）掌握绘制和阅读二维机械图样的基本方法和技能（包括徒手绘图、尺规绘图及计算机绘图的能力）。

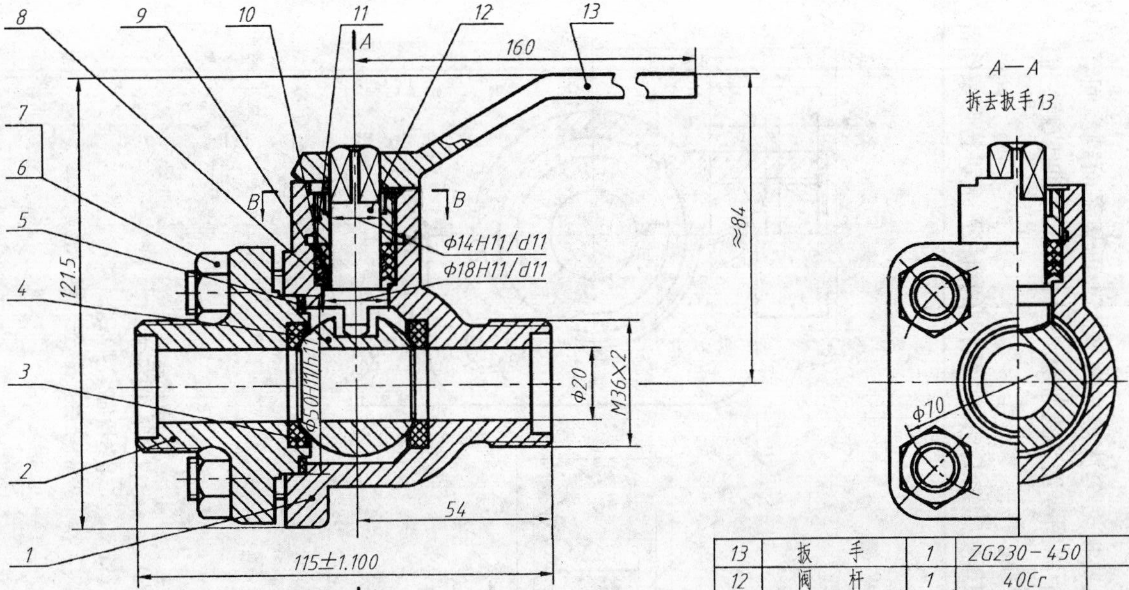

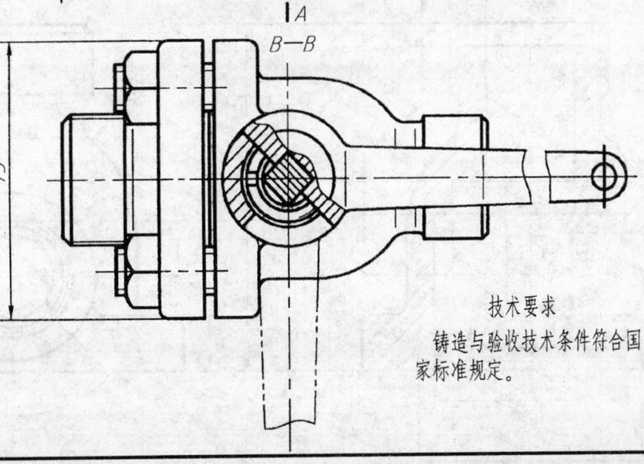

A—A

拆去扳手13

B—B

序号	零件名称	数量	材 料	备 注
13	扳 手	1	ZG230－450	
12	阀 杆	1	40Cr	
11	填料压紧套	1	35	
10	上 填 料	1	聚四氟乙烯	
9	下 填 料	2	聚四氟乙烯	
8	填 料 垫		40Cr	
7	螺母M12	4	Q235	GB/T6170—2000
6	双头螺柱AM12×30	4	35	GB/T897—1988
5	调 整 垫	1	聚四氟乙烯	
4	阀 芯	1	40Cr	
3	密 封 圈	2	聚四氟乙烯	
2	阀 盖	1	ZG230－450	
1	阀 体	1	ZG230－450	
球 阀		比例 1:2	重量	第1张 共1张	01-00
制图				
校核				

技术要求

铸造与验收技术条件符合国家标准规定。

图 0-3　球阀装配图

4）学习并贯彻执行制图国家标准和有关规定，培养查阅有关标准、手册的能力。

5）培养空间想像力与形体构思能力，能绘制和阅读中等复杂的机械图样。

6）培养认真负责的工作态度和一丝不苟的工作作风。

四、本课程的性质和学习方法

本课程是一门有理论但偏重于实践的课程。理论即为投影原理及画图、看图的方法；实践即为画图和看图。

除了通常的学习方法外，要注意：

1）用形象思想方法去画图和读图，要根据“从空间到平面，再从平面到空间”的原则进行反复练习。学习初期可借用模型、轴测图等增强感性认识，但不可长期依赖它们。

2）多看、多画图，完成一定量的作业。

3）本课程与工程实际联系紧密，注意积累实际知识，多观察周围的机械产品进行形象储备。

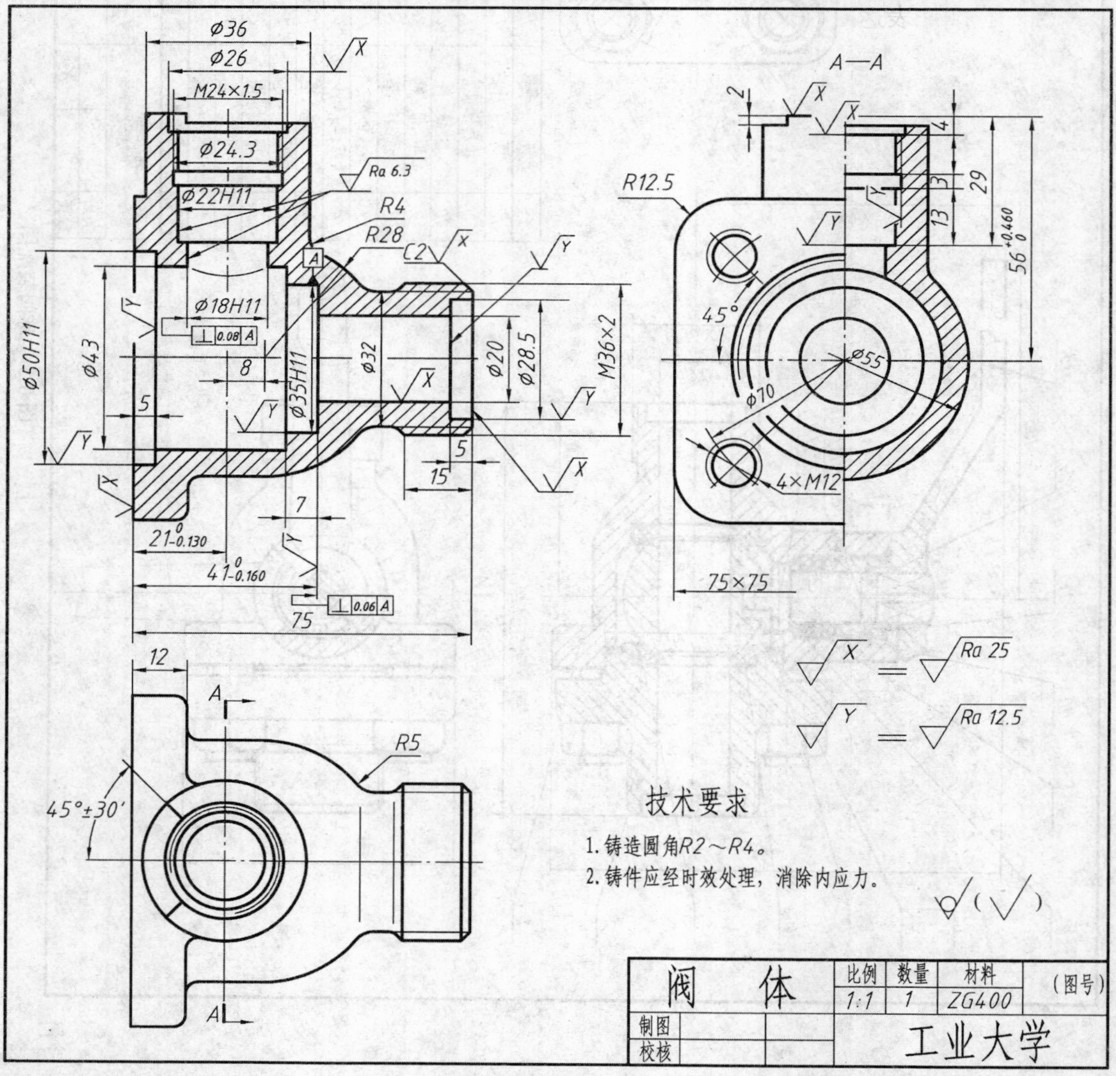

技术要求

1. 铸造圆角R2～R4。
2. 铸件应经时效处理，消除内应力。

阀　体	比例	数量	材料	(图号)
	1:1	1	ZG400	
制图		工业大学		
校核				

图 0-4　球阀阀体零件图

第一章

制图的基本知识

第一节　绘图方法

一、图样的种类

1. 根据图样表达内容分类

（1）总装图　表达机器或部件的整体外形轮廓、各部分的相对位置、大致装配关系及基本性能的图样。

（2）装配图　表达机器或部件间的工作原理、传动路线、运动方式、各零件间的装配联接关系等内容的图样，如图 0-3 所示球阀装配图。

（3）零件图　表达零件的形状结构、尺寸大小及技术要求等内容的图样，如图 0-4 所示的球阀阀体零件图。

2. 按图样绘制方法与使用目的分类

（1）草图　凭目测比例徒手绘制的图样，一般用于讨论方案、现场测绘中。

（2）原图　设计后经审核部门批准可作为原稿的图样，传统为铅笔图，现代设计用计算机绘制。

（3）底图　根据原图制成可供复制的图。它是原始的正式文件，底图上有设计者和有关负责人的签字，传统为描绘的墨线图，现代设计用计算机绘制。

（4）生产用图　根据底图晒制或复印的图，传统为蓝图，现在为计算机打印出来的图，是加工制造、检查产品的依据。

二、绘图方法简介

现代机械设计中，主要有手工尺规绘图、计算机绘图与徒手绘图三种绘图方法。

1. 手工尺规绘图

手工尺规绘图就是用手工绘图工具与仪器绘制图样，通常是铅笔图，它是一种传统绘图方法，目前有些中小企业仍以此种绘图方法为主。它要求工程技术人员能正确、熟练地使用绘图工具及仪器，具有一定的绘图技能与技巧。

2. 计算机绘图

计算机绘图就是利用计算机存储、产生图形输出，由自动绘图机（或图形打印机）绘出图形。计算机绘图有两种方式：

（1）静态式计算机绘图（即手工编程绘图）　这种绘图方式要修改图形必须修改程序和数据，一般用于参数化绘图。

（2）动态的交互式计算机绘图（即人机对话式绘图）　用户采用这种绘图方式能控制图形，不需编程，可用交互绘图软件包进行绘图。

3. 徒手绘图

徒手绘图是不借助绘图工具与仪器，凭目测比例徒手绘制图样，这种图样称为草图。在讨论设计方案、技术交流及现场测绘中使用，还可作为计算机绘图前的底稿图。

第二节　国家标准《技术制图》和《机械制图》简介

工程图样是表达设计思想，进行技术交流，指导现代生产和建设的重要技术文件。为了便于生产和技术交流，国家对图样画法、尺寸注法等作了统一的规定。工程人员应严格遵守，认真贯彻。1959 年国家标准《机械制图》第一次颁布后，对国民经济建设起了积极的促进作用，随着生产不断发展，又先后进行了几次较大的修改，此后又颁布了国家标准《技术制图》，这些标准与相应国际标准的一致性程度越来越高。

国家标准简称“国标”，代号为“GB”。例如 GB/T 14689—2008，其中“T”表推荐性标准，“14689”是标准编号，“2008”是标准批准的年代号。本节仅摘录“图纸幅面和格式”“比例”“字体”“图线”“尺寸注法”和“标题栏”等内容，其余内容将在后续章节中分别介绍。

一、图纸幅面和格式（GB/T 14689—2008）

1. 图纸幅面

为了合理利用图纸，便于装订和管理，国标规定了五种基本图纸幅面，具体的规格尺寸见表 1-1。绘制工程图样时，应按标准规格选用图纸幅面。必要时，可按规定加长幅面，如图 1-1 所示。

表 1-1　图纸基本幅面及图框尺寸　　（单位：mm）

幅面代号	A0	A1	A2	A3	A4
$B \times L$	841 × 1189	594 × 841	420 × 594	297 × 420	210 × 297
e	20		10		
c	10			5	
a	25				

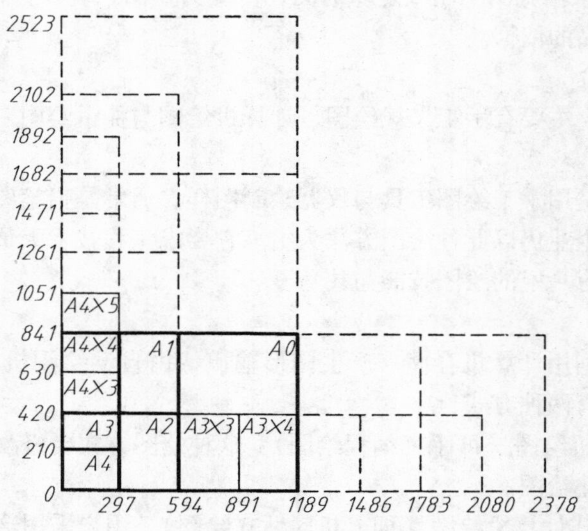

图 1-1　图纸幅面及加长边

2. 图框格式

图样无论是否装订，在图纸上必须用粗实线画出图框，其格式分为留装订边和不留装订边两种，如图 1-2 和图 1-3 所示，尺寸按表 1-1 选取，但同一产品的图样只能采用一种格式。

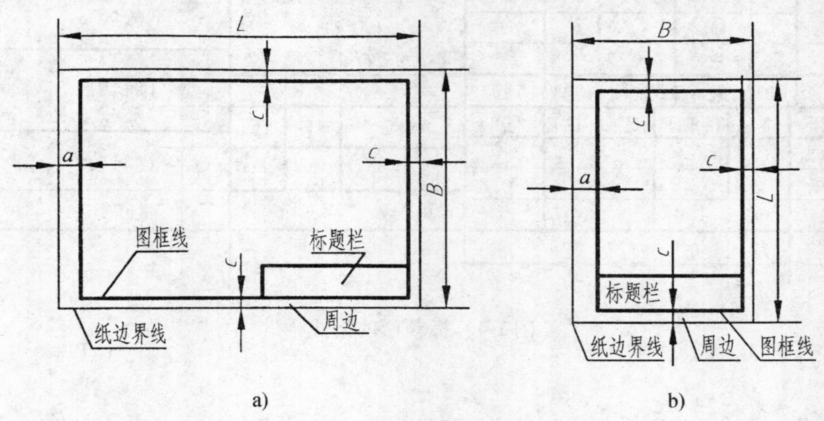

图 1-2　留装订边的图框格式

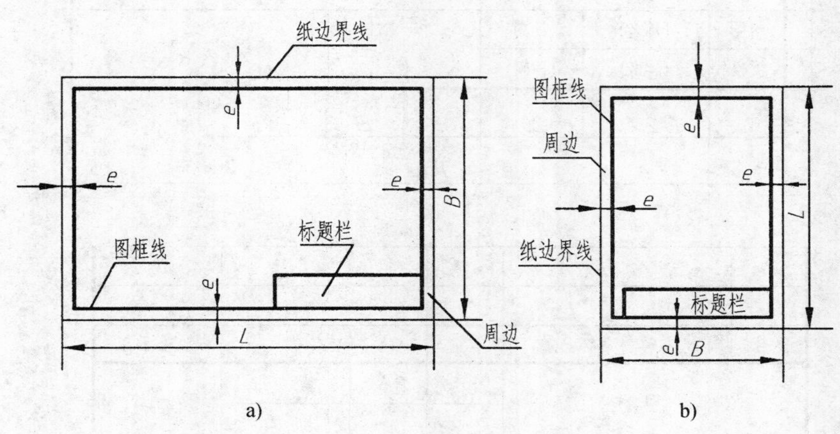

图 1-3　不留装订边的图框格式

3. 标题栏

每张图纸上都必须画出标题栏，标题栏的位置应位于图纸的右下角，与看图方向一致。标题栏的格式，国家标准 GB/T 10609. 1—2008 已作了统一规定，如图 1-4 所示。学校的制图作业中，建议采用图 1-5 所示推荐的格式。标题栏内的图名和校名用 10 号字，其余用 5 号字。注意：标题栏的外框线一律用粗实线绘制，其右边和底边均与图框线重合；内部分格线用细实线绘制。

根据视图的布置需要，图纸可以横放（长边位于水平方向）或竖放（短边位于水平方向），标题栏应位于图框的右下角，如图 1-2 和图 1-3 所示，这时看图方向与看标题栏的方向一致。但有时为了利用预先印刷好图框和标题栏的图纸，允许将图纸逆时针旋转 90°，标题栏位于图框右上角，如图 1-6a、b 所示，此时看图方向与看标题栏的方向不一致。为了明

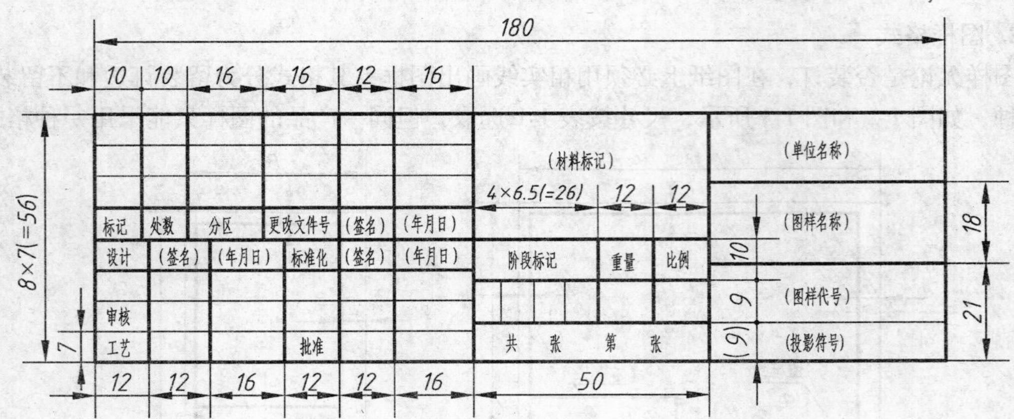

图 1-4　标题栏的格式

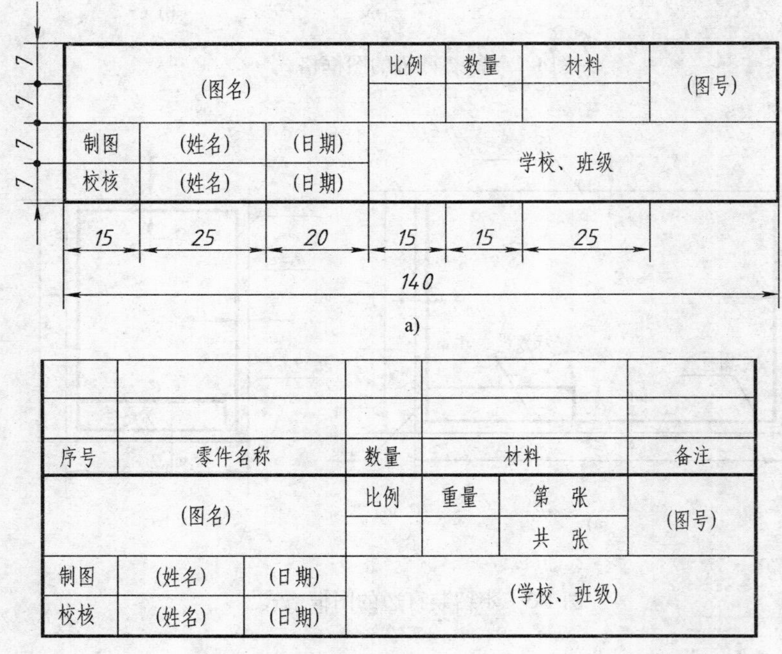

图 1-5　制图作业中推荐使用的标题栏格式

a）零件图标题栏　b）装配图标题栏和零件明细栏

确绘图与看图时的图纸方向，应在图框下边的中间位置画一个方向符号——细实线的等边三角形，其大小及所处位置如图 1-6c 所示。

为了复制图样和缩微摄影时定位方便，应在图纸各边的中点处分别画出对中符号。对中符号用粗实线绘制，线宽不小于 0.5mm，长度从图纸边界开始，伸入图框内约 5mm，如图 1-6a、b 所示。当对中符号处在标题栏范围内时，则伸入标题栏的部分不画，如图 1-6b 所示。

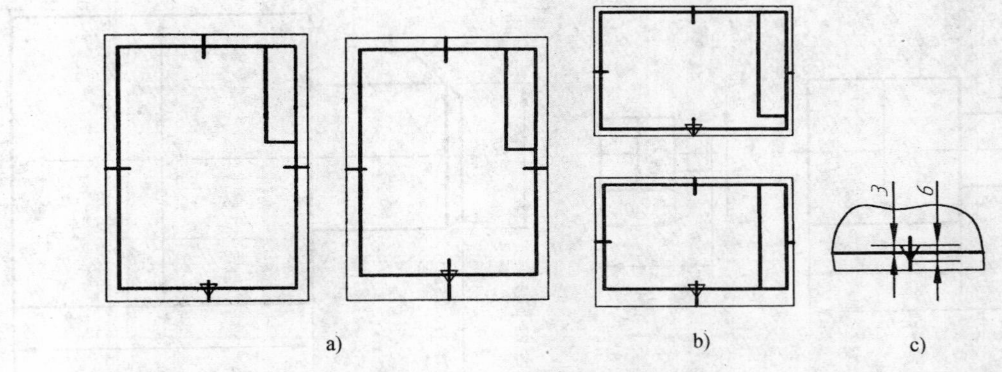

图 1-6 方向符号及对中符号

二、比例（GB/T 14690—1993）

图样中图形与其实物相应要素的线性尺寸之比称为比例。绘图时应尽量采用 1:1 的原值比例。需要按比例绘制图样时，应从表 1-2 规定的系列中选取适当的比例。必要时，也允许选取表 1-3 中的比例。

表 1-2 规定的比例（一）

种类	比例		
原值比例	1:1		
放大比例	5:1 5×10^n:1	2:1 2×10^n:1	1×10^n:1
缩小比例	1:2 1:2×10^n	1:5 1:5×10^n	1:10 1:1×10^n

注：n 为正整数。

表 1-3 规定的比例（二）

种类	比例				
放大比例			4:1 4×10^n:1	2.5:1 2.5×10^n:1	
缩小比例	1:1.5 1:1.5×10^n	1:2.5 1:2.5×10^n	1:3 1:3×10^n	1:4 1:4×10^n	1:6 1:6×10^n

注：n 为正整数。

同一张图样上的各视图应采用相同的比例，并标注在标题栏中的“比例”栏内。图样无论放大或缩小，在标注尺寸时，应按机件的实际尺寸标注，与图样的准确程度、比例大小无关，如图 1-7 所示。当某个图形需要不同的比例时，必须按规定另行标注。

三、字体（GB/T 14691—1993）

字体是技术图样中的一个重要组成部分。在图样中，字体书写必须做到：字体工整，笔画清楚，间隔均匀，排列整齐。

国家标准中以字体高度代表字体的号数，共规定了 8 种字号，字体高度（用 h 表示）的公称尺寸系列为：1.8，2.5，3.5，5，7，10，14，20（单位：mm）。若需要书写更大的字，字体高度应按$\sqrt{2}$的比例递增。

1. 汉字

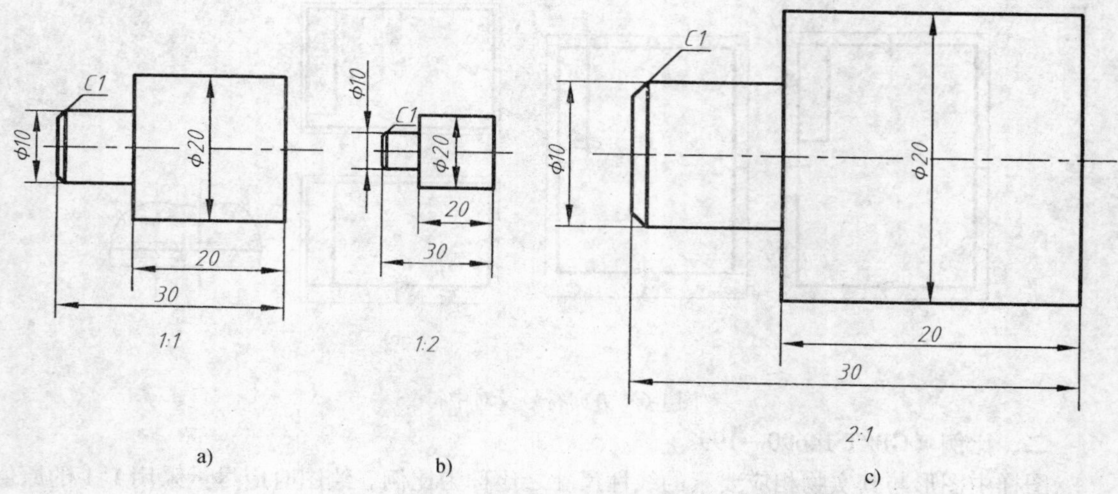

图 1-7　图形比例与尺寸数字

图样中的汉字应写成长仿宋体，并采用国家正式公布推行的简化字。汉字的高度 h 应不小于 3.5mm，其字宽一般为 $h/\sqrt{2}$。书写长仿宋体字的要领是：横平竖直，注意起落，排列均匀，填满方格。

长仿宋体字示例：

字体工整　笔画清楚　间隔均匀　排列整齐

横平竖直注意起落结构均匀填满方格

技术制图机械电子汽车航空船舶土木建筑矿山井坑纺织服装

螺纹齿轮端子接线飞行指导驾驶舱位挖填施工引水通风闸阀坝棉麻化纤

2. 字母和数字

字母和数字分 A 型和 B 型两种。A 型字体的笔画宽度（d）为字高（h）的 1/14；B 型字体的笔画宽度（d）为字高的 1/10，但在同一图样上，只允许选用同一型式的字体。

字母和数字均可写成斜体和直体。斜体字的字头向右倾斜，与水平基线成 75°角，图样上一般采用斜体字。图 1-8 所示为各种 A 型字母和数字示例。

四、图线（GB/T 4457.4—2002）**及其画法**

1. 图线的形式及应用

机件的图形是用各种不同粗细和形式的图线绘制而成的，表 1-4 为机械工程图样中常用的 9 种线型及其示例（其中波浪线、双折线是由基本线型变形得到的）。

图线的宽度（d）应按图样的类型和尺寸大小在下列数系中选取：0.13，0.18，0.25，0.35，0.5，0.7，1.0，1.4，2（单位：mm），粗实线的宽度通常采用 0.5mm 和 0.7mm。粗线和细线的宽度比均为 2∶1。图 1-9 所示为图线应用举例。

斜体

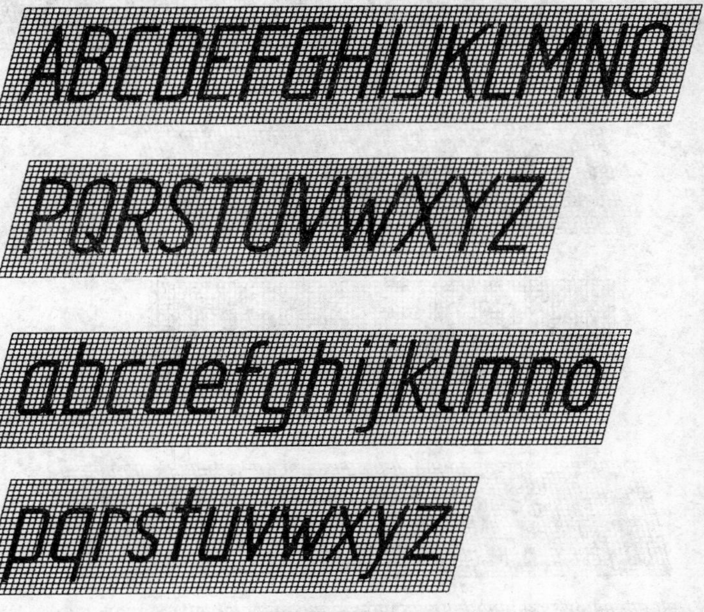

直体

ABCDEFGHIJKLMNO

PQRSTUVWXYZ

abcdefghijklmn

opqrstuvwxyz

a)

图 1-8　各种 A 型字母和数字示例

a）拉丁字母大、小写示例

ABΔΛθΦΩπωαβγμψδσλυ

b)

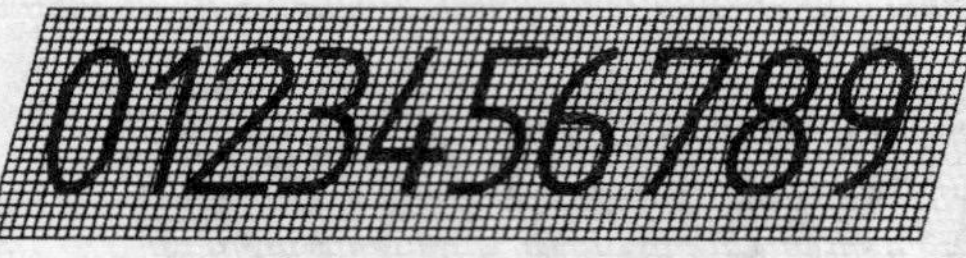

0123456789

c)

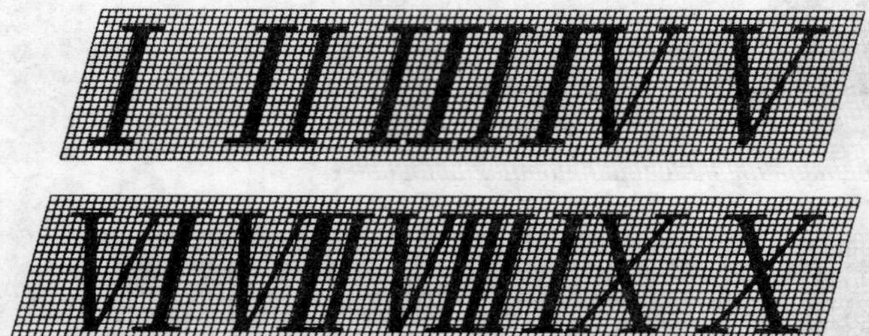

d)

10JS5(±0.003) M24-6h

$\frac{II}{2:1}$ $\frac{A}{5:1}$ $\phi25\frac{H6}{m5}$

$\phi20^{+0.010}_{-0.023}$ R8 Ra6.3

e)

图 1-8 各种字母和数字标例（续）

b）希腊字母大、小写示例 c）阿拉伯数字示例

d）罗马数字示例 e）综合应用举例

表 1-4 图线及应用举例

图线名称	图线型式	代号	图线宽度	图线主要应用举例
细实线		01.1	≈$d/2$	1. 尺寸线和尺寸界线 2. 剖面线 3. 重合断面的轮廓线 4. 投射线
细波浪线		01.1	≈$d/2$	1. 断裂处分界线 2. 视图与剖视图的分界线①
细双折线		01.1	$d/2$	1. 断裂处的边界线 2. 视图与剖视图的分界线①
粗实线		01.2	d=0.25~2	1. 可见轮廓线 2. 相贯线 3. 视图上的铸件分型线
细虚线	3~6 1	02.1	≈$d/2$	不可见轮廓线
粗虚线		02.2	d	允许表面处理的表示线，例如表面镀铬
细点画线	15~20 2~3	04.1	≈$d/2$	1. 对称中心线 2. 分度圆（线） 3. 剖切线
粗点画线		04.2	d	限定范围的表示线，例如热处理
细双点画线		05.1	≈$d/2$	1. 相邻零件的轮廓线 2. 可动零件极限位置的轮廓线 3. 成形前轮廓线 4. 剖切面前的结构轮廓线 5. 中断线 6. 轨迹线

注：代码根据 GB/T 17450 给出。

① 在一张图样上一般采用一种线型，即采用波浪线或双折线。

2. 图线画法及其注意的问题

1）同一张图样中，同类型图线的宽度应一致。虚线、点画线及双点画线的线段长度和间隔距离应力求一致。

2）点画线和双点画线中的点是极短的一横（长约 1mm），不能画成圆点，且应点、线一起绘制，而线的首末两端应该是长线段，不应画成短横。

3）在较小的图形上绘制点画线或双点画线有困难时，可用细实线代替。

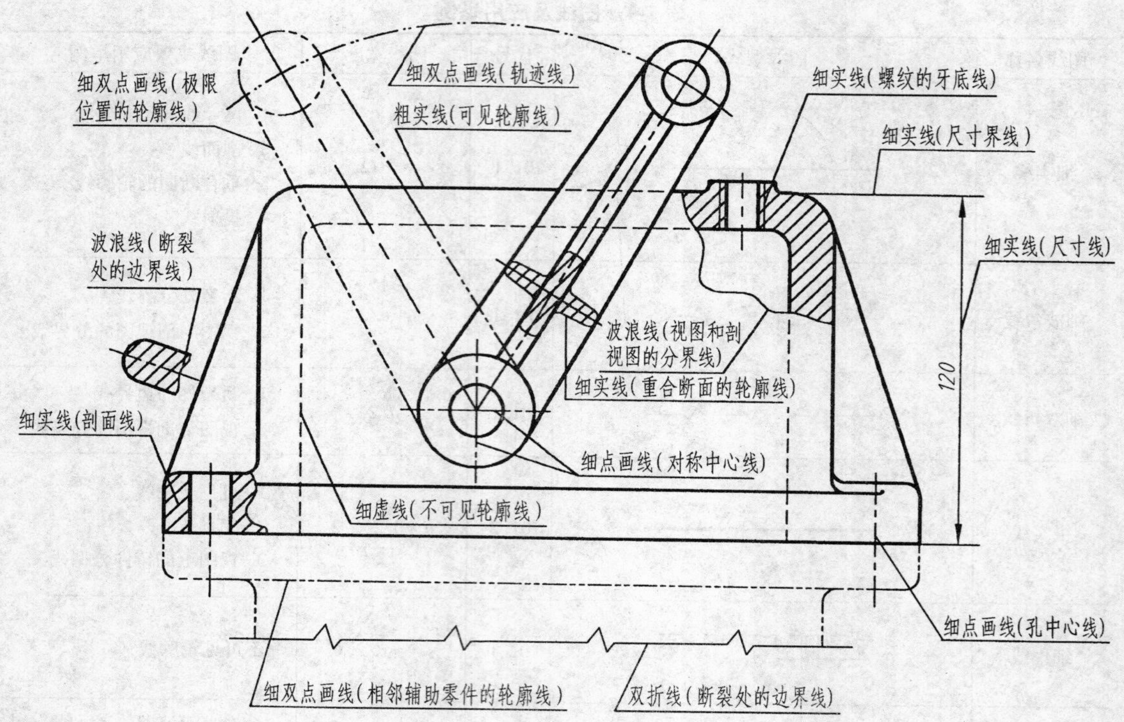

图 1-9　图线应用举例

此外，画图时还应注意图线的交、接、切处的一些规定画法，如图 1-10 所示。

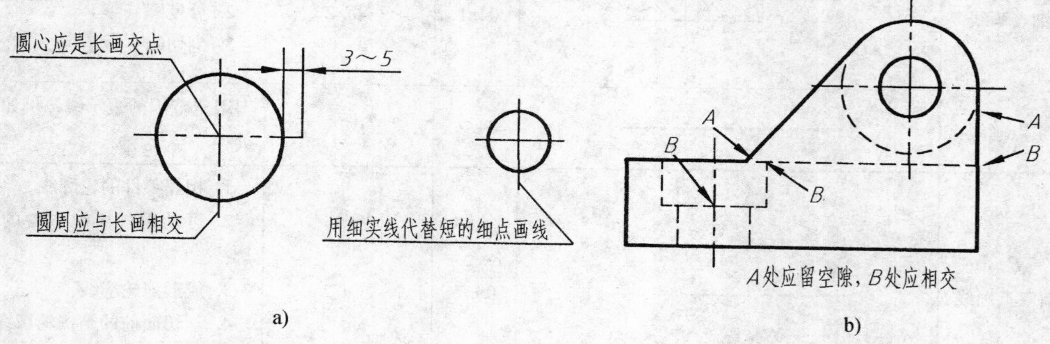

图 1-10　图线画法举例

a）圆的对称中心线画法　b）虚线连接处的画法

五、尺寸注法（GB/T 4458.4—2003）

图形只能表达机件的形状，而大小必须通过标注尺寸来确定。标注尺寸应严格遵守国家标准所规定的规则和方法。

1. 基本规则

1）机件的真实大小应以图样上所注的尺寸数值为依据，与图形的大小及绘图的准确程度无关。

2）图样中的尺寸，以毫米（mm）为单位时，不需标注计量单位的代号或名称；若采

用其他单位，则必须注明相应计量单位的代号或名称。

3）图样中所标注的尺寸，为该图样所示机件的最后完工尺寸，否则应另加说明。

4）机件的每一尺寸，一般只标注一次，并应标注在反映该结构最清晰的图形上。

2. 尺寸标注的几个要素

一个完整的尺寸标注，是由尺寸界线、尺寸线和尺寸数字组成的，如图 1-11 所示。

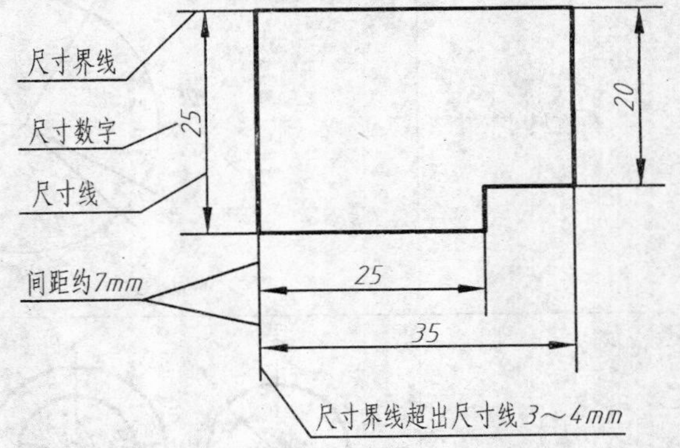

图 1-11　尺寸的基本要素及标注示例

（1）尺寸界线　尺寸界线用细实线绘制，用以表示所注尺寸的范围。

尺寸界线一般由图形的轮廓线、轴线或对称中心线处引出，也可利用轮廓线、轴线或对称中心线作为尺寸界线。通常，尺寸界线应与尺寸线垂直，并超出尺寸线终端约 3 ~5mm。必要时也允许尺寸界线与尺寸线倾斜。

（2）尺寸线　尺寸线用细实线绘制在尺寸界线之间，表示尺寸度量的方向。注意：尺寸线必须单独绘制，不能用其他图线代替，也不得与其他图线重合或画在其他图线的延长线上。尺寸线的终端有两种形式：

1）箭头。箭头的形式和画法如图 1-12a 所示，适用于各种类型的图样。箭头的尖端与尺寸界线接触，箭头长度不小于粗实线宽度的 6 倍。在同一张图样上，箭头大小要一致。

2）斜线。斜线用细实线绘制，其方向和画法如图 1-12b 所示。这种形式适用于尺寸线与尺寸界线必须是直线且相互垂直的情况。

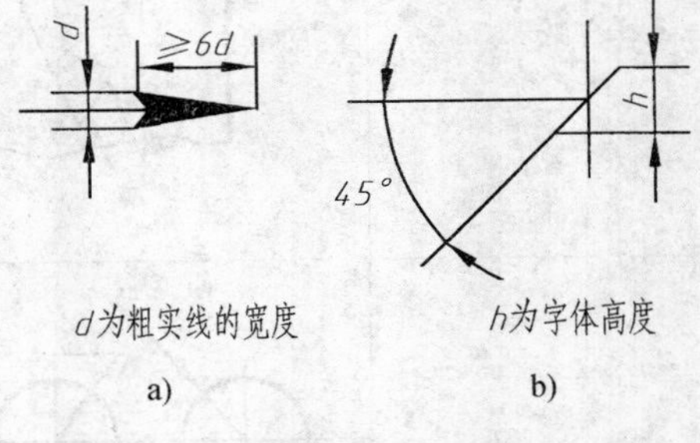

图 1-12　尺寸线的终端

a）箭头　b）斜线

通常机械图样的尺寸线终端画箭头，土建图样的尺寸线终端画斜线。在同一张图样中应尽量采用同一种尺寸线终端形式。

（3）尺寸数字　线性尺寸的数字一般应注写在尺寸线的上方，也允许注写在尺寸线的终端处；当位置不够时，也可引出标注。常用的尺寸注法见表 1-5。

表 1-5　常用的尺寸注法

标注内容	图　例	说　明
线性尺寸的数字方向	30°　20　20　20　20　20　20　a)　15　b)　15　c)	水平尺寸数字头朝上，垂直尺寸数字头朝左，尽量避免在图 a 示 30°范围内标注尺寸。无法避免时，可按图 b、c 标注

（续）

标注内容	图　例	说　明
角度尺寸	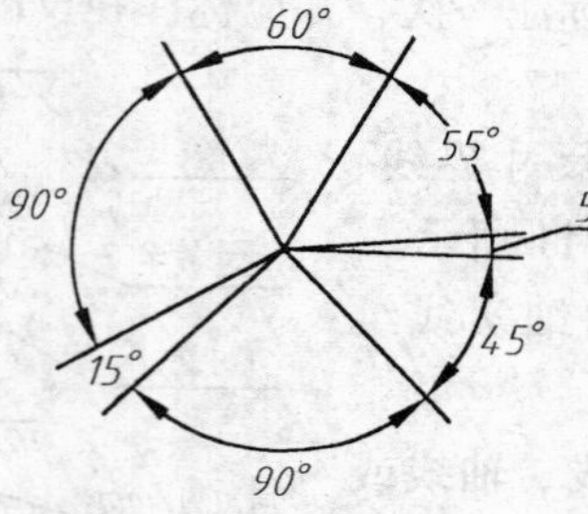 60°　55°　5°　90°　45°　15°　90°	尺寸界线应沿径向引出，尺寸线应画成圆弧，圆心是该角的顶点。尺寸数字一律水平书写，一般注写在尺寸线的中断处。必要时可写在上方或外面，也可引出标注
圆和圆弧	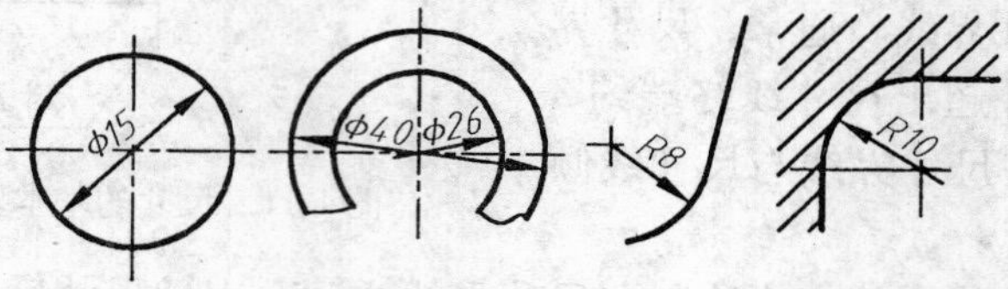 ϕ15　ϕ40　ϕ26　R8　R10 a)　b) R100　R120 c)	直径、半径的尺寸数字前应分别加符号“ϕ”、“R”。尺寸线应按图例绘制；大圆弧无法标出圆心位置时，可按图 c 标注
小尺寸和小圆弧	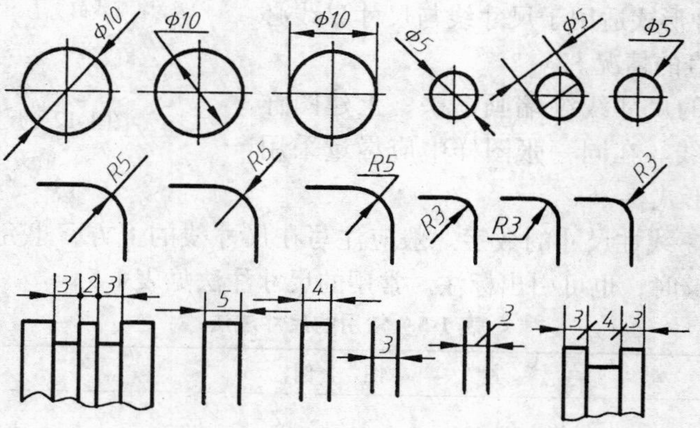 ϕ10　ϕ10　ϕ10　ϕ5　ϕ5　ϕ5 R5　R5　R5　R3　R3　R3 3　2　3　5　4　3　3　3　4　3	没有足够的位置画箭头或写数字时，可按图例形式标注
球面	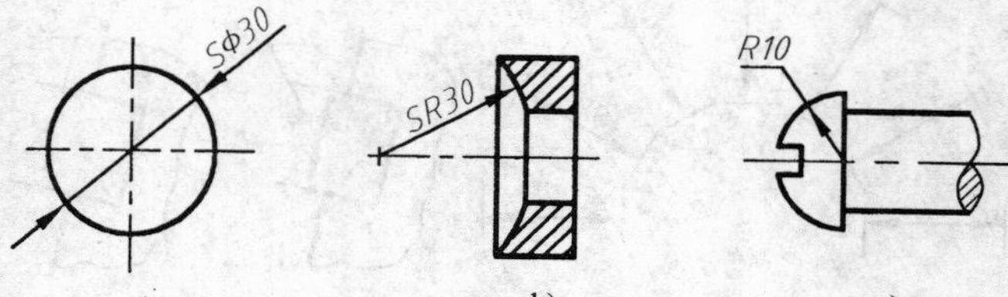 Sϕ30　SR30　R10 a)　b)　c)	应在“ϕ”或“R”前面加注符号“S”（图 a、图 b），对于螺钉、铆钉的头部等，在不致于引起误解时，可省略符号“S”（图 c）

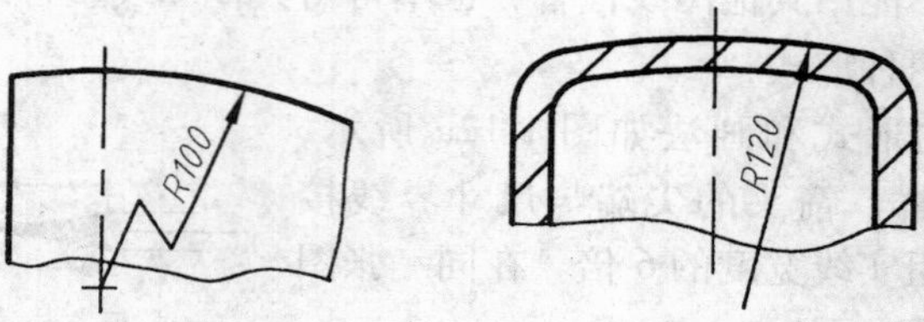

（续）

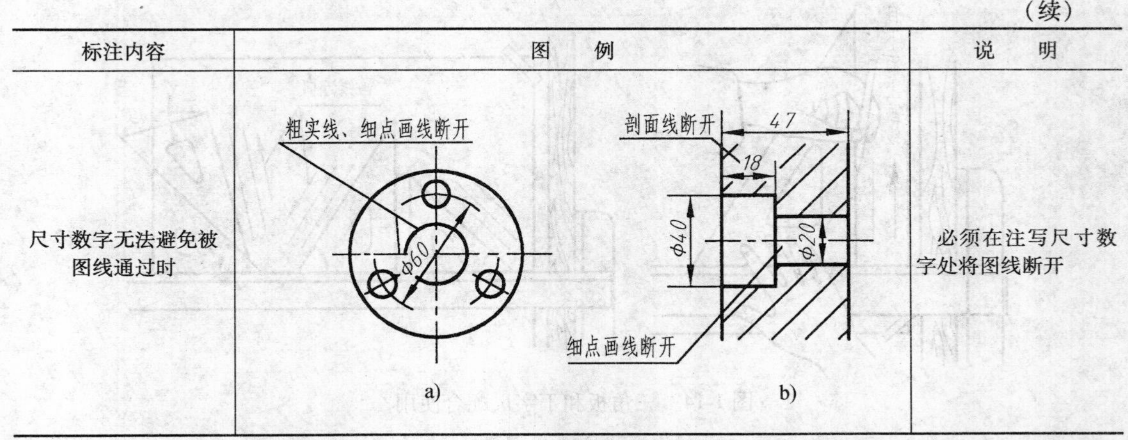

标注内容	图　例	说　明
尺寸数字无法避免被图线通过时	a)　b)	必须在注写尺寸数字处将图线断开

标注尺寸时，应尽可能使用符号和缩写词。标注尺寸常用的符号和缩写词见表1-6。

表1-6　标注尺寸常用的符号和缩写词

名　称	符号或缩写词	名　称	符号或缩写词	名　称	符号或缩写词
直径	ϕ	厚度	t	沉孔或锪平	⌴
半径	R	正方形	□	埋头孔	∨
球直径	$S\phi$	45°倒角	C	均布	EQS
球半径	SR	深度	↧		

第三节　常用手工绘图工具、仪器及其使用方法

常用的手工绘图工具和仪器有图板、丁字尺、三角板、分规、圆规等。只有正确熟练地掌握绘图工具和仪器的使用方法，才能提高绘图速度，保证绘图质量。

一、图板、丁字尺和三角板

图板是用来固定图纸的矩形木板，要求表面平整光洁，图板的左侧边称为导边，必须平直，如图1-13所示。

丁字尺是画水平线的长尺。画图时，应使尺头紧靠着图板左侧的导边，上下移动即可按尺身的工作边画出水平线，如图1-14所示。

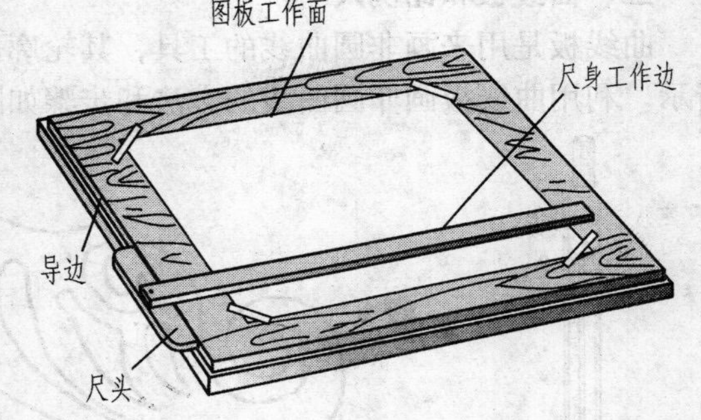

图1-13　图板和丁字尺

三角板除了直接用来画直线外，也可与丁字尺配合画铅垂线及30°、60°、45°、15°、75°等角度的斜线，如图1-14所示。

二、圆规和分规

圆规是画圆和圆弧的工具。使用时，应先调整针脚，使针尖略长于铅芯，且插针和铅芯脚都与纸面大致保持垂直。画大圆弧时，可加上延长杆，如图1-15所示。

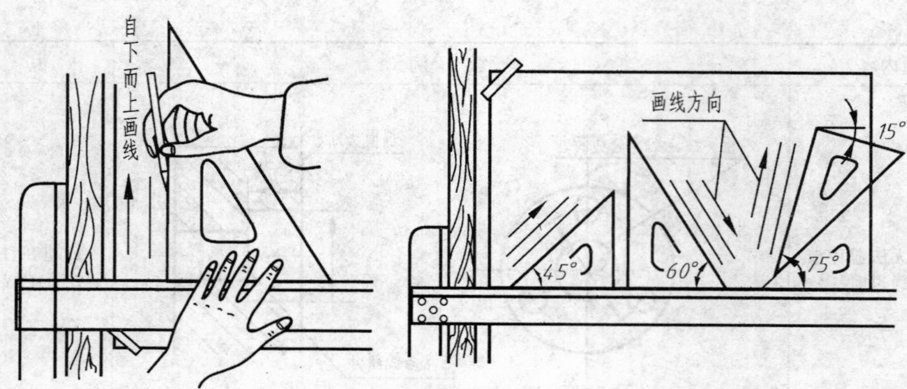

图 1-14　三角板和丁字尺配合使用

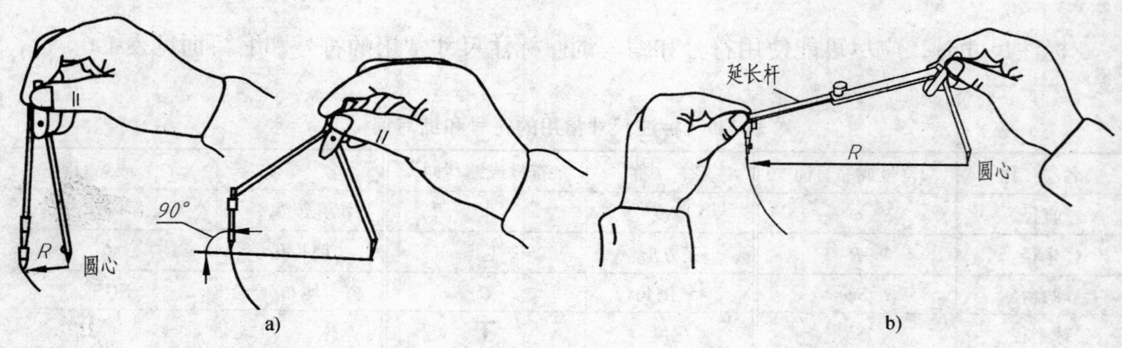

图 1-15　圆规的使用方法

a）沿画线方向保持适当倾斜，作等速转动　b）接延长杆画大圆

分规是用来等分和量取线段的。分规两脚的针尖并拢后，应能对齐，如图 1-16 所示。

三、曲线板和比例尺

曲线板是用来画非圆曲线的工具，其轮廓由多段不同曲率半径的曲线组成，如图 1-17a 所示。利用曲线板画非圆曲线的方法和步骤如图 1-17b 所示。

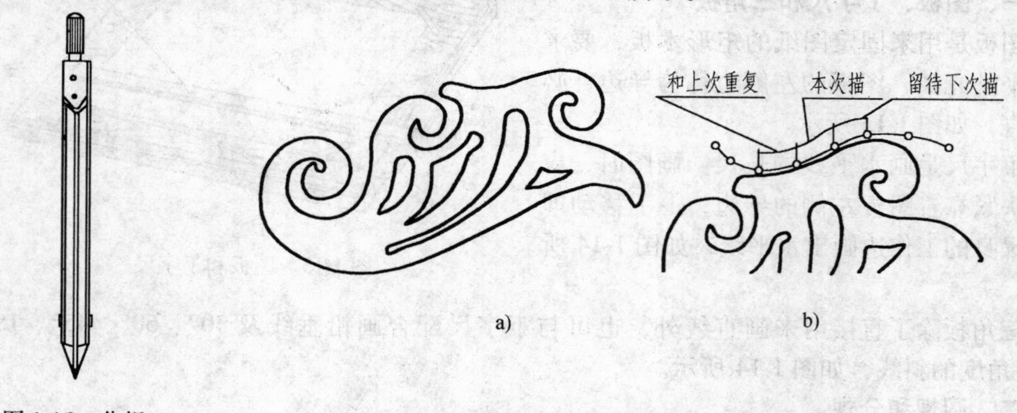

图 1-16　分规

图 1-17　曲线板及其使用方法

a）曲线板　b）描绘方法

比例尺是刻有不同比例的直尺。最常用的形式如图1-18所示，它的三个棱边上分别刻有1∶100、1∶200、1∶300、1∶400、1∶500和1∶600的比例刻度。

四、铅笔的削法

铅笔铅芯的硬度用H、B符号表示。H前的数字越大，表示越硬；B前的数字越大，表示越软；HB表示软硬适中。

铅笔铅芯的磨削形状有锥形（针状）和矩形（鸭嘴形）两种，如图1-19所示。注意：圆规用铅芯要选用比铅笔软一号的铅芯。

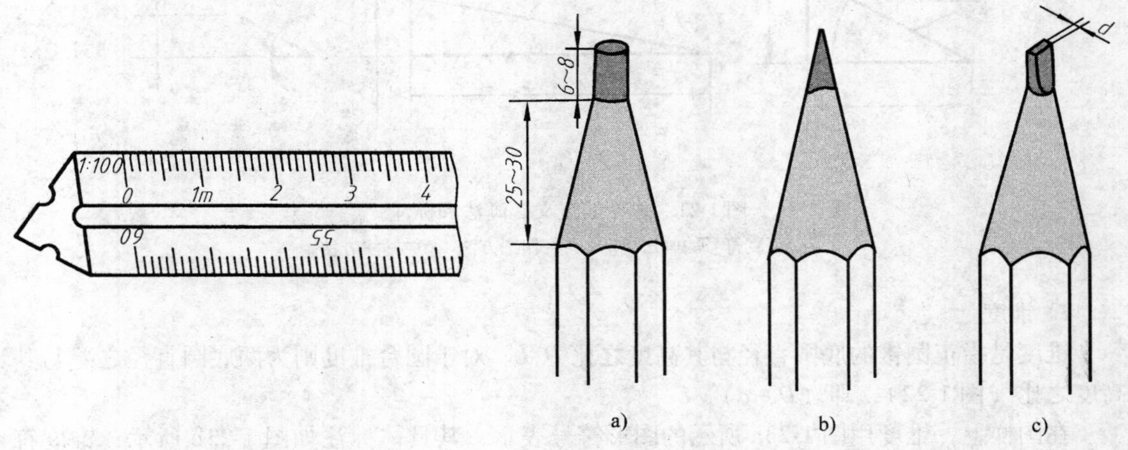

图1-18　比例尺

图1-19　铅笔铅芯的形状
a）未磨削的铅芯　b）锥形铅芯　c）矩形铅芯

第四节　平面图形的画法

一、几何作图

等分圆周和作多边形，正多边形的作图方法如图1-20所示。

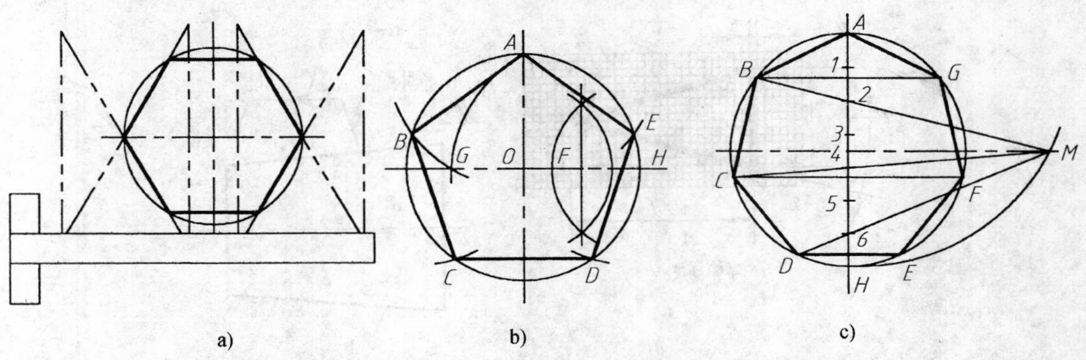

图1-20　正多边形的作图方法

二、斜度和锥度

1. 斜度

斜度是指一直线（或平面）相对于另一直线（或平面）的倾斜程度，其大小用该两直线（或平面）间夹角的正切表示，如图1-21a所示，即

$$斜度 = \tan\alpha = H/L = 1:(L/H)$$

图1-21b所示为斜度1∶5的作图方法和标注方法。注意，斜度数字前边的“∠”为斜度符号，符号方向应与斜度方向一致，其画法如图1-21c所示。

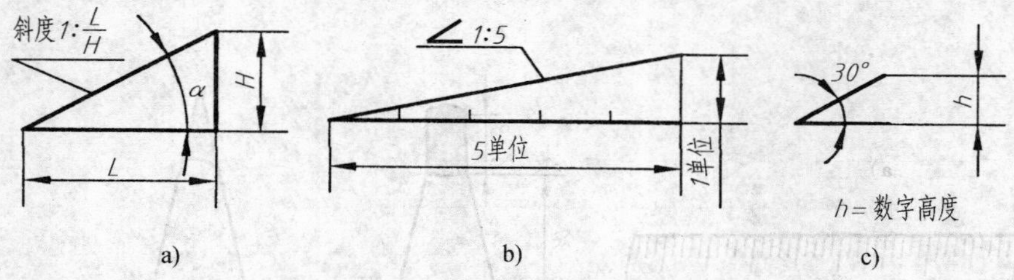

图1-21 斜度的定义、画法和标注

a）斜度符号的画法 b）斜度作图方法 c）标注方法

2. 锥度

锥度是指正圆锥的底圆直径与其高度之比 D/L。对于圆台锥度则为两底圆直径之差与其高度之比（图1-22），即 $(D-d)/L$

在图样上，锥度用图1-23a所示的图形符号表示，其具体标注如图1-23b所示，锥度符号方向也应与锥度的方向保持一致。

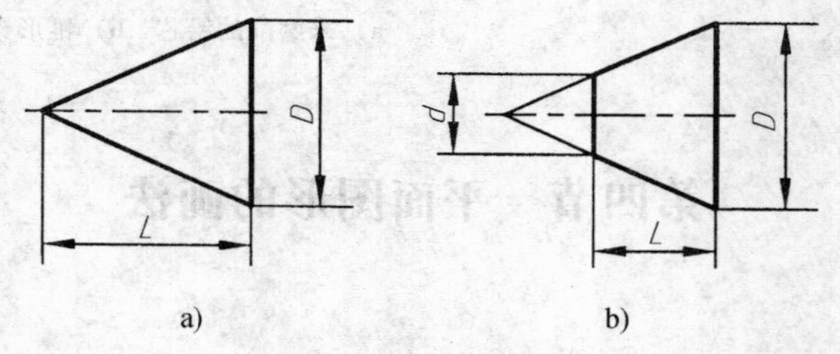

图1-22 锥度

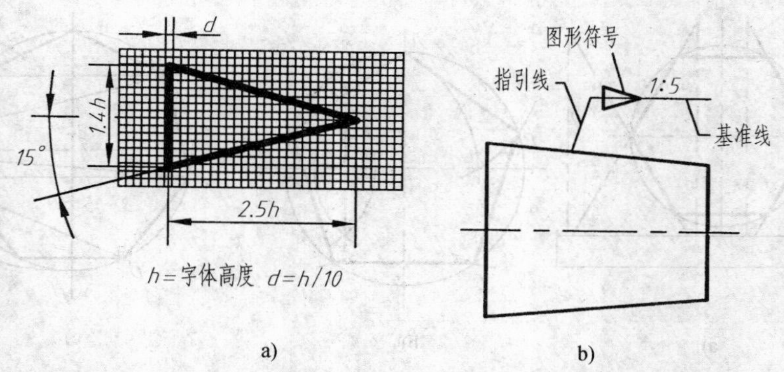

图1-23 锥度符号及标注

锥度的画法及标注如图 1-24 所示。

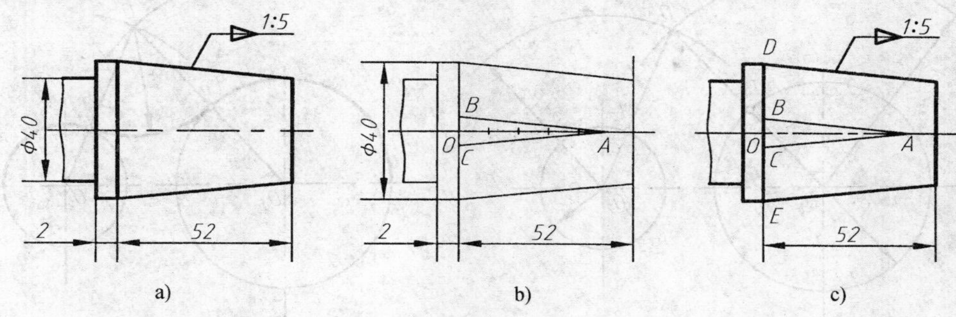

图 1-24　锥度的画法及标注

a）已知　b）取 $AO=5$ 单位，$OB=OC=1/2$ 单位，连接点 A、B 和点 A、C

c）过点 D、E 分别作 AB、AC 的平行线即为所求锥度线，擦去多余线条，加深、标注

三、圆弧连接

绘图时，常常需要用已知半径的圆弧来光滑连接相邻直线或圆弧，这种光滑连接的作图方法被称为圆弧连接。圆弧连接的作图步骤为：求出连接圆弧的圆心，求出切点，准确画出连接圆弧。

（1）用半径为 R 的圆弧连接两已知直线　作图步骤如图 1-25 所示。

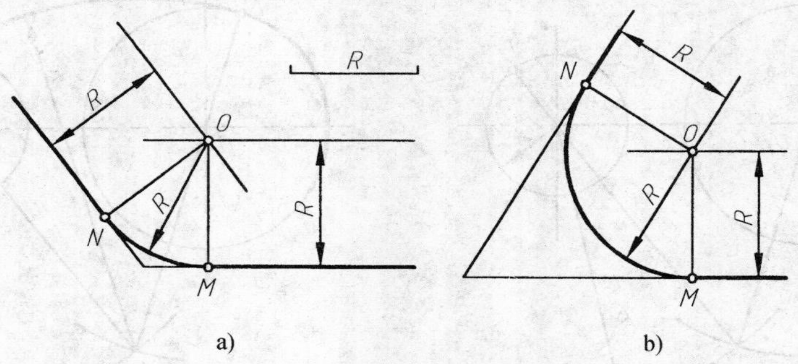

图 1-25　用圆弧连接两直线

1. 作与已知两直线分别相距为 R 的平行线，交点 O 即为连接弧圆心。
2. 过点 O 向已知两直线作垂线，垂足 M、N 即为两切点。
3. 以点 O 为圆心，以 R 为半径，在点 M、N 之间画出连接圆弧并加粗。

（2）用半径为 R 的圆弧连接两已知圆弧

1）用半径 R 的圆弧同时外切两圆弧，作图方法如图 1-26 所示。

2）用半径 R 的圆弧同时内切两已知圆弧，作图方法如图 1-27 所示。

3）用半径 R 的圆弧内、外切两已知圆弧，作图方法如图 1-28 所示。

四、椭圆的近似画法

椭圆为常用的非圆曲线。在已知长、短轴的条件下，通常采用四心圆法作近似椭圆，如图 1-29 所示。

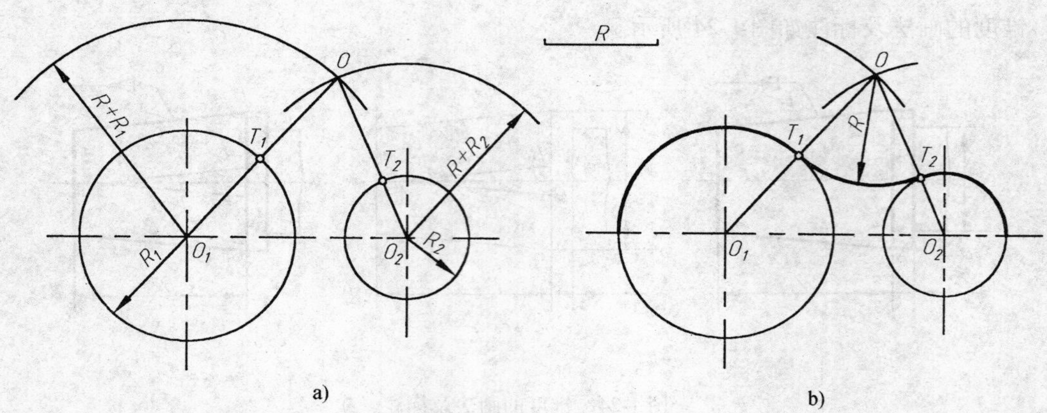

图 1-26　外切连接

1. 分别以点 O_1、O_2 为圆心，$R+R_1$、$R+R_2$ 为半径画弧，两弧的交点 O 即为连接圆弧的圆心。

2. 连接 OO_1、OO_2 交两已知弧于点 T_1、T_2，即为两切点。

3. 以点 O 为圆心，R 为半径作弧$\widehat{T_1T_2}$即得所求，最后加粗。

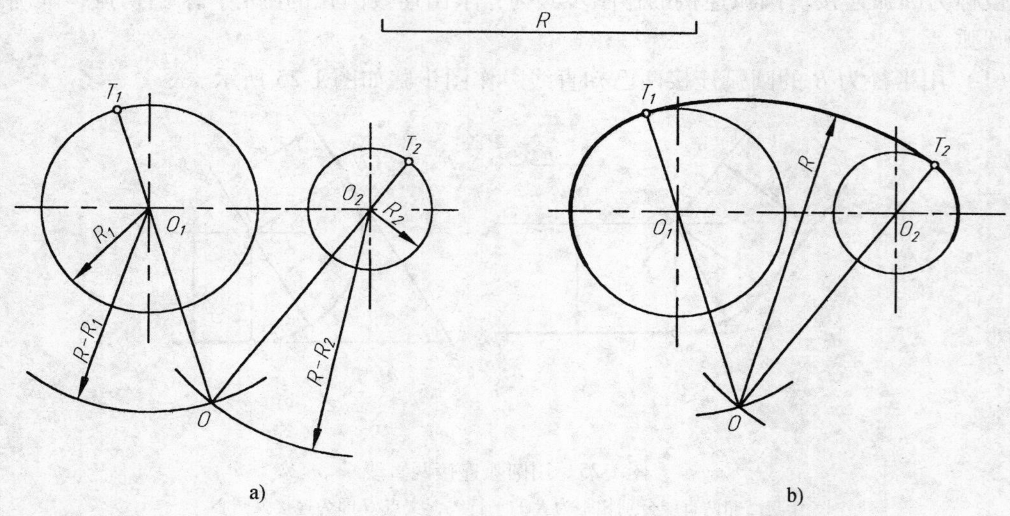

图 1-27　内切连接

1. 分别以点 O_1、O_2 为圆心，R-R_1、R-R_2 为半径画弧，两弧的交点 O 即为连接圆弧的圆心。

2. 连接 OO_1、OO_2 并延长，交两已知弧于点 T_1、T_2，即为切点。

3. 以点 O 为圆心，R 为半径作弧$\widehat{T_1T_2}$，最后加粗即得所求。

五、平面图形的分析与作图方法

平面图形是由若干条直线和曲线连接组合而成的。绘制平面图形时，要对这些线段的尺寸和连接关系进行分析，才能正确地作图。现以图 1-30 所示手柄平面图形为例对其进行尺寸分析和线段分析。

1. 平面图形的尺寸分析

（1）尺寸基准　基准是标注尺寸的起点，常选择图形的对称中心线、较长的轮廓直线作

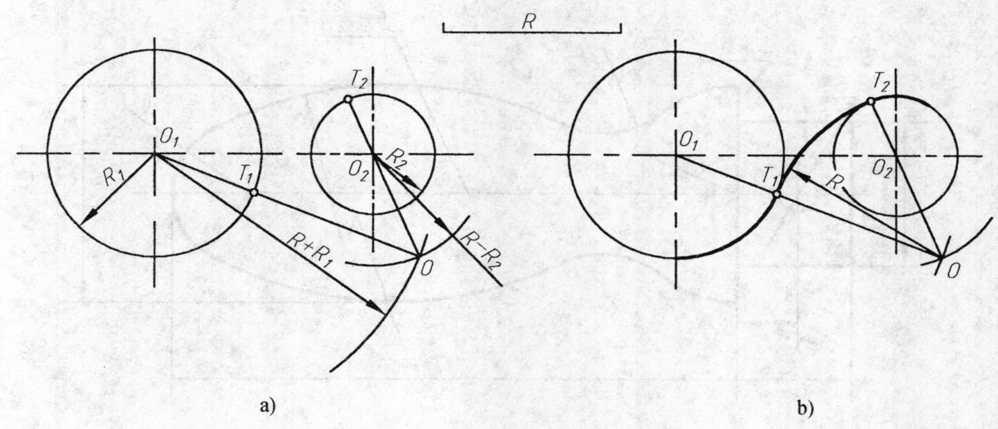

图 1-28　内、外切连接

1. 分别以点 O_1、O_2 为圆心，$R+R_1$、$R-R_2$ 为半径画弧，两弧的交点 O 即为连接圆弧的圆心。

2. 连接 OO_1、OO_2 交两已知弧于点 T_1、T_2，即为切点。

3. 以点 O 为圆心，R 为半径作弧$\overset{\frown}{T_1T_2}$，最后加粗即得所求。

为尺寸基准。对于平面图形，有水平和垂直两个方向的尺寸。在图 1-30 中，长度方向的尺寸基准是距左端 15mm 处的铅垂线段 A，高度方向的尺寸基准是图形的上下对称线 B。

（2）定形尺寸　确定图形各部分形状大小的尺寸称为定形尺寸。如图 1-30 所示的 ϕ5、ϕ20、15、R12、R15 等尺寸。

（3）定位尺寸　确定图形各部分相对位置的尺寸称为定位尺寸。图 1-30 中的 8 是确定 ϕ5 圆位置的尺寸。

分析尺寸时，常会遇到同一尺寸既是定位尺寸又是定形尺寸，如图 1-30 中的 75、ϕ30 分别是决定手柄长度和高度的定形尺寸，又是 R10、R50 圆弧的定位尺寸。

2. 平面图形的线段分析

平面图形是由一些线段（直线段、圆、圆弧）组成的。这些线段根据所给出的尺寸是否齐全，一般可分为三类不同性质的线段：

（1）已知线段　定形和定位尺寸都齐全的线段，称为已知线段。如图 1-30 中的 ϕ5 圆、R15、R10 圆弧等。

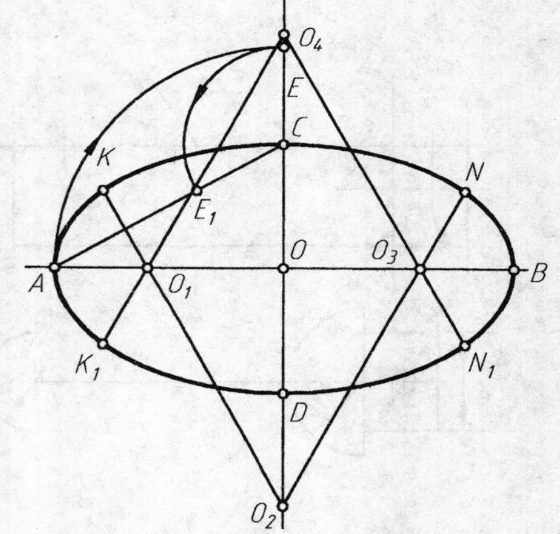

图 1-29　用四心法作近似椭圆

1. 以点 O 为圆心，OA 为半径画弧，交 OC 延长线于点 E：以点 C 为圆心，CE 为半径画弧，交 AC 于点 E_1。

2. 作 AE_1 的中垂线，与两轴交于点 O_1、O_2；再取对称点 O_3、O_4。

3. 分别以点 O_1、O_2、O_3、O_4 为圆心，O_1A、O_2C、O_3B、O_4D 为半径作弧，画成近似椭圆，切点为 K、K_1、N、N_1。

（2）中间线段　已知定形尺寸和一个定位尺寸的线段，称为中间线段，如图 1-30 中的 R50 圆弧。

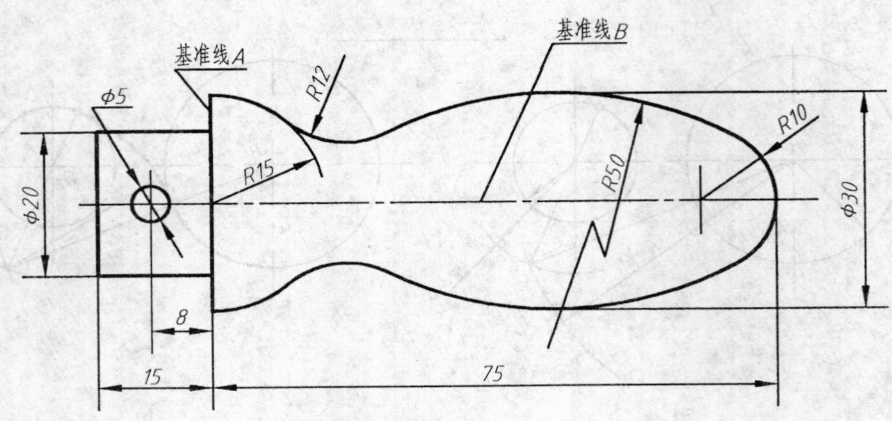

图 1-30　手柄平面图形

（3）连接线段　只有定形尺寸，没有定位尺寸的线段，称为连接线段，如图 1-30 中的 R12 圆弧。

3. 平面图形的画法

画平面图形，关键在于根据图形及标注的尺寸进行尺寸分析和线段分析。手柄平面图形的作图步骤如图 1-31 所示。

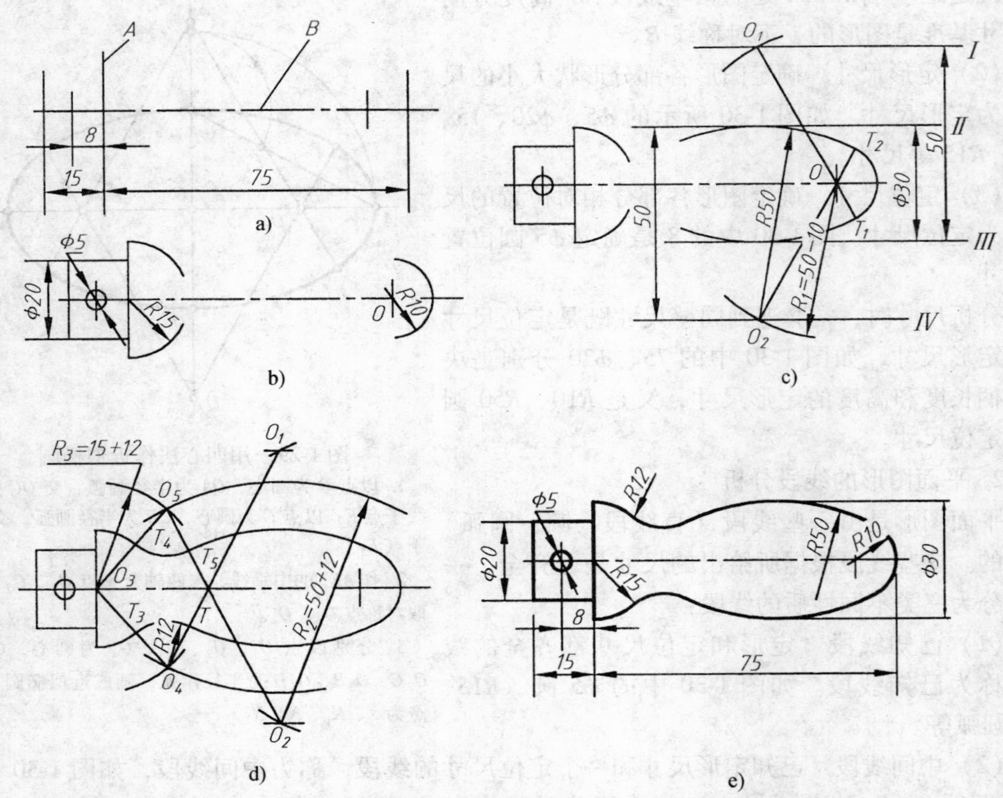

图 1-31　手柄平面图形的作图步骤

1）画基准线 A 和 B。作距 A 为 8、15、75 的三条垂直于 B 线的定位直线，再找出 $R10$ 的圆心，如图 1-31a 所示。

2）画已知线段。画出已知 $\phi5$ 圆、$R15$ 和 $R10$ 圆弧，再画距 B 线为 10 并平行于 B 线的两条直线（即相距为 $\phi20$ 的两条直线），如图 1-31b 所示。

3）画中间线段 $R50$ 圆弧。$\phi30$ 是 $R50$ 圆弧的一个定位尺寸，另一个定位尺寸 $R_1=50-10$ 是利用与 $R10$ 的圆弧的内切关系求得的。作两条辅助线 Ⅰ、Ⅱ 平行于 B 线并与 B 线相距为 15、35，作 Ⅲ 线平行于 Ⅰ 线且相距为 50，作 Ⅳ 线平行于 Ⅱ 线且相距为 50。以点 O 为圆心、$R_1=50-10$ 为半径作弧与 Ⅰ、Ⅳ 线交于点 O_1、O_2，即为中间弧 $R50$ 的圆心。连接 OO_1、OO_2 与圆弧 $R10$ 相交于点 T_1、T_2 即为切点，作中间弧 $R50$ 与 $R10$ 弧内切连接，如图 1-31c 所示。

4）画连接线段 $R12$ 圆弧，分别以点 O_1、O_2 为圆心，$R=50+12$ 为半径作弧，以点 O_3 为圆心、$R=15+12$ 为半径作弧，得交点 O_4、O_5，即为连接圆弧 $R12$ 的圆心。连接 O_3O_4、O_3O_5 与 $R15$ 弧相交于点 T_3、T_4；连接 O_2O_5、O_1O_4 与圆弧 $R50$ 相交于点 T_5、T_6 即为切点，作连接弧 $R12$ 与 $R15$、$R50$ 弧外切连接，如图 1-31d 所示。

5）校核底稿，擦去作图线，标注尺寸，加深图线，如图 1-31e 所示。

4. 平面图形的尺寸标注

标注尺寸时，要求做到正确、完整和清晰。正确即符合国家标准规定；完整即不得出现重复或遗漏；清晰是指尺寸安排有序，布局整齐，标注清楚。

平面图形尺寸标注示例如图 1-32 所示。

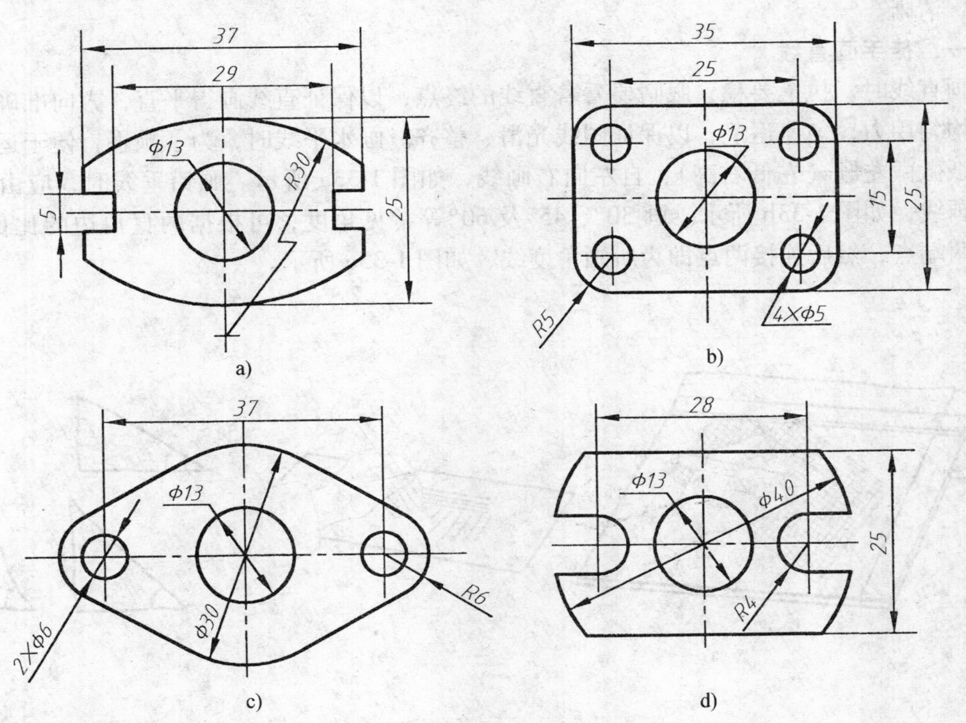

图 1-32 平面图形尺寸标注示例

5. 手工尺规绘图的步骤

（1）绘图前的准备工作　准备好画图用的工具、仪器。将铅笔及圆规上的铅芯按线型削好，把图板、丁字尺、三角板等擦干净；根据图形的复杂程度确定绘图比例和图纸幅面大小；将图纸的正面铺在图板的适当位置，应使图纸的水平边与丁字尺的工作边平行，用胶带纸将图纸固定。

（2）画底稿图　按国家标准画图框和标题栏，然后进行布图，注意留有标注尺寸的位置；底稿图用 H 或 2H 的铅笔画，图线要画得轻、细、准确。

（3）标注尺寸　检查并清理底稿后，用 HB 的铅笔将尺寸界线、尺寸线、箭头全部画好，再注写尺寸数值。

（4）加深图线　加深前，要仔细校对底稿，修正错误，擦去不需要的作图线或污迹。加深图线的顺序一般是：先粗后细，先圆后直，先上后下，先左后右，先小后大。

（5）填写部分　填写标题栏及其他必要的说明。

第五节　徒手绘图的方法

以目测来估计物体各部分之间的比例，按一定画法要求徒手（或部分使用绘图仪器）绘制的图称为草图。在设计、测绘、修配机器时，一般都采用徒手绘图。徒手绘图和使用仪器绘图同样都是重要的绘图技能。

草图应做到：图形正确，线型分明，比例匀称，并应尽可能使图线光滑、整齐；尺寸应完整、清晰。

一、徒手画直线

画直线时，执笔要稳，眼睛要看着直线的终点，以保证直线画得平直，方向准确；画图时要均匀用力，匀速运笔，以保证图线光滑、整齐。画水平线时，为了顺手，便于运笔，可将图纸微微左倾（左低右高），自左向右画线，如图 1-33a 所示。画铅垂线时，应由上向下运笔画线，如图 1-33b 所示。画 30°、45°及 60°等常见角度，可根据两直角边的比例关系，定出两端点，然后连接两点即为所画角度线，如图 1-33c 所示。

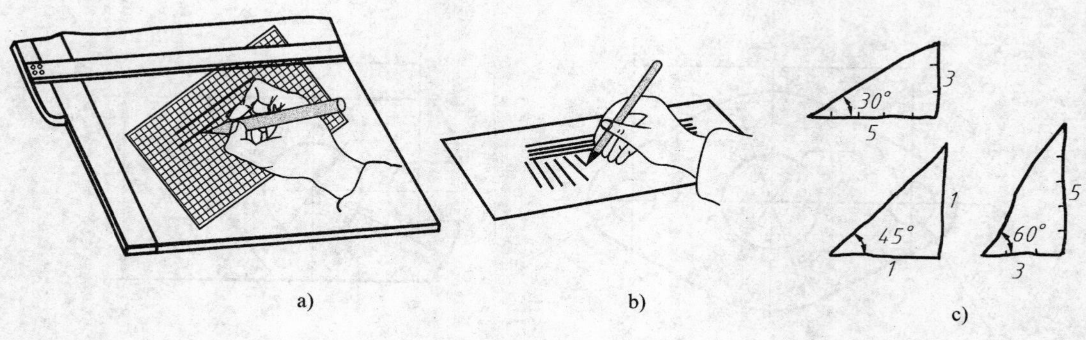

图 1-33　徒手画直线

二、徒手画圆、圆角和椭圆

画圆时，应先确定圆心，并过圆心画出两条中心线；画小圆时，可在中心线上按半径目测出四点，然后分四段逐步连接成圆，如图1-34a所示。画大圆时，过圆心画几条不同方向（如与水平线成45°）的直线，按半径目测再定出八个点，分八段连接成圆，如图1-34b所示。

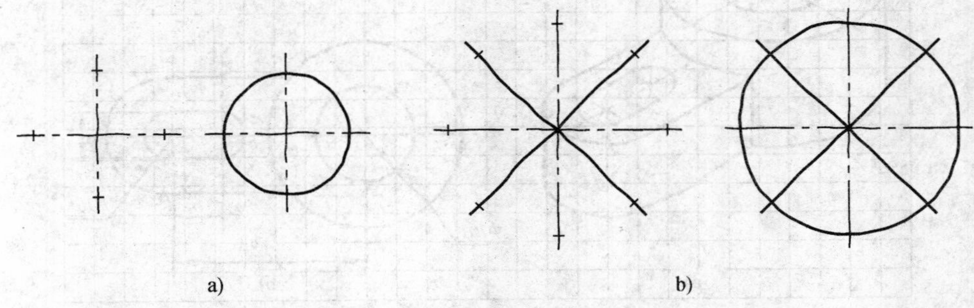

图1-34　徒手画圆

徒手画圆角和椭圆时，应尽量利用与正方形、菱形相切的特点，其画法如图1-35所示。

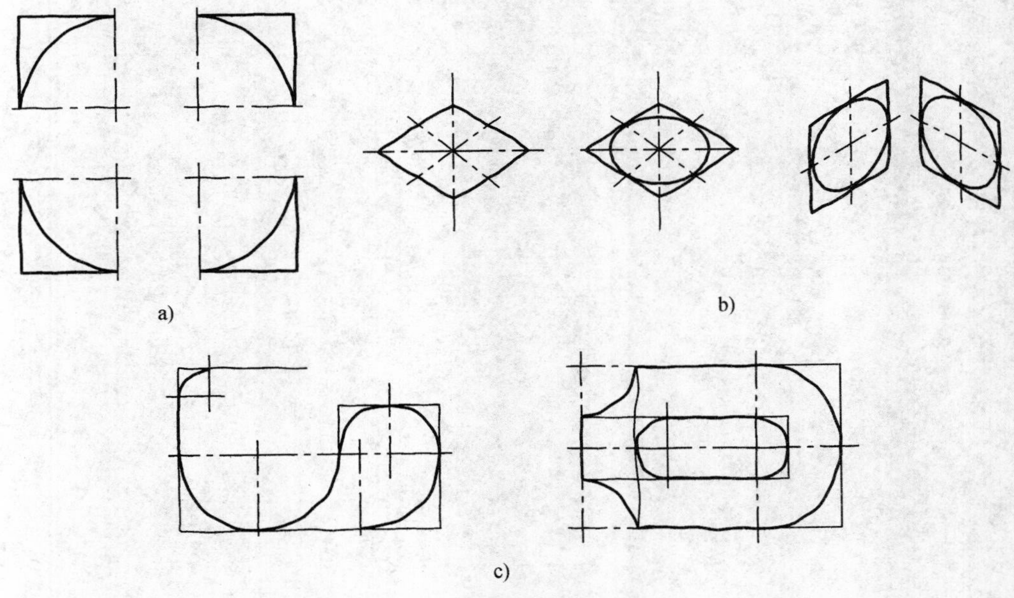

图1-35　各种曲线的徒手画法

a）圆角的画法　b）椭圆的画法　c）曲线连接的画法

三、在方格纸上画草图

初学者可在方格纸上画草图，尽量使图形中的直线与分格线重合，这样便于控制图形各部分的比例、大小及投影关系，且更为方便、准确地利用格线画中心线、轴线、水平线、垂直线和一些倾斜线。图1-36所示为草图示例。

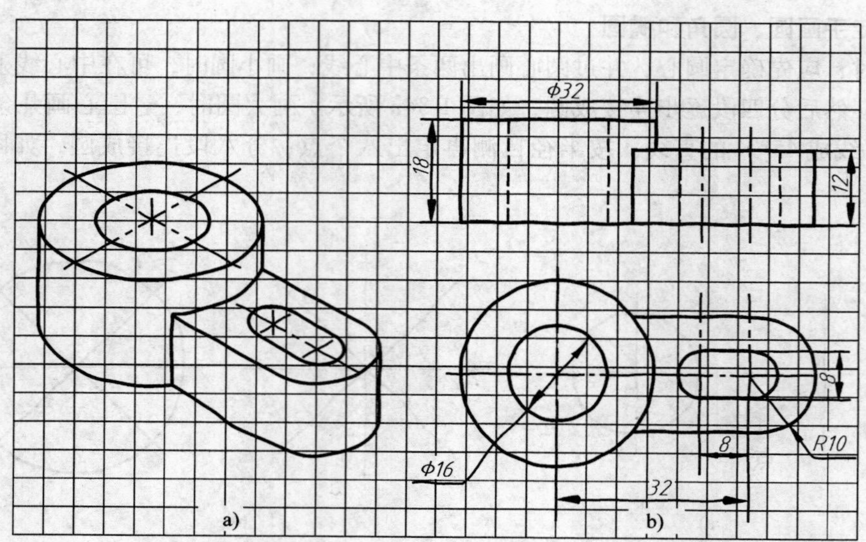

图 1-36　草图示例

a）轴测草图　b）正投影草图

第二章

投影法基础

物体在光线照射下会在地面或墙壁上产生物体的影子，这种现象称为投影。人们对这种投影现象进行科学抽象和归纳总结，形成了投影方法。

如图 2-1 所示，光源用点 S 表示，称为投射中心。通过空间物体 A、B、C 的光线，如 SA、SB、SC 称为投射线，平面 P 称为投影面。延长 SA、SB、SC 与投影面 P 分别相交于 a、b、c 三点，这三点称为空间点 A、B、C 在投影面 P 上的投影，并可得出三角形 ABC 在该投影面上的投影 $\triangle abc$。这种用投射线通过物体，向选定的面投射，并在该面上得到图形的方法称为投影法。

根据投射线是否平行，投影法又分为中心投影法和平行投影法两种。

一、中心投影法

投射线汇交于一点的投影法称为中心投影法，如图 2-1 所示。

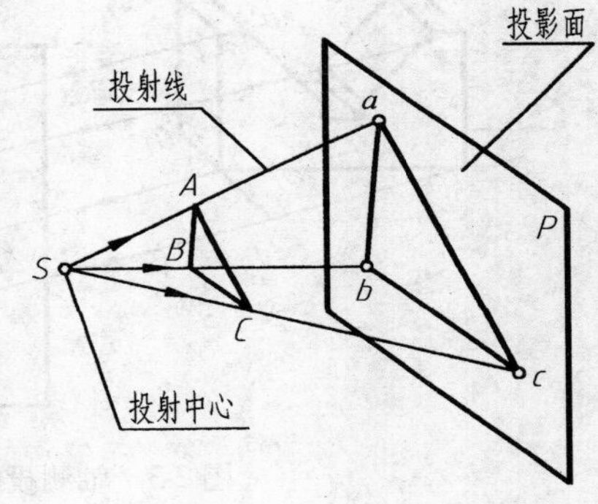

图 2-1　中心投影法

二、平行投影法

投射线相互平行的投影法称为平行投影法，如图 2-2 所示。在平行投影法中，按投射线是否垂直于投影面又分为两种：

（1）斜投影法　投射线与投影面相倾斜的平行投影法，如图 2-2a 所示。

（2）正投影法　投射线与投影面相垂直的平行投影法，如图 2-2b 所示。

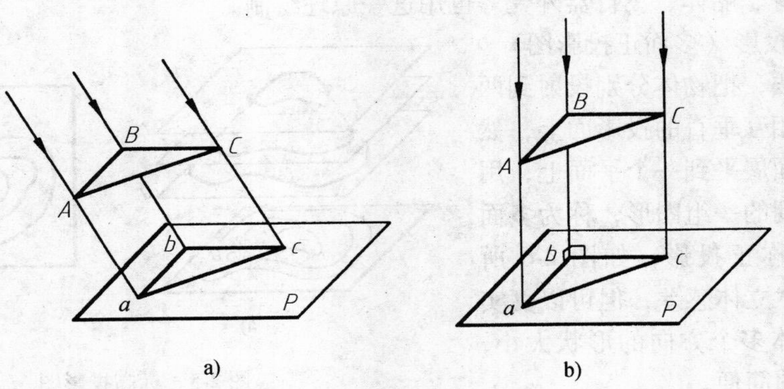

图 2-2　平行投影法

a）斜投影法　b）正投影法

三、工程上常用的几种图样简介

工程上是用图样来表达物体的形状和大小的。通常要求图样能准确地反映物体的形状和大小，即具有良好的度量性。有时要求较强的直观性，即图样富于立体感，使人易于看懂。为满足不同的需要，可以用不同的图示方法来解决。常用的图样有以下几种：

1. 轴测投影（轴测图）

轴测图是用平行投影法绘制的单面投影图，如图 2-3 所示。轴测图的特点是立体感强，但度量性差，机械工业常用于造型设计构思图、广告宣传图以及作加工制造的辅助图样。

2. 透视投影（透视图）

透视图是利用中心投影法绘制的单面投影图，如图 2-4 所示。由于它符合人的视觉规律，因此形象逼真，极富立体感，常用于建筑、桥梁及各种土木工程的绘制。但它不能将真实形状和度量关系表示出来，且作图复杂，因此主要在建筑工业设计等工程中作为效果图使用。

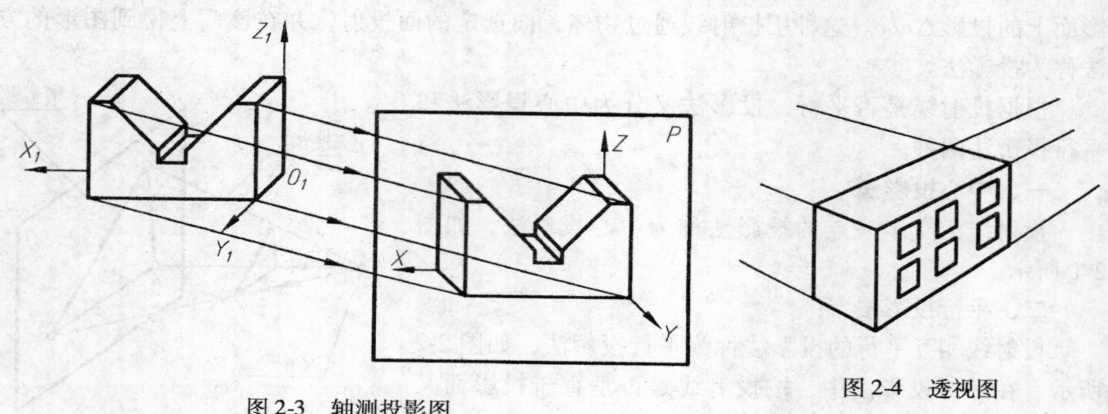

图 2-3　轴测投影图

图 2-4　透视图

3. 标高投影

标高投影是在物体的水平投影上，加注某些特征面、线以及控制点的高程数值和比例的单面正投影，如图 2-5 所示。这种图主要用于土建、水利及地形测绘。机器中的不规则曲面，如汽车车身、船体、飞行器外壳等也用这一原理绘制。

4. 多面正投影（多面正投影图）

用正投影法，把物体分别投射到两个或两个以上相互垂直的投影面上，然后将几个投影面展平到一个平面上，用这种方法所得到的一组图形，称为多面正投影图，简称正投影，如图 2-6 所示。这种图虽然立体感差，但可以真实准确地反映物体多个方向的形状大小，便于度量且作图简便。

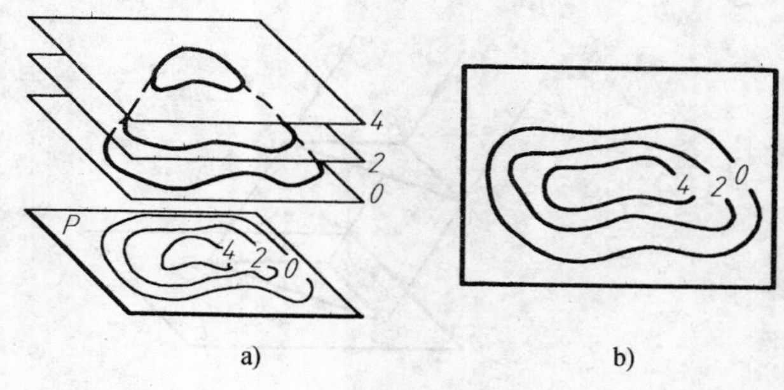

a)　　b)

图 2-5　标高投影图

机械图样主要是画多面正投影图，今后就将“正投影”简称为“投影”，这是本课程学习的重点。

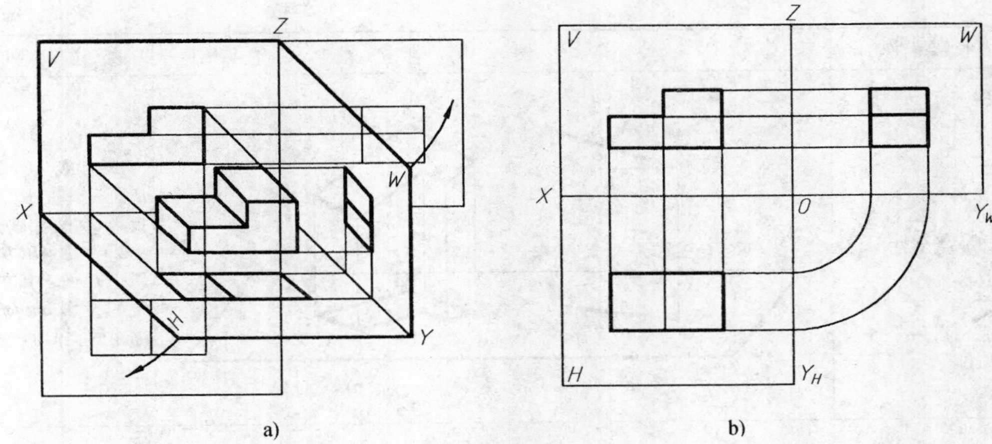

图 2-6　多面正投影图

作物体的正投影，实际上是作出该物体所有轮廓线的投影，或作出该物体各表面的投影。因此，掌握直线和平面的正投影特性，对于绘制和阅读物体的正投影是很重要的。

表 2-1 列出了正投影的特性、图例及说明。

表 2-1　正投影的特性、图例及说明

正投影特性	图　例	说　明
（1）真实性	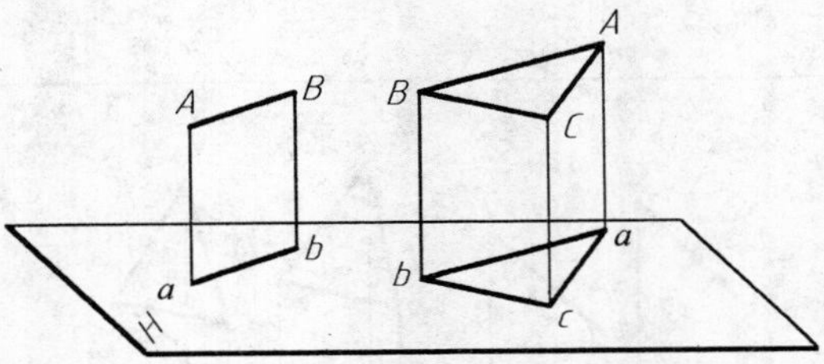 a)　b)	1. 直线 AB 平行于 H 面，则其在 H 面上的投影 ab 反映实长 2. 平面 $\triangle ABC$ 平行于 H 面，则其在 H 面上的投影 $\triangle abc$ 反映实形
（2）积聚性	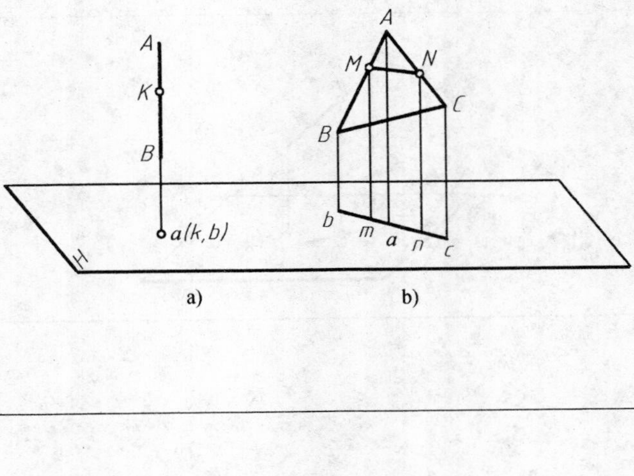 a)　b)	1. 直线 AB 垂直于 H 面，则其 H 面投影 ab 积聚为一点；直线上点 K 的 H 面投影也积聚在该点上 2. 平面 $\triangle ABC$ 垂直于 H 面，则其在 H 面上的投影 $\triangle abc$ 积聚成一条直线；平面上的直线 MN 的 H 面投影 mn 也积聚在该直线上

（续）

正投影特性	图　例	说　明
（3）类似性	a)　b)	1. 直线 *AB* 倾斜于 *H* 面，其在 *H* 面上的投影 *ab* 长度缩短 2. 平面 *ABCDEF* 倾斜于 *H* 面，其在 *H* 面上的投影 *abcdef* 变为缩小的类似形
（4）从属性	a)　b)	1. 点 *K* 在直线 *AB* 上，则点 *K* 在 *H* 面的投影 *k* 必在直线 *AB* 的 *H* 面投影 *ab* 上 2. 直线 *MN* 在平面△*ABC* 上，则直线 *MN* 在 *H* 面上的投影 *mn* 必在△*ABC* 的 *H* 面投影△*abc* 上；若点 *D* 在直线 *MN* 上，则点 *D* 在 *H* 面的投影 *d* 必在△*ABC* 的 *H* 面投影△*abc* 上
（5）平行性	a)　b)	1. 直线 *AB*∥*CD*，则它们的 *H* 面投影也互相平行，即 *ab*∥*cd* 2. 平面△*ABC*∥△*DEF*，且均垂直于 *H* 面，则它们的 *H* 面投影为具有积聚性的两平行直线
（6）定比性		直线 *AB* 上一点 *K* 将直线分成 *AK*: *KB* = *M*: *N*，则点 *K* 的投影 *k* 将直线的投影 *ab* 也分成 *ak*: *kb* = *M*: *N*

第三章

三维实体造型设计基础

任何机器或部件都是由零件组成的，而零件就其结构形状来看都是由一些空间形体组成的。三维实体造型设计就是把大脑中构思的空间形体表示出来，然后修改完善。本章将介绍空间形体的类型、形成及三维图示方法。

第一节　空间形体的类型及形成

一、基本形体

基本形体也称简单体。它是空间形体的最基本单元，按其表面形状特点，分为平面立体和回转体。

1. 平面立体

表面是由若干平面围成的立体叫平面立体。常见的平面立体又可分为棱柱体和棱锥体两种类型。

（1）棱柱体　棱柱体的形成是由底面拉伸而成，如图 3-1a 所示。棱柱体的侧棱相互平行。

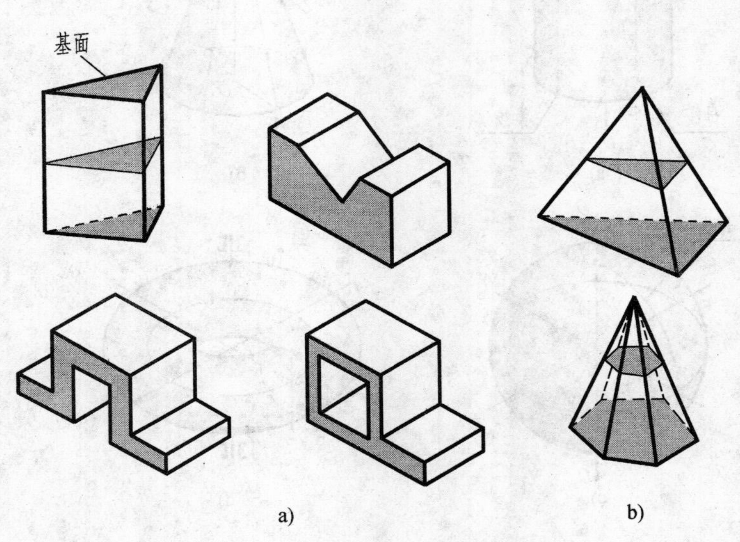

图 3-1　平面立体

a）棱柱体　b）棱锥体

（2）棱锥体　棱锥体的所有侧棱交于一点，如图 3-1b 所示。

2. 回转体

由回转面或由回转面和平面围成的基本体叫回转体。

回转面的形成：由母线（直线段或曲线段）绕轴线旋转一周而成，如图 3-2 所示。母线在回转面上的任意位置称为回转面的素线；母线上任意一点的运动轨迹为垂直于轴线的圆，这个圆称为纬圆。

常见的回转基本几何体有圆柱体、圆锥体、圆球、圆环，如图 3-3 所示。

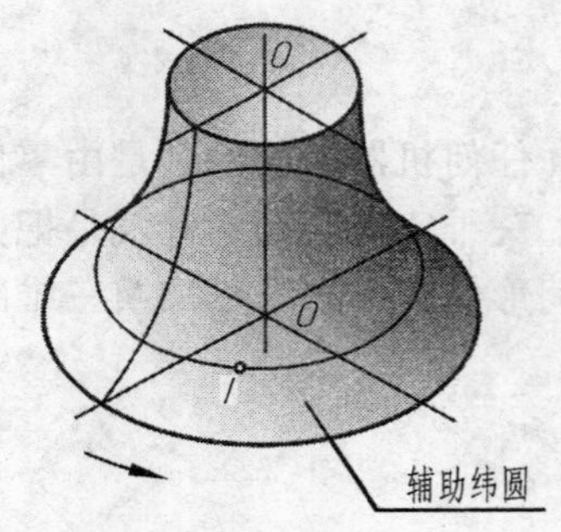

图 3-2　回转体的形成

(1) 圆柱体　圆柱体是由圆柱面和两端平面所围成的。圆柱面由一直母线绕与其平行的轴线旋转一周而形成，如图 3-3a 所示。也可以看成由一底平面圆向某一方向拉伸而成。

(2) 圆锥体　圆锥体是由圆锥面和底平面所围成的。圆锥面是由直母线绕与其相交的轴线旋转一周而形成，如图 3-3b 所示。

(3) 圆球　圆球是由半圆绕与过圆心的轴线旋转一周而形成的，如图 3-3c 所示。

(4) 圆环　圆环是以圆为母线绕与圆在同一平面内但不通过圆心的轴线旋转一周而形成的，如图 3-3d 所示。

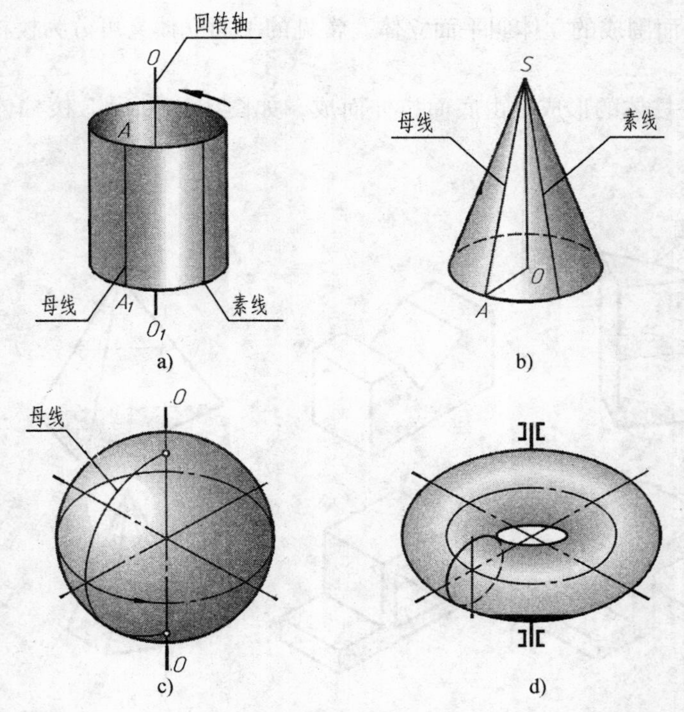

图 3-3　回转基本几何体的形成
a）圆柱体　b）圆锥体　c）圆球　d）圆环

二、组合形体

组合形体是由若干基本形体组合而成的，也称组合体。根据组合方式不同可分为堆积式

组合体、切割式组合体、相贯式组合体和既有堆积又有切割的复合式组合体。

（1）堆积式组合体　堆积式组合体的特点是像堆积木一样，将若干基本形体堆积在一起，并保持各自基本形体的完整性，如图 3-4a 所示。

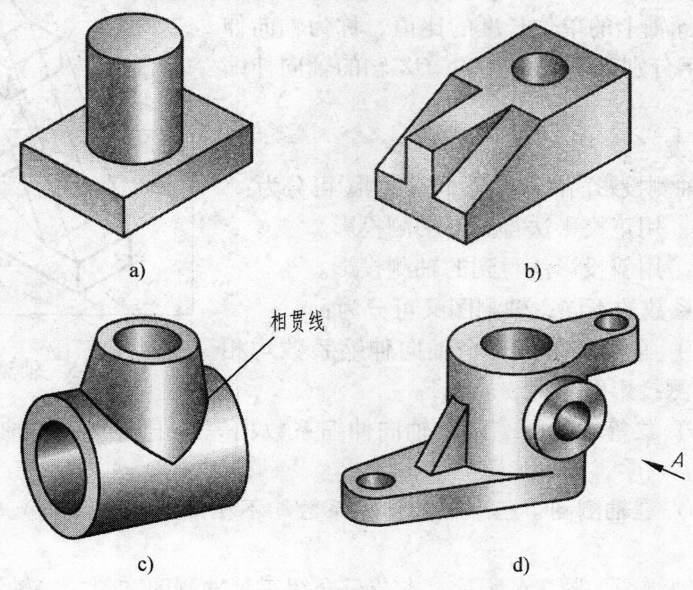

图 3-4　组合体类型

a）堆积式组合体　b）切割式组合体　c）相贯式组合体　d）复合式组合体

（2）切割式组合体　切割式组合体的特点是用若干平面切割基本形体而形成的，使基本形体不能保持它的完整性，如图 3-4b 所示。

（3）相贯式组合体　相贯式组合体是两个以上基本形体相交而成。这类组合体有三种形式，即实体与实体相贯、实体与空体相贯、空体与空体相贯，如图 3-4c 所示。

（4）复合式组合体　复合式组合体是堆积、切割、相贯的综合体，如图 3-4d 所示。

第二节　轴　测　图

轴测图是一种同时反映物体长、宽、高和三个表面的单面投影图。这种图的特点是立体感强，直观性好，但它只是某一个方向的整体效果图，可以说是三维模拟投影图。它常作为三维造型设计构思图、广告说明及加工制造过程的辅助图样。

一、轴测图的基本知识

1. 轴测图的形成

将物体连同其直角坐标系，沿不平行于任一坐标平面的方向（S），用平行投影法将其投射在单一投影面（P）上所得到的图形，称为轴测投影，亦称轴测图，如图 3-5 所示。在轴测投影中，把选定的投影面 P 称为轴测投影面；把在物体上选定的直角坐标轴 OX、OY、OZ 在轴测投影面上的投影 O_1X_1、O_1Y_1 和 O_1Z_1 称为轴测轴。

2. 轴间角和轴向伸缩系数

（1）轴间角　在轴测投影中，任意两根直角坐标轴在轴测投影面上的投影之间的夹角，即$\angle X_1O_1Y_1$、$\angle Y_1O_1Z_1$、$\angle Z_1O_1X_1$ 称为轴间角。

（2）轴向伸缩系数　直角坐标轴的轴测投影的单位长度与相应直角坐标轴上的单位长度的比值，称为轴向伸缩系数。用 p、q、r 分别表示 OX、OY、OZ 轴的轴向伸缩系数。

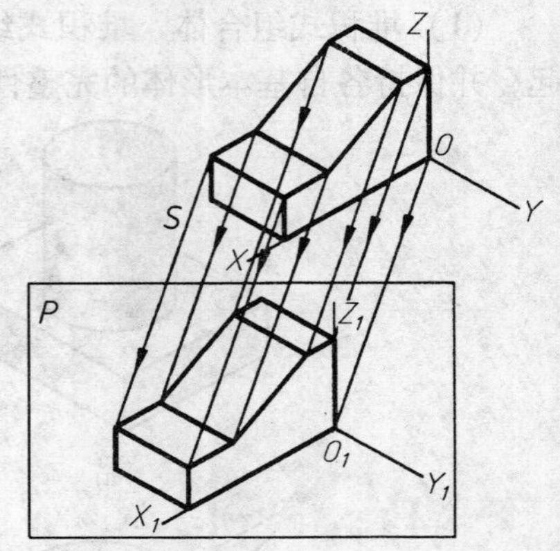

图 3-5　轴测图的形成

3. 轴测图的种类

按投射方向与轴测投影面的夹角不同，轴测图可分为：

（1）正轴测图　用正投影法得到的轴测投影。

（2）斜轴测图　用斜投影法得到的轴测投影。

若按轴向伸缩系数的不同，轴测图又可分为：

（1）正（或斜）等轴测图　三个轴向伸缩系数均相等的正（或斜）轴测投影图，即 $p=q=r$。

（2）正（或斜）二等轴测图　两个轴向伸缩系数相等的正（或斜）轴测投影图，即 $p=r\neq q$。

（3）正（或斜）三轴测图　三个轴向伸缩系数均不相等的正（或斜）轴测投影图，即 $p\neq q\neq r$。

工程上常用的轴测图如图 3-6 所示。本节只介绍正等轴测图和斜二等轴测图。

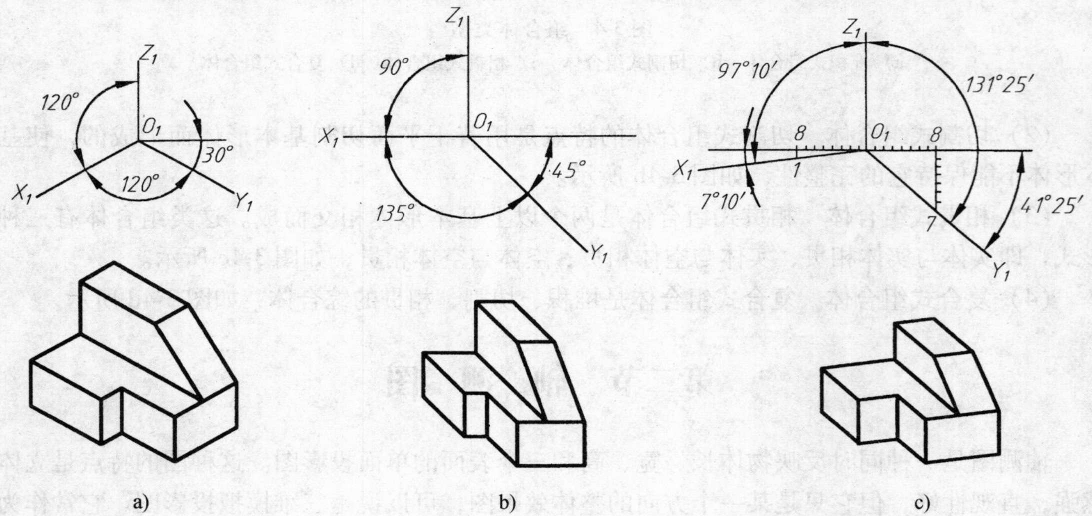

图 3-6　工程上常用的轴测图
a）正等轴测图　b）斜二等轴测图　c）正二轴测图

4. 轴测图的投影特性

由于轴测图是按平行投影法画出来的，因此它具有以下投影特性：

1）物体上平行于坐标轴的线段，其轴测投影也必然平行于相应的轴测轴，且线段的轴测投影长与空间长之比等于相应坐标轴的轴向伸缩系数。

2）物体上相互平行的线段，其轴测投影仍然相互平行。

画轴测图的同时，必须先确定轴间角和轴向伸缩系数，然后按轴测轴的方向测量尺寸画图，“轴测”二字由此而来。

二、正等轴测图

1. 正等轴测图的形成

正等轴测图是将物体上直角坐标系的三根坐标轴 *OX*、*OY*、*OZ* 对轴测投影面处于倾角都相等的位置，投射方向与轴测投影面垂直投射时所得到的轴测图，如图 3-7a 所示。

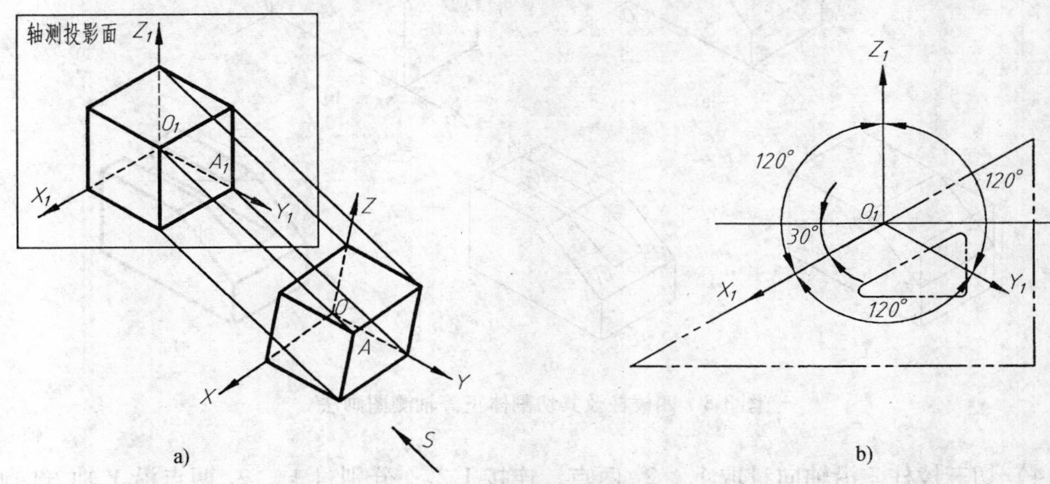

图 3-7　正等轴测图的形成及轴间角

a）正等轴测图的形成　b）正等轴测图的轴间角

2. 轴间角和轴向伸缩系数

轴间角$\angle X_1O_1Y_1 = \angle Y_1O_1Z_1 = \angle Z_1O_1X_1 = 120°$

轴向伸缩系数 $p = q = r = 0.82$。

绘图时，使 O_1Z_1 轴处于铅垂位置，如图 3-7b 所示。为作图简便，实际画图时采用 $p = q = r = 1$ 简化轴向伸缩系数画图。但是按简化轴向伸缩系数画出的图形是实际物体的 1/0.82 = 1.22 倍，不过并不影响立体感和各部分间的比例。

3. 平面立体正等轴测图画法

1）确定空间坐标系。在物体上选定直角坐标系，坐标原点位置的选择应以作图简便为原则。一般选择物体的某个顶点或对称中心为原点；物体的长度方向（左右方向）为 *OX* 轴、宽度方向（前后方向）为 *OY* 轴、高度方向（上下方向）为 *OZ* 轴。

2）画轴测轴。根据轴间角画出轴测轴 O_1X_1、O_1Y_1 和 O_1Z_1。

3）按轴向伸缩系数，沿轴测轴确定各点的坐标画图。

4）擦去多余的辅助线，加深，完成作图。

例 1　画图 3-8a 所示四棱柱及其切割体的正等轴测图。

解法一　先画出完整的四棱柱，然后切去左上角一个三棱柱，最后挖出上方的槽。

1）确定空间坐标系，选下底面右前角为坐标原点，如图 3-8a 所示。

2）画出轴测轴。

3）画四棱柱的轴测图。按给定的长、高画出四棱柱的前面；向后拉伸一个四棱柱宽度，即沿 Y 轴方向向后画出四条棱线，注意右下方的棱线看不见，不必画出；连接各棱线端点，如图 3-8b 所示。

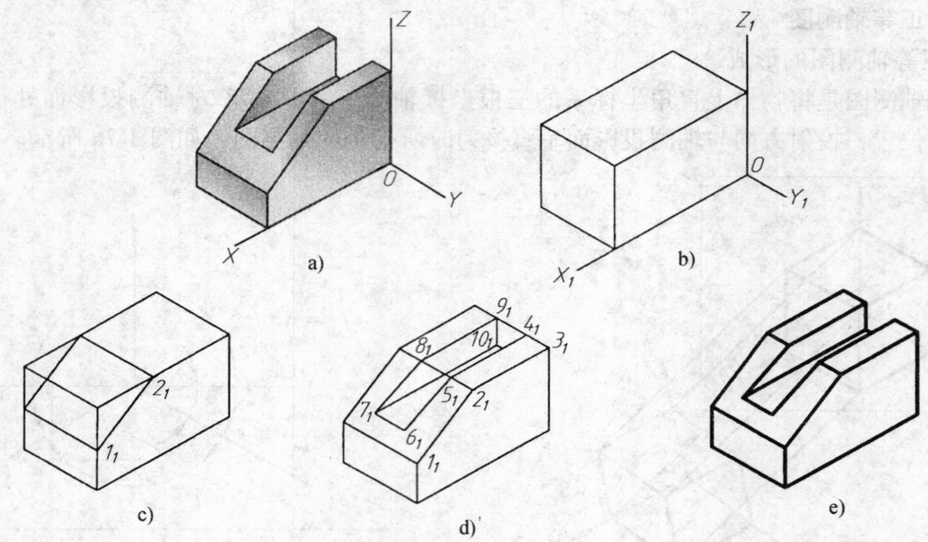

图 3-8　四棱柱及其切割体正等轴测图画法

4）切三棱柱。沿轴向量取 1_1、2_1 两点，连接 1_12_1；分别过 1_1、2_1 两点沿 Y 轴方向画线，与后面相交两点，此两点的连线平行于 1_12_1 线，如图 3-8c 所示。

5）挖切上方的方形槽。沿 Y 轴方向量取 4_1、9_1 两点，沿 Z 轴方向量取点 10_1；分别过 4_1、9_1、10_1 三点沿 X 轴方向画线，得 8_1、5_1 两点；分别过 5_1、8_1 作 1_12_1 的平行线，得点 7_1；过点 7_1、沿 Y 轴画线得点 6_1。注意画出过点 10_1 沿 Y 轴的一段线，如图 3-8d 所示。

6）擦去多余的辅助线，加深，即完成作图，如图 3-8e 所示。

解法二　先画出以立体前面五边形为底的五棱柱的轴测图，然后挖出上方的方形槽。

例 2　画出图 3-9a 所示正六棱柱的正等轴测图。

分析：由图 3-9a 可知，正六棱柱顶面、底面是平行于水平面的正六方边形，六条棱线平行于 Z 轴，在轴测图中，顶面可见，底面不可见，应从顶面画起，然后拉伸，完成作图，如图 3-9 所示。

1）选择正六棱柱顶面中心为坐标原点，确定坐标轴。

2）画轴测轴，确定 *I*、*IV* 两点。

3）根据 b、c 确定 *II*、*III*、*V*、*VI* 四点，顺次连接 *I*、*II*、*III*、*IV*、*V*、*VI*，然后由顶面各定点向下画棱线（只需画出可见棱线），按尺寸 h 截取底面各点。

4）连接底面各点，擦去多余的辅助线，加深。

例 3　画一个正四棱锥的正等轴测图，如图 3-10 所示。该四棱锥底面的长为 l、宽为 w，高为 h。

1）画轴测轴，根据底面的长、宽画底面的正等测投影。

2）根据棱锥的高确定锥顶的正等测位置。

3）连接各棱线，擦去多余图线，加深。

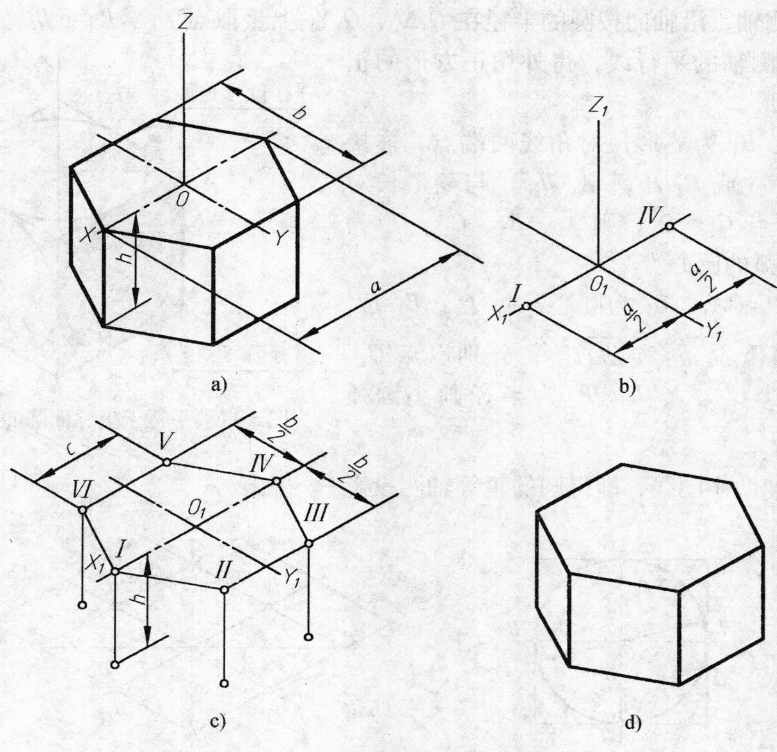

图 3-9　正六棱柱正等测图的画图步骤

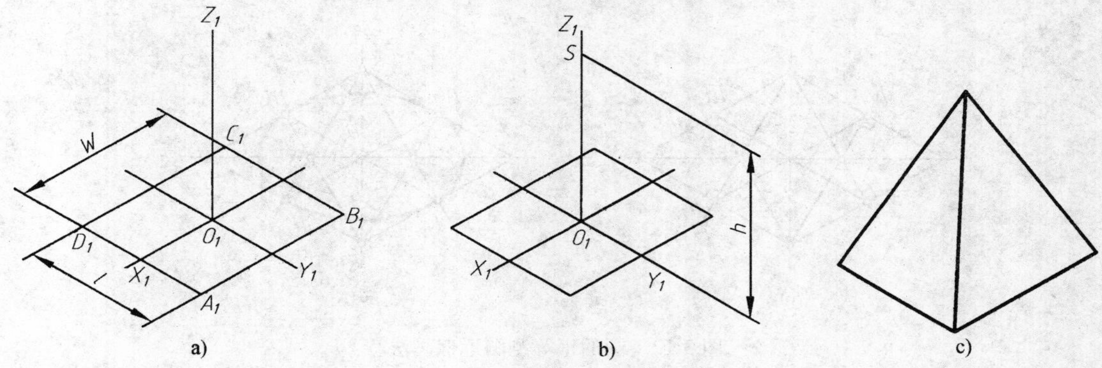

图 3-10　正四棱锥正等测的画图步骤

4. 回转体正等轴测图的画法

回转体正等轴测图的画法，关键是掌握圆的正等轴测图的画法。

（1）坐标面上或平行于坐标面上圆的正等测图画法　在正等测图中，因空间三个坐标面都倾斜于轴测投影面，且倾角相等，故三个坐标面上及其平行面上直径相等的圆，其轴测图均为长短轴相等的椭圆，但长短轴的方向不同，如图 3-11 所示。

正等测图中的椭圆常采用菱形四心法近似画出，如图 3-12 所示水平面（*XOY* 面）上的圆的作图步骤如下：

1）以圆心为原点，作坐标轴 *OX*、*OY*，作圆的外切正方形并标出切点 *I*、*II*、*III*、*IV*。

2）画轴测轴，沿轴向按圆的半径在 O_1X_1、O_1Y_1 上量取点 I_1、II_1、III_1、IV_1，并过这些点作相应轴测轴的平行线，得外切正方形的正等测图——菱形。

3）点 A_1、B_1 为菱形短对角线两端点，连接 A_1I_1、B_1III_1（或 B_1IV_1、A_1II_1）与菱形长对角线分别交于点 C_1、D_1，则 A_1、B_1、C_1、D_1 为椭圆的四段圆弧的圆心。

4）分别以点 A_1、B_1 为圆心，A_1I_1、B_1III_1 为半径画大圆弧 $\overset{\frown}{I_1II_1}$ 和 $\overset{\frown}{III_1IV_1}$；分别以点 C_1、D_1 为圆心，以 C_1I_1、D_1II_1 为半径画小圆弧 $\overset{\frown}{I_1IV_1}$ 和 $\overset{\frown}{II_1III_1}$。

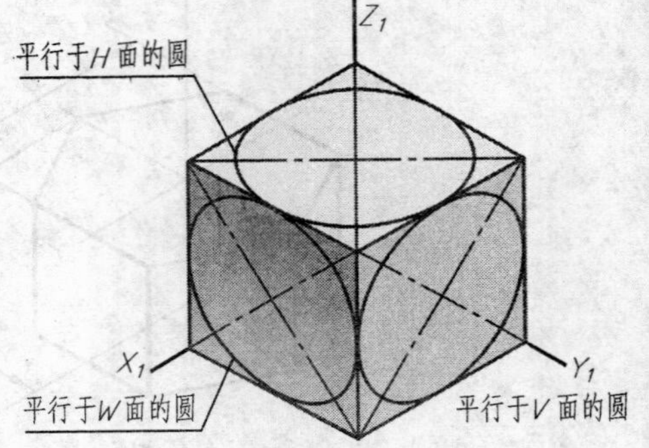

图 3-11　平行于坐标面圆的正等轴测图

5）擦去辅助作图线，即得圆的正等轴测投影——椭圆。

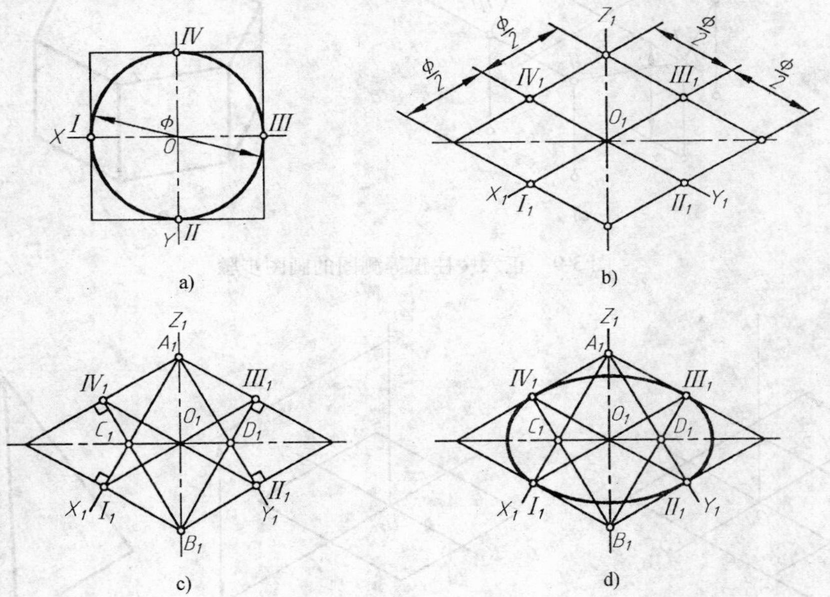

图 3-12　圆的正等测图近似画法

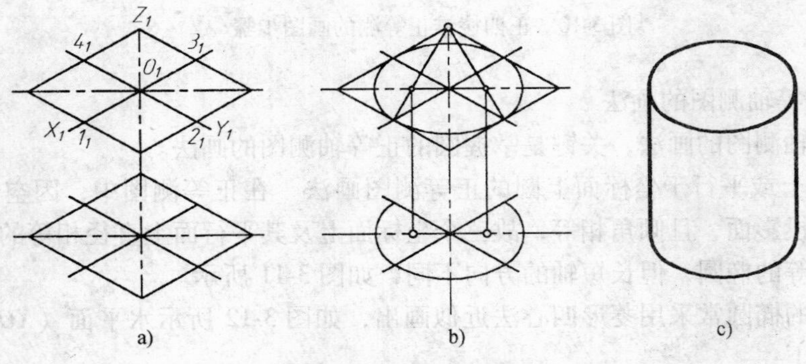

图 3-13　圆柱的正等测图的画法

（2）圆柱和圆锥台正等测图的画法　画圆柱和圆锥台的正等测图，是先作出顶面和底面的正等测图——椭圆，然后作出两椭圆公切线即可，如图3-13所示。

例4　画一个轴线铅垂、直径为d、高为h的圆柱的正等测图。

1）选定空间坐标系。圆柱顶面和底面是在水平面XOY及其平行面上，以顶面圆心为坐标原点，确定OX、OY坐标轴。

2）画出轴测轴，作出顶面圆外接正方形的正等轴测图——菱形。

3）按菱形四心法作出椭圆四段圆弧的圆心，画出顶面轴测投影——椭圆。

4）用移心法作出底面的四个圆心及切点，画出底面轴测投影——椭圆。

5）作上、下两椭圆的外公切线，擦去作图线及不可见轮廓线，加深。

例5　画出图3-14所示圆锥台的正等测图。

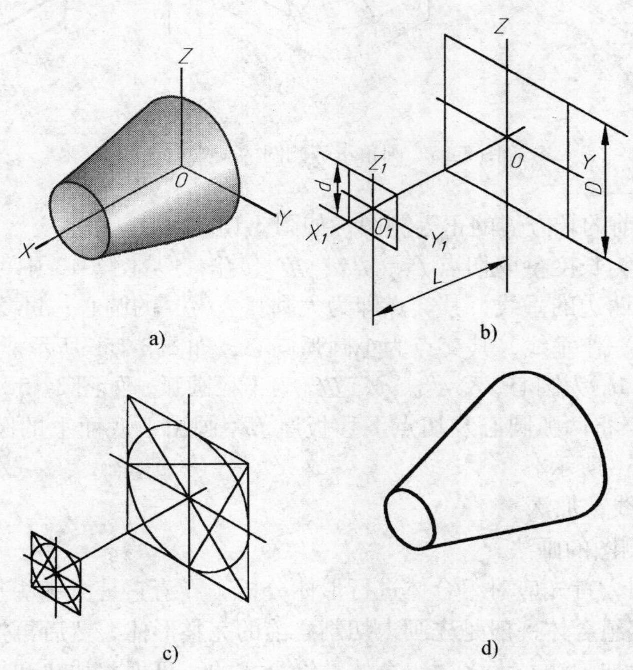

图3-14　圆锥台正等测图的画法

1）确定空间坐标系，选OX与圆锥台的轴线重合，上下底是在YOZ坐标面上的图，分别以上下底圆的圆心为坐标原点，建立空间坐标系。

2）画轴测轴，按尺寸L定上、下底中心，画O_1Y_1、O_1Z_1轴。

3）用四心法画出上、下底面的轴测投影——椭圆。

4）作两椭圆的外公切线，擦去作图线，加深。

（3）圆角正等测图的画法　组合体中常用带有圆角的底板，圆角一般是圆的四分之一，作出对应的四分之一菱形，便能近似地画出圆角的轴测图，而不需要画出完整的菱形，作图过程如图3-15所示。

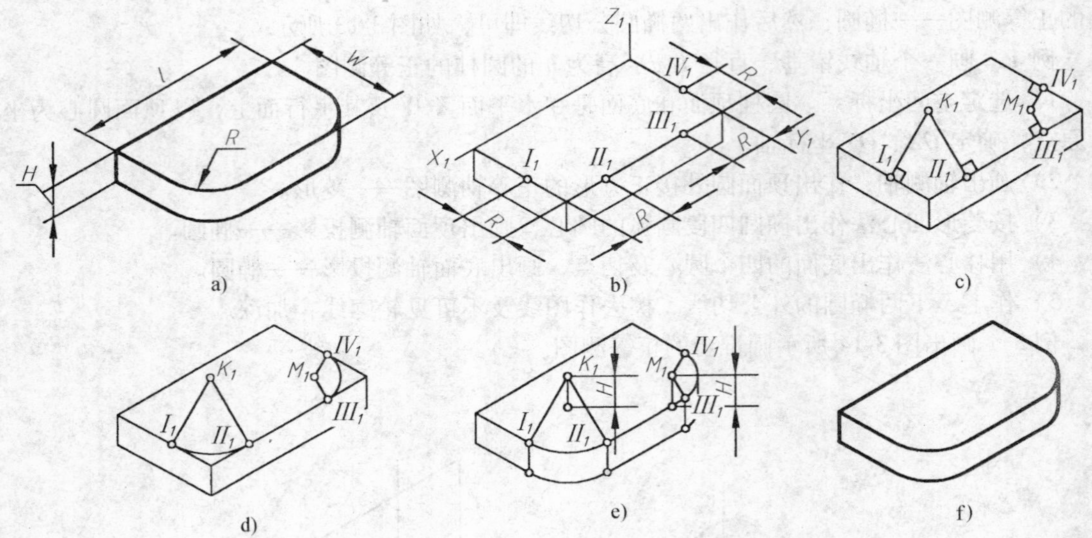

图 3-15　圆角正等测图的画法

1）作出未切圆角前的长方体的正等测图，如图 3-15b 所示。

2）以圆角半径 R 为长度量取切点 I_1、II_1、III_1、IV_1，从图 3-13 中可以看出：分别过点 I_1、II_1 作菱形大角两边的垂线，其交点即为大圆弧 $I_1\ II_1$ 的圆心；过菱形小角两边上 II_1 III_1（在此是 III_1、IV_1）作垂线，其交点为小圆弧圆心，如图 3-15c 所示。

3）分别以点 K_1、M_1 为圆心，$K_1\ I_1$、$M_1\ III_1$ 为半径画弧，如图 3-15d 所示。

4）用“移心法”，将两弧圆心及切点下移板厚 H，画出下底面上的圆弧，画出右边圆角的分切线，如图 3-15e 所示。

5）擦去多余作图线，加深。

5. 组合体正等轴测图的画法

画组合体的轴测图，首先应对组合体进行形体分析，弄清它是由哪些基本体、按何种方式组合而成的。切割式组合体一般是先画未切割之前的完整形体，然后再挖切；堆积式组合体则是按各基本形体叠加画法；大多数组合体是综合式的，可把叠加法和切割法结合起来绘制。

例 6　画出图 3-16a 所示组合体的正等轴测图。

1）画出底板，如图 3-16b 所示。

2）画出支承板上部半圆柱。注意圆在 XOZ 坐标面上，先画前面圆弧的轴测投影，然后用移心法将两圆弧圆心沿 Y 轴方向向后移一个板厚 5mm，画后面的两圆弧，如图 3-16c 所示。

3）画支承板上的圆柱孔及支承板上的切线。注意后面的圆弧可见部分也要画，如图 3-16d 所示。

4）画肋板及底板上的圆柱孔，如图 3-16e 所示。

5）擦去多余线条，加深，如图 3-16f 所示。

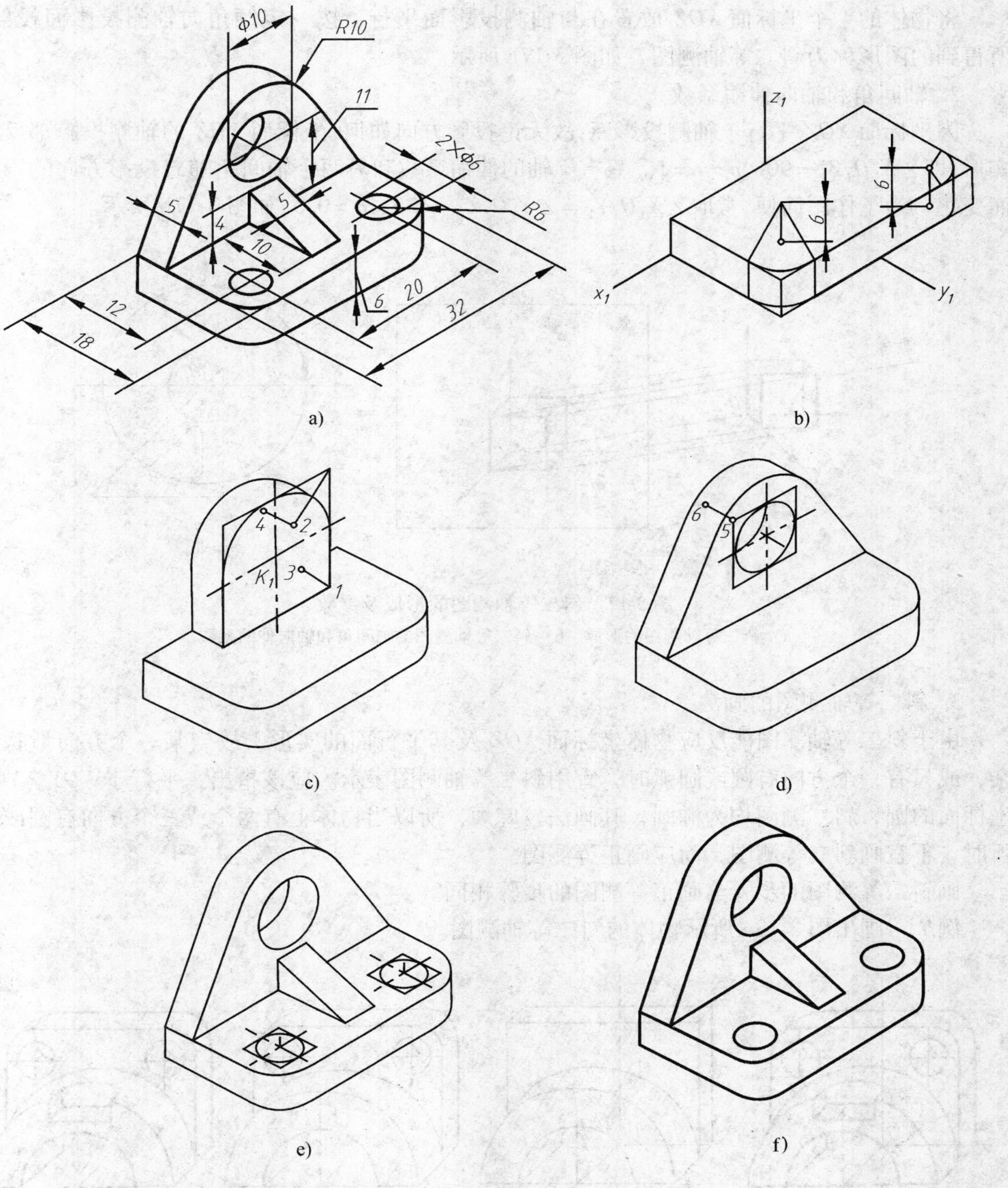

a)

b)

c)

d)

e)

f)

图 3-16　组合体正等轴测图的画法

三、斜二等轴测图

1. 斜二等轴测图的形成

将物体的一个坐标面 *XOZ* 放置在与轴测投影面平行，按一定倾角向轴测投影面投射，所得到的图形称为斜二等轴测图，如图 3-17a 所示。

2. 轴间角和轴向伸缩系数

因坐标面 *XOZ* 平行于轴测投影面,故无论投影方向如何,坐标面 *XOZ* 的轴测投影都反映实形,即$\angle X_1O_1Z_1=90°$,$p=r=1$。只有 y 轴的伸缩系数和另两个轴间角随着投影方向的不同而变化。为了作图简便,常取$\angle X_1O_1Y_1=\angle Y_1O_1Z_1=135°$,$q=0.5$,如图 3-17b 所示。

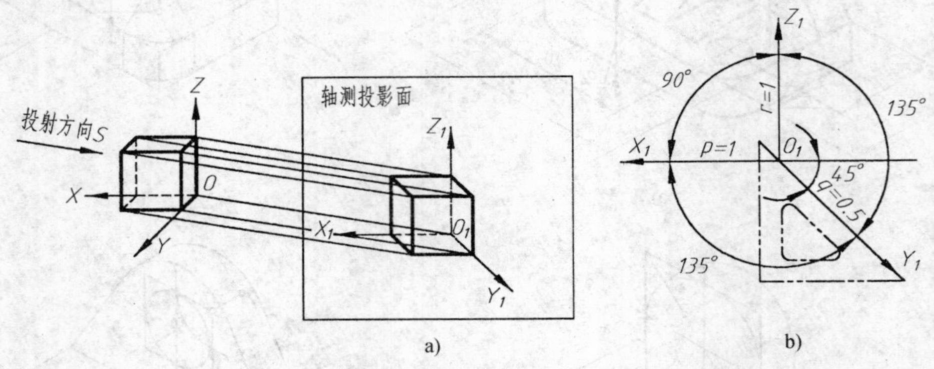

图 3-17　斜二等轴测图的形成及参数

a）斜二等轴测图的形成　b）斜二等轴测图的轴间角和轴向伸缩系数

3. 斜二等轴测图的画法

由于斜二等轴测图能反应物体坐标面 *XOZ* 及其平行面的实形，故当某一个方向形状复杂，或只有一个方向有圆或圆弧时，宜用斜二等轴测图表示。应该指出，平行于 *XOY*、*YOZ* 坐标面的圆，斜二测图均为椭圆，其画法较麻烦，所以当物体上有两个或三个方向有圆或圆弧时，不宜画斜二等测图，而应画正等测图。

画斜二等测图的步骤与画正等测图的步骤相同。

例 7　画出图 3-18a 所示物体的斜二等轴测图。

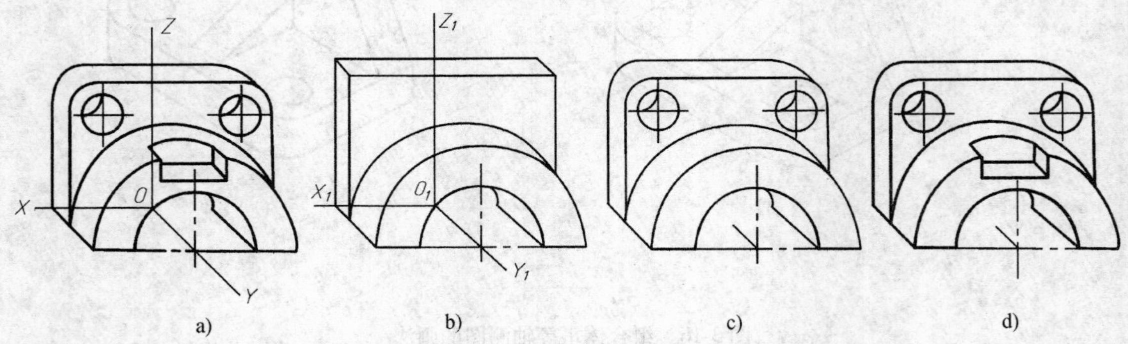

图 3-18　斜二测图的画法

a）确定坐标系　b）画空心半圆柱及竖板外形

c）画竖板上两个圆柱孔　d）切出半圆柱上的切口，擦去多余线条，加深

四、轴测剖视图

1. 轴测剖视图的基本知识

（1）剖面线的画法　为了与外形区别，在断面上应画出剖面线，剖面线的方向如图 3-19 所示。

（2）剖切面的位置　为了使图形清楚和作图简便，通常采用两个分别平行于某两个坐标面的平面来剖切物体，如图 3-20 所示。

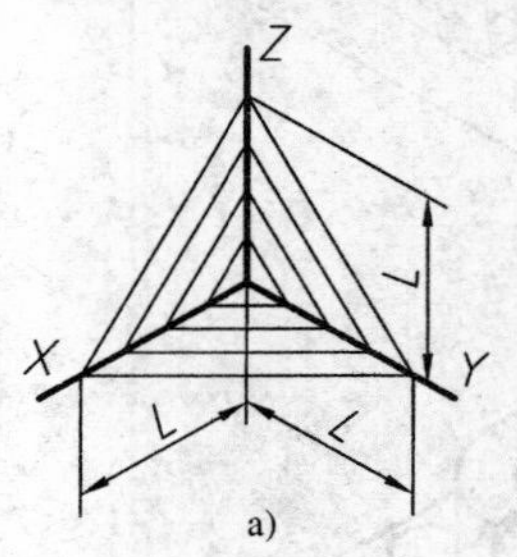

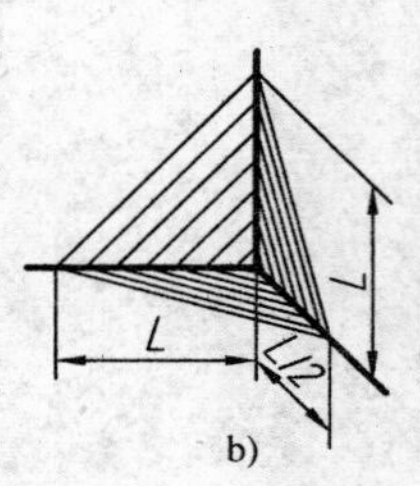

图 3-19　剖面线的画法

a）正等测图　b）斜二测图

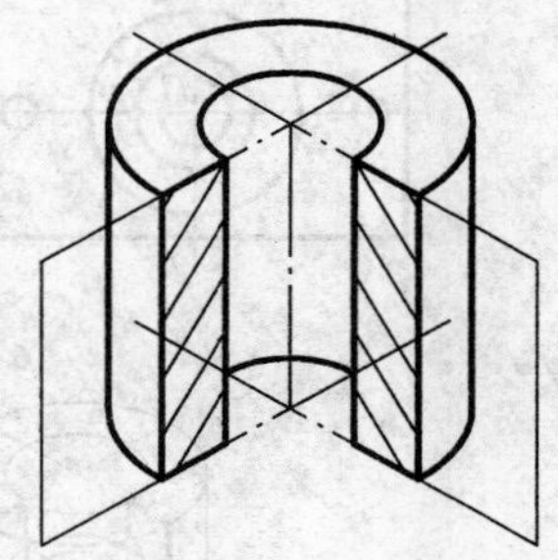

图 3-20　剖切平面的位置

2. 轴测剖视图的画法

1）先画断面，后画内、外形，具体作图步骤如图 3-21 所示。

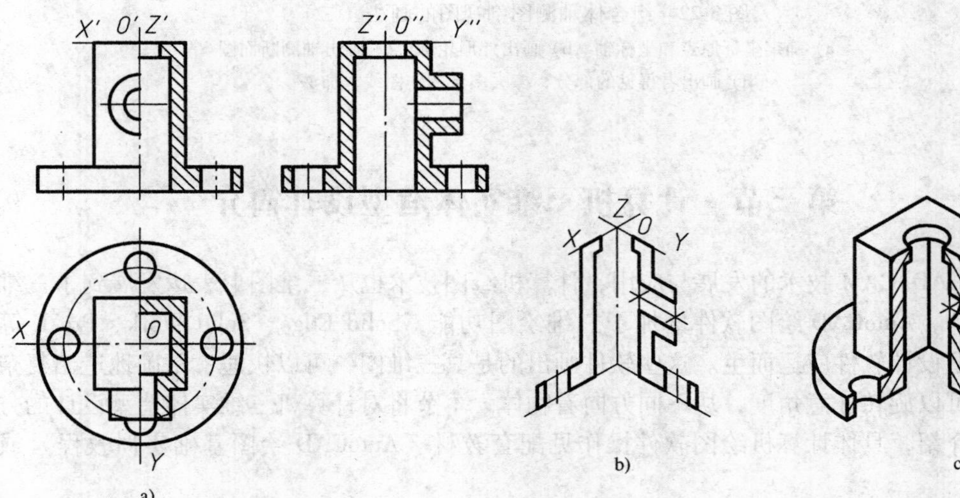

图 3-21　组合体轴测剖视图的画法（一）

a）确定坐标原点和坐标轴　b）画出轴测断面图

c）画出看得见的部分，擦去多余的作图线，加深

2）先画外形，再画断面和内形，具体画图步骤如图 3-22 所示。

剖切肋板、薄壁等结构的纵向对称平面时，这些结构不画剖面线，而用粗实线将所相邻部分分开。

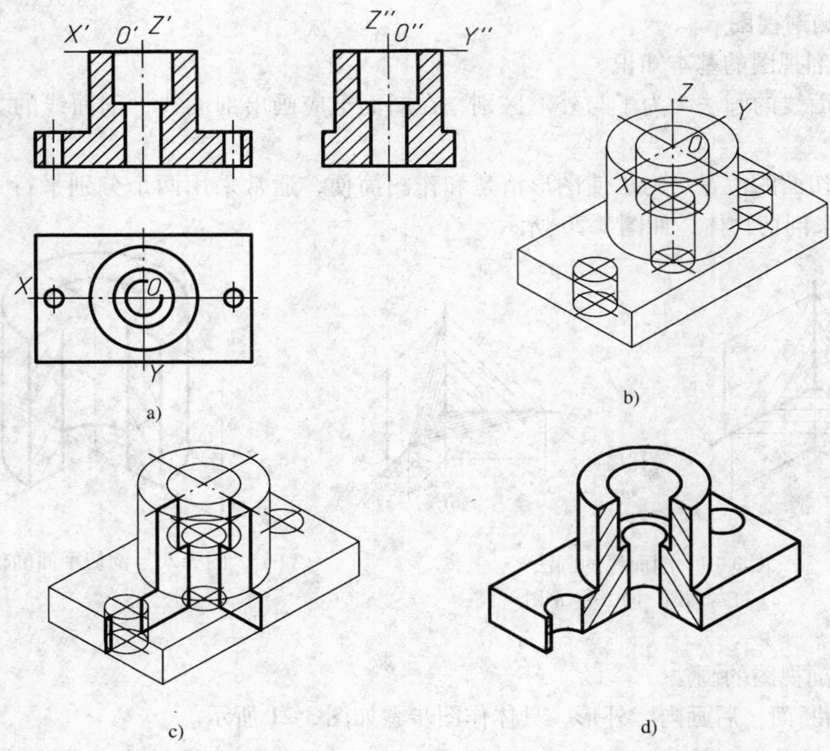

图 3-22　组合体轴测图剖视图的画法（二）

a）确定坐标原点和坐标轴　b）画出外形轮廓　c）画出轴测断面图

d）画出看得见的部分，擦去多余的作图线，加深

第三节　计算机三维实体造型设计简介

随着 CAD/CAM 技术的发展与应用，计算机绘图技术也从二维图形表达发展到了三维实体造型设计，AutoCAD 绘图软件增加了三维绘图功能，Solid Edge、Solid Work、Pro-E 等三维实体造型设计软件应运而生。这些软件画出的是真三维图，可以快速、精确地造出复杂的形体，还可以旋转任意角度，从不同方向看物体。本节将对计算机三维实体造型设计的方法作简单的介绍，具体计算机绘图软件操作见配套教材《AutoCAD 绘图基础实训教程》或相应的书籍。

一、计算机三维实体造型软件的特点

1）可以迅速地展示出人们头脑中构造的物体，对不满意的部分，可随时修改。

2）可以进行二维到三维、三维到二维的转换，缩短设计周期。

3）能够自动生成装配体分解轴测图而保持装配结构和零件间的装配关系。

4）具有渲染和其他高效工具。用户可以快速地完成高质量的零件和装配体的渲染效果图，形象逼真。

二、简单体的生成方法

（1）Protrusion 拉伸填料法　适用于柱体类实体。以柱体的底作为该立体的特征面，沿

与该面的垂直方向单向或双向拉伸，可生成三维实体模型，如图 3-23 所示。

（2）Revolve 旋转填料法　适用于回转体。根据回转体的形成特点，建立特征面，并将其绕轴线旋转，可生成回转体模型，如图 3-24 所示。

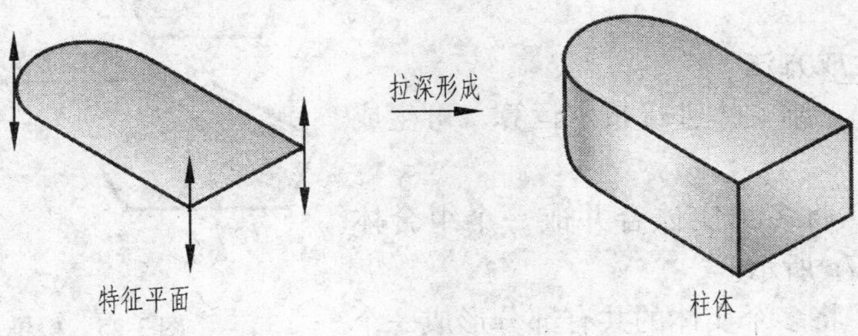

图 3-23　柱体的建模

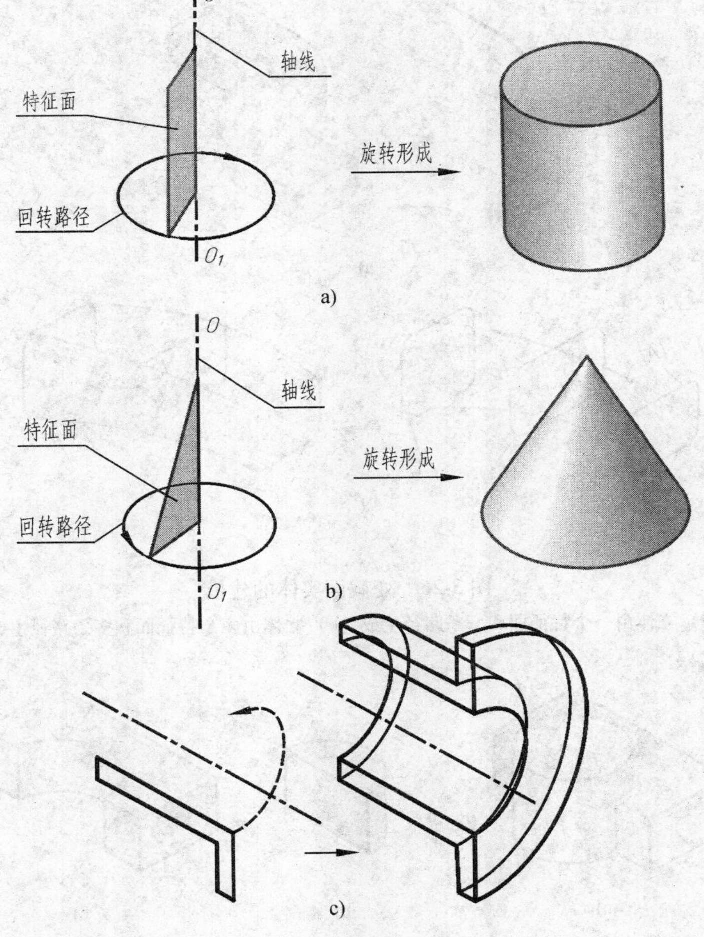

图 3-24　回转体的建模

a）圆柱体的建模　b）圆锥体的建模　c）旋转延伸

（3）Bland 多面拟合法　适用于棱锥台类实体。拟合多个特征面延伸成形，如图3-25所示。

（4）Sweep 扫掠填料法　适用于变截面实体，如图 3-26 所示。

三、组合体生成方法

计算机对若干三维实体进行布尔运算，可生成不同的组合体。

（1）求并集　将多个实体合并成一个组合体（堆积），如图 3-27a 所示。

（2）求交集　将多个实体的共有部分形成一个组合体，如图 3-27b 所示。

（3）求差集　在一些实体中减去另一些实体形成切割体，如图 3-27c 所示。

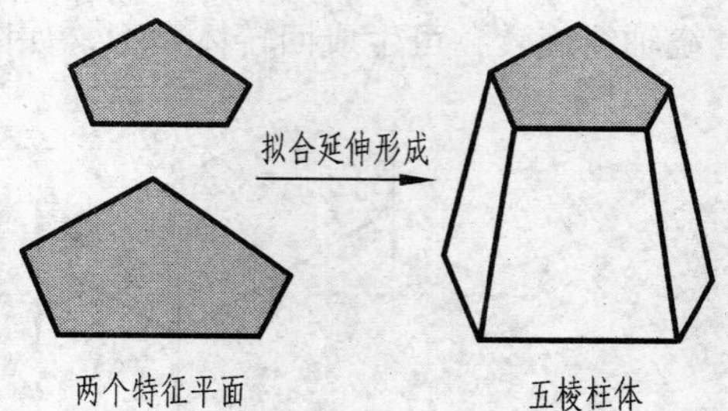

图 3-25　棱锥台的建模

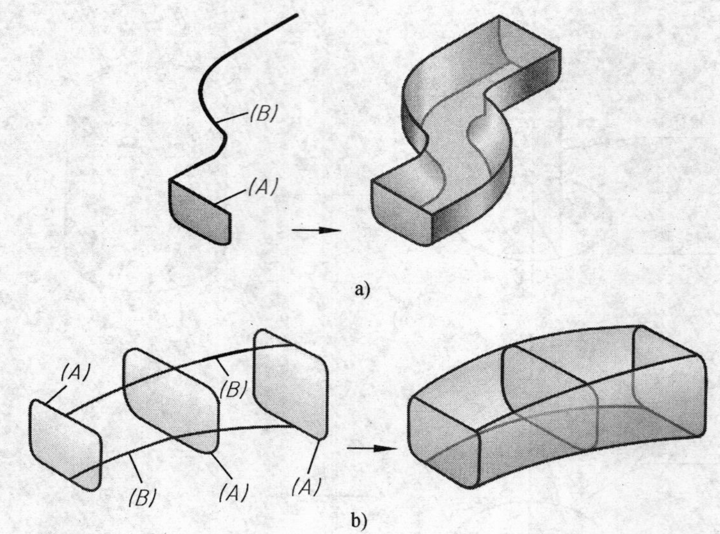

图 3-26　变截面实体的建模

a）立体由一个特征面和一条路径生成　b）立体由多个特征面和多条路径生成

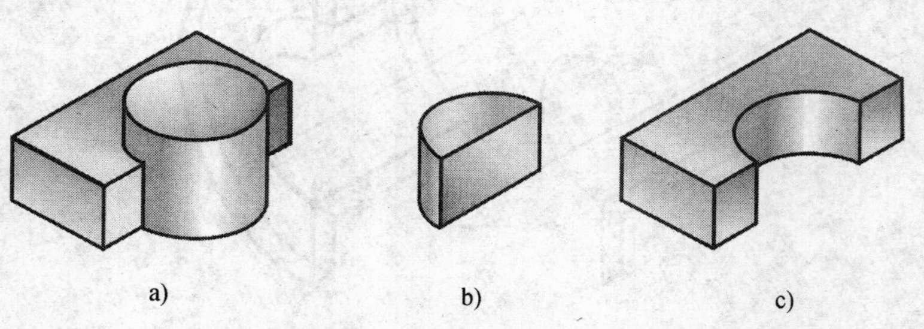

图 3-27　布尔运算

a）并集　b）交集　c）差集

四、三维实体造型设计举例

以 Solid Edge 设计软件为平台，设计如图 3-28 所示物体。

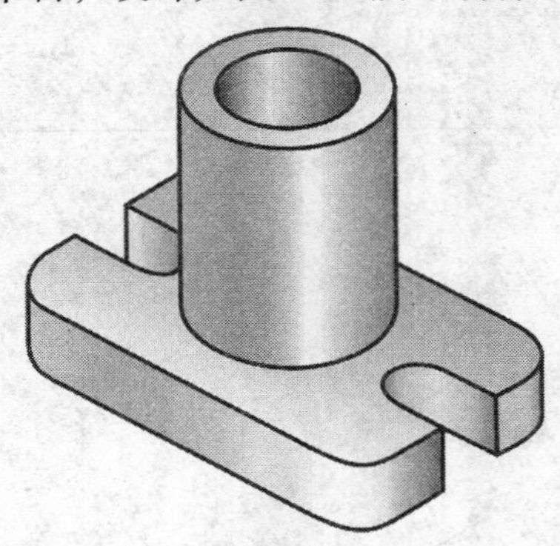

图 3-28　设计工件

设计步骤：

1）画底板的上顶面（或下底面）平面图，如图 3-29 所示。

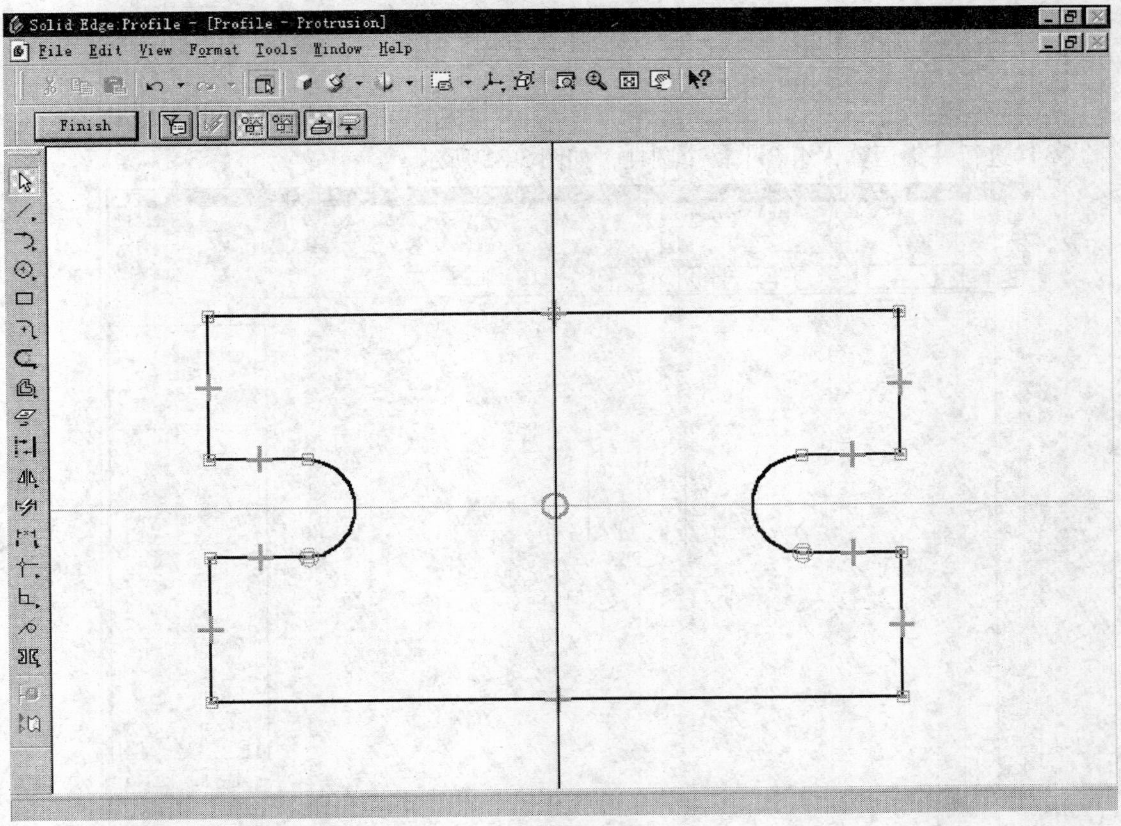

图 3-29　上顶板平面图

2）用拉伸填料法，拉伸一个底板厚度，如图 3-30 所示。

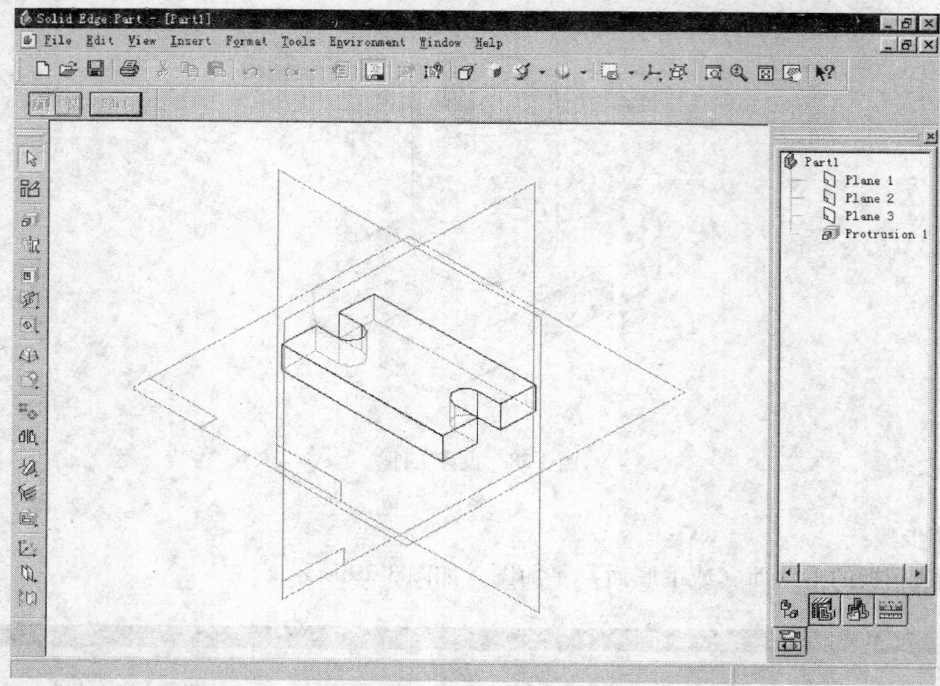

图 3-30　拉伸后的底板

3）进行并集运算，组合上一个圆柱，如图 3-31 所示。

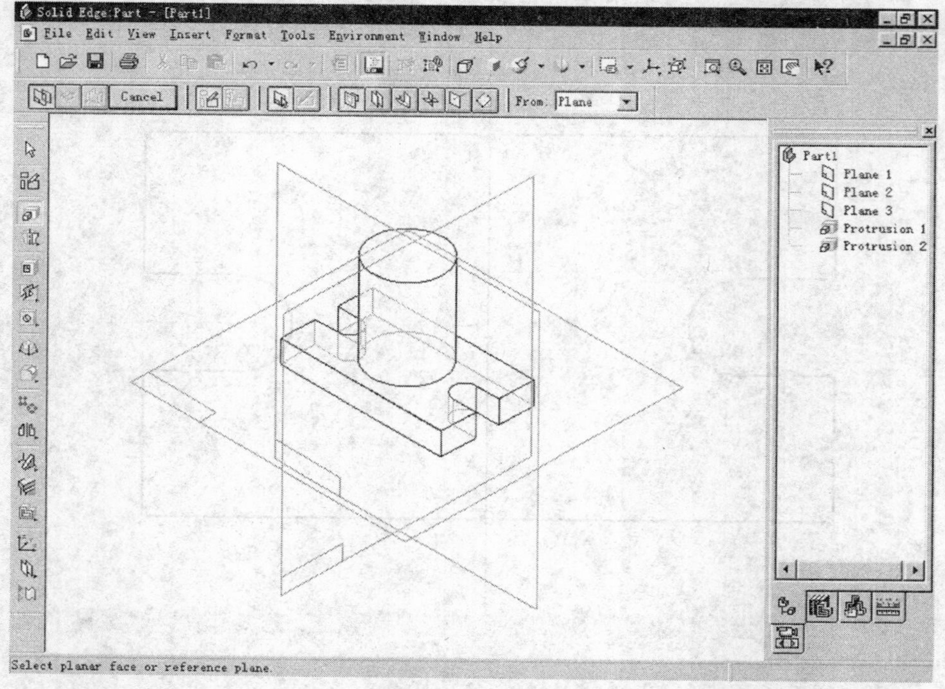

图 3-31　组合圆柱

4）进行差集运算，减去一个小圆柱，形成空心圆柱，如图 3-32 所示。

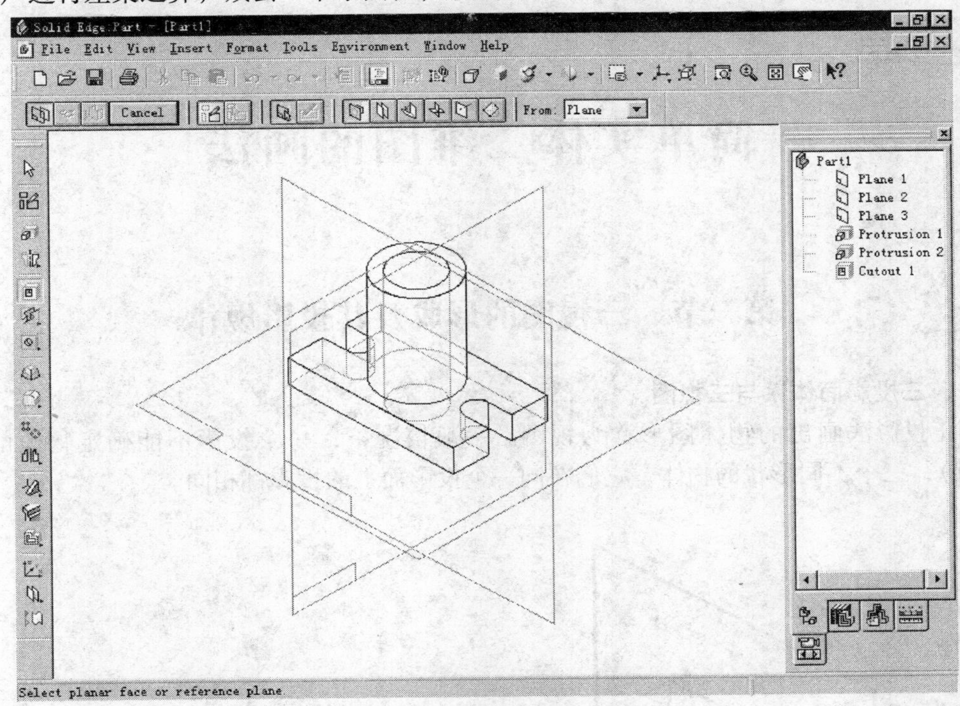

图 3-32　减去小圆柱

5）进行差集运算，将底板四个角切成圆角，如图 3-33 所示。

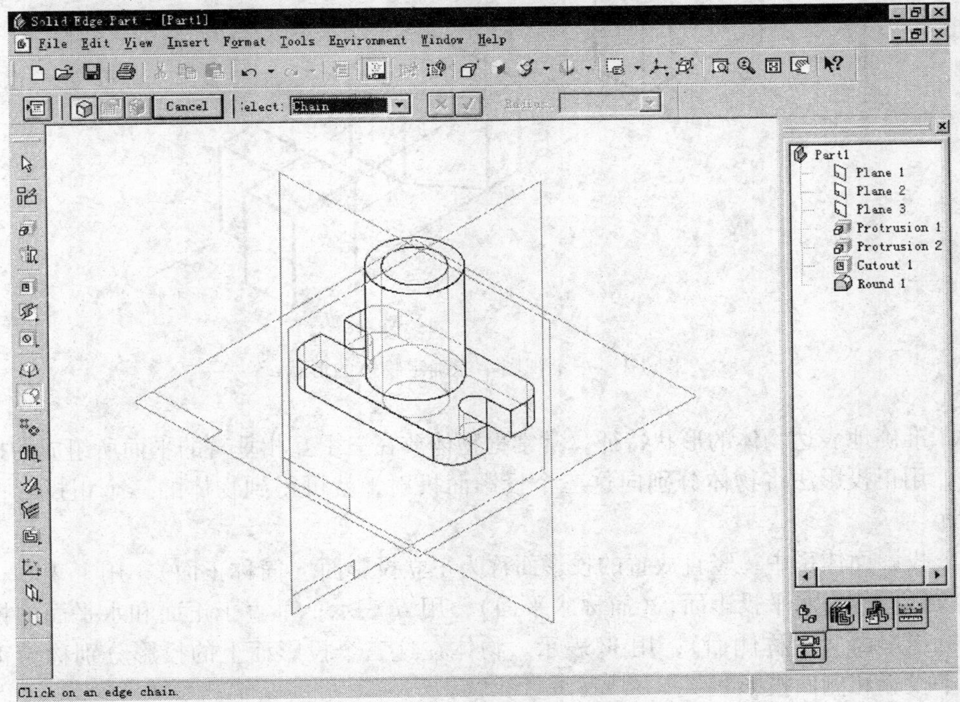

图 3-33　切角

第四章

简单实体二维图的画法

第一节　三视图的形成及其投影规律

一、三投影面体系与三视图

用正投影法画出的物体图形称为视图。一般情况下，一个投影不能确定物体的形状（图 4-1），三个不同形状的物体，它们在同一个投影面上的投影都相同。

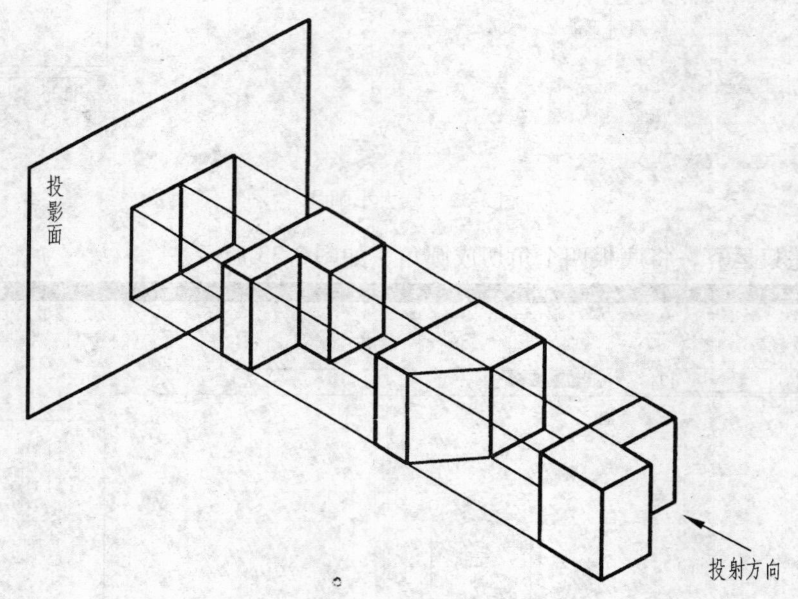

图 4-1　一个视图不能确定物体的形状

为了准确地表达物体的形状特征，常常把物体放在三个互相垂直的平面所组成的投影面体系中，用正投影法将物体分别向这三个投影面投射，就可得到物体的三个正投影，如图 4-2a 所示。

在三投影面体系中，竖直放置的投影面称为正立投影面（简称正面），用 V 表示；水平放置的投影面称为水平投影面，（简称水平面），用 H 表示；垂直于正面和水平面的投影面称为侧立投影面（简称侧面），用 W 表示。物体在这三个投影面上的投影分别称为正面投影、水平投影和侧面投影。

三投影面的交线 OX、OY、OZ 称为投影轴；三投影轴的交点 O 称为投影原点。

物体在投影面上的投影称为物体的视图。相应地，物体在三个投影面上的投影称为物体的三视图。

物体的正面投影，即由前向后投射所得的图形，称为主视图；

物体的水平投影，即由上向下投射所得的图形，称为俯视图；

物体的侧面投影，即由左向右投射所得的图形，称为左视图。

在视图中，规定物体表面的可见轮廓线的投影用粗实线绘制；不可见轮廓线的投影用虚线绘制，如图 4-2a 主视图所示。

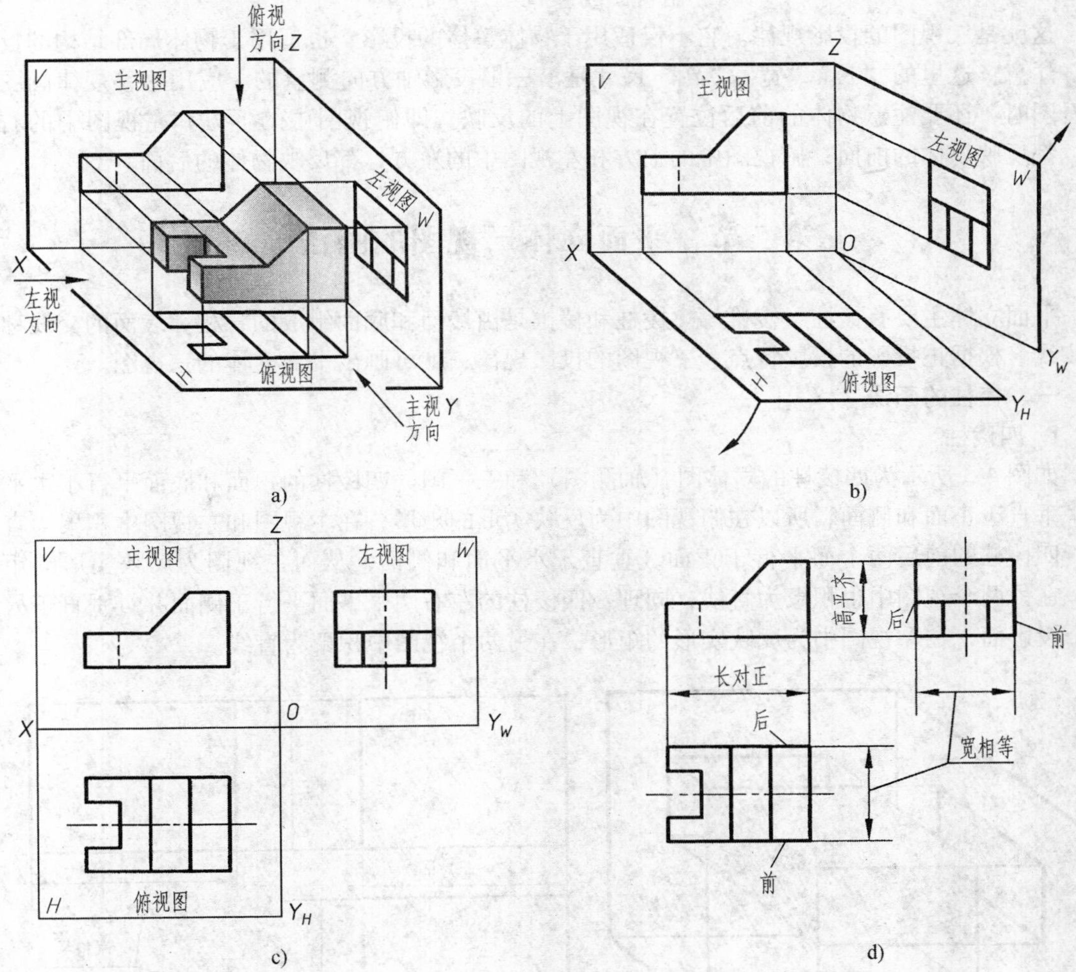

图 4-2　三视图的形成和投影规律

a）物体在三投影面体系中的投影　b）三投影的展开方法　c）展开后的三视图　d）三视图之间的投影规律

二、三视图配置及投影规律

为使三个视图都画在一张图纸上，国家标准规定正面保持不动，水平面绕 *OX* 轴向下旋转 90°，侧面绕 *OZ* 轴向右后方旋转 90°（图 4-2b），使得三个视图处在同一个平面上，如图 4-2c 所示。

为了便于画图和看图，在三视图中不画投影面的边框线。如图 4-2d 所示三视图的配置关系为：俯视图在主视图的正下方；左视图在主视图的正右方；按如此位置配置的三视图，视图的名称可不必标出。把物体左右方向的尺寸称为长，前后方向的尺寸称为宽，上下方向的尺寸称为高，那么主视图和俯视图同时反映了物体的长度，主视图和左视图反映了物体的高度，而俯视图和左视图反映了物体的宽度。因而三视图之间存在如下关系：

主视图与俯视图　长对正；

主视图与左视图　高平齐；

俯视图与左视图　宽相等。

这就是三视图的投影规律。它不仅适用于物体整体的投影，也适用于物体局部结构的投影。注意：这里的“长”“宽”“高”尺寸是沿三根投影轴方向测量的。应用这一规律画图和看图时，还要注意物体的前后位置在视图上的反映，即俯视图中的下方和左视图中的右方，都反映物体的前面；俯视图中的上方和左视图中的左方，都反映物体的后面。

第二节　平面立体三视图的画法

平面立体主要有棱柱、棱锥等。棱柱和棱锥是由棱面和底面组成的，相邻表面的交线称为棱线。根据正投影的投影特点和三视图的投影规律，就可画出平面立体的三视图。

一、棱柱的画法

1. 四棱柱

如图 4-3 所示为四棱柱的立体图（轴测图）和三视图。四棱柱的顶面和底面平行于水平面，垂直于正面和侧面，所以在俯视图中为反映实形的矩形，在主视图和左视图中积聚为直线；四棱柱的前后两个面平行于正面，垂直于水平面和侧面，从而主视图为反映实形的矩形，在另两个视图中也积聚为直线；同理，四棱柱的左右两个平面平行于侧面并且垂直于另两个投影面，在左视图中为反映实形的矩形，在另两个视图中积聚为直线。

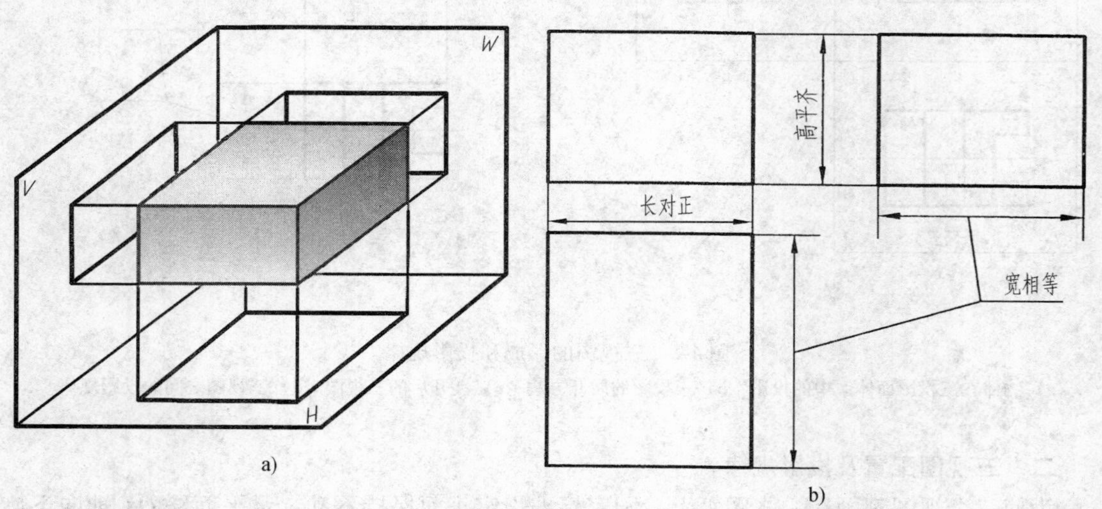

图 4-3　四棱柱的立体图和三视图

a）立体图　b）三视图

四棱柱的四条棱线都垂直于水平面，在俯视图中均积聚为一点，在主视图和左视图中为反映实长的直线。

2. 六棱柱

图 4-4 所示的是正六棱柱的三视图。正六棱柱的顶面和底面为正六边形，平行于水平面且垂直于正面和侧面，因而在俯视图中为反映实形的正六边形，在主视图和左视图中积聚为直线。在六个棱面中，前后两个棱面平行于正面且垂直于水平面和侧面，从而在主视图中为反映实形的矩形，在俯视图和左视图中分别积聚为直线。其余四个棱面垂直于水平面且倾斜于另两个投影面，它们在俯视图中积聚为直线，在主视图和左视图中为缩小的类似形。

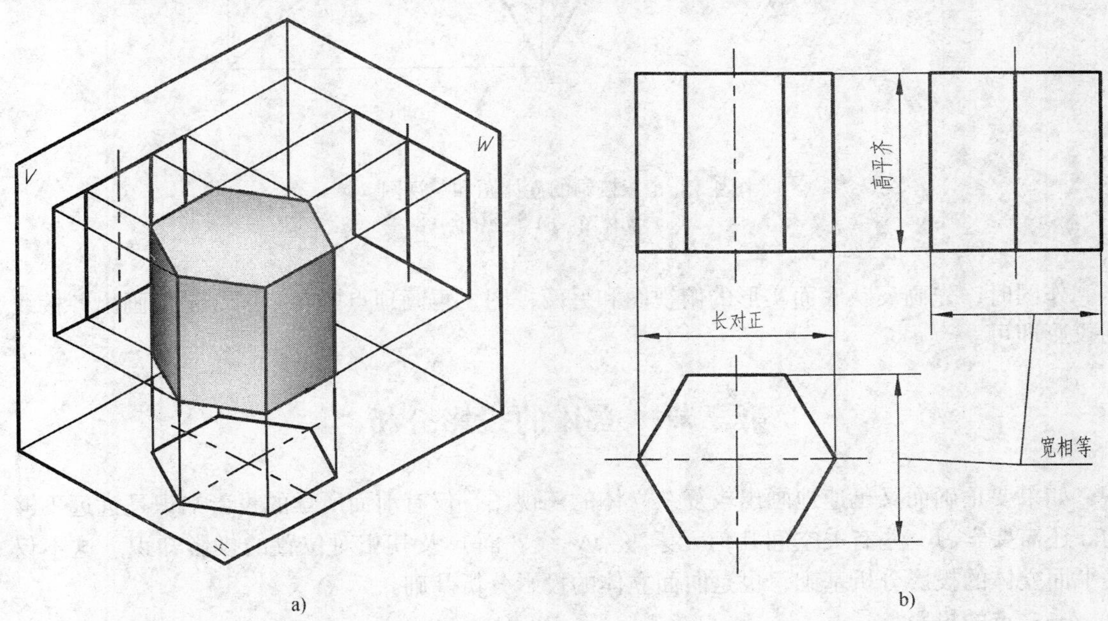

图 4-4　正六棱柱的立体图和三视图

a）立体图　b）三视图

正六棱柱的六条棱线均垂直于水平面且平行于正面和侧面，从而在俯视图中积聚为一点，在另两个视图中反映实长。

由此可见，正六棱柱的俯视图为正六边形，主视图和左视图为若干矩形线框，如图 4-4b 所示。

在画棱柱的三视图时，应先画反映棱柱底面形状特征的视图，再根据投影规律画出另外两个视图。当图形对称时，必须用细点画线画出对称中心线。

二、棱锥

如图 4-5 所示为正三棱锥的立体图和三视图。它的底面△*ABC* 是平行于水平面的等边三角形，在俯视图中反映底面实形，在主视图和左视图中积聚为直线；三个棱面为等腰三角形，其中棱面 *SAC* 垂直于侧面，从而在左视图中积聚为直线，而在主视图和俯视图中为缩小的类似三角形；棱面 *SAB* 和 *SBC* 均倾斜于三个投影面，因此在三个视图中都是缩小的类似三角形。

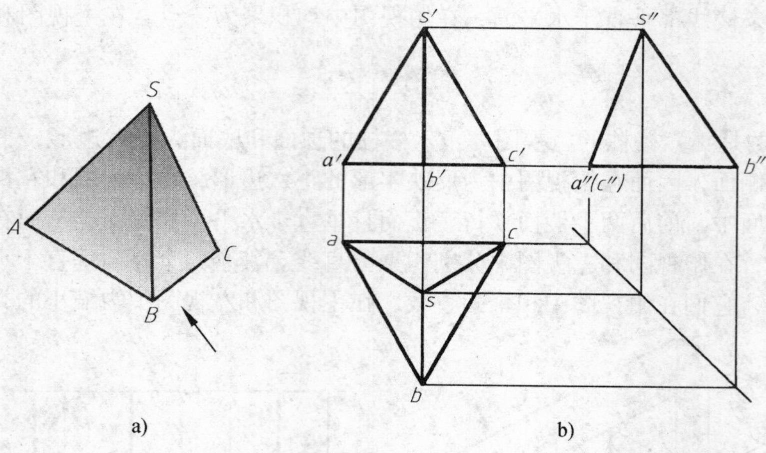

图 4-5 正三棱锥的立体图和三视图
a）立体图 b）三视图

作图时，先画反映底面实形的俯视图和另两视图，再画顶点的各投影，最后画出各棱线的投影即可。

第三节 立体的投影分析

如果要正确而又迅速地画出较复杂立体的三视图，仅有前面所学的投影知识是远远不够的。还需要学习一些有关空间几何元素（点、线、面）及其相对位置的投影知识。这不仅是平面立体的投影分析基础，也是曲面立体的投影分析基础。

一、点的投影

1. 点的投影规律

图 4-6a 所示空间点 A 在三投影面体系中的投影。由空间点 A 分别作垂直于三个投影面的投射线，其交点 a、a'、a''即为点 A 的三面投影㊀。图 4-6b 为展开后的三面投影图。H 面和 W 面沿 OY 投影轴分开而形成 OY_H 和 OY_W。通常在投影图中只画投影轴，不画出投影面的边界，如图 4-6c 所示。

在图 4-6a 中，过点 A 的三面投影分别作投影轴的垂线，与投射线及投影轴一起组成一个长方体框架。可以看出，Aa、Aa'、Aa''分别为点 A 到 H、V、W 面的距离，x、y、z 是点 A 的坐标，与点的投影关系为

$$x = Aa'' = a'a_Z = aa_Y = Oa_X$$
$$y = Aa' = aa_X = a''a_Z = Oa_Y$$
$$z = Aa = a'a_X = a''a_Y = Oa_Z$$

㊀ 空间点用大写字母（如 A、B、C）表示，其水平投影用相应的小写字母（如 a、b、c）表示，正面投影用相应的小写字母加一撇（如 a'、b'、c'）表示，侧面投影用相应的小写字母加两撇（如 a''、b''、c''）表示。

由此可以总结出点的三面投影规律：

1）点的投影连线垂直于投影轴，即 $a'a \perp OX$，$a'a'' \perp OZ$。

2）点的投影到投影轴的距离等于该点的某个坐标，也就是该点到相应投影面的距离。

为了表示 $aa_X = a''a_Z$ 的关系，常用过点 O 的 45°斜线把点的水平投影和侧面投影之间的投影连线连接起来，如图 4-6c 所示。

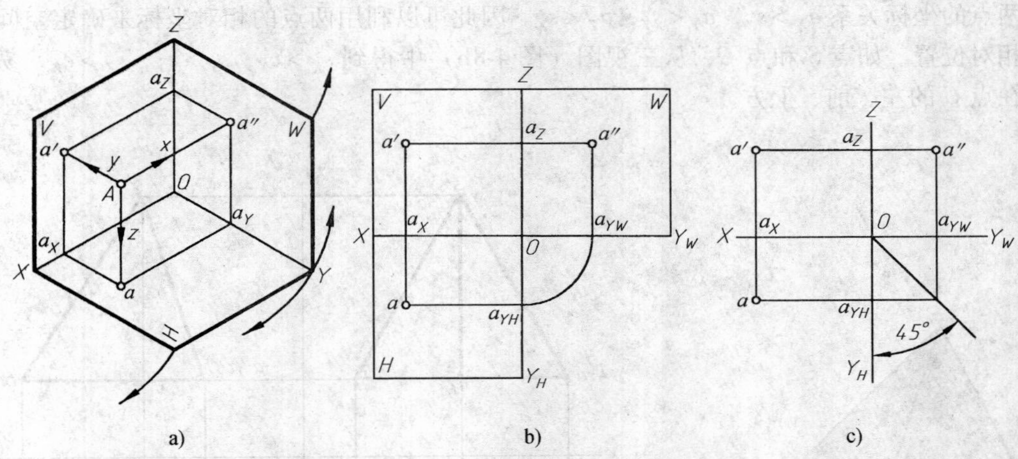

图 4-6　点在三投影面体系中的投影

a）轴测图　b）投影面展开图　c）投影图

例 1　如图 4-7a 所示，已知点 B 的两投影 b 和 b'，点 C 的两投影 c'和 c''，求第三投影。

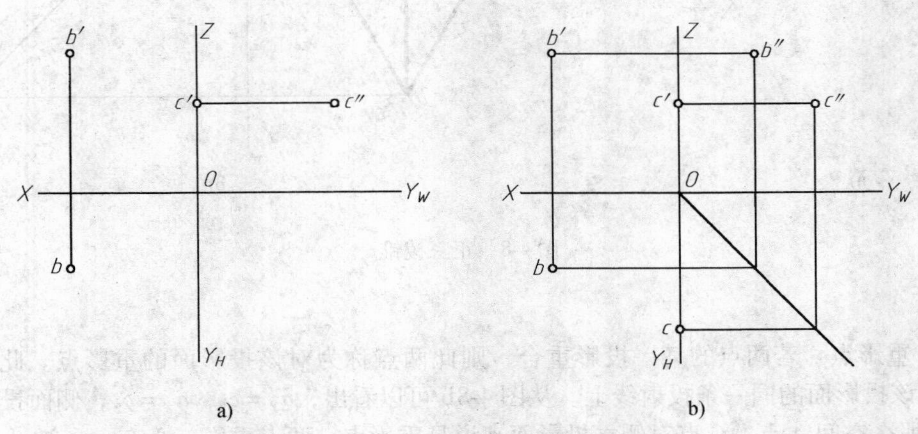

图 4-7　由点的两投影求第三投影

解　根据点的投影规律，作图步骤如图 4-7b 所示。

1）过点 b'作 OZ 轴的垂线。

2）过点 b 作 OY_H 轴的垂线与 45°斜线相交，并自交点作 OY_W 轴的垂线与上述 OZ 轴的垂线交于点 b''。

3）过点 c''作 OY_W 的垂线使与45°斜线相交，并自交点作 OY_H 轴的垂线，与 OY_H 轴的交点即为点 c。因为点 C 的正面投影 c'在 OZ 轴上，所以点 C 在 W 面上，故其水平投影 c 应在 OY_H 轴上，而不在 OY_W 轴上。

2. 两点的相对位置与无轴投影

（1）两点的相对位置　空间两点的上下、左右、前后的相对位置，与它们的三个坐标的大小有密切关系。如图4-8所示的正三棱锥中，顶点 S 在点 A 的右方、前方、上方，可以得到两点的坐标关系 $a_X > s_X$，$a_Y < s_Y$，$a_Z < s_Z$。因此可以利用两点的相对坐标来确定空间两点的相对位置。如点 S 和点 C，从三视图（图4-8b）中得到 $s_X > c_X$，$s_Y > c_Y$，$s_Z > c_Z$，易知点 S 在点 C 的左、前、上方。

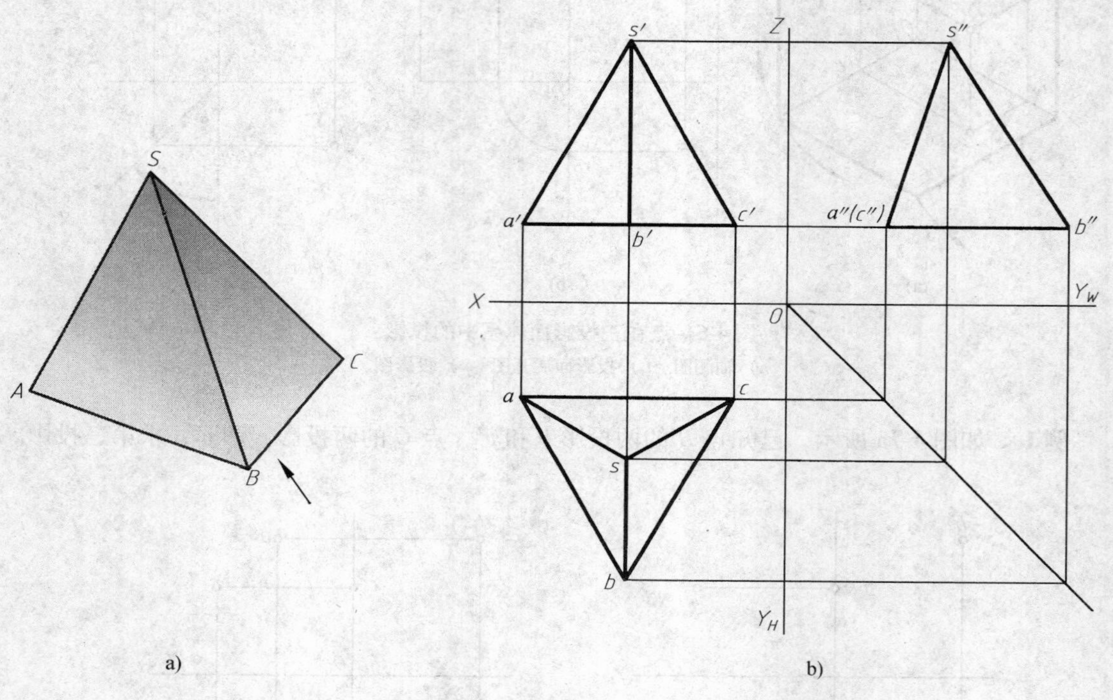

图4-8　正三棱锥

（2）重影点　若两点的某一投影重合，则此两点称为对该投影面的重影点。此时，两点必位于该投影面的同一条投射线上。从图4-8b可以看出，$a_Y = c_Y$，$a_Z = c_Z$，侧面投影 a''和 c''重合，那么空间 A 点、C 点对侧立投影面来说是重影点。两点重影，必有一点被“遮盖”，故有可见与不可见之分。因点 A 在点 C 左方（$a_X > c_X$），所以在 W 面上重影时，点 A 的投影 a''可见，点 C 的投影 c''不可见，并加括号以示区别，如图4-8b所示。

例2　已知点 D 的两投影，且点 C 在点 D 的左方10、后方20、上方15，求点 D 的第三投影和点 C 的三面投影（图4-9a）。

解　1）如图4-9b所示，根据点的投影规律，由点 d 和 d'求出 d''。

2）过点 d 向左取 $\Delta x = 10$，交 OX 轴于点 c_X，过点 c_X 作铅垂线。

3）过点 d' 向上取 $\Delta z=15$，交 OZ 轴于点 c_Z，过点 c_Z 作水平线，与前面所作的铅垂线交于一点即为 c'。

4）过点 d 向上取 $\Delta y=20$，交 OY_H 轴于点 c_{YH}，过点 c_{YH} 作水平线，与前面所作的铅垂线交于一点即为 c。

5）由点 c 和 c' 求出 c''。

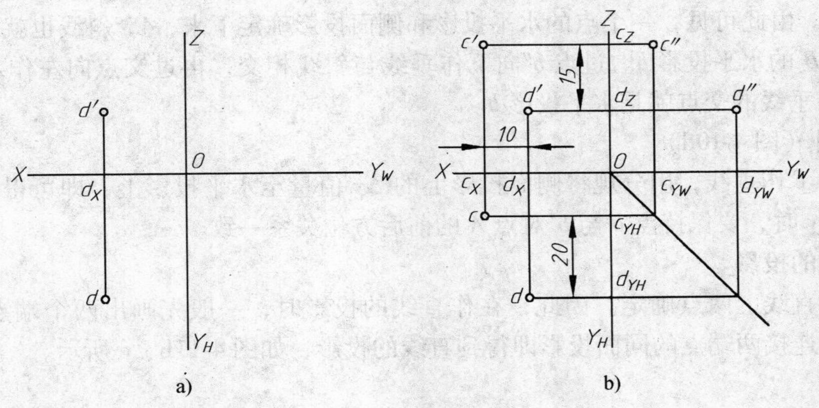

图 4-9　求点 C 的投影

（3）无轴投影　不画投影轴的投影图称为无轴投影图，如图 4-10b 所示。无轴投影图是根据两点的相对坐标绘制的。前面所介绍的“长对正，高平齐，宽相等”的投影规律，实质上就是无轴投影中的相对坐标。

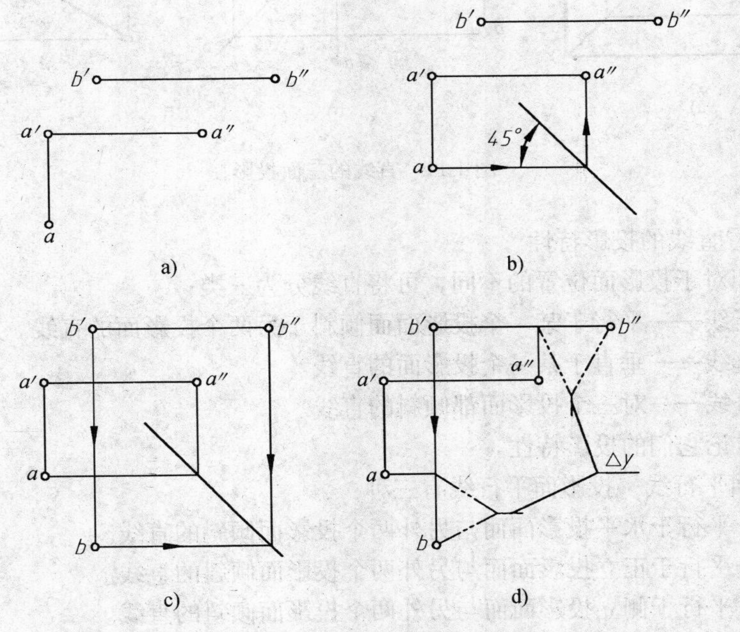

图 4-10　在无轴投影图上求点的第三投影的作图方法

例3 如图4-10a所示，在无轴投影图中，已知点A的三个投影和点B的两个投影，求第三投影。

解 根据点的投影规律，点b位于过点b'的铅垂线上，具体位置应根据两点的相对坐标Δy来确定，可利用侧面投影求得，有两种作图方法。

【方法一】（图4-10b、c）

1）求出45°斜线（图4-10b）。过点a和a''分别引水平线和铅垂线，再过这两条线的交点画45°斜线。由此可见，一个点的水平投影和侧面投影确定下来，45°斜线也就随之确定。

2）求点B的水平投影b。过点b''向下作垂线与斜线相交，再过交点向左作水平线，与过点b'作的铅垂线的交点就是水平投影b。

【方法二】（图4-10d）

过点b'向下作垂线，用分规将侧面投影上的Δy值量至水平投影上，即可得到点b。注意：在量取Δy时，要保持点b与b'对点A的前后方位关系一致。

二、直线的投影

直线可由直线上两点确定。因此，在作直线的投影时，一般先画出两个端点的三面投影，然后分别连接两端点的同面投影即得到直线的投影，如图4-11b、c所示。

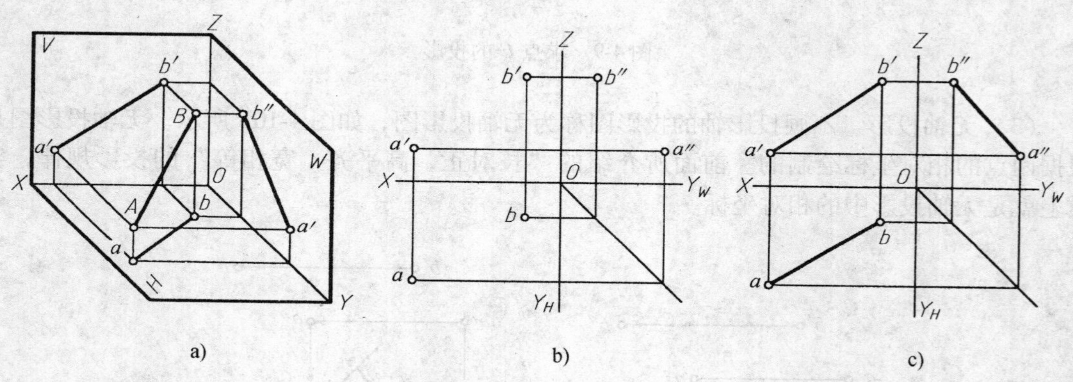

图4-11 直线的三面投影

1. 各种位置直线的投影特性

空间直线相对于投影面位置的不同，可将直线分为三类：

投影面平行线——平行于某一个投影面而倾斜于另两个投影面的直线。

投影面垂直线——垂直于某一个投影面的直线。

一般位置直线——对三个投影面都倾斜的直线。

下面分别讨论它们的投影特性。

（1）投影面平行线　投影面平行线有三种：

水平线——平行于水平投影面而与另外两个投影面倾斜的直线。

正平线——平行于正立投影面而与另外两个投影面倾斜的直线。

侧平线——平行于侧立投影面而与另外两个投影面倾斜的直线。

表4-1列出了它们的实例图、轴测图、正投影图和投影特性。

表 4-1　投影面平行线的投影特性

名称	实例图	轴测图	正投影图	投影特性
水平线	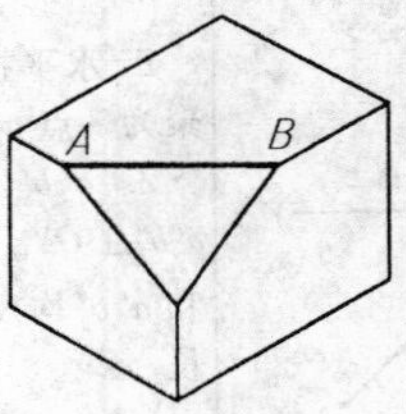	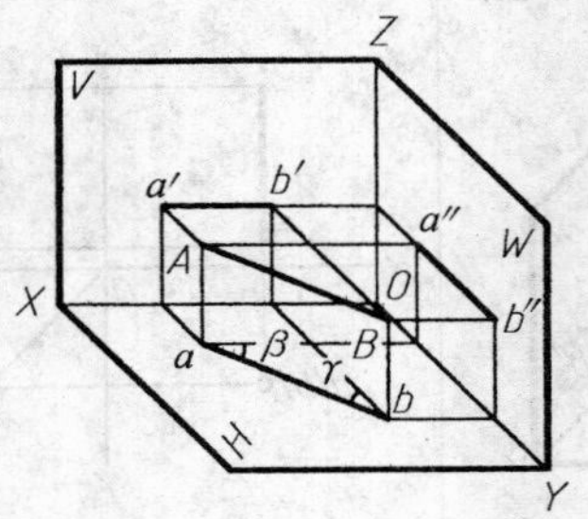	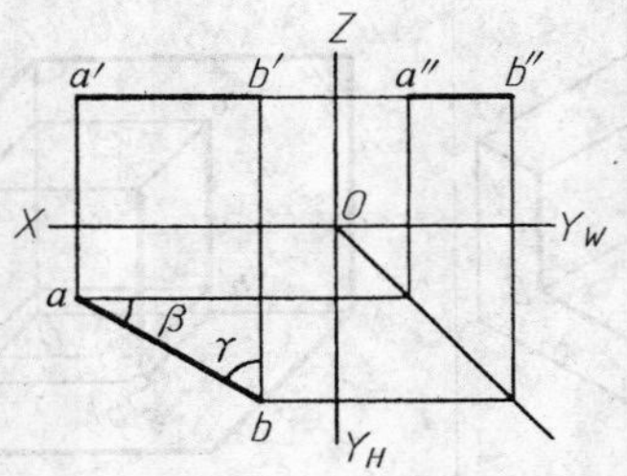	1. 水平投影 $ab=AB$ 2. 正面投影 $a'b' /\!/ OX$，侧面投影 $a''b'' /\!/ OY_W$ 3. 水平投影 ab 与 OX、OY_H 的夹角 β、γ 等于 AB 对 V、W 面的倾角
正平线	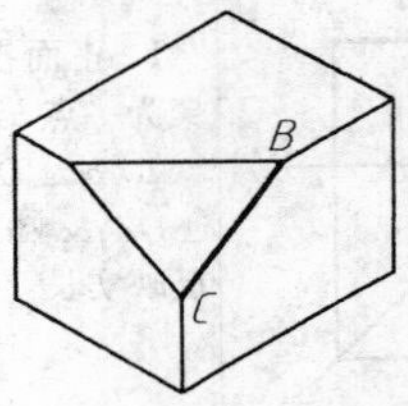	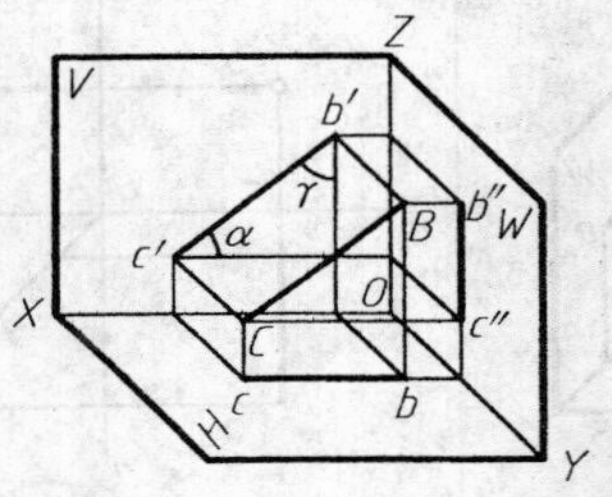	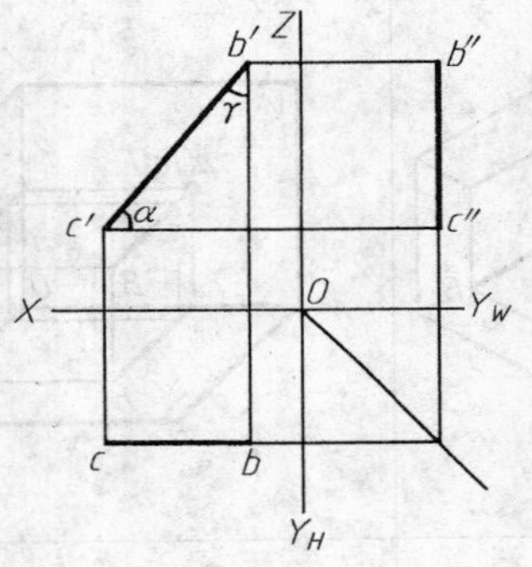	1. 正面投影 $c'b'=CB$ 2. 水平投影 $cb /\!/ OX$，侧面投影 $c''b'' /\!/ OZ$ 3. 正面投影 $c'b'$ 与 OX、OZ 的夹角 α、γ 等于 CB 对 H、W 的倾角
侧平线	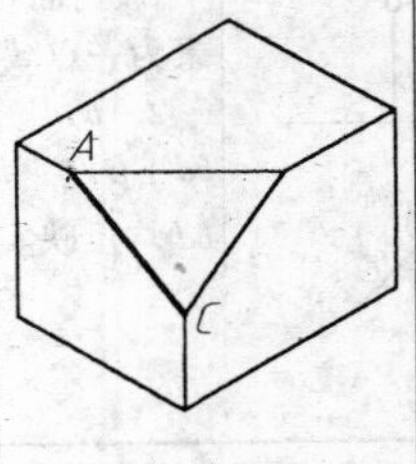	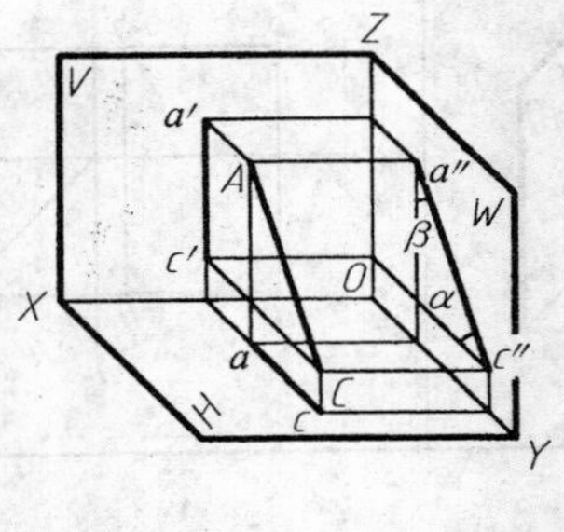	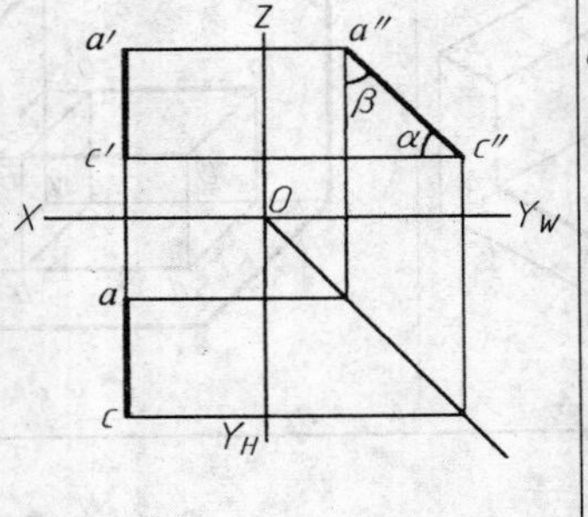	1. 侧面投影 $a''c''=AC$ 2. 水平投影 $ac /\!/ OY_H$，正面投影 $a'c' /\!/ OZ$ 3. 侧面投影 $a''c''$ 与 OY_W、OZ 的夹角 α、β 等于 AC 对 H、V 面的倾角

投影面平行线的投影特性可归纳如下：

1）直线在所平行的投影面上的投影反映实长，它与投影轴的夹角分别反映直线对另两投影面的真实倾角。

2）直线的另两投影分别平行于相应的投影轴，且均小于实长。

（2）投影面垂直线　投影面垂直线有三种：

铅垂线——垂直于水平投影面的直线；

正垂线——垂直于正立投影面的直线；

侧垂线——垂直于侧立投影面的直线。

表 4-2 列出了它们的实例图、轴测图、正投影图和投影特性。

表 4-2　投影面垂直线的投影特性

名称	实例图	轴测图	正投影图	投影特性
铅垂线	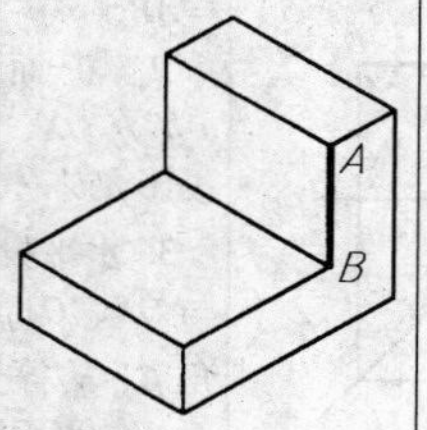	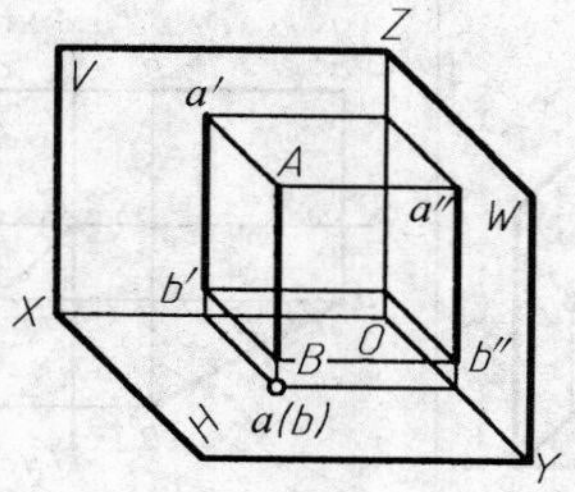	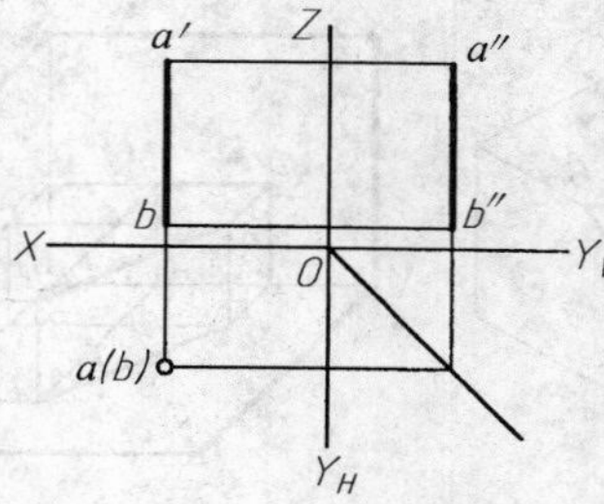	1. 水平投影积聚为一点 a（b） 2. $a'b' \perp OX$，$a''b'' \perp OY_W$；$a'b'$ 和 $a''b''$ 均反映实长
正垂线	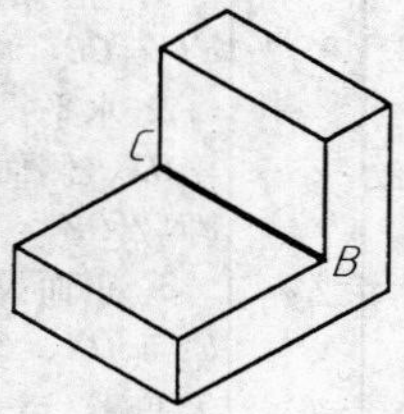	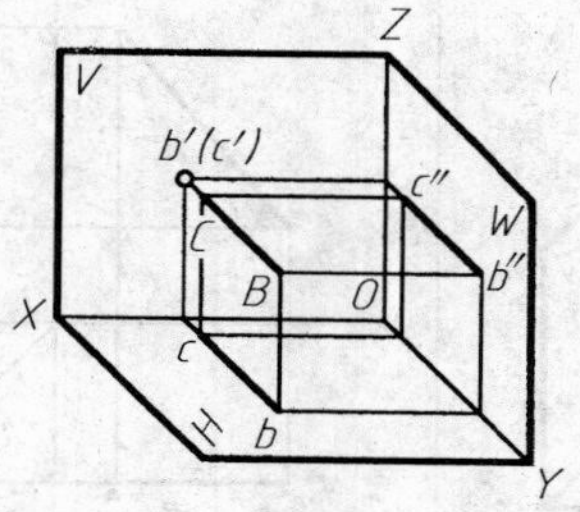	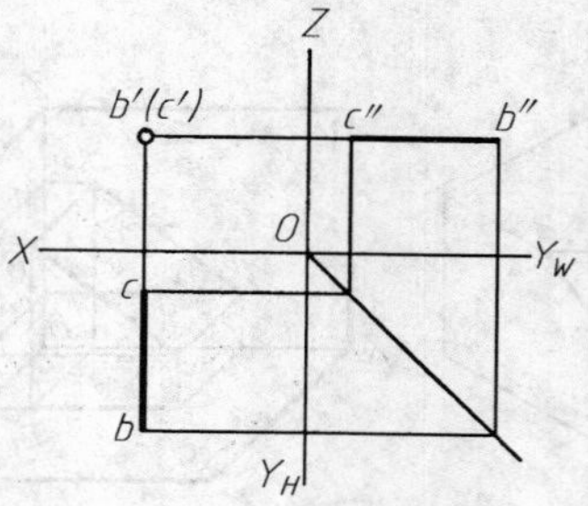	1. 正面投影积聚为一点 $b'(c')$ 2. $bc \perp OX$，$b''c'' \perp OZ$；bc 和 $b''c''$ 均反映实长
侧垂线	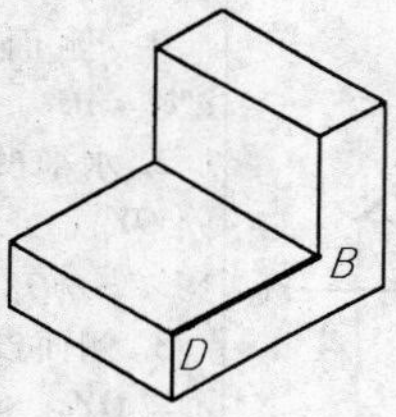	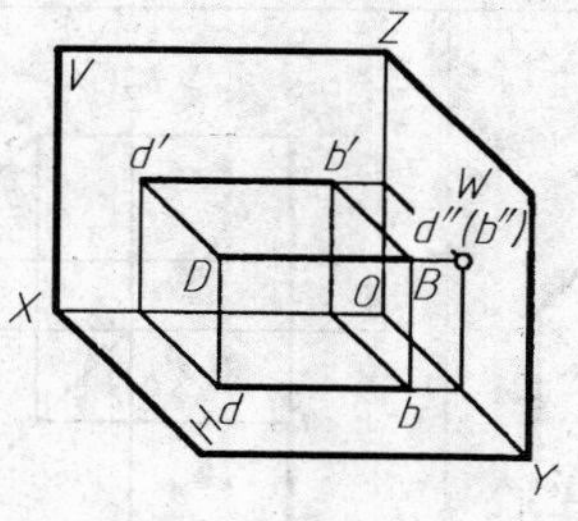	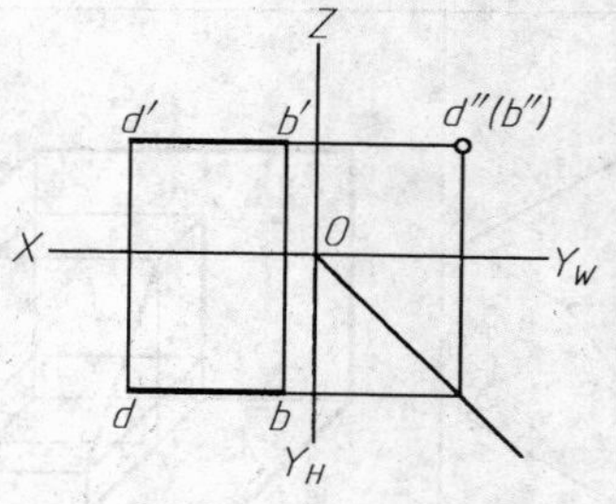	1. 侧面投影积聚为一点 $d''(b'')$ 2. $b'd' \perp OZ$，$bd \perp OY_H$；$b'd'$ 和 bd 均反映实长

投影面垂直线的投影特性可归纳如下：

1）直线在所垂直的投影面上的投影积聚为一点。

2）直线的另两投影分别垂直于相应的投影轴，且均反映实长。

（3）一般位置直线　在图 4-12 中，AB 为一般位置直线，它与 H、V 和 W 面的倾角分别用 α、β 和 γ 表示，则直线的投影与其实长有如下关系：$ab = AB\cos\alpha$，$a'b' = AB\cos\beta$，$a''b'' = AB\cos\gamma$。

由此可知，一般位置直线的投影特性为：三个投影均倾斜于投影轴，三个投影长度均小于实长；三个投影与各投影轴的夹角不反映直线对投影面的真实倾角。

2. 直线上的点

直线上的点，其投影具有以下性质：

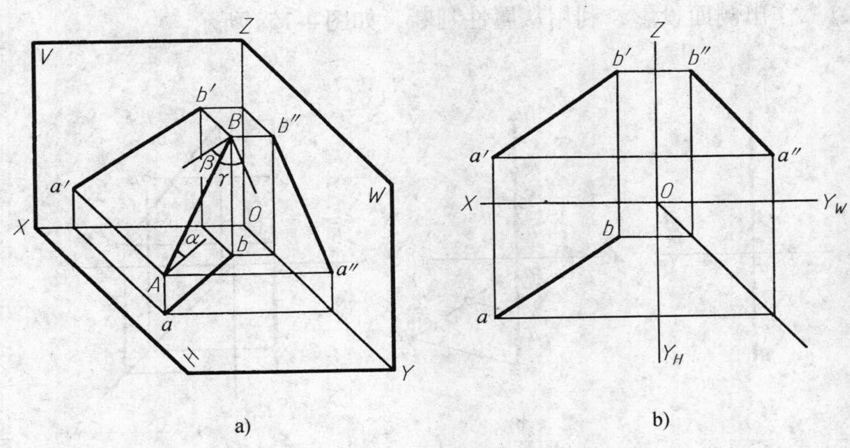

a)　　b)

图 4-12　一般位置直线

（1）从属性　直线上的点，其投影一定在该直线的同面投影上。如图 4-13 所示，点 K 在直线 AB 上，则点 k 在 ab 上，点 k'在 $a'b'$ 上，点 k''在 $a''b''$上。

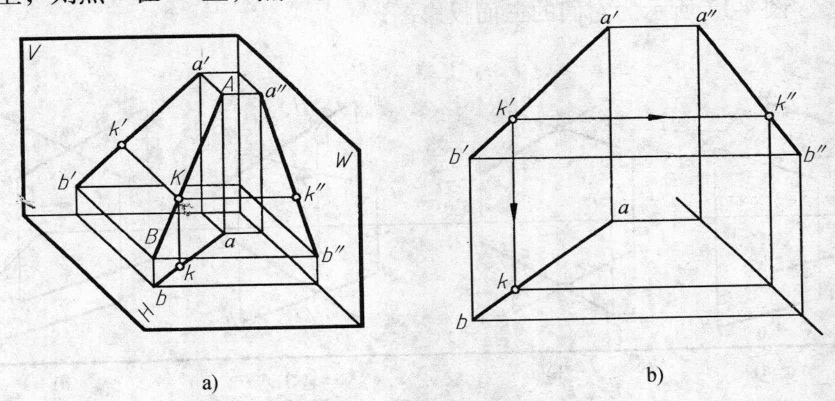

a)　　b)

图 4-13　直线上的点

（2）定比性　直线上的点分割直线之比等于其投影分直线的投影之比。如图 4-13 所示，点 K 在直线 AB 上，则有 $AK:KB = ak:kb = a'k':k'b' = a''k'':k''b''$。

可根据上述投影特性判断点是否在直线上。如图 4-14 所示，显然点 C 在直线 AB 上，而点 D、E 不在直线 AB 上。

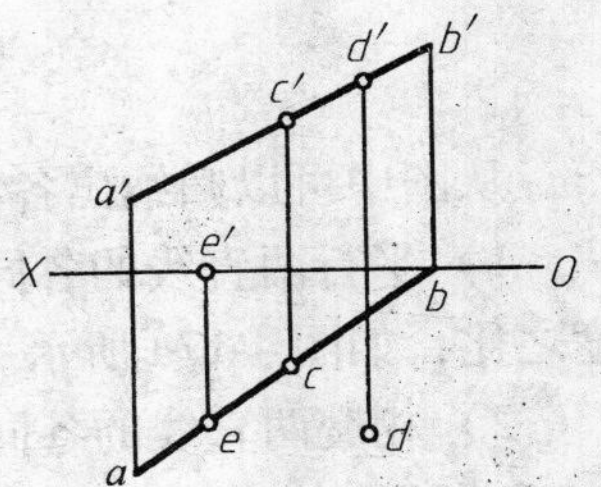

图 4-14　判断点是否在直线上

例 4　如图 4-15a 所示，判断点是否在直线上。

解　虽然点 K 的两个投影在直线 AB 的同面投影上，但由于直线 AB 是侧平线，故不能冒然判断，需要通过作图才能做出正确判断，解法有两种。

【方法一】　如图 4-15b 所示，由定比性可知，若点 K 在 AB 上，则 $ak:kb = a'k':k'b'$。为此，过点 a 任作一直线 $aB_0 = a'b'$，并取 $aK_0 = a'k'$，连接 B_0、b，过点 K_0 作 B_0b 的平行线 K_0k_1。因 K_0k_1 不过点 k，即 $ak:kb \neq a'k':k'b'$，故点 K 不在直线 AB 上 。

【方法二】 作出侧面投影，利用从属性判断，如图4-15c所示。

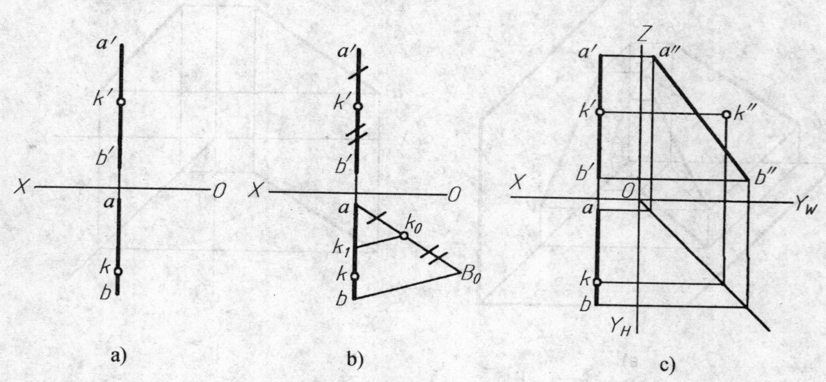

图4-15 判断点是否在直线上

3. 两直线的相对位置

空间两直线的相对位置有平行、相交和交错三种。图4-16表示三种相对位置直线在水平面上的投影，图4-17所示为它们的三面投影图。

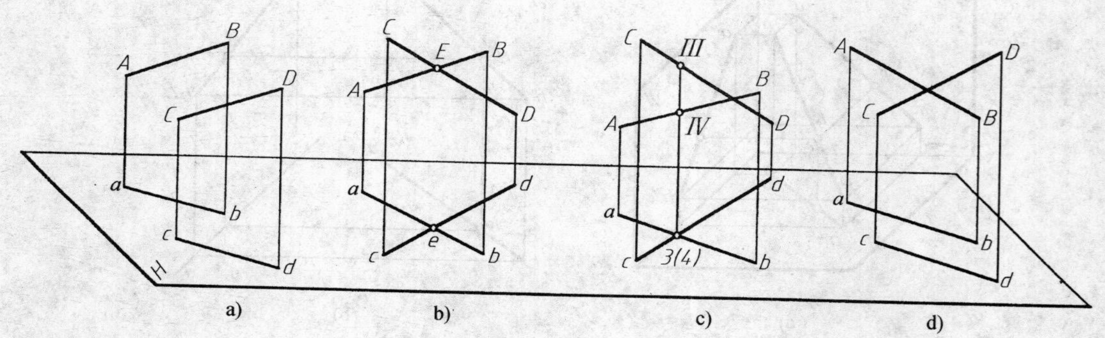

图4-16 两直线的相对位置

a）平行两直线 b）相交两直线 c）、d）交错两直线

从图中可以归纳出各种相对位置直线的投影特性：

1）平行两直线的各同面投影相互平行；平行两直线长度之比等于它们的各同面投影长度之比，如图4-17a所示。

2）相交两直线的各同面投影一定相交，且各同面投影的交点符合点的投影规律，如图4-17b所示。

3）交错两直线的三面投影相交时，各同面投影交点不符合点的投影规律，如图4-17c所示。

在图4-17c中，两直线的正面投影$a'b'$与$c'd'$的交点是对V面的一对重影点Ⅰ、Ⅱ的正面投影1′（2′），其中点Ⅰ在AB上，点Ⅱ在CD上。同理，ab与cd的交点是对H面的一对重影点Ⅲ、Ⅳ的水平投影3（4）。对于重影点，要判断其可见性。

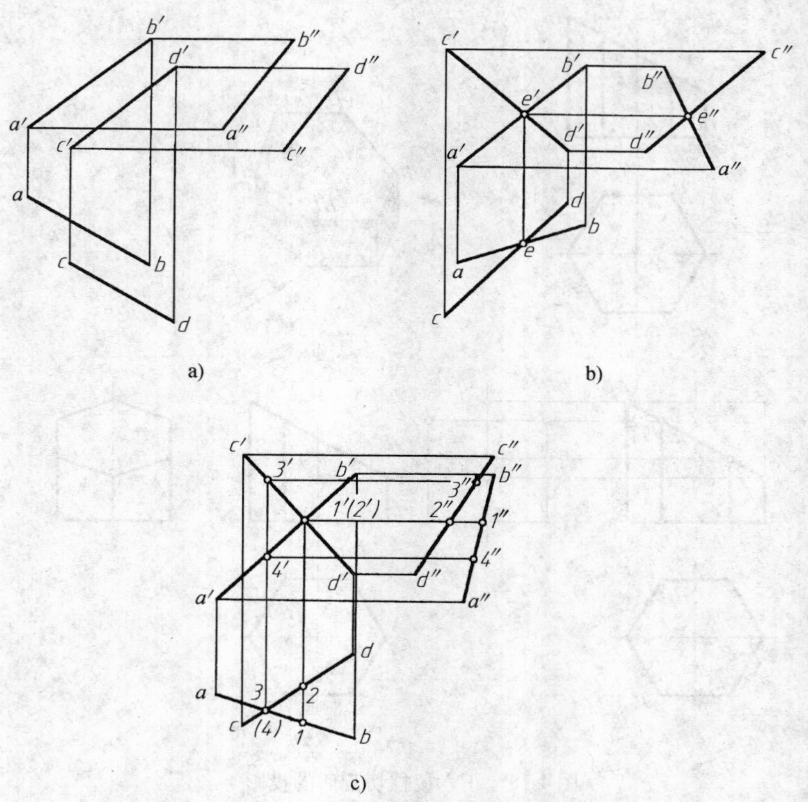

图 4-17　平行、相交和交错两直线的三面投影图

a）平行　b）相交　c）交错

例 5　求正六棱柱切割后的左视图。

解　分析：正六棱柱上部被斜切去一块，如图 4-18b 所示；斜面垂直于正投影面，从而在主视图中斜面积聚成一直线段；斜面与六棱柱的六条棱线都相交，从而斜面是六边形，六个顶点分别在六条棱线上；六棱柱的六条棱线都是铅垂线，在俯视图中都积聚为一点，因此斜面的水平投影就积聚在六棱柱的水平投影上。

作图：画出完整六棱柱的左视图，求出斜面上各顶点的侧面投影。顶点在各条棱线上，利用直线上点的投影特性，由各顶点的正面投影 1、2、3、4、5、6 可求出其侧面投影 1″、2″、3″、4″、5″、6″；依次连接六个点即为斜面的左视图；补齐轮廓，不可见的棱线画成虚线。

例 6　完成如图 4-19a 所示立体的俯视图和左视图。

解　分析：图示立体为三棱锥上部被斜切去一块形成的，如图 4-19b 所示。斜面与三棱锥的三个棱面都相交，所得断面形状为三边形；三边形的三个顶点就是斜面与三条棱线的交点；斜面垂直于正面，因而在主视图中积聚为一直线段，与三条棱线投影的交点就是三个顶点的正面投影，如图 4-19c 所示。

作图：画出完整三棱锥的左视图；应用直线上点的投影规律，由三个顶点的正面投影求出其侧面投影，依次连接即为斜面的左视图；再求出各顶点的水平投影依次连接即为斜面的俯视图；补全三棱锥的轮廓线。

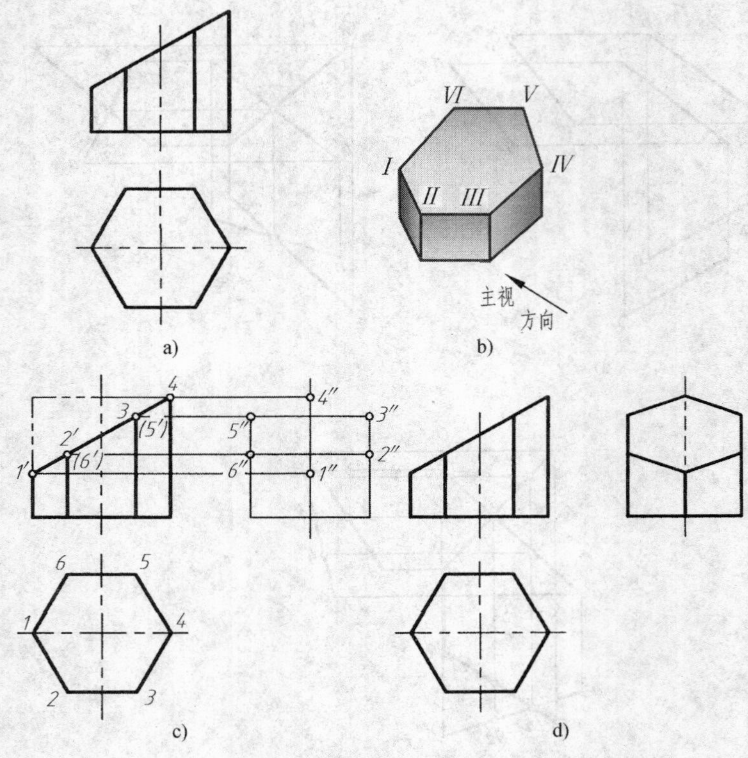

图 4-18　正六棱柱切割后的投影

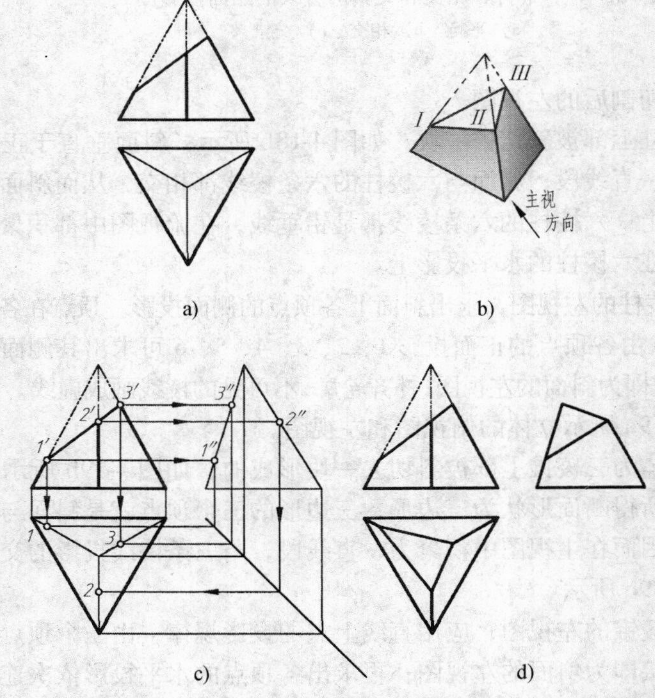

图 4-19　三棱锥切割后的投影

三、平面的投影

物体上的面是用有限图形来表达的，平面的投影即为围成平面的点、线的投影。

空间平面对投影面的相对位置有三类：

投影面垂直面——垂直于某一投影面、同时倾斜于另两个投影面的平面。

投影面平行面——平行于某一投影面的平面。

一般位置平面——对三个投影面都倾斜的平面。

前两类又称特殊位置平面。

1. 各种位置平面的投影特性

（1）投影面垂直面　投影面垂直面有三种：

铅垂面——垂直于水平投影面且倾斜于另两投影面的平面。

正垂面——垂直于正立投影面且倾斜于另两投影面的平面。

侧垂面——垂直于侧立投影面且倾斜于另两投影面的平面。

表4-3 列出了它们的实例图、轴测图、正投影图和投影特性。

表 4-3　投影面垂直面的投影特性

名称	实例图	轴测图	正投影图	投影特性
铅垂面				1. 水平投影积聚成直线段并反映对 V、W 面倾角 β、γ 2. 正面投影和侧面投影为类似形，不反映实形
正垂面				1. 正面投影积聚成直线段并反映对 H、W 面倾角 α、γ 2. 水平投影和侧面投影为类似形，不反映实形
侧垂面				1. 侧面投影积聚成直线段并反映对 V、H 面倾角 β、α 2. 正面投影和水平投影为类似形，不反映实形

投影面垂直面的投影特性归纳如下：

1）平面在所垂直的投影面上的投影积聚为一直线段，该投影与投影轴的夹角分别反映平面对另两投影面的真实倾角。

2）平面的另两投影均为缩小的类似形。

（2）投影面平行面　投影面平行面有三种。

水平面——平行于水平投影面的平面。

正平面——平行于正立投影面的平面。

侧平面——平行于侧立投影面的平面。

表4-4列出了它们的实例图、轴测图、正投影图和投影特性。

表4-4　投影面平行面的投影特性

名称	实例图	轴测图	正投影图	投影特性
水平面	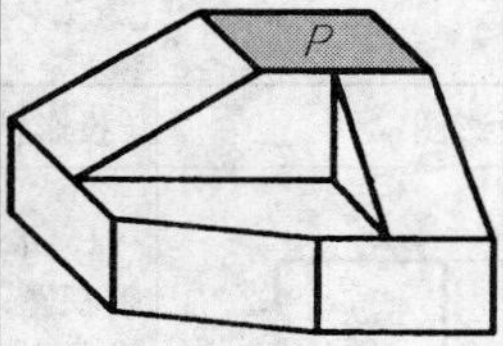	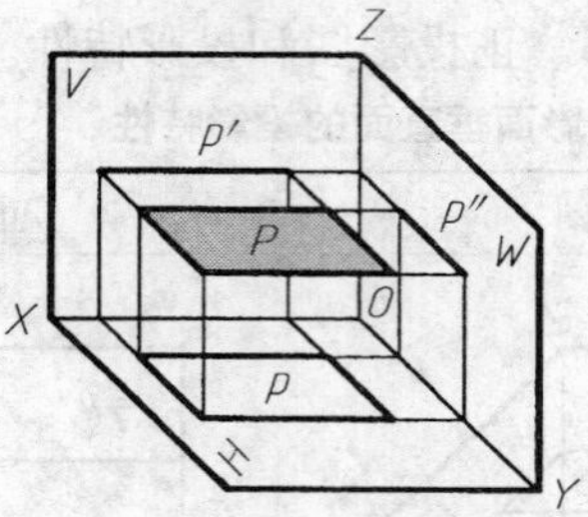	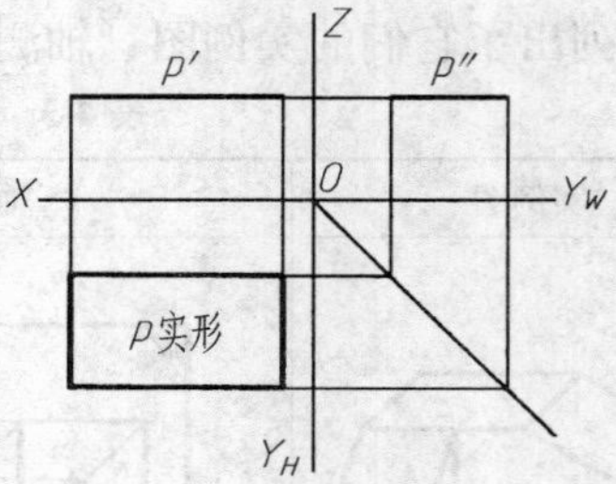	1. 水平投影反映实形 2. 正面投影积聚为一直线段，且平行于 X 轴 3. 侧面投影积聚为一直线段，且平行于 Y_W 轴
正平面	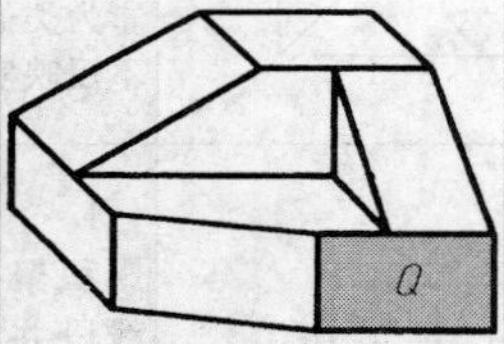	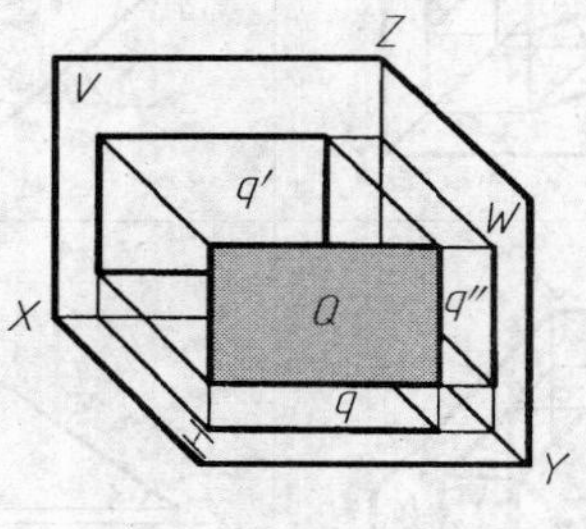	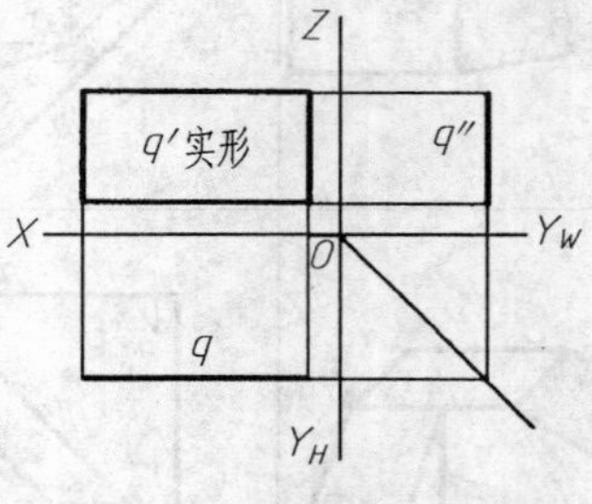	1. 正面投影反映实形 2. 水平投影积聚为一直线段，且平行于 X 轴 3. 侧面投影积聚为一直线段，且平行于 Z 轴
侧平面	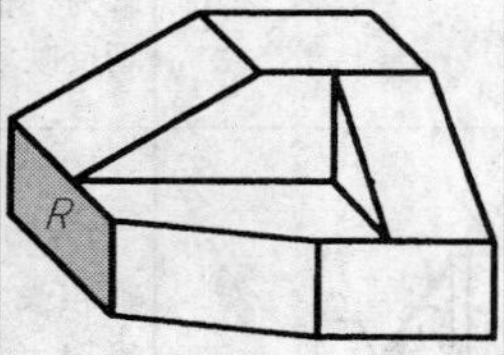	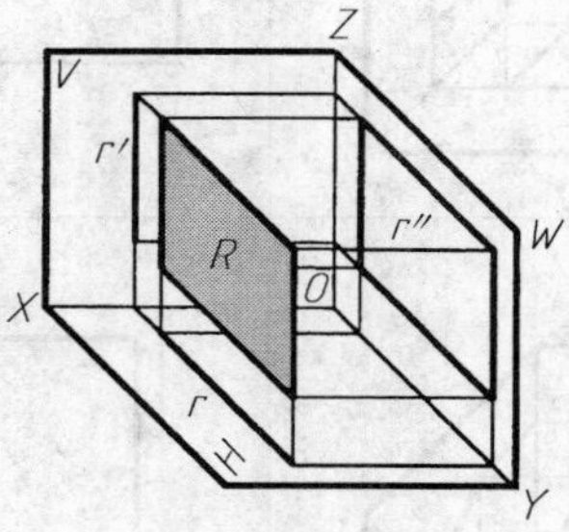	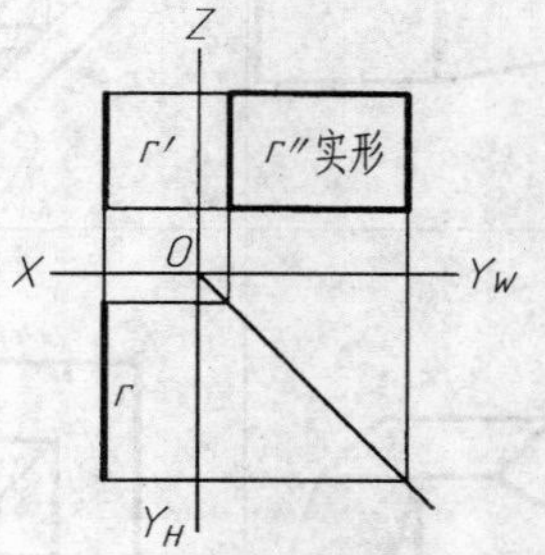	1. 侧面投影反映实形 2. 正面投影积聚为一直线段，且平行于 Z 轴 3. 水平投影积聚为一直线段，且平行于 Y_H 轴

投影面平行面的投影特性归纳如下：

1）平面在所平行的投影面上的投影反映空间平面的实形。

2）平面的另两投影均积聚为平行于相应投影轴的直线段。

（3）一般位置平面　由于一般位置平面对三个投影面都是倾斜的，因此其三个投影都是小于实形的类似形，如图 4-20 所示。

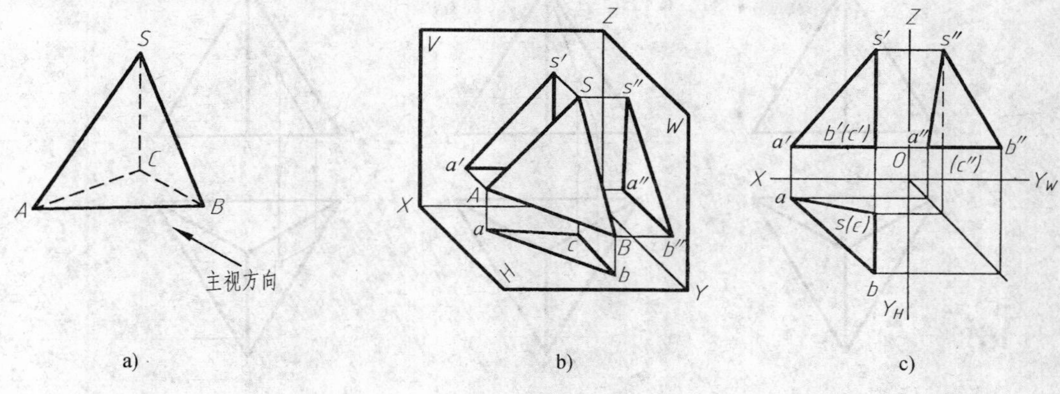

图 4-20　一般位置平面

2. 平面内的点和直线

1）点在平面内，则此点必在该平面内的一直线上。

图 4-21 中的点 *D* 在直线 *AB* 上，*AB* 在平面 *P* 上，则点 *D* 在平面 *P* 上。

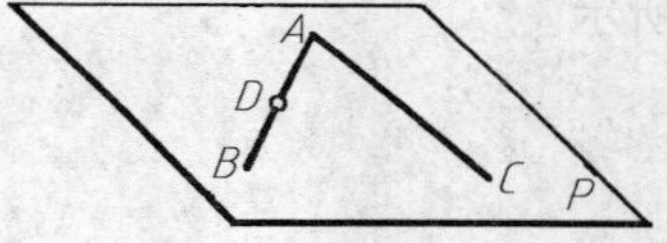

图 4-21　平面上的点

2）直线在平面内，则必通过该平面内的两个点，或通过该平面内一点且平行于平面内的一直线，如图 4-22 所示。

在图 4-22a 中，直线 *AB* 和 *BC* 在平面 *H* 上；点 *M* 和 *N* 分别在 *AB* 和 *BC* 上，则过点 *M*、*N* 的直线 *MN* 必在平面 *H* 上。在图 4-22b 中，直线 *MN* 过平面 *H* 上一点 *M*，且平行于平面上的一条直线 *BC*，则直线 *MN* 在平面 *H* 上。

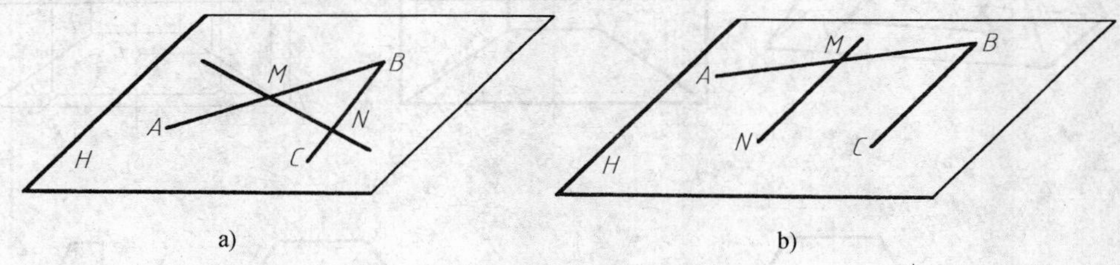

图 4-22　平面上的直线

在平面内取点和直线是密切相关的，它们互为因果又互相制约。在投影图上若不应用点和直线的这种关系，直接在平面内取点或直线是不可能的。

例 7　如图 4-23a 所示，已知三棱锥棱面 *SAB* 内点 *K* 的正面投影 *k′*，求其水平投影 *k*。

解　分析：由于点 *K* 不在△*SAB* 的某条已知直线上，故点 *k* 不能直接求出，要作辅助线的方法求得。

【方法一】　如图 4-23b 所示，在棱面 *SAB* 上作辅助线 *SM*。过点 *k′* 连接 *s′k′* 求得 *s′m′*，然后求出其水平投影 *sm*；在 *sm* 上求出点 *k*。

【方法二】　如图 4-23c 所示，在棱面 *SAB* 上作辅助线 *KM*∥*SA*，过点 *k′* 作 *k′m′*∥*s′a′*；

由点 m' 求出点 m；过点 m 作直线平行于 sa；在该直线上求出点 k。

a) b) c)

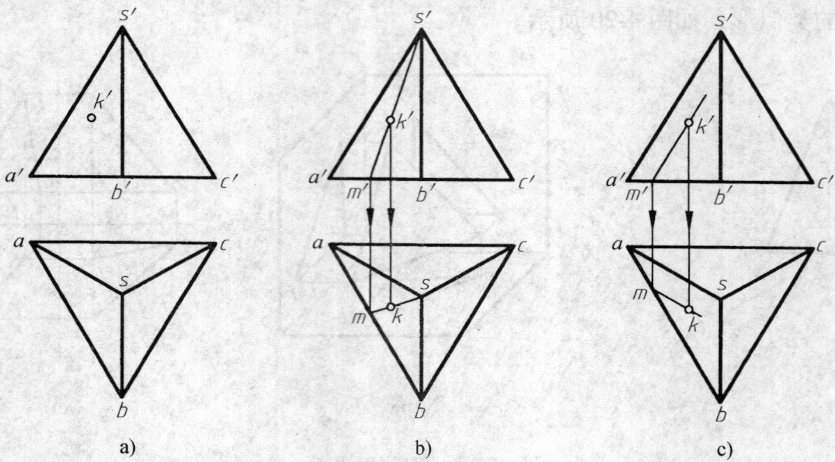

图 4-23　求三棱锥表面上一点的投影

例 8　已知四棱台（中间挖有一个三棱柱形通孔），完成此立体的俯视图，如图 4-24a 所示。

a) b) c)

d) e)

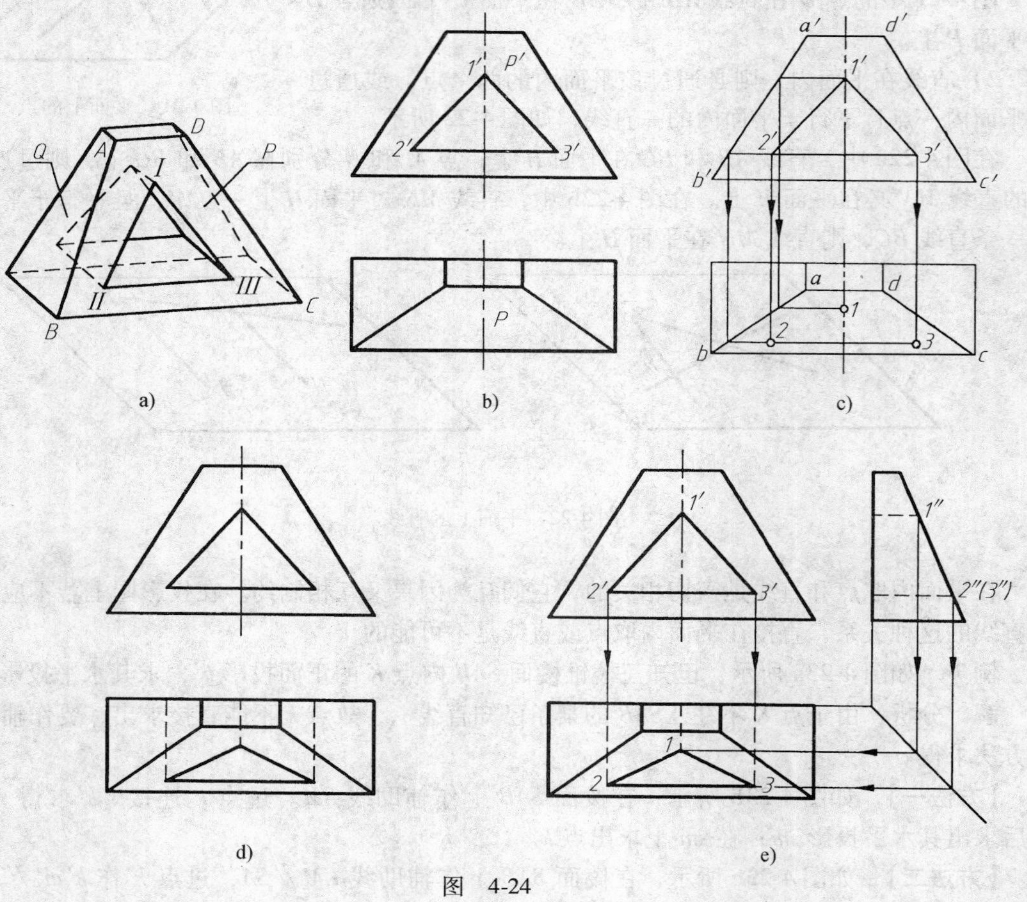

图　4-24

解　分析：如图 4-24a 所示，三棱柱形通孔的三个棱面与棱台的前棱面 P 和后棱面 Q 都相交成一个三角形，由于棱面 Q 是正平面，因此 Q 面内的三角形的水平投影积聚在 Q 面相应的投影上；棱面 P 是一侧垂面，与三棱柱通孔的三个棱面相交于△ⅠⅡⅢ，其水平投影△123 是类似形。从而可知，作出俯视图就是作出 P 平面内△ⅠⅡⅢ及三棱柱通孔的三条棱线（三条正垂线）的水平投影。

【方法一】　如图 4-24c 所示，用平面内取点的方法，以平行于底边 BC 的直线为辅助线，求出△ⅠⅡⅢ水平投影的三个顶点 1、2、3；连接 1、2、3 点，得到△ⅠⅡⅢ的水平投影；注意最后画出通孔的三条棱线的水平投影（虚线），如图 4-24d 所示。

【方法二】　如图 4-24e 所示，利用侧面投影作出其俯视图。

第四节　回转体的投影

画回转体的投影就是画出回转体底面和转向轮廓线的投影。转向轮廓线是回转体上可见与不可见部分的分界线，它是相对投影面而言的。

一、圆柱体

1. 画法

图 4-25a 所示圆柱体的轴线是铅垂线，圆柱的水平投影为反映上、下底面实形的圆，圆柱面的水平投影积聚在圆周上；圆柱体的正面投影和侧面投影为两个全等的矩形。正面投影的上、下两条边为两底圆的正面投影，$a'a_1'$和 $b'b_1'$是圆柱体最左、最右素线 AA_1 和 BB_1 的正面投影。AA_1 和 BB_1 是圆柱面的正面转向轮廓线；侧面投影的上、下两条边为两底圆的侧面投影，$c''c_1''$和 $d''d_1''$是圆柱体最前、最后素线 CC_1 和 DD_1 的侧面投影。CC_1 和 DD_1 是圆柱面侧面投影的转向轮廓线，如图 4-25 所示。

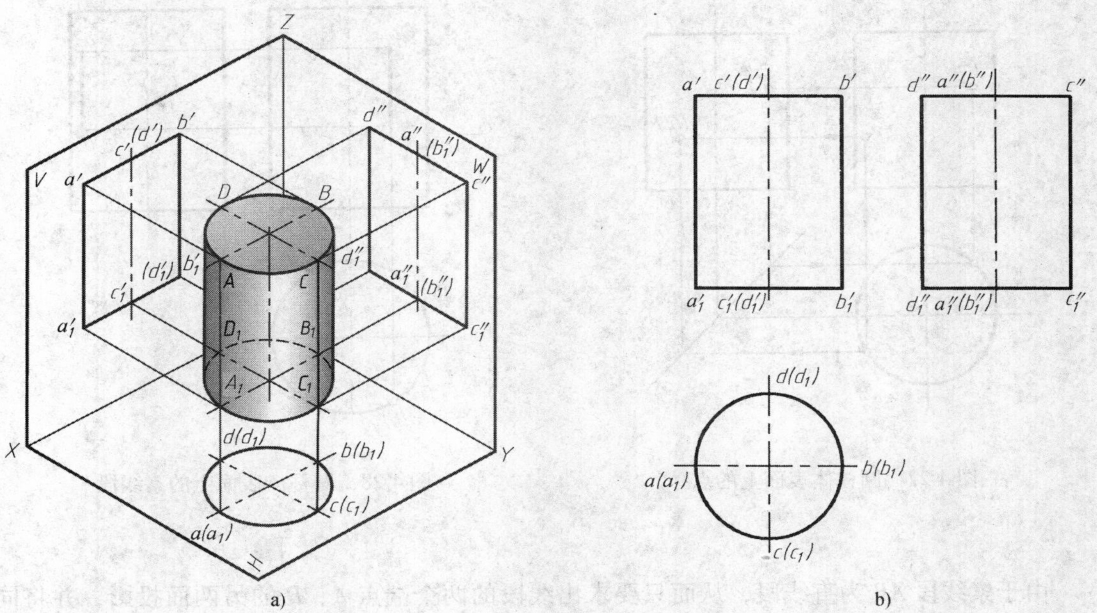

图 4-25　圆柱体的投影

画图时，先画出圆投影的中心线和轴线的各投影，再画反映两底圆平面实形的投影和另两投影，最后画圆柱对另两投影面的转向轮廓线，如图 4-26 所示。

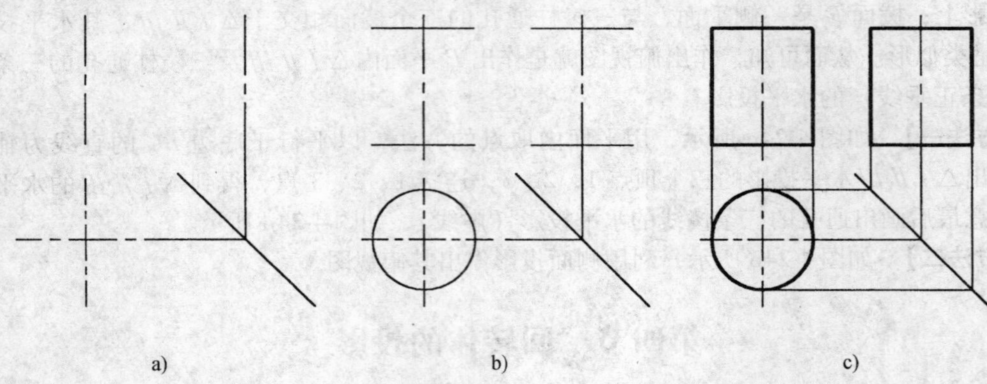

图 4-26　圆柱体的画图步骤

2. 圆柱体表面取点、线

圆柱体表面取点、线，可利用圆柱面和两底面投影的积聚性作图。在图 4-27 中，已知圆柱面上点 M 的侧面投影 m''和点 N 的正面投影 n'，求两点的另两投影。

由两点已知投影的位置和可见性，可知点 M 在圆柱体的左后部，点 N 在圆柱体的右前部。先由点 m''求 m；由点 n'求出 n；进而可求出点 m'和 n''，如图 4-27 所示。

判断可见性：点 M 在后半圆柱面上，因而其正面投影 m'为不可见，加括号；对侧面投影来说，点 N 在右半圆柱面上，点 n''为不可见，加括号。

如图 4-28 所示，已知圆柱体表面上一条素线段 AB 的正面投影，求其另两投影。

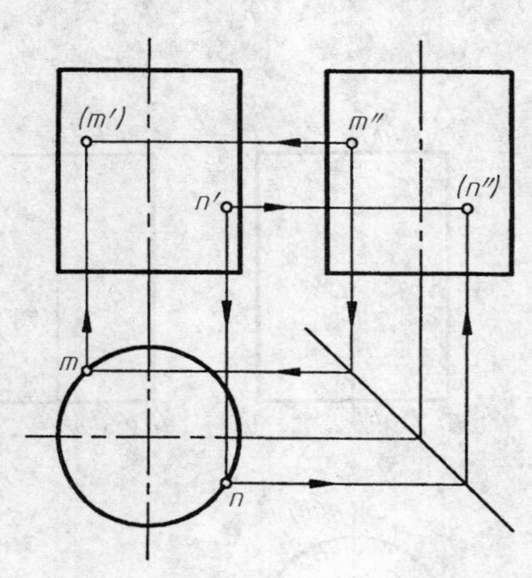

图 4-27　圆柱体表面上的点

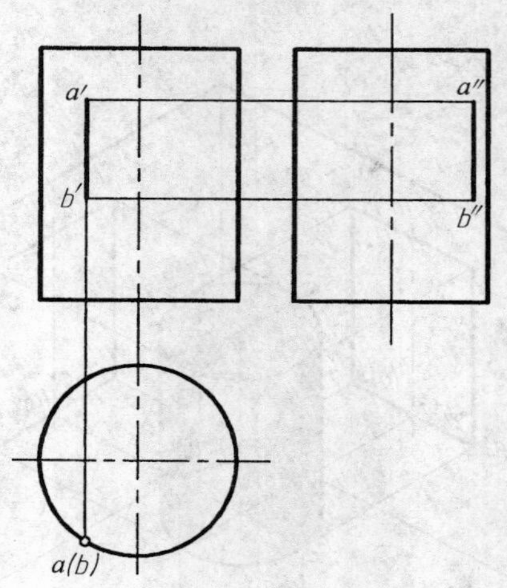

图 4-28　圆柱体表面上的素线段

由于素线段 AB 为直线段，从而只要求出线段的两个端点 A、B 的另两面投影，并将同面投影连线即可。

二、圆锥体

1. 画法

圆锥的投影如图4-29所示，其水平投影为圆，是底面的投影；正面投影和侧面投影是相同的等腰三角形，底边是圆锥底面的投影，两腰$s'a'$、$s'b'$和$s''c''$、$s''d''$分别是圆锥面对正面和侧面的转向轮廓线SA、SB和SC、SD的投影。画图时，应先画出各投影的对称中心线和轴线的投影，然后画底面的三个投影，再按圆锥的高度画顶点的投影和圆锥面另两投影的转向轮廓线。

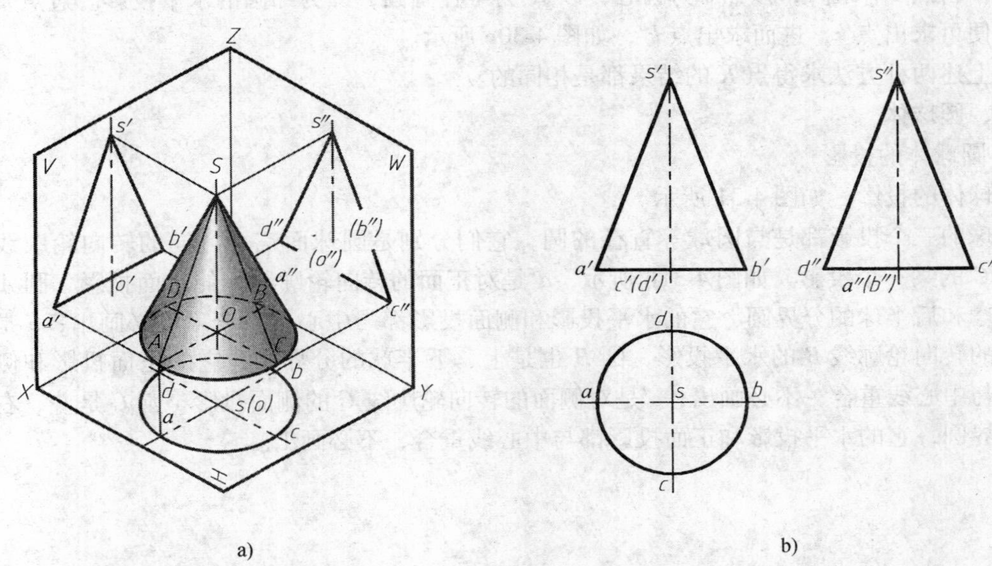

图4-29　圆锥体的投影

2. 圆锥体表面上取点

由于圆锥面的投影没有积聚性，所以要确定圆锥面上点的投影时，必须先在圆锥面上作包含此点的辅助线——素线或纬圆，如图4-30a所示。

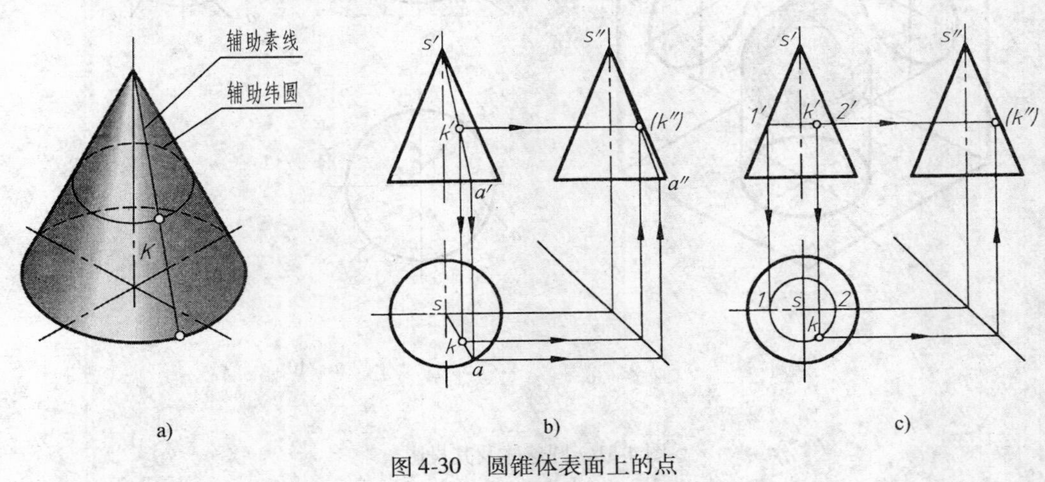

图4-30　圆锥体表面上的点

在图 4-30b 中，已知圆锥面上点 K 的正面投影 k'，求另两投影。

（1）素线法　在正面投影中连接 s'、k' 并延长与圆锥底面的正面投影交于点 a'，$s'a'$ 即为过点 K 的素线 SA 的正面投影；作出素线 SA 的另两面投影，根据直线上点的投影特性作出点 K 的另两面投影点 k、k''。因圆锥面的水平投影可见，故点 k 可见；又因点 K 在圆锥的右半部，故点 k'' 不可见，如图 4-30b 所示。

（2）纬圆法　在正面投影中过点 k' 作垂直于轴线的纬圆，则点 K 的另两投影必在纬圆的同面投影上。过点 k' 作水平线交圆锥正面投影外形轮廓于点 $1'$、$2'$，线段 $1'2'$ 为纬圆的正面投影。由点 $1'$ 求出 1，以点 s 为圆心，以 $s1$ 为半径画圆，即为纬圆的水平投影。过点 k' 作铅垂线便可求出点 k，进而求出点 k''，如图 4-30c 所示。

用上述两种方法求得点 K 的结果都是相同的。

三、圆球体

1. 圆球体的投影

圆球体的投影，如图 4-31 所示。

圆球的三个投影都是与圆球等直径的圆，它们分别是圆球面三个方向的转向轮廓线圆 A、B、C 的某一个投影。如图 4-31b 所示，a' 是对正面的转向轮廓线 A 的正面投影，圆 A 也是前半球和后半球的分界圆，它的水平投影和侧面投影都与中心线重合，不必画出；b 是对水平面的转向轮廓线 B 的水平投影，圆 B 也是上、下半球的分界圆，它的正面投影和侧面投影都与中心线重合，不必画出；c'' 是对侧面的转向轮廓线 C 的侧面投影，圆 C 是左、右半球的分界圆，它的水平投影和正面投影都与中心线重合，不必画出。

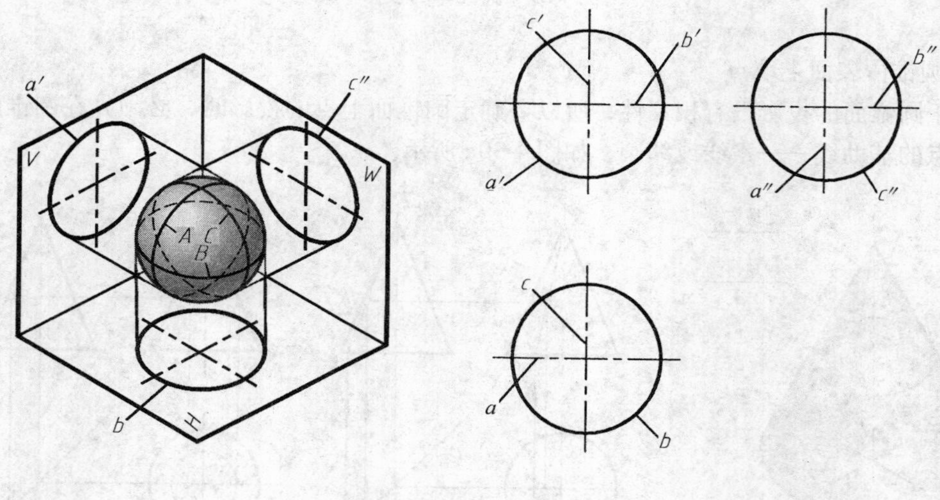

图 4-31　圆球体及其投影

作图时先画出中心线以确定球心的三个投影，再画出三个与球等直径的圆。

2. 圆球体表面上取点

在圆球表面上取点只能作纬圆。如图 4-32a 所示，已知圆球面上点 I 的正面投影 $1'$，求其另两投影。若把铅垂直径当作轴线，则过 I 点的纬圆平行于 H 面。为此，过点 $1'$ 作与轮廓圆相交的水平线段即为纬圆的正面投影，纬圆的水平投影是反映实际大小的圆；侧面投影积聚为一条水平线，点 I 的水平投影和侧面投影就在纬圆的相应投影上，并判别可见性，如图 4-32a 所示。

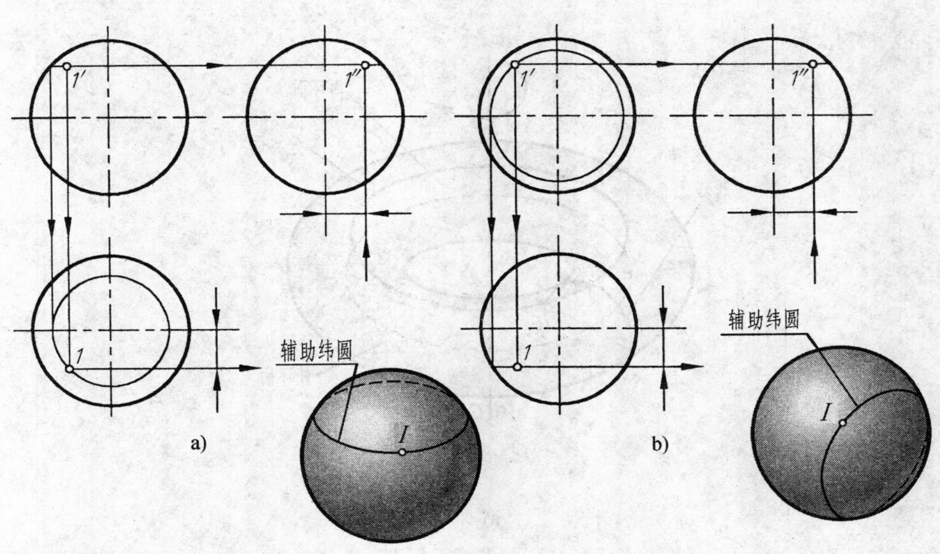

图 4-32 球面上的点

若把圆球的正垂直径当作轴线，则可通过在圆球面上作正平纬圆求点的投影，具体作法如图 4-32b 所示。当然，作侧平纬圆也可以，请读者自行分析。

四、圆环体

1. 圆环体的投影

圆环面是由圆母线 $ABCD$ 绕其属于圆平面但不过圆心的轴线 OO_1 旋转而成的。靠近轴线的半圆母线 BCD 形成内环面，离轴线较远的半圆母线 BAD 形成外环面，如图 4-33a 所示。

图 4-33b 所示为圆环的投影。正面投影中的左、右两个圆是圆环面上最左、最右素线圆的投影，都是对正面的转向轮廓线。与两圆相切的两条直线段是最高、最低两个纬圆的投影；其侧面投影与正面投影类似。

水平投影中最大和最小两个圆，是圆环面上最大和最小两个纬圆的投影，也是圆环水平投影可见与不可见的分界线。它们的正面投影与圆环正面投影的上、下对称线重合，不必画出。点画线圆是母线圆中心的轨迹的投影。

画图时，先画出各投影的对称中心线，再画圆环的正面投影和侧面投影，最后按投影关系画水平投影。

2. 圆环面上取点

如图 4-34a 所示，对于圆环面上特殊位置点 A、B、C，可利用投影关系直接求出。圆环面一般位置点 D，则需作纬圆求出，如图 4-34b 所示。过该点且垂直于回转轴线作辅助平面与圆环面相交，该辅助平面在回转轴线所垂直的水平投影面上的投影反映实形（圆）；运用点和线的关系求出点的各投影。

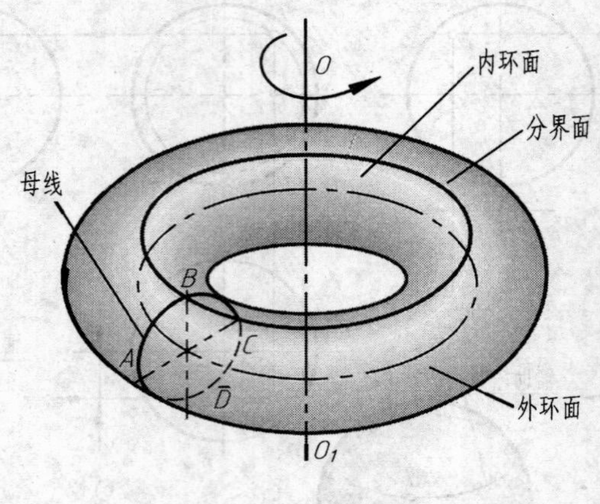

a)

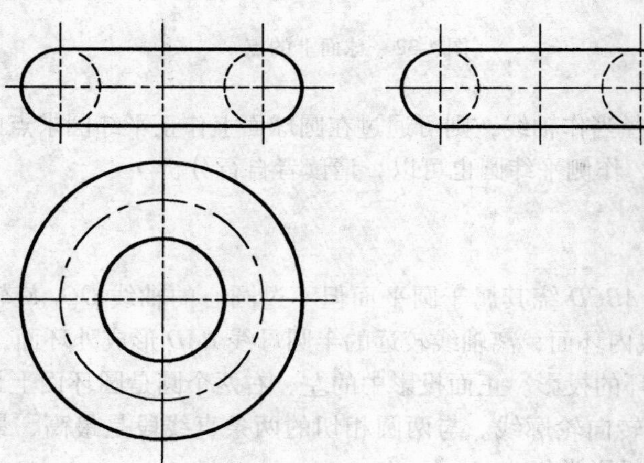

b)

图 4-33　圆环体的投影

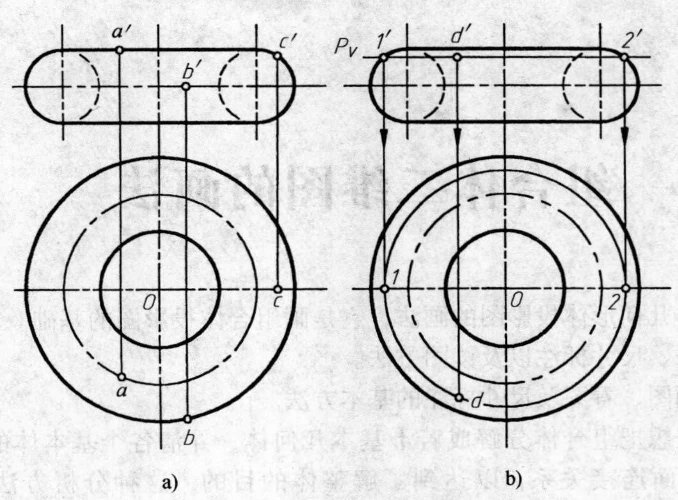

图 4-34　圆环面上取点

第五章

组合体二维图的画法

前面介绍了基本几何形体投影图的画法，它是画组合体投影图的基础。本章将主要讨论组合体三视图的画法、尺寸标注以及读图方法。

形体分析法是画图、看图及尺寸标注的基本方法。

形体分析法：假想把组合体分解成若干基本几何体，弄清各个基本体的形状及其相对位置、组合方式和表面连接关系，以达到了解整体的目的，这种分析方法称为形体分析法。

第一节　组合体视图的画法

一、组合体各形体间表面的连接关系及其画法

画组合体三视图时，不仅要分析组合体的空间结构形状及构成形式，还要分析各部分之间表面的连接关系及其画法。

1. 平齐或相错

相邻两个形体的表面平齐时，在两形体表面衔接处不画分界线，如图 5-1a 所示；两表面相错时，在两形体表面衔接处画分界线，如图 5-1b 所示。

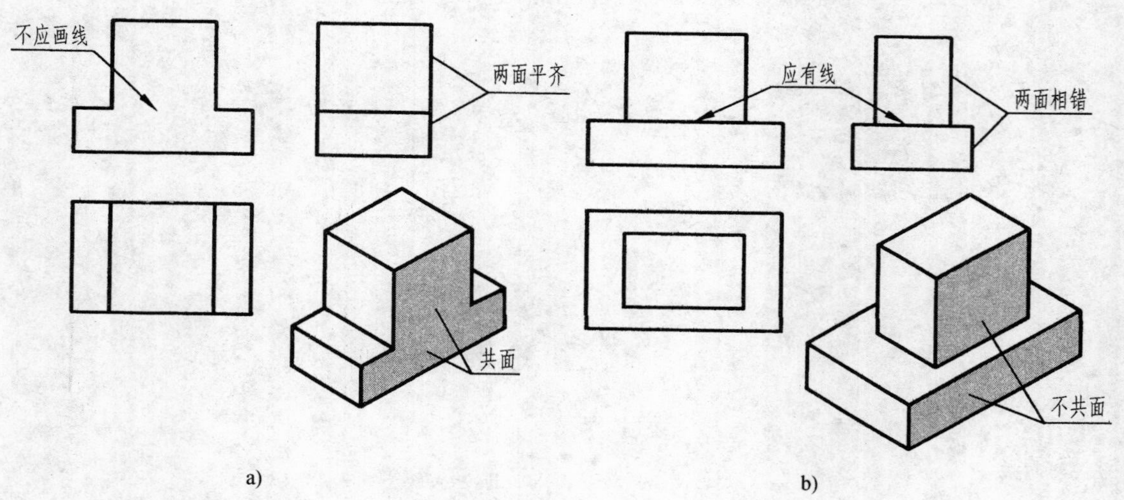

图 5-1　两形体表面平齐或相错

a）相邻两形体表面平齐　b）相邻两形体表面相错

2. 相切

相邻两个基本形体的表面相切时，由于它们的连接处是光滑过渡，不存在轮廓线，所以在相切处不应划分界线。如图 5-2a 所示，平板前、后侧平面和圆柱面相切，在主视图、左视图相切处不能画线。

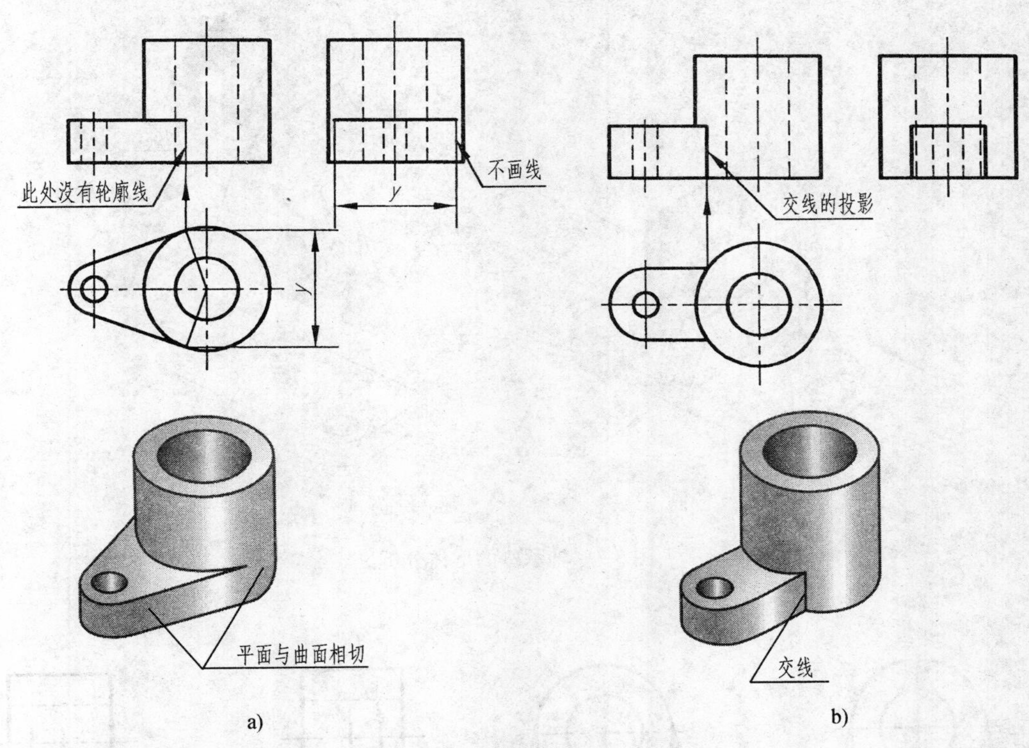

图 5-2　两形体表面相切、相交

a）相切　b）相交

3. 相交

相邻两个基本形体的表面相交时，在相交处应画出交线的投影，如图 5-2b 所示。

二、堆积式组合体视图的画法

例 1　画出图 5-3a 所示轴承座的三视图。

（1）形体分析　该物体属堆积式组合体，可假想把轴承座分为四个基本体：圆筒、支承板、肋板和底板，如图 5-3b 所示。这四部分沿底板长边方向具有公共对称面，支承板叠放在底板上，其后面与底板后面平齐。圆筒放在支承板相应的圆弧面内，其后端伸出支承板后面，支承板两侧与圆筒的外圆柱面相切。肋板放在底板之上并靠紧支承板支承着圆筒。

（2）选择主视图　主视图是最主要的视图，应先确定主视图。选择主视图的一般原则是：

1）通常将物体放正，使物体的主要平面或轴线平行或垂直于投影面。

2）能较多地反映物体形状特征的方向作为投射方向，并使其他视图上的虚线尽量少。

如图 5-3a、图 5-4 所示，将轴承座自然放置，然后对所示四个方向投影所得视图进行比较。可见，选择 *A* 作为主视图方向最好，因为 *A* 投射方向可以最清楚地反映轴承座各组成部分形状及其相对位置。若选择其他方向作为主视图，主视图或左视图中出现较多虚线，不利于看图。

主视图一旦确定，俯视图和左视图也就确定了。

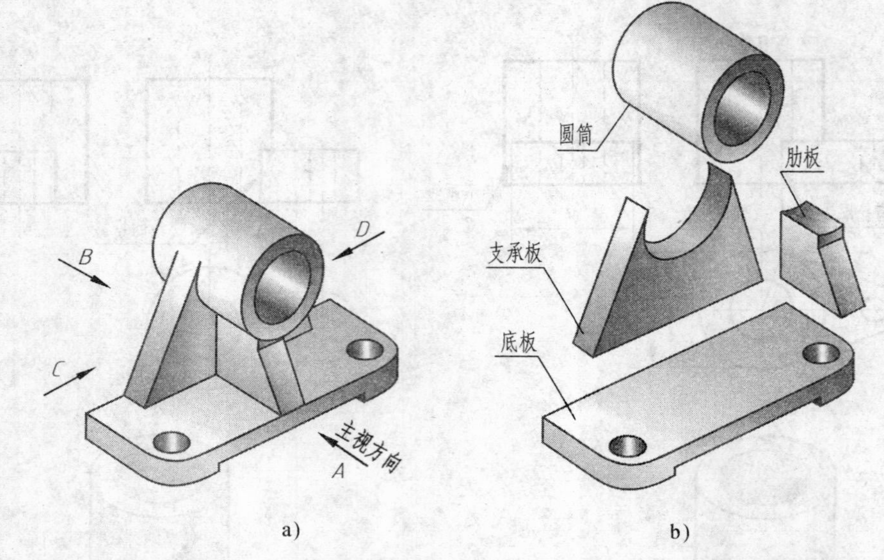

图 5-3　轴承座的形体分析

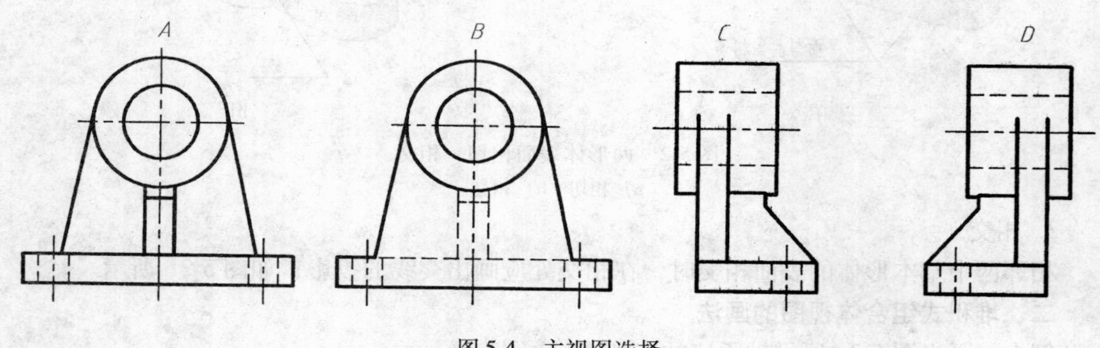

图 5-4　主视图选择

(3) 布置视图　根据组合体的尺寸大小和复杂程度，先选定适当的比例，大致算出三个视图所占图面的大小，包括视图间的适当间隔，然后选定标准图幅并绘制边框和标题栏。布置视图应力求图面匀称，视图之间的距离恰当，各视图既不过于集中，也不过于分散。画出各视图的定位线，一般以对称中心线、轴线、底面和端面作为定位线，也称基准线。图 5-5a 为画底板下底线后面及左右对称线。

(4) 画底稿（用细实线画），如图 5-5 所示　为了正确而又迅速地画出组合体的三视图，画图时应注意：

1）按形体分析，先画主要形体，后画次要形体；先画大结构，后画小结构；先画可见部分，后画不可见部分。

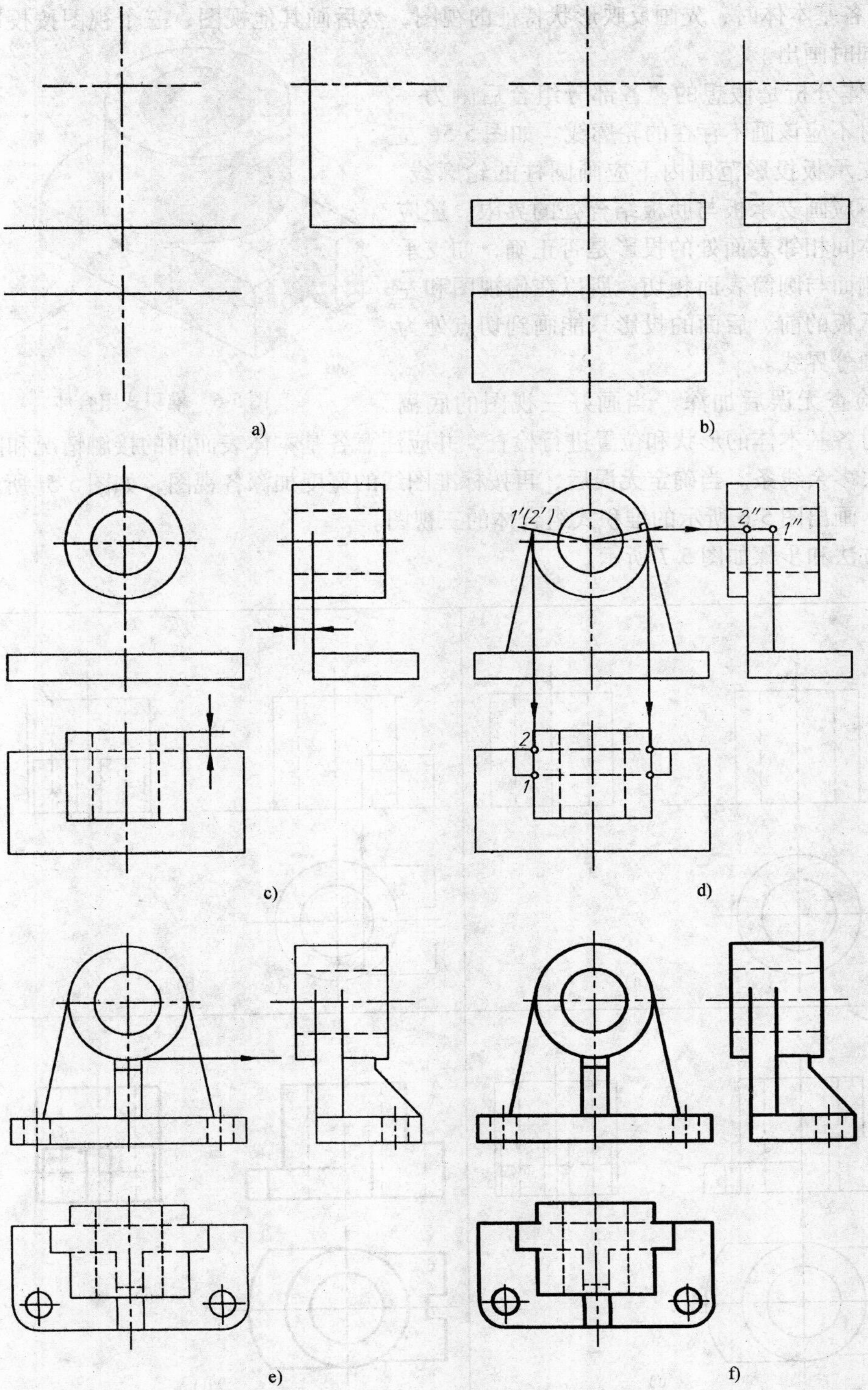

a)

b)

1′(2′)

2″ 1″

2

1

c)

d)

e)

f)

图 5-5　轴承座作图步骤

a）画定位线：轴线、对称中心线和基准线　b）画底板三视图　c）画圆柱三视图
d）画支承板三视图　e）画肋板三视图　f）检查无误后，加深图线

2）画各基本体时，先画反映形状特征的视图，然后画其他视图；三个视图按投影规律联系起来同时画出。

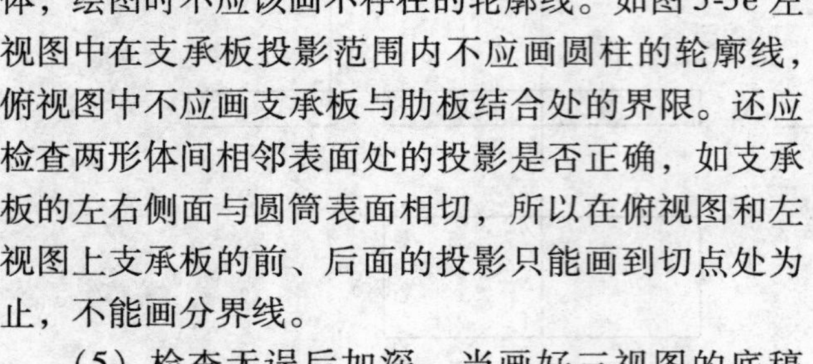

3）形体分析是假想的，各部分组合后融为一体，绘图时不应该画不存在的轮廓线。如图 5-5e 左视图中在支承板投影范围内不应画圆柱的轮廓线，俯视图中不应画支承板与肋板结合处的界限。还应检查两形体间相邻表面处的投影是否正确，如支承板的左右侧面与圆筒表面相切，所以在俯视图和左视图上支承板的前、后面的投影只能画到切点处为止，不能画分界线。

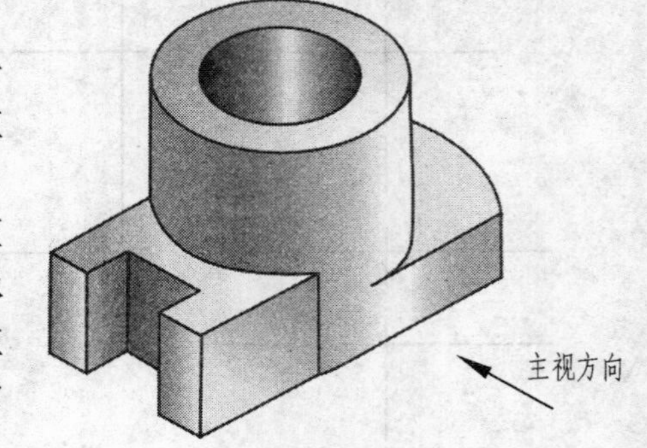

图 5-6　堆积式组合体

（5）检查无误后加深　当画好三视图的底稿后，必须对各基本体的形状和位置进行检查，并应注意各基本体表面间的接触情况和图线的变化，擦去多余线条。当确定无误后，再按标准图线的宽度加深各视图，如图 5-5f 所示。

例 2　画出图 5-6 所示的堆积式组合体的三视图。

作图方法和步骤如图 5-7 所示。

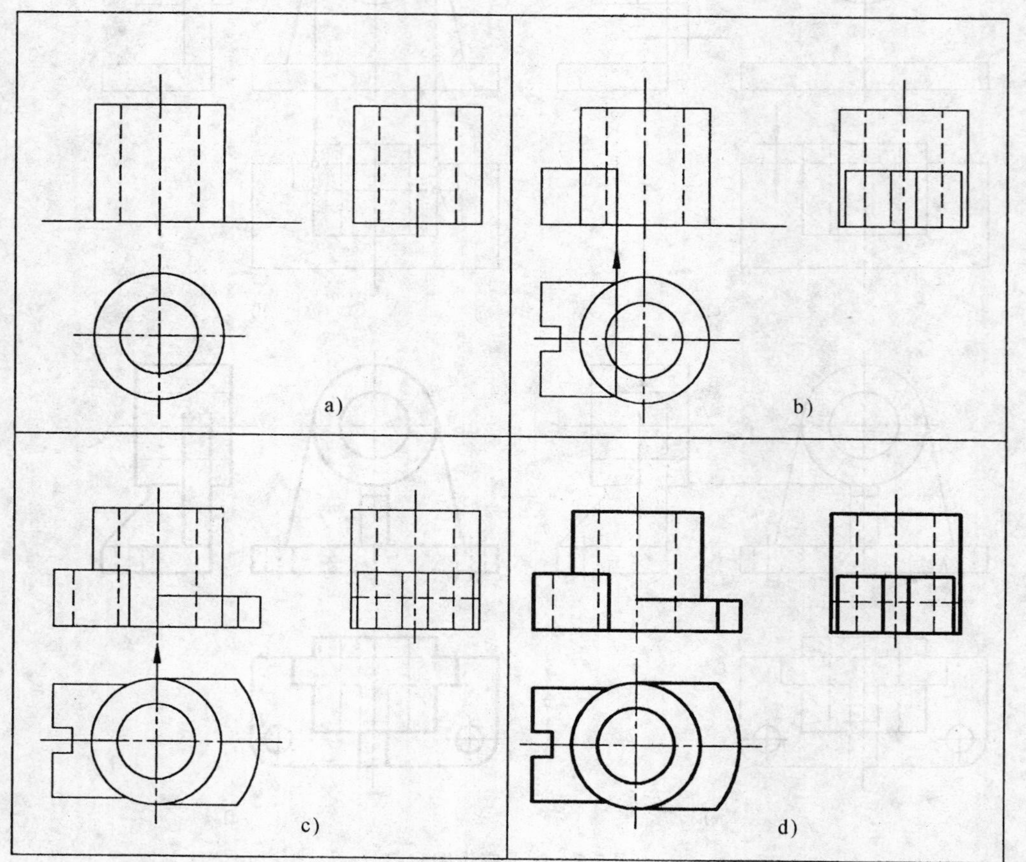

图 5-7　画堆积式组合体三视图

a）画圆筒三个投影　b）画左边棱柱体的三个投影　c）画右边棱柱体的三个投影　d）擦去多余线条，加深

三、切割式组合体视图的画法

分析切割式组合体时，要以“形体分析法”为主，“线面分析法”为辅进行分析。画图时应首先用形体分析法对物体进行形体分析，再对不易表达清楚的局部，运用线面投影特性来分析视图中图线和线框的含义、线面的形状及其空间相对位置。一般情况下，先画切割之前完整立体的三个投影，再依次画出各截平面的投影。

例3　画出图5-8a所示切割式组合体的三视图。

（1）分析　图5-8a为一切割式组合体，可认为是在长方体上用三个截平面（正垂面、正平面、水平面）切去了*Ⅰ*（三棱柱）、*Ⅱ*（截头四棱柱）两部分而形成的。当各截面挖切长方体以后，则形成了不同形状的新平面。正垂面*P*为一六边形，水平面*R*为一四边形，正平面*Q*为一四边形。正垂面*P*与*Q*面交出正平线，*P*与*R*面交出正垂线；水平面*R*与*Q*面的交线为侧垂线。

（2）主视图选择　按图5-8a所示方向作为主视图投影方向，所有的面都处于特殊位置，方便画图。

（3）画图　画图的方法与步骤，如图5-8c、d所示。

1）画切割前长方体的三个投影。

2）画截平面*P*的三个投影，先画有积聚性的正面投影，再画其他投影。

3）画截平面*Q*、*R*的三个投影，先画有积聚性的侧面投影，再画其他投影。

4）检查无误后加深。

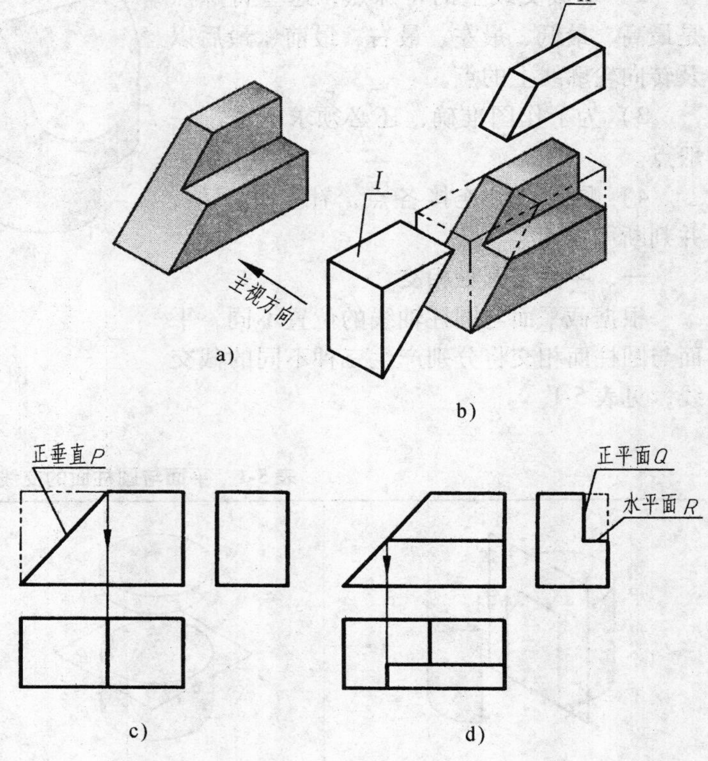

图5-8　挖切式组合体三视图画法

a）立体图　b）形体分析图

c）先画切割前长方体的三个投影，再画截平面*P*的三个投影

d）画截平面*Q*、*R*的三个投影

第二节　截交线的画法

在很多机械零件表面，会出现一些平面截切曲面体的情况，如图5-9所示。在其表面上平面与回转面的交线，称为截交线。

截交线的性质：

1）截交线是截平面和回转体表面的共有线，也是它们共有点的集合。

2）由于回转体表面是有范围的，所以截交线一般是封闭的平面曲线。

3）截交线的形状取决于回转体表面的形状及截平面与回转体轴线的相对位置。

求截交线的方法和步骤：

1）分析回转体表面形状及截平面与回转体轴线的相对位置，确定截交线的形状；分析截平面与投影面的相对位置，判断截交线的投影。

2）求截交线上的特殊点，这些特殊点是最高、最低、最左、最右、最前、最后以及转向轮廓线上的点。

3）为了作图准确，还必须求出若干一般点。

4）顺次光滑连接各点，补全轮廓线，并判断可见性。

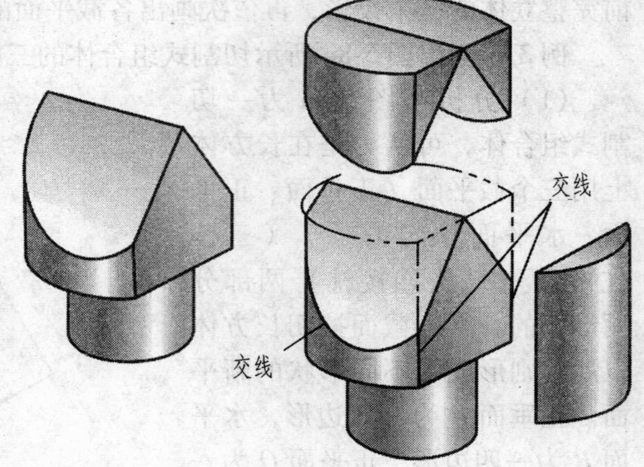

图 5-9　平面与曲面立体相交

一、平面与圆柱相交

根据截平面与圆柱轴线的位置不同，平面与圆柱面相交将分别产生三种不同的截交线，见表 5-1。

表 5-1　平面与圆柱面的交线

截平面与圆柱轴线平行	截平面与圆柱轴线垂直	截平面与圆柱轴线倾斜
截交线为与轴线平行的两直线	截交线为圆	截交线为椭圆

例 4　求圆柱被斜切后的投影，如图 5-10 所示。

（1）分析　如图 5-10a、b 所示，斜截圆柱体的截平面 P 与圆柱轴线倾斜，其截交线为椭圆。由于截平面 P 是正垂面，圆柱的轴线是铅垂线，所以截交线的正面投影为一直线，水平投影积聚在圆周上。为此可直接得出截交线上点的正面投影和水平投影。截交线上点的侧面投影，可根据正面投影和水平投影求出。

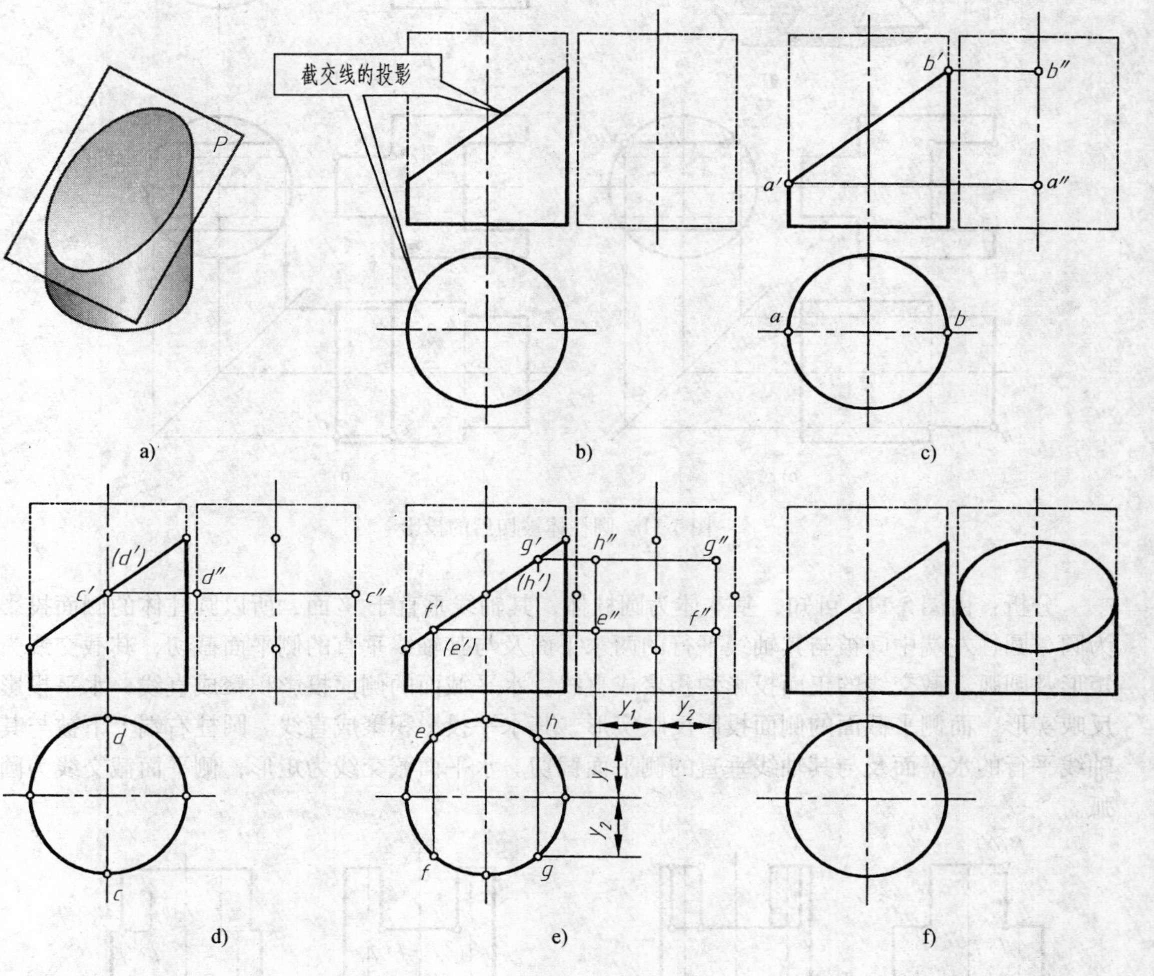

图 5-10　斜截圆柱体的三视图

（2）求特殊点　点 A、B 分别是截交线上的最左点、最右点，也是最低点、最高点，还是椭圆长轴的两端点；C、D 点分别是截交线上的最前点、最后点，也是椭圆短轴的两端点，还是侧面转向轮廓线上点。这些点可以直接求得。

（3）求一般点　在交线的正面投影选取 g'、h' 两点，求出水平投影 g、h，再根据两面投影求出 g''、h''。同理选取 e'、f' 两点，求出 e、f 和 e''、f''，如图 5-10e 所示。

（4）光滑地连接各点　即得截交线的侧面投影。圆柱侧面投影的转向轮廓线画到点 c''、d'' 为止，并与椭圆相切，如图 5-10f 所示。

例 5　求作圆柱体被截切后的水平投影，如图 5-11a、b 所示。

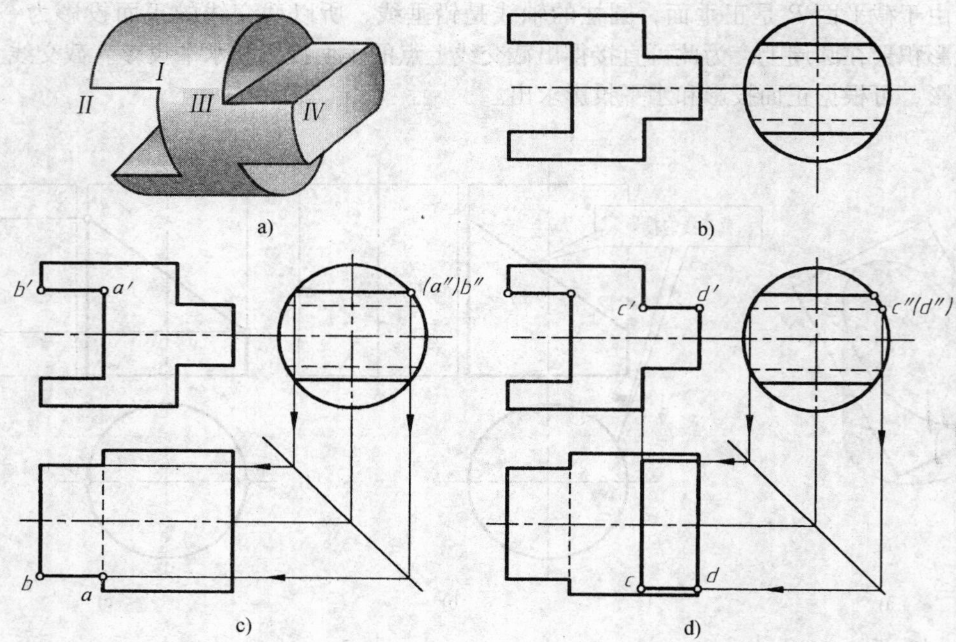

图 5-11　圆柱体被切后的投影

分析：由图 5-11b 可知，基本体为圆柱体，其轴线垂直于 *W* 面，所以圆柱体的侧面投影为圆。圆柱左端中间被与其轴线平行的两水平面及与其轴线垂直的侧平面截切，其截交线为矩形及圆弧，截交线的正面投影均积聚成直线。水平截面的侧面投影积聚成直线，水平投影反映实形。而侧平截面的侧面投影反映实形，其水平投影积聚成直线。圆柱右端上下被与其轴线平行的水平面及与其轴线垂直的侧平面截切。水平面截交线为矩形，侧平面截交线为圆弧。

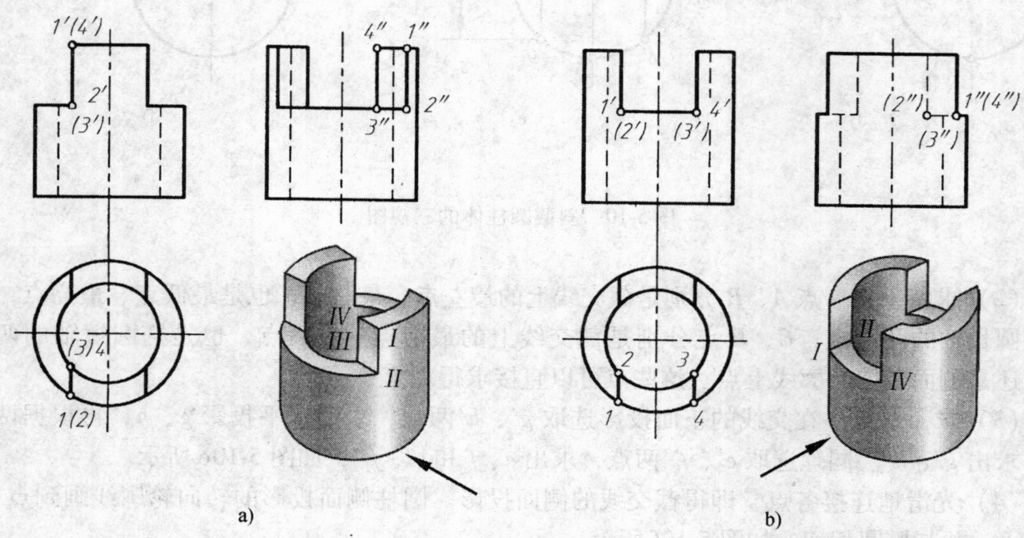

图 5-12　带切口圆筒的画法

作图如图 5-11c、d 所示：

1）根据圆柱面及截交线的侧面积聚性的投影，求出截平面与圆柱面相交直线的水平投影。侧平截面有积聚性的水平投影不可见部分画成虚线，其前后两段圆弧投影成直线为可见部分应画成粗实线。应注意前后被切掉的转向轮廓线部分不再画出。

2）圆柱体右边上下被切扁，其截交线的水平投影可见，画成粗实线。

例 6　带切口圆筒的画法，如图 5-12 所示。

二、平面与圆锥相交

截平面切圆锥时，由于截平面与圆锥轴线的相对位置不同，产生的截交线也不同的，见表 5-2。

表 5-2　平面与圆锥面的交线

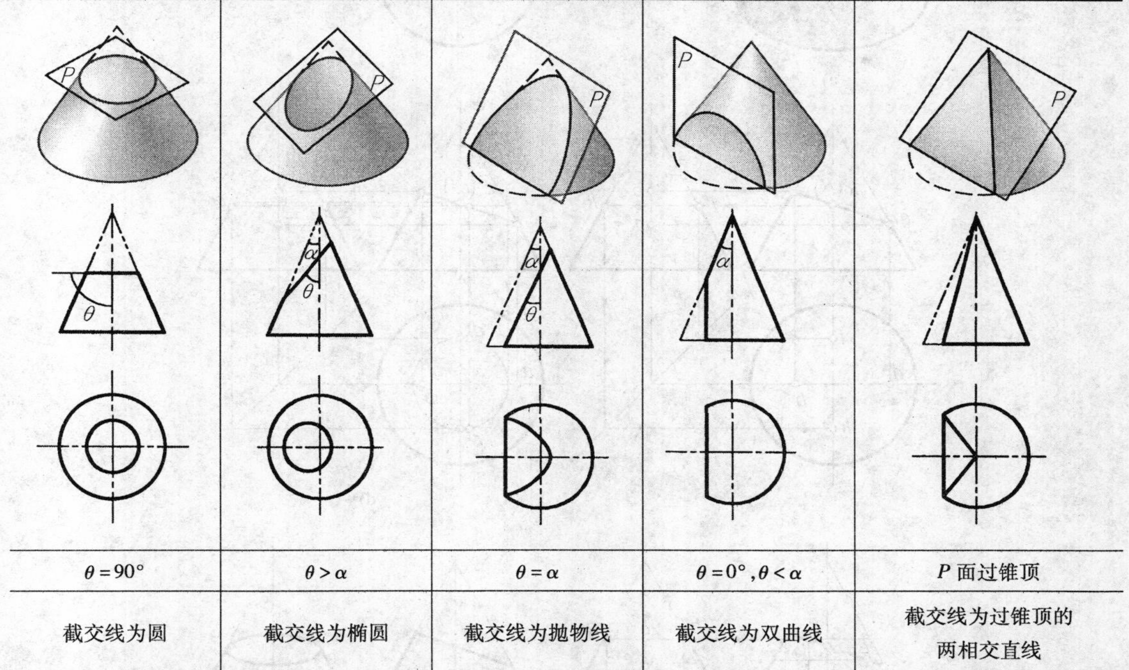

$\theta=90°$	$\theta>\alpha$	$\theta=\alpha$	$\theta=0°,\theta<\alpha$	P 面过锥顶
截交线为圆	截交线为椭圆	截交线为抛物线	截交线为双曲线	截交线为过锥顶的两相交直线

例 7　求斜截圆锥体的水平投影和侧面投影，如图 5-13b 所示。

（1）分析　由图 5-13a、b 可知，截平面 P 与圆锥轴线的倾角大于圆锥母线与轴线的倾角，其截交线为椭圆。由于截平面 P 是正垂面，所以截交线的正面投影积聚为直线，截交线的水平投影和侧面投影需作图求出。截交线上点的投影，除一部分特殊点可根据点、线从属关系直接求出外，其余各点可用辅助纬圆法求出。

（2）求特殊点　点 A、B 是截交线的最低点和最高点，也是截交线的最左和最右点，还是椭圆长轴的端点。它们的正面投影 a'、b' 可直接得出，其水平投影 a、b 和侧面投影 a''、b'' 是根据其所在素线的从属关系进行投影求出的。点 K、L 是圆锥体前、后素线上的点，其正面投影 k'、l' 重影为一点，可先求侧面投影 k''、l''，再求水平投影 k、l，如图 5-13c 所示。

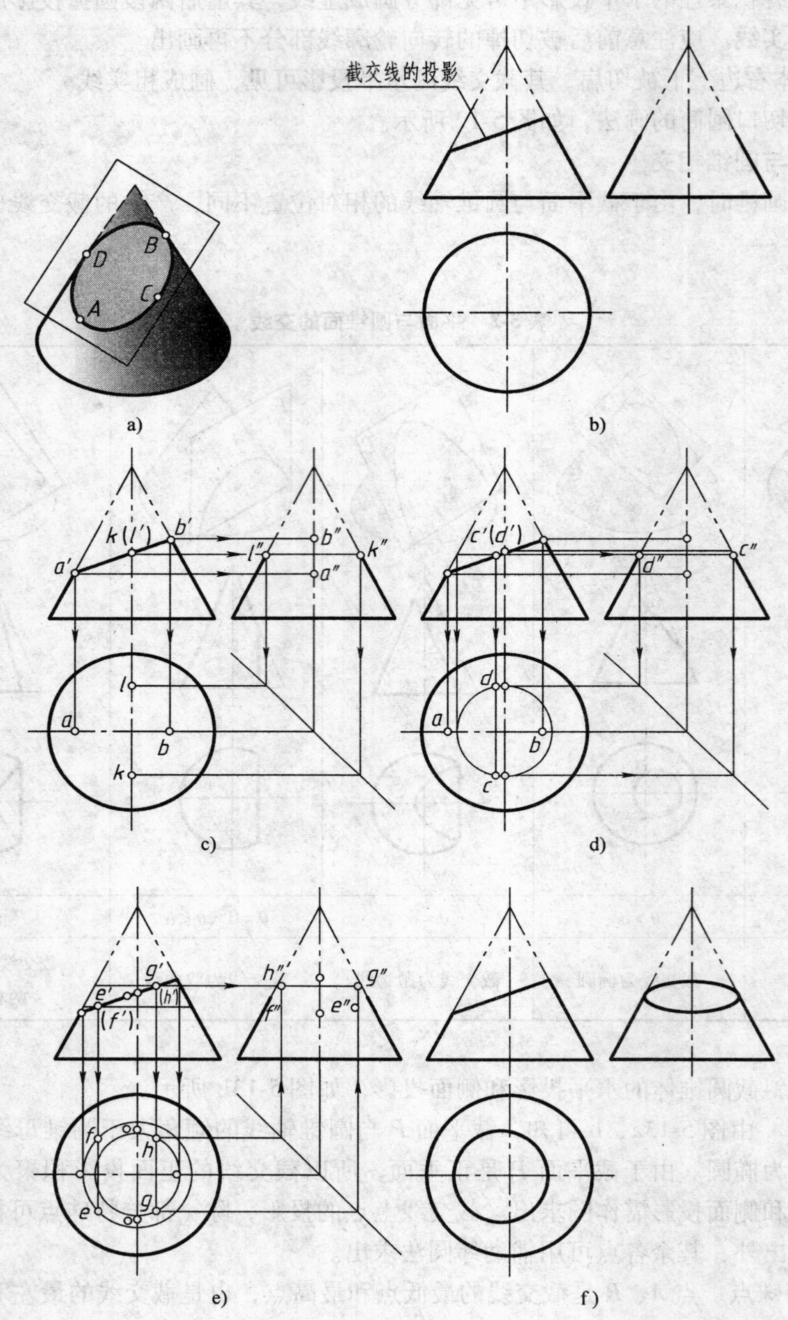

a) b) c) d) e) f)

图 5-13 圆锥体被切后的投影

截交线最前点 C 和最后点 D 是椭圆短轴的端点。它们的正面投影 c'、d' 重影于 a'、b' 的中点处。过点 C、D 作辅助纬圆，该圆的正面投影为过点 c'、d' 的水平线，侧面投影也为水平线，水平投影为该圆的实形。由点 c'、d' 求得 c、d，再由点 c、d，求出点 c''、d''，如图 5-13d 所示。

（3）求一般点　在截交线正面投影的适当位置取点 g'、h' 和点 e'、f' 作两个辅助纬圆，先求出水平投影 g、h 和 e、f。再可求出其侧面投影 g''、h'' 和 e''、f''，如图 5-13e 所示。

（4）光滑地连接各点的同面投影，即为求出截交线的水平投影和侧面投影。补齐圆锥体侧面投影的转向轮廓线，如图 5-13f 所示。

例 8　求顶尖头的水平投影，如图 5-14a、b 所示。

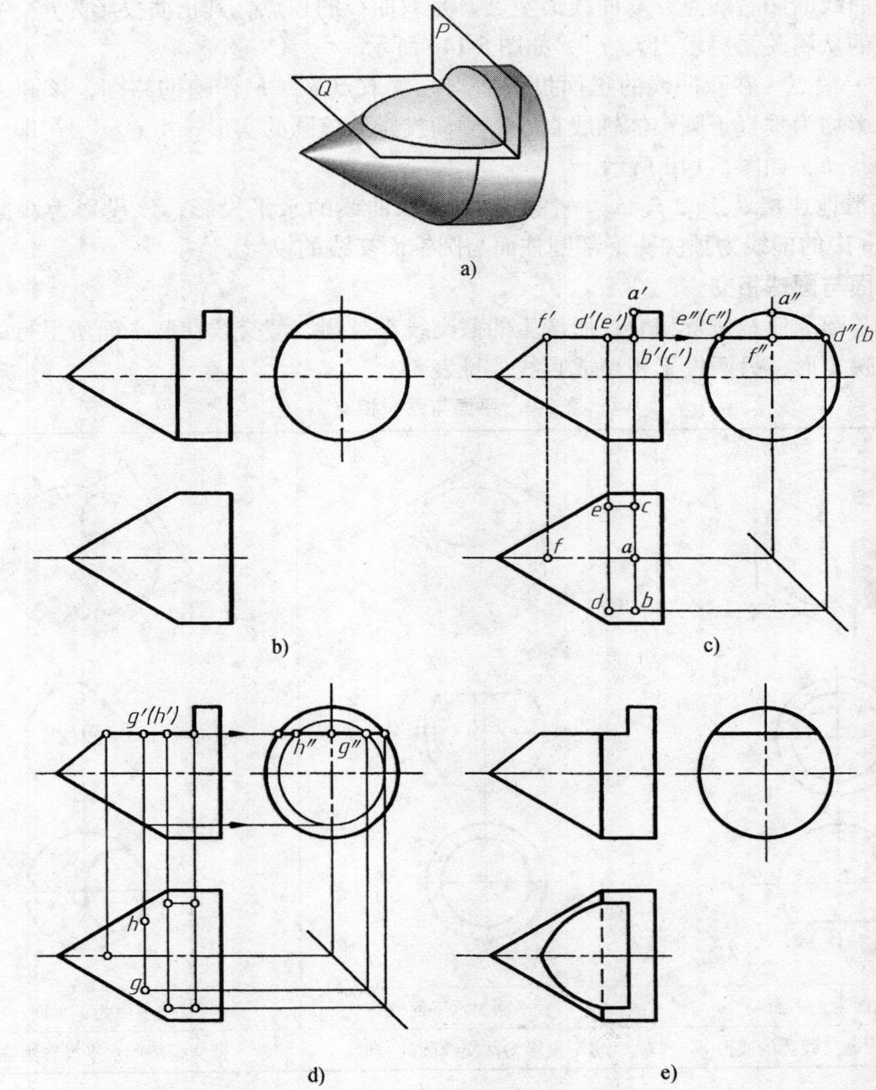

a)

b)　c)

d)　e)

图 5-14　顶尖头

（1）分析　如图 5-14a、b 所示，顶尖头是由同一轴线的圆柱体和圆锥体组合后，被 P、Q 两个平面截切而成，其轴线为侧垂线。截平面 P 与圆柱体轴线垂直，是侧平面，因此与圆柱体的截交线为圆弧，其正面投影积聚为直线，侧面投影为圆弧，积聚在圆柱的侧面投影上。截平面 Q 是水平面，并与圆柱体、圆锥体轴线平行，所以该截平面与圆柱面的截交线为两直线（素线）、与圆锥体的交线为双曲线，它的正面投影和侧面投影均积聚为直线。

（2）求特殊点　截平面 P 与圆柱体的截交线为圆弧，其最高点 A 和前、后两端点 B、C 的正面投影 a'、b'、c'和侧面投影 a''、b''、c''可直接得出，由已知的两面投影可求出其水平投影 a、b、c，其水平投影为直线。点 B、C 也是截平面 Q 与圆柱截交线的两右端点，两左端点的投影 d'、e'和 d''、e''可直接得出，由两面投影可求出其水平投影 d、e。点 D、E 也是截交线为双曲线的两右端点；双曲线最左点 F 是双曲线的顶点，其正面投影为f'，根据点 F 所在轮廓线的从属关系可求出f、f''，如图 5-14c 所示。

（3）求一般点　在双曲线的正面投影适当位置取点 g'、h'作辅助纬圆，该圆的正面投影、水平投影均为垂直于圆锥体轴线直线，侧面投影为该圆的实形，由点 g'、h'即可求出点 g''、h''和点 g、h，如图 5-14d 所示。

（4）光滑地连接 d、g、f、h、e 各点，即得双曲线的水平投影，该投影为双曲线的实形。图 5-13e 中的虚线为顶尖头下部圆柱面与圆锥面交线的投影。

三、平面与圆球相交

截平面与圆球任意位置相交，所产生的截交线都是圆。截交线在截平面所平行的投影面上的投影反映实形，另两投影积聚成直线，见表 5-3。

表 5-3　平面与圆球相交

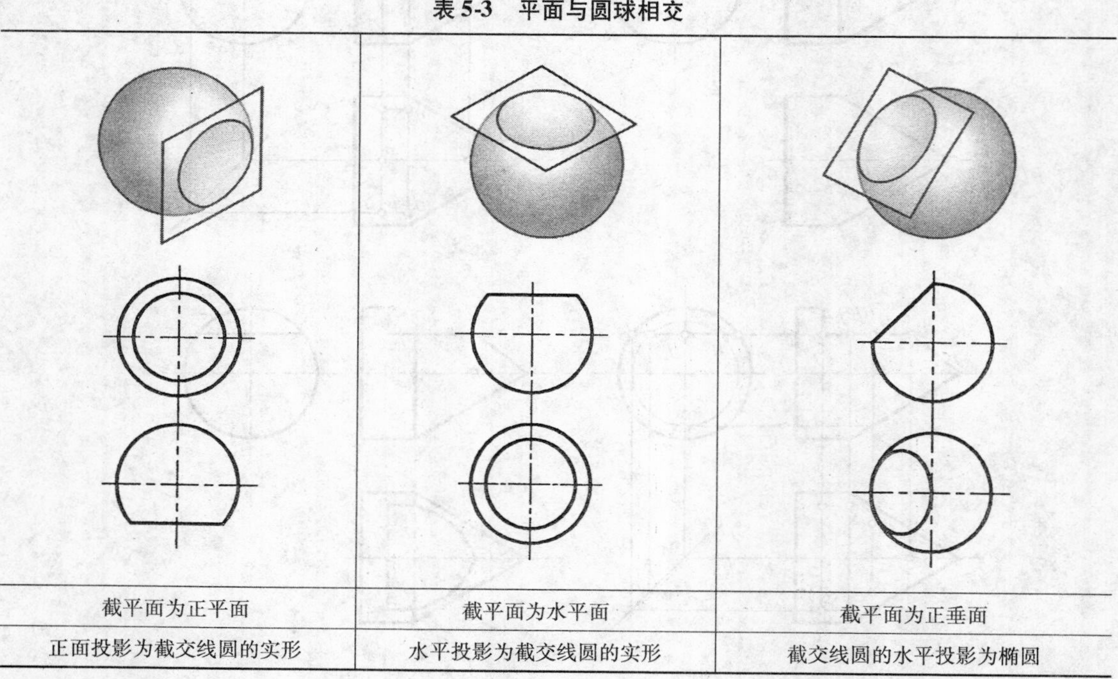

截平面为正平面	截平面为水平面	截平面为正垂面
正面投影为截交线圆的实形	水平投影为截交线圆的实形	截交线圆的水平投影为椭圆

例 9　求作螺钉上的半圆球开槽后的投影，如图 5-15 所示。

（1）分析　半圆球上的槽是由两个侧平面 P 和一个水平面 Q 截切后形成的。两个 P 平面左右对称，其截交线为完全相同的侧平圆弧，侧面投影重合并反映实形；Q 平面的截交线为一水平圆上的两段圆弧，水平投影反映实形，正面和侧面投影积聚为水平直线段。两 P 平面和 Q 平面的交线都是正垂线。

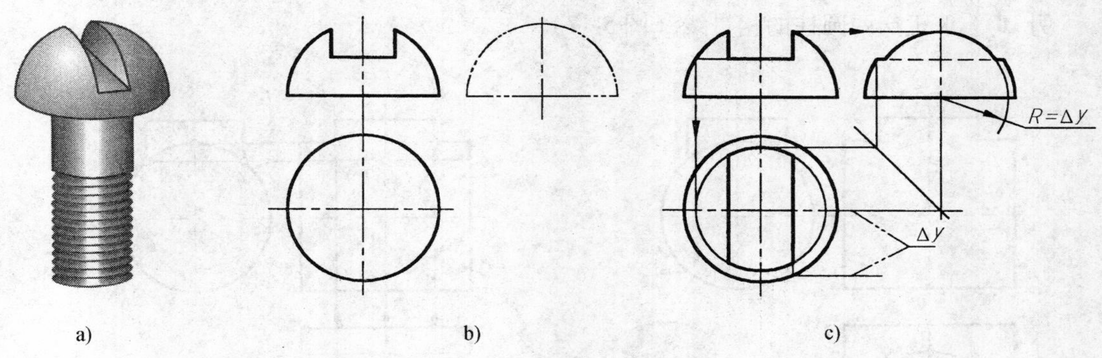

图 5-15　半圆球开槽后的投影

（2）作图　求两个侧平面 P 的侧面投影和水平投影，再求水平面 Q 的水平投影和侧面投影，如图 5-15c 所示。因 P、Q 面交线的侧面投影不可见，故用虚线画出。

第三节　相贯线的画法

一、相贯线的定义和性质

在组合体上常有两个回转体相交，其表面产生的交线称为相贯线，如图 5-16 所示。两回转体的几何形状、大小和相对位置不同，其相贯线的形状也不相同，但都具有以下的基本性质：

1）相贯线是两个回转体表面的共有线，也是两回转体表面的分界线，还是两回转体表面一系列共有点的集合。

2）因为回转体具有一定的范围，所以相贯线一般是封闭的空间曲线。

由上述性质可知：求相贯线的实质就是求回转体表面一系列点。常用的方法有表面取点法和辅助平面法。

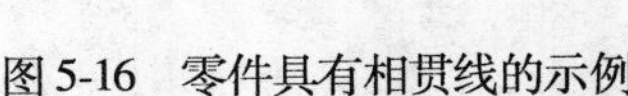

图 5-16　零件具有相贯线的示例

二、求相贯线的具体步骤

1）根据已知两立体的投影，分析两回转体的形状、大小和它们轴线的相对位置，判定相贯线的形状及其投影。

2）选择适当的作图方法。

3）求出特殊点（最高、最低、最左、最右、最前、最后、转向轮廓线上的点以及其他极限点）。

4）求若干一般点。

5）光滑连接各点，并判断可见性。

三、表面取点法求相贯线

1. 表面取点法求相贯线作图

当圆柱与其他回转体相交时，若圆柱的轴线垂直于某投影面时，圆柱面在这个投影面上的投影就具有积聚性，因而相贯线的这一投影是已知的，利用这个投影即可在另一曲面上用表面取点的方法作出相贯线的其他投影。

例 10　求正交两圆柱的相贯线（图 5-17）。

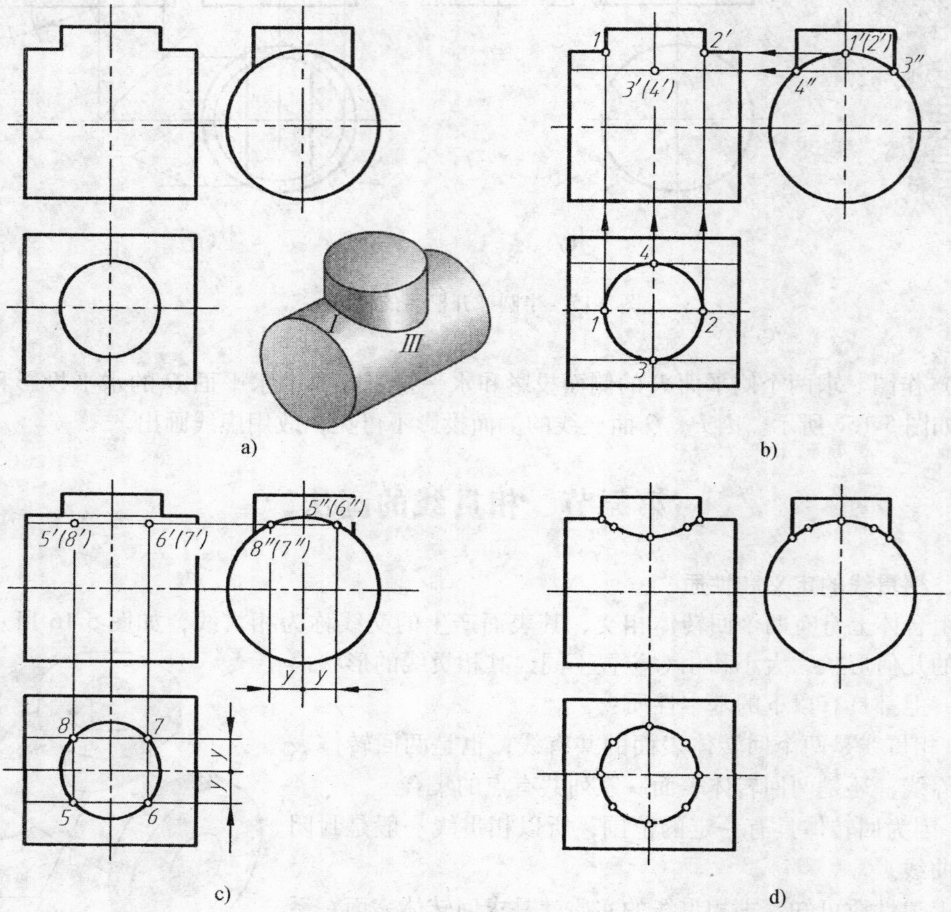

a)　b)　c)　d)

图 5-17　表面上取点法求相贯线

（1）分析　由图 5-17a 可知，两圆柱的轴线垂直相交，并分别垂直于侧面和水平面，且相贯体具有前后、左右的对称面，因此相贯线应为前后、左右对称的一条封闭空间曲线。两圆柱轴线的位置决定了小圆柱的水平投影和大圆柱的侧面投影积聚为圆。由于小圆柱全贯于大圆柱，因此相贯线的水平投影在小圆柱的投影圆上，而侧面投影则在大圆柱与小圆柱公共投影部分的一段圆弧上。所以，根据相贯线的这两个已知投影，就可以用表面取点的方法求出相贯线的正面投影。

（2）求特殊点　点 *I*、*II* 为最左、最右点，也是最高点，同时是正面投影可见与不可见

的分界点；点Ⅲ、Ⅳ是最前点、最后点，也是最低点，还是相贯线侧面投影可见与不可见的分界点。根据水平投影1、2、3、4求出对应的侧面投影1″、2″、3″、4″，再利用投影规律可求出其正面投影1′、2′、3′、4′，如图5-17b所示。

（3）求一般点　在相贯线的水平投影上取5、6、7、8点，找出对应的侧面投影5″、6″、7″、8″点，可求出正面投影5′、6′、7′、8′，如图5-17c所示。为作图准确，可多求一些点。

（4）连接　将所求各点的正面投影依次光滑连接即得相贯线的正面投影，如图5-17d所示。

因两圆柱轴线正交，故两圆柱前后、左右对称，其相贯线也必定前后、左右对称。所以相贯线的正面投影可见与不可见部分完全重合，侧面投影也是如此。

2. 两圆柱轴线垂直相交的三种形式

两圆柱外表面与外表面相交、外表面与内表面相交、内表面与内表面相交，其相贯线形状是一样的，所以求法也一样，如图5-18所示。

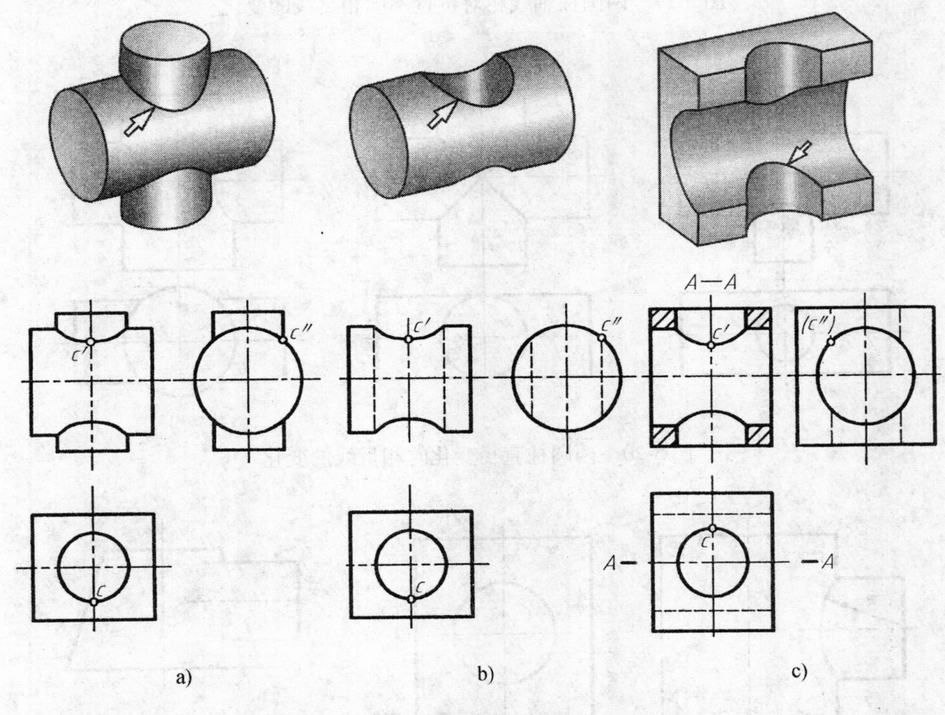

图5-18　两圆柱轴线垂直相交的三种形式

3. 两圆柱轴线相对位置不同相贯线的变化（图5-19）

4. 两圆柱直径变化时相贯线的变化（图5-20）

5. 相贯线的简化画法

当正交两圆柱直径相差较大，作图准确性要求不高时，为了作图方便允许采用近似画法。即用圆弧代替空间曲线的投影，圆弧半径等于大圆柱半径，其圆心位于小圆柱轴线上，弯曲方向趋向于大圆柱的轴线，具体作法如图5-21a所示。GB/T 16675—2012中规定，也可用模糊画法表示相贯线，如图5-21b所示。

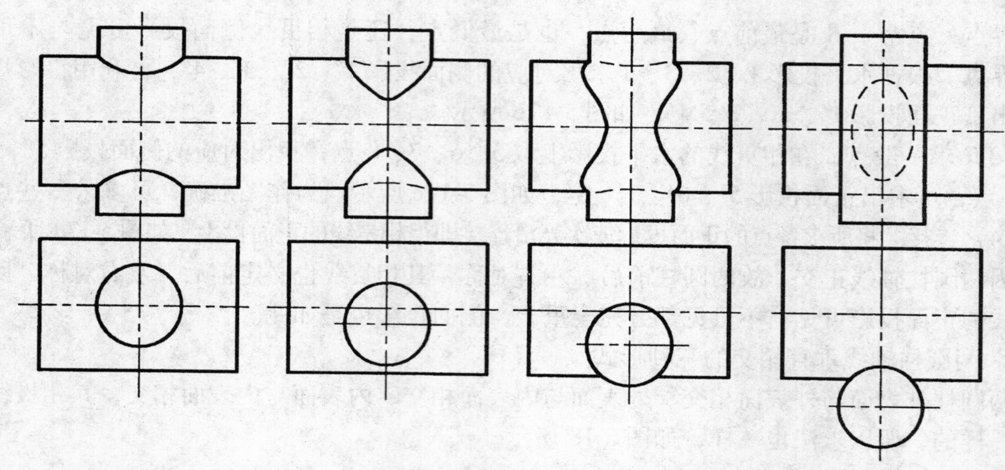

图 5-19　两圆柱轴线相对位置不同相贯线的变化

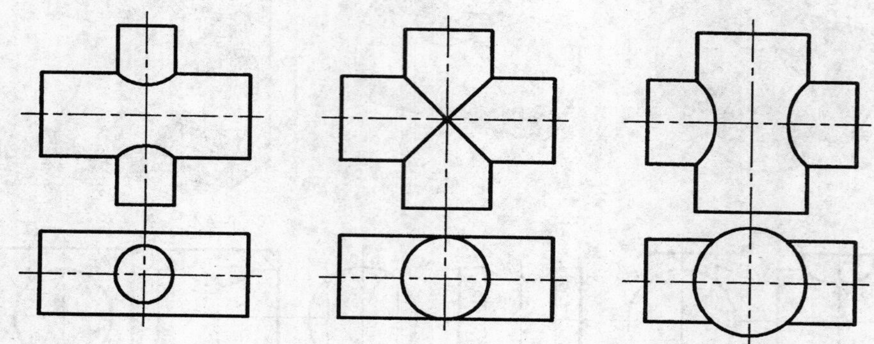

图 5-20　两圆柱直径变化时相贯线的变化

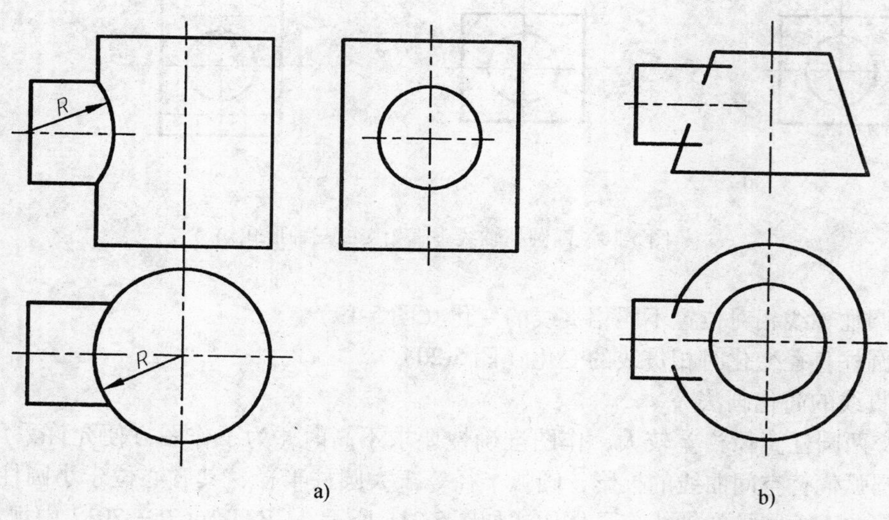

图 5-21　相贯线的简化画法

四、辅助平面法作相贯线

辅助平面法是利用三面共点的原理，求两回转体表面一系列共有点。若选一恰当的辅助平面与两回转体都相交，则两回转体与辅助平面的截交线也必定相交，其交点即为相贯线上的点。为了作图简便，辅助平面一般选为投影面平行面或投影面垂直面，使与两回转体表面的截交线简单易画（直线或圆），如图5-22a所示。

例11　求圆柱与圆锥相交的相贯线（图5-22）。

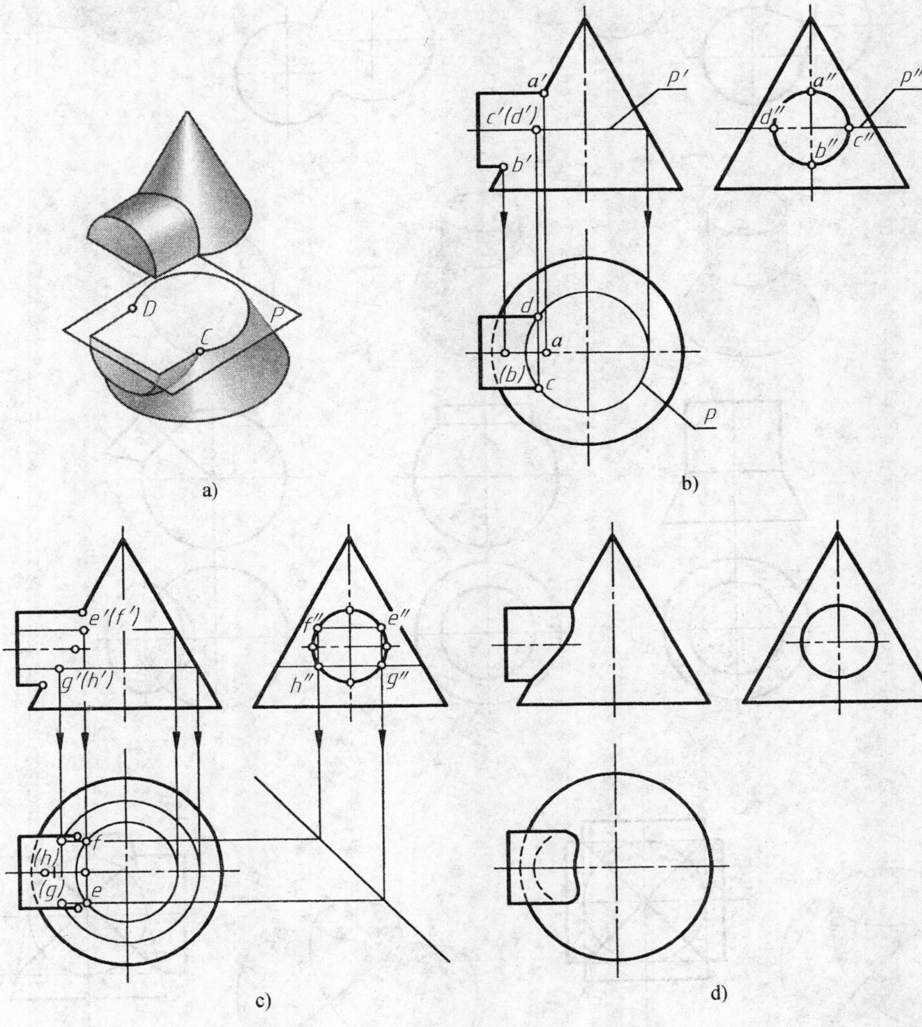

a)　b)

c)　d)

图5-22　圆柱和圆锥相贯线的求法

（1）分析　圆柱与圆锥轴线正交，圆柱全部贯穿于圆锥之中，相贯线是一条封闭的空间曲线，其前后对称。因圆柱的轴线垂直于侧面，故相贯线的侧面投影重合在圆柱的侧面投影圆周上。相贯线的水平投影和正面投影可利用辅助平面法求出，如图5-22b所示。

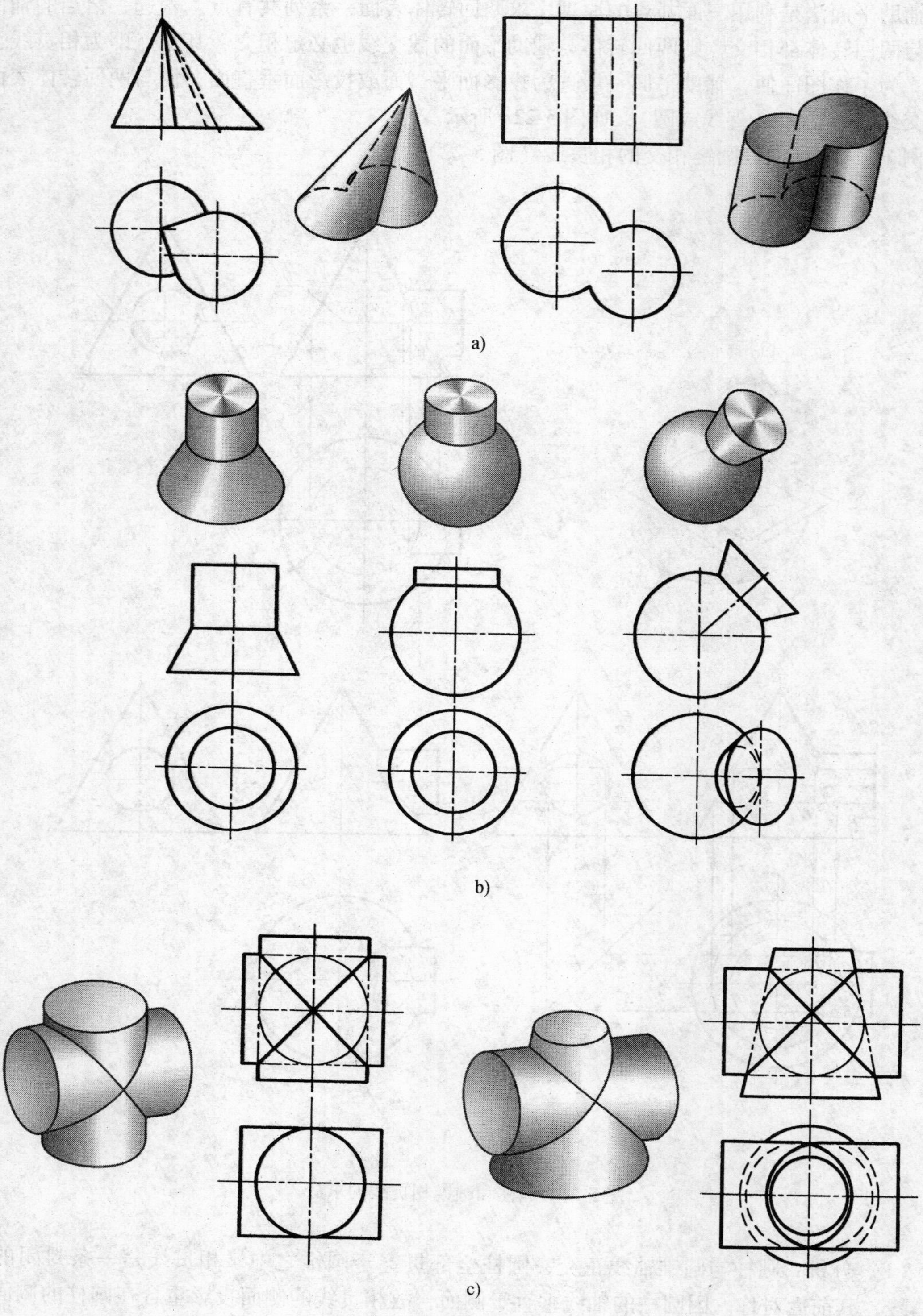

a)

b)

c)

图 5-23 相贯线的特殊情况

（2）求特殊点　因两立体前后对称，所以两立体正面投影的转向轮廓线必定相交，交点为 A、B。在正面投影上和侧面投影上可直接得到 a'、b' 和 a''、b''，由点的两投影可求出水平投影 a、b。A、B 分别为最高点、最低点，也为相贯线正面投影可见与不可见的分界点。c''、d''是最前、最后点 C、D 的侧面投影，为求另两投影，过圆柱的轴线作水平面 p 为辅助平面，作出 p'、p''，求出 p 与圆锥面截交线的水平投影圆，p 平面与圆柱面截交线的水平投影为两直线，它们与水平投影圆的交点即为 c、d，由 c、d 可求出 c'、d'。

（3）求一般点　在适当位置作辅助平面 P，便可求出两一般点 E、F。同法可再求几点。

（4）连接　将所求各点的正面投影依次光滑连接即得相贯线的正面投影。点 C、D 为水平线投影可见与不可见的分界点，此两点上边的一段 *ceafd* 可见，画成粗实线，*cbd* 为不可见，画成虚线，即得相贯线的水平投影。

五、相贯线的特殊情况

两回转体相交的相贯线一般为空间曲线，但在特殊情况下也可能是平面曲线或直线，如图 5-23 所示。

第四节　组合体的尺寸标注

组合体视图只能表达其形状，它的大小和相对位置还需标柱尺寸来确定。形体分析法是组合体尺寸标注的基本方法。

一、组合体尺寸标注的要求

组合体尺寸标注总的要求是：正确、完整、清晰、合理。

（1）标注正确　即所标注的尺寸应符合国家标准中有关标注的基本规定，注写的尺寸数字要准确。

（2）尺寸完整　即所标注的尺寸应能把组合体中的各基本形体的定形、定位及总体尺寸确定下来，一个尺寸只注一次，应做到既不遗漏也不重复。

（3）布置清晰　即尺寸布置要排列整齐，便于阅读和查找。

（4）标注合理　即所标注的尺寸应符合形体构成规律与要求，便于加工与测量。

二、基本体的尺寸注法

图 5-24 所示为常见的基本体的尺寸注法。基本体一般需要标注长、宽、高三个方向的尺寸。

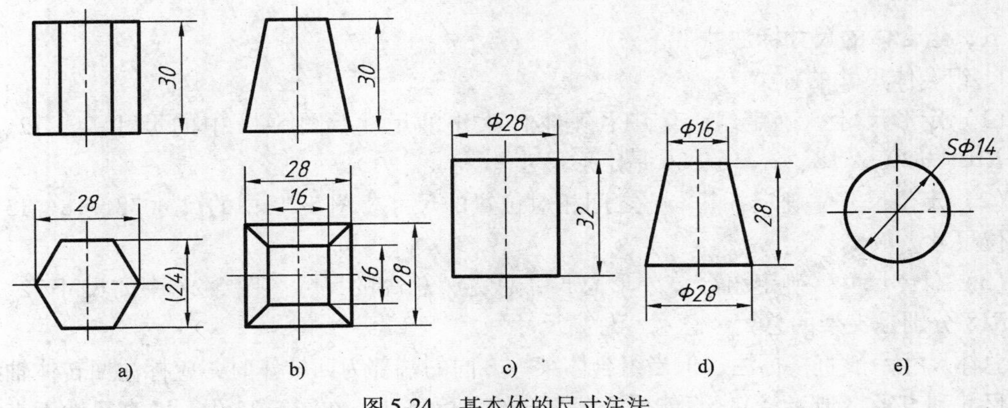

图 5-24　基本体的尺寸注法

三、切割体的尺寸注法

图 5-25 所示为切割体的尺寸标注，标注切割之前完整立体的尺寸和截平面的位置尺寸，不能给截交线注尺寸。因为截平面的位置确定以后，立体表面的截交线可以派生求出，尺寸就自然确定了。

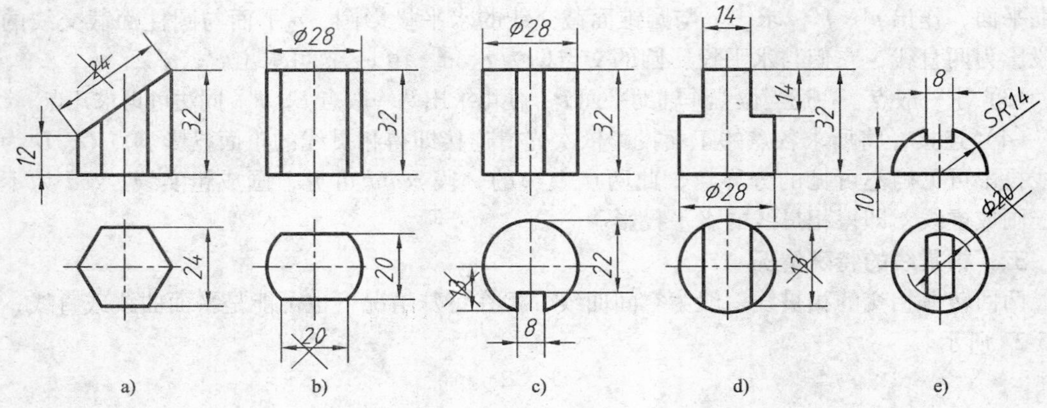

图 5-25　切割体的尺寸注法

四、相贯体的尺寸注法

相贯线是相交两回转体大小、相对位置确定后自然形成的，所以，应注出两相贯体的大小尺寸和定位尺寸，而不能给相贯线注尺寸，如图 5-26 所示。

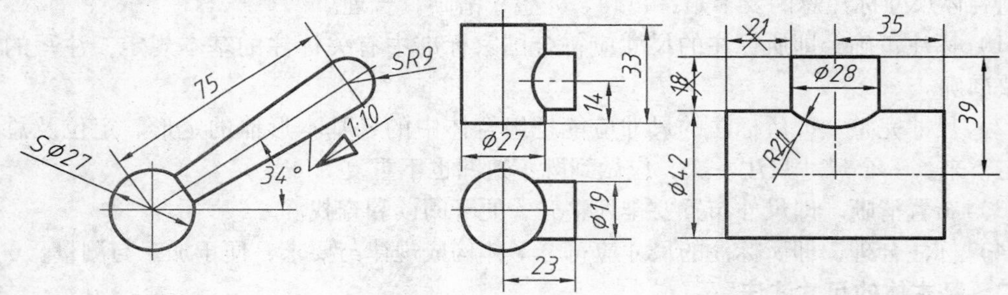

图 5-26　相贯体的尺寸注法

五、组合体的尺寸标注

1. 组合体尺寸的种类

（1）定形尺寸　确定组合体中各基本体大小的尺寸。图 5-27 中的尺寸 14、72、17、*R*5、*R*10、ϕ20、*R*18、6、16、36 是定形尺寸。

（2）定位尺寸　确定各基本体之间相对位置的尺寸。图 5-27 中的尺寸 38、18、15、35 是定位尺寸。

（3）总体尺寸　确定组合体外形总长、总宽、总高的尺寸。图 5-27 中的尺寸 72、36、38 + *R*18 分别是支架的总长、总宽、总高尺寸。

总体尺寸一般直接标注，但当组合体某一方向的端部为回转体时，应标注回转体轴线的定位尺寸和直径（或半径），不能标注该方向的总体尺寸。在图 5-27 中，总高尺寸不直接标

注出来而是只标注圆柱轴线位置尺寸 38 和圆柱的半径尺寸 *R*18。

2. 组合体尺寸基准

标注定位尺寸的起点，称尺寸基准。组合体具有长、宽、高三个方向的尺寸，标注每一个方向的尺寸都应先选好基准，以便从基准出发确定各组成部分形体间的定位尺寸，每个方向除了有一个主要尺寸基准外，根据需要还可以有一些辅助尺寸基准。选择尺寸基准必须体现组合体的结构特点，并使尺寸度量方便，一般选择组合体的对称面、底面、重要面及轴线为尺寸基准，即“三面一线”。图 5-27 所示支架选择右端面作为长度方向尺寸基准，选择前、后对称面作为宽度方向尺寸基准，选择下底面作为高度方向尺寸基准。

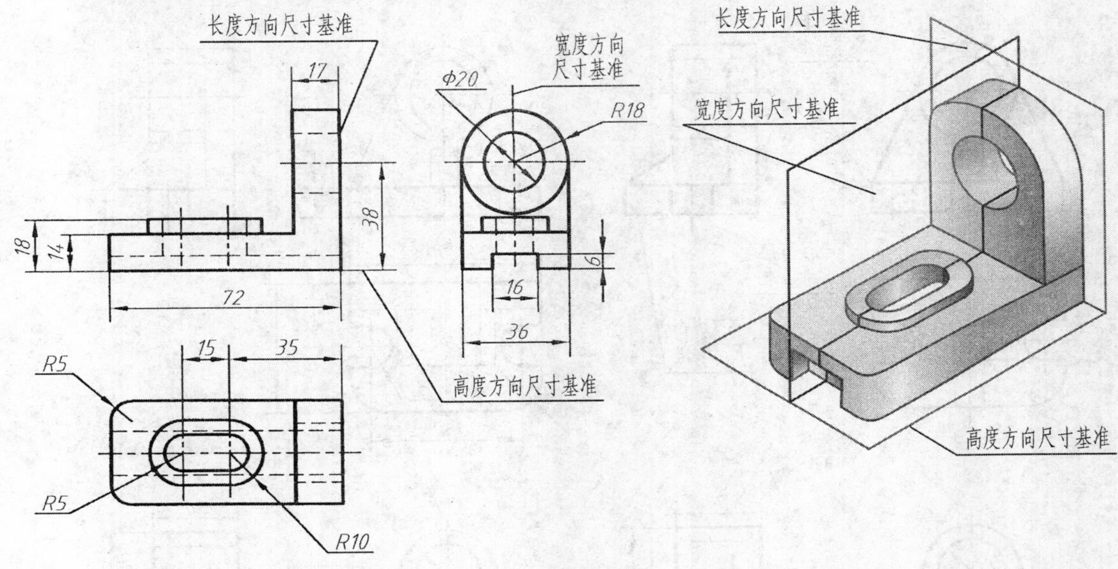

图 5-27 尺寸的种类和基准

3. 组合体尺寸标注举例

现以图 5-28 所示的组合体为例，说明组合体尺寸标注的步骤。

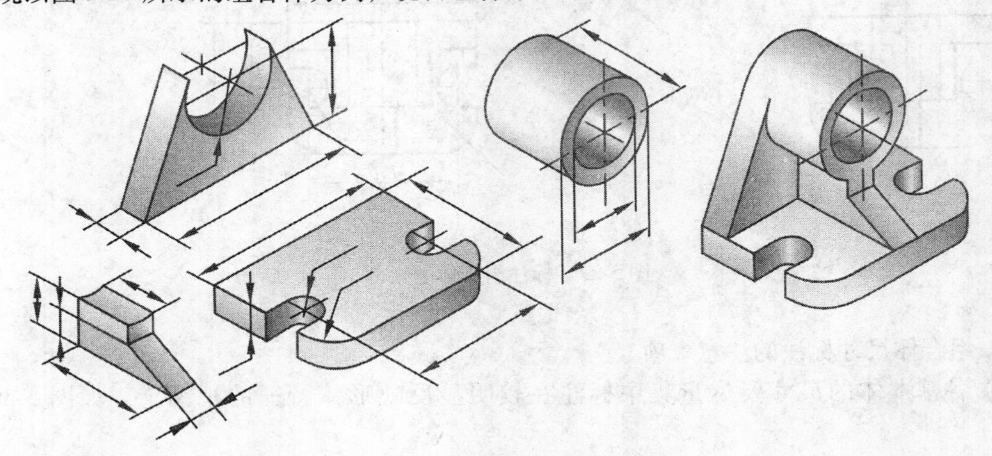

图 5-28 确定各基本体的形状尺寸

（1）形体分析　该组合体由四部分组成，其组合后立体表面出现了相交、相切和重合等情况，各基本体的相互位置与形状尺寸如图 5-28 所示。

（2）选择基准　按照选择尺寸基准的要求，组合体的尺寸基准的选择如图 5-29a 所示。

（3）标注尺寸　逐一注出各简单形体的定形尺寸、定位尺寸和总体尺寸，如图 5-29 所标注的尺寸。图 5-29b 中标注了底板的形状尺寸；图 5-29c 中分别标注了空心圆柱和支承板的形状尺寸；在图 5-29d 中标注了各基本体的位置尺寸，如高度尺寸 130 等。

（4）检查调整　最后，为使尺寸标注得清晰完整，要检查和调整。

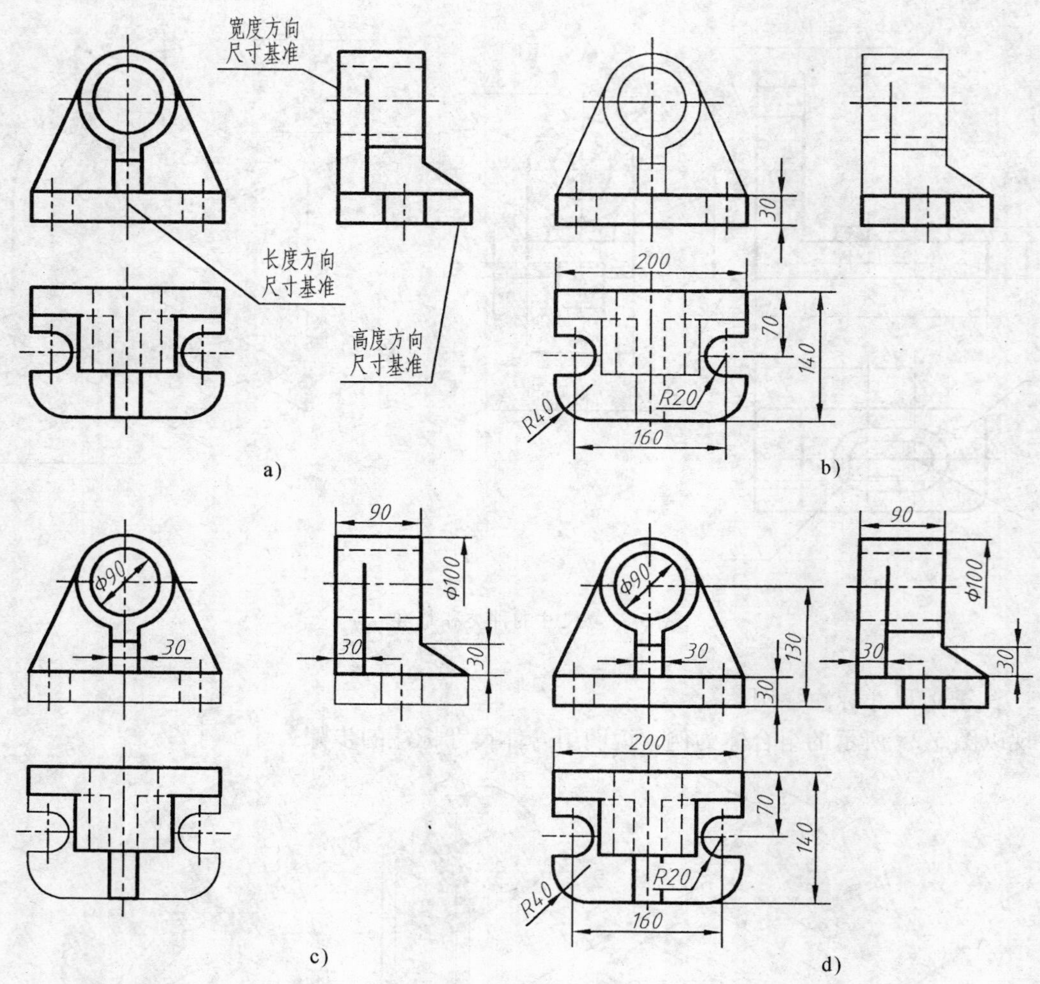

图 5-29　标注组合体的尺寸

4. 组合体尺寸标注的注意事项

1）各基本体的尺寸要尽量集中标注在较明显反映形体特征的视图上，如图 5-30 所示。

2）尺寸平行排列时，应使小尺寸在内，大尺寸在外，依次向外分布，间隔要均匀，避免

尺寸线与尺寸界线相交。同一方向的尺寸在标注时，应排列整齐，尽量配置在少数几条线上。尺寸尽量标注在两个视图之间，必要时可以标注在视图之内，如图 5-30 所示。

3）尽量不在虚线上标注尺寸。

4）圆柱、圆锥的径向尺寸一般标注在非圆视图上，如图 5-31a 所示。圆弧半径尺寸要标注在投影为圆弧的视图上，相同圆角只标注一次，如图 5-31b 所示。

5）当组合体某一方向的端部为回转体时，应标注回转体轴线的定位尺寸和直径（或半径），不能标注该方向的总体尺寸，如图 5-31b 所示。

6）对称结构的尺寸要以对称线为基准标注整体尺寸，不能只注一半尺寸，如图 5-31c 所示。

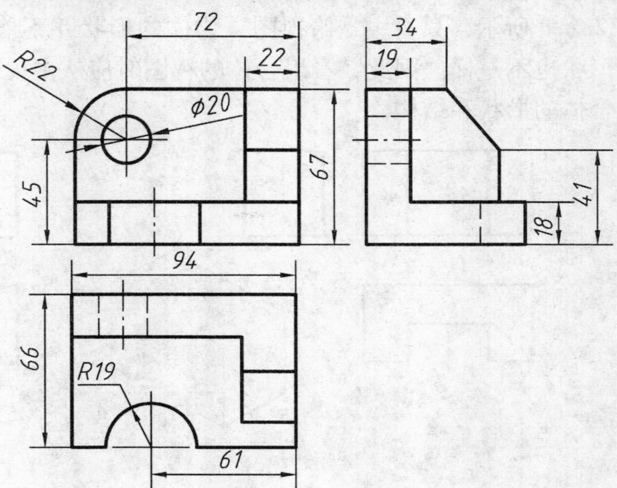

图 5-30　尺寸标注

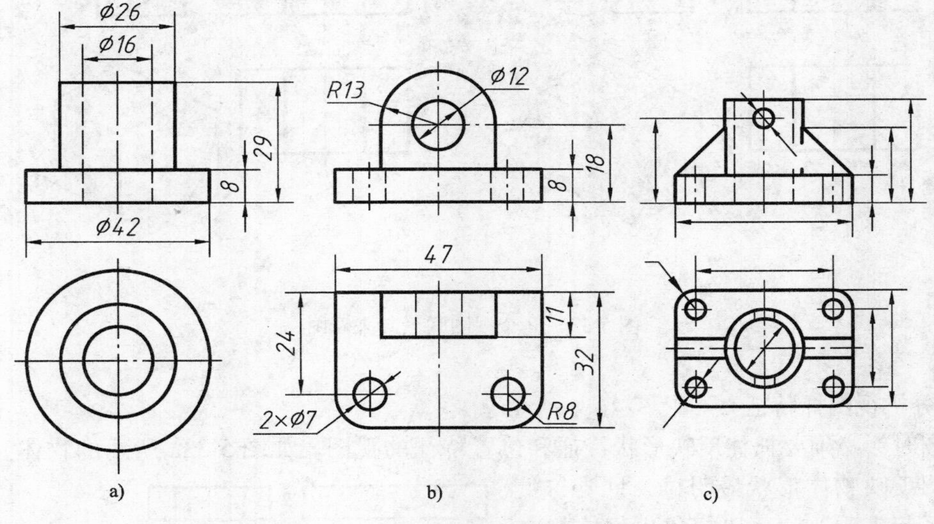

图 5-31　尺寸标注

第五节　看组合体视图的方法

看组合体视图，就是根据已知的视图，运用投影规律，想像出物体的空间形状和结构。看图与画图是两个相反的图物转换过程，为了正确迅速地看懂视图，必须掌握看图的基本方法。

一、看图的基本要领

1. 几个视图联系起来看

通常一个视图只能表示组合体一个方向的形状，不能概括其全貌。如图 5-32a、b 所示的主视图和左视图是一样的，但它们的俯视图不相同，所表达的物体形状也不相同。如图 5-32c、d 所示，只看主、俯视图，物体的形状并不能确定，因为左视图不同，所表达的物体形状也不一样。因此，看组合体的视图时应从主视图入手，把几个视图联系起来才能确定组合体的形状和结构。

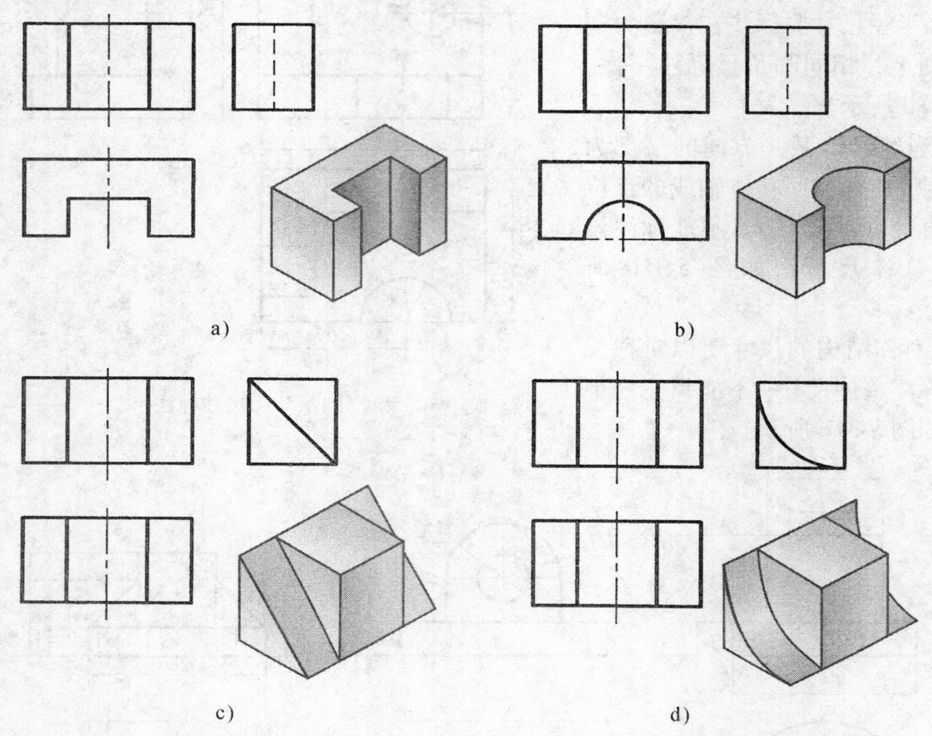

图 5-32　几个视图联系起来看图

2. 分析视图抓特征

看图时，必须要抓住反映形状特征和位置特征的视图。如图 5-33a 所示的物体三视图，其俯视图反映物体形状最明显，只要与主视图联系起来看，就可以想象出物体的全貌来，如图 5-33b 所示。

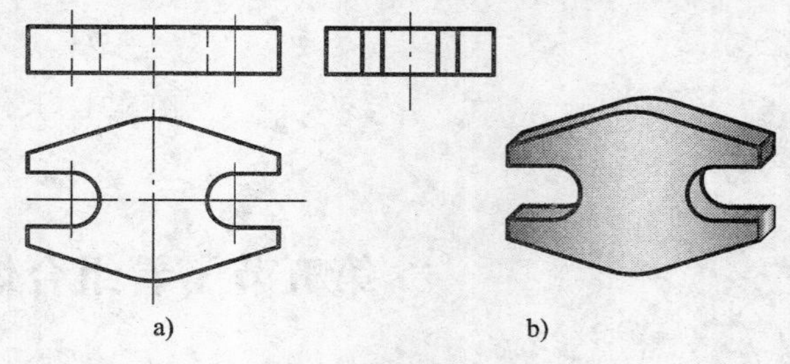

图 5-33　形状特征分析

又如图 5-34a，左视图是反映形体上 *I* 与 *II* 部分位置关系最明显的视图，只要把主、左视图联系起来看，就可以想象出 *I* 是凹进去，*II* 是凸出来的。如果，只看主、俯视图，无法确定 *I* 与 *II* 部分的前后关系，可能是图 5-34b 或图 5-34c 所示的形体。

3. 弄清楚每个线框和线条的含义

读组合体的视图时，首先应明确视图中的图线及线框的含义，现以图 5-35 为例说明。

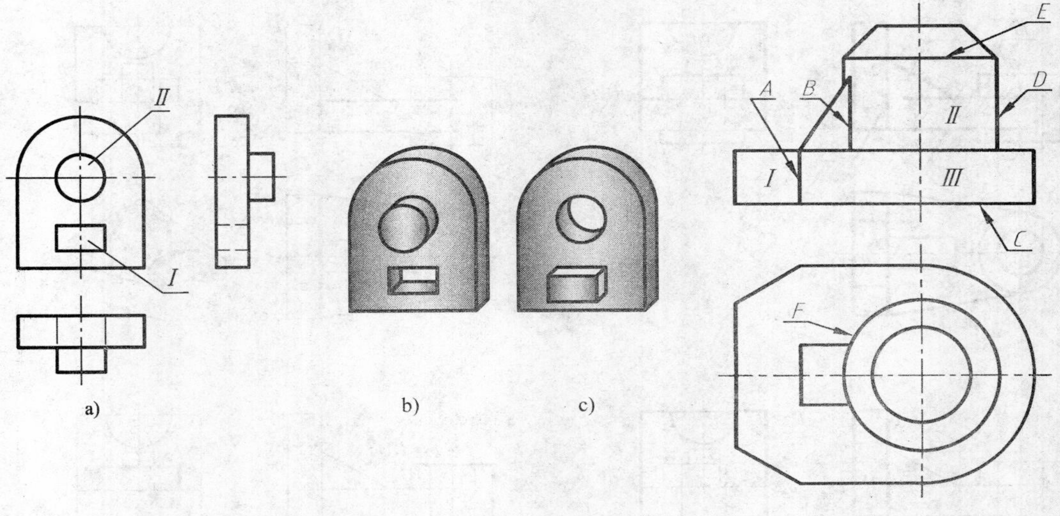

图 5-34　形状特征视图　　图 5-35　组合体的图线和线框

（1）视图中的每一个封闭线框的可能含义

1）代表着组合体上不同的平面或曲面的投影，如图 5-35 中的线框 *Ⅰ*、*Ⅱ* 分别代表组合体上的平面与曲面。

2）代表平面与曲面相切的投影，如图 5-35 中的线框 *Ⅲ*。

3）相邻的两个线框，可以代表立体上相交或相错两个表面的投影，如图 5-35 中的线框 *Ⅱ*、*Ⅲ*。

（2）视图中的每一条线的可能含义

1）两面交线的投影

①平面与平面的交线，如图 5-35 中线 *A*。

②平面与曲面的交线，如图 5-35 中线 *B*。

③曲面与曲面的交线，如图 5-35 中线 *E*。

2）平面或曲面具有积聚性的投影，如图 5-35 中线 *C*、*F*。

3）回转体转向轮廓线的投影，如图 5-35 中线 *D*。

二、看图的方法步骤

1. 形体分析法

形体分析法是读图的基本方法。用形体分析法读图，就是从反映物体形状特征的视图入手，按线框划分成几个部分，然后根据投影规律，找到各个部分在其他视图上的投影，从而想像出每个部分的形状，最后根据其相对位置、组成方式和表面连接关系，想像出整体形状。

简而言之，就是：看视图，分线框；对投影，定形体；综合起来想整体。

对于复杂的切割体，还要“线面分析攻难点”。

例 12　看懂图 5-36a 所示物体的形状。

（1）看主视图，分线框　根据图 5-36a 所示三视图，可将主视图分成 *Ⅰ*、*Ⅱ*、*Ⅲ*、*Ⅳ* 四个线框（四个部分）。

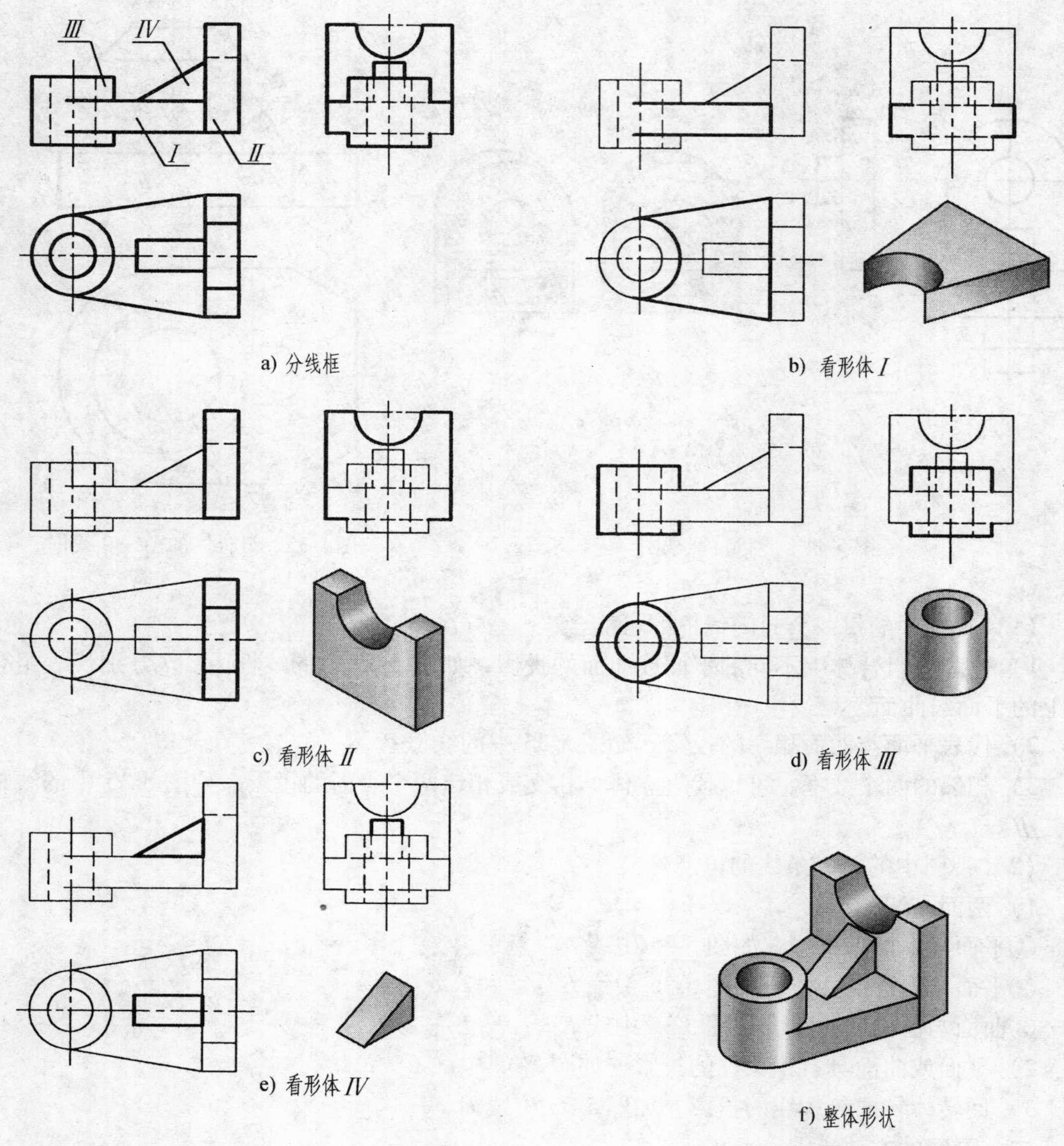

a) 分线框
b) 看形体Ⅰ
c) 看形体Ⅱ
d) 看形体Ⅲ
e) 看形体Ⅳ
f) 整体形状

图5-36 形体分析法读图

(2) 对照投影，想像形状 线框Ⅰ对应的水平投影反映其形状特征，结合侧面投影，可以想像出Ⅰ是以水平投影形状为底面的柱体，如图5-36b所示；线框Ⅱ对应的侧面投影反映其形状特征，结合水平投影，可以想像出Ⅱ是以侧面投影形状为底面的柱体，如图5-36c所示；线框Ⅲ对应的水平投影为圆形，得知其形状为圆筒，如图5-36d所示；线框Ⅳ对应的水平投影、侧面投影都是矩形，可以确定Ⅳ是底面平行于正面的三棱柱，见图5-36e所示。

（3）综合归纳，想像整体　看懂了各线框所表示的简单形体后，再根据整体的三视图，分析各简单形体的相对位置，就可想像出整个组合体的形状，如图 5-36f 所示。

2. 线面分析法

看组合体视图时，在采用形体分析法的基础上，对难看懂的地方，则需要应用线面分析法来解决。线面分析法是运用点、线、面的投影规律，把形体上的某些线、面分离出来，通过识别这些几何要素的空间位置和形状，进而想像出形体形状的方法。

例 13　看懂图 5-37 所示物体的形状。

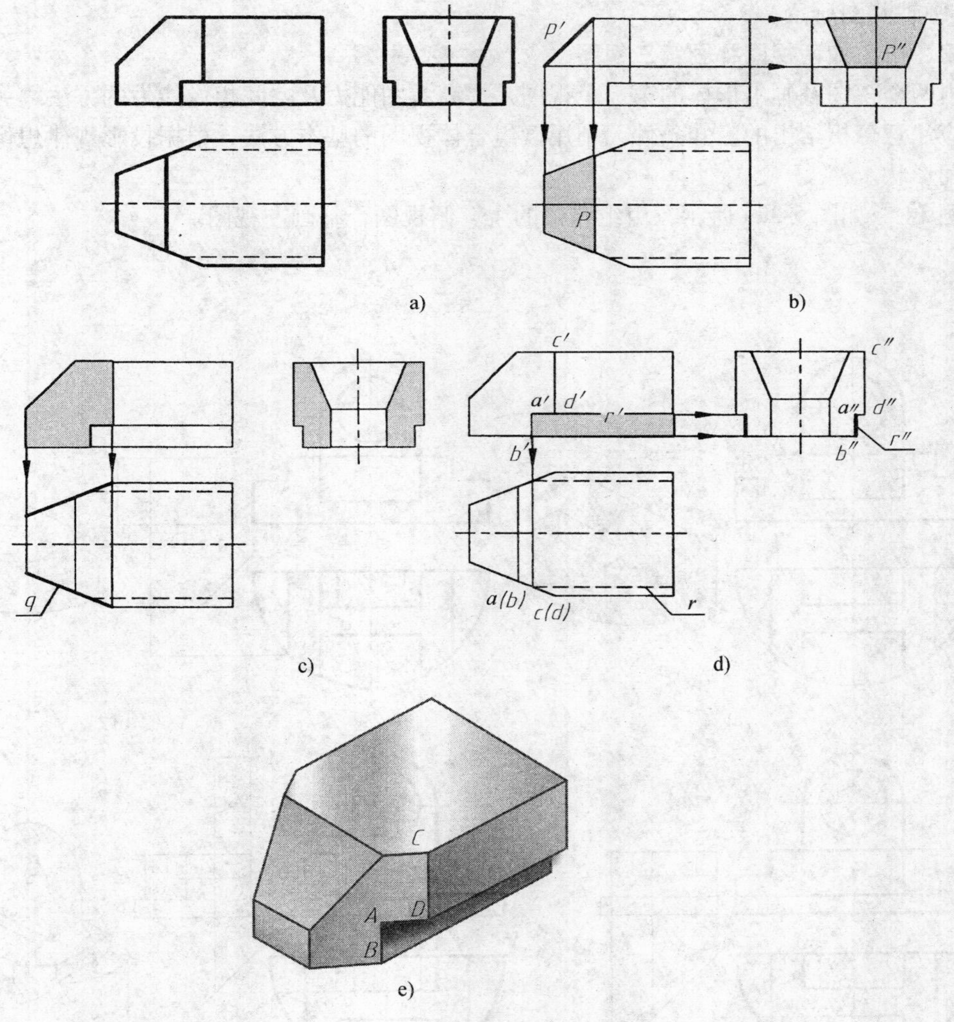

图 5-37　线面分析法读图

（1）形体分析　从图 5-37a 可以看出该物体为切割体。主视图的长方形缺个角，俯视图的长方形缺前后对称的两个角，左视图的下半部左右各缺两个矩形，这样从三视图可初步了解该形体是由长方体截切而成。

（2）线面分析　由图5-37b所示的主视图的斜线p'及俯视图的线框p可知它是一梯形正垂面，其左视图p''是类似形，亦为梯形线框。由图5-37c所示的俯视图的斜线q对应主视图的线框q'可知它是多边形铅垂面，其左视图q''是类似形，亦为多边形线框。由图5-37d所示主视图的线框r'为矩形，其水平投影r为平行于OX轴的直线、侧面投影r''为平行于OZ轴的直线，可知它是一个正平面。

（3）综合想出整体　通过形体分析和线面分析就可以了解各部分的形状，根据它们在视图中的上下、前后、左右的相对位置关系，综合起来就可以想出组合体的整体形状，如图5-37e中轴测图所示。

三、由已知两视图补画第三视图

由两个视图补画出形体的第三个视图是提高看图能力及空间想像能力的方法之一。作图时，应注意分析给出的已知条件，利用读组合体视图的基本方法，根据投影规律想像出物体的空间形状。

例14　如图5-38a所示，由组合体的主、俯视图，补画左视图。

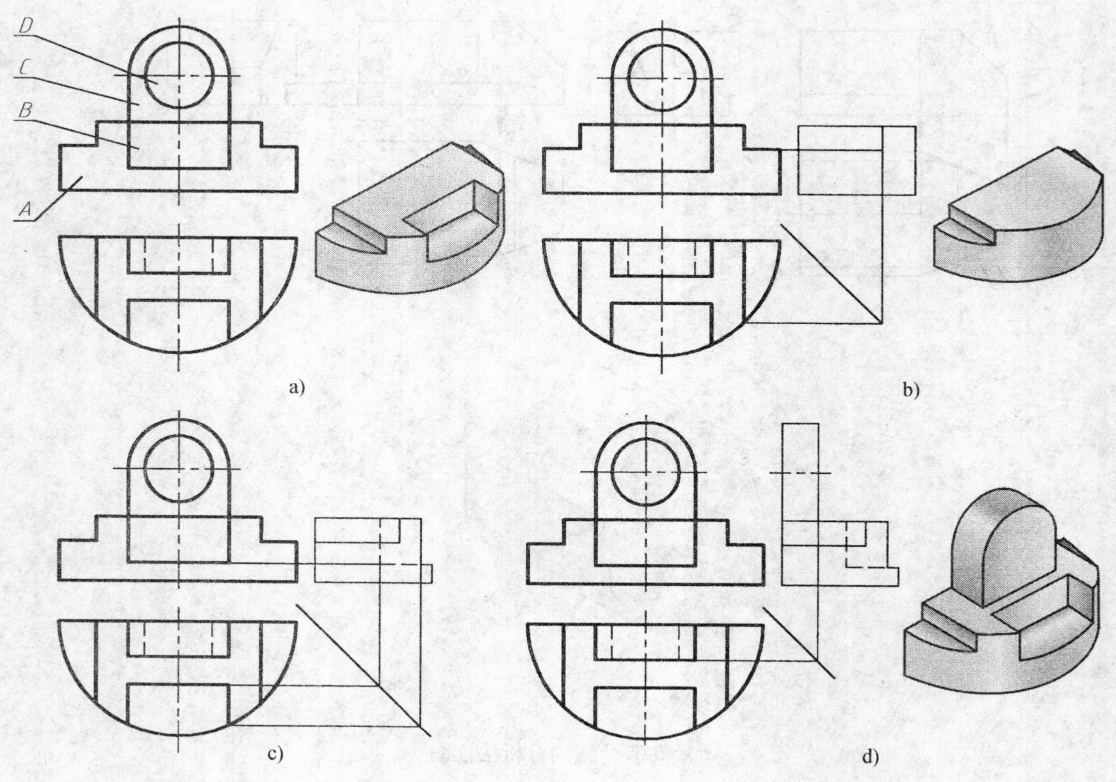

图5-38　补画左视图

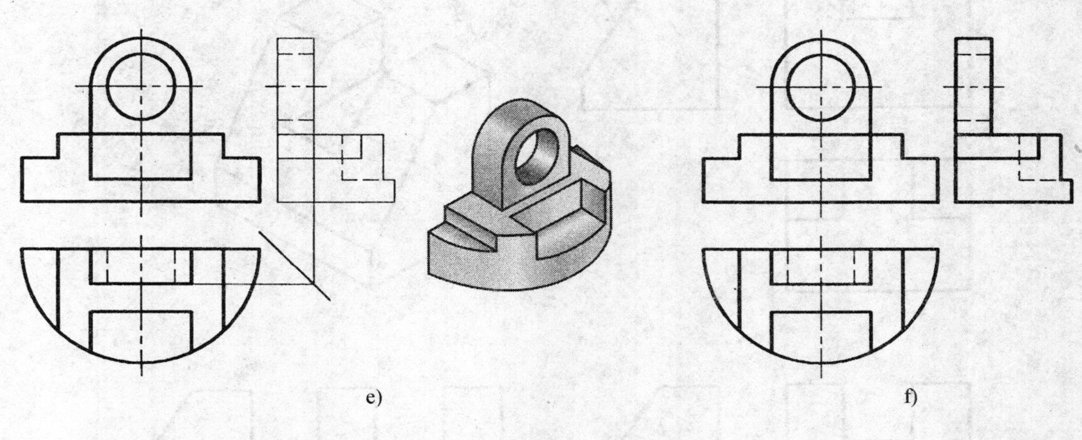

图 5-38　补画左视图（续）

（1）由主、俯视图，想像物体空间形状　由已知条件，用形体分析法可将组合体分解成 *A*、*B*、*C*、*D* 四个部分，如图 5-38a 所示。通过分析，可知 *A* 部分为半个圆柱体，并在其左、右上方对称地用一个水平面和侧平面截去部分柱体，如图 5-38b 所示。*B* 部分为在 *A* 部分的前面切去一个矩形槽，如图 5-38c 所示。*C* 部分为在 *A* 部分上方叠加一个带半个圆柱的平板，它们后面平齐，左右对称，如图 5-38d 所示。*D* 部分为在 *C* 部分上挖掉一个圆柱，形成一个圆柱孔，如图 5-38e 所示。在看懂每个形体的基础上，再根据整体的主、俯视图，想像它们的相互位置，综合起来即形成图 5-38e 所示物体的空间形状。

（2）补画左视图　在看懂已知视图的基础上，根据三视图的投影规律，依次画出 *A*、*B*、*C*、*D* 四个部分的左视图，分别如图 5-38b、c、d、e 所示。最后检查，按照各种线型规则加深三视图，得到左视图，如图 5-38f 所示。

例 15　看懂视图，补画视图中所缺线条，如图 5-39a 所示。

（1）看视图，分析立体　由已知视图可知，该立体为切割体，是一个长方体被一个侧垂面 *P* 截去了前上角，又在上方中间挖了个长方形通槽，如图 5-39b 所示。

（2）补漏线　侧垂面 *P* 与立体前面的交线的正面投影漏画，需补上；长方形通槽槽底侧面投影漏画，需补上；如图 5-39c 所示。长方形通槽槽底的水平投影（实形）需根据正面投影和侧面投影求得，如图 5-39d 所示。

例 16　根据图 5-37 所示的主、俯视图，补画左视图。

图 5-40a 所示的组合体，从主、俯两个视图可以看出该组合体左右对称。在组成它的四个简单形体中，形体 *I* 的基本形状是以水平投影形状为底面的柱体，左、右两边有不到底的方槽。形体 *IV* 是半圆柱体，其上底面与形体 *I* 上的方槽底面平齐，前、后与方槽对准，其中还有与形体 *IV* 的半圆柱面同轴线的小圆柱孔。形体 *II*、*III* 的形状和位置读者可自行分析。组合体的形状如图 5-40b 所示。

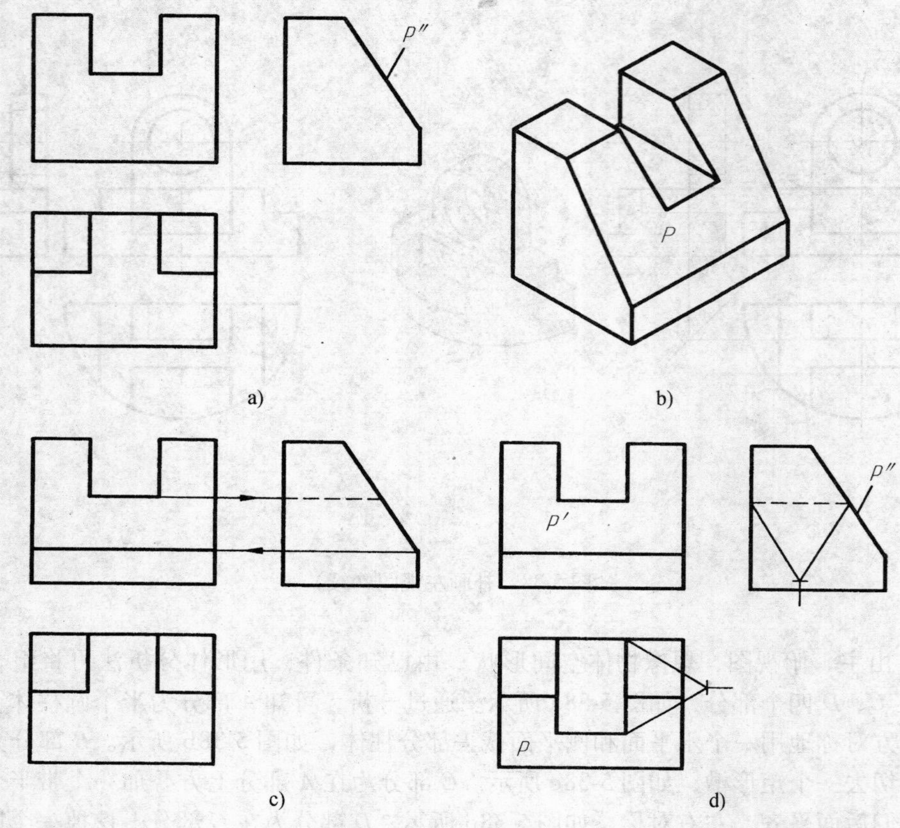

图 5-39　补漏线

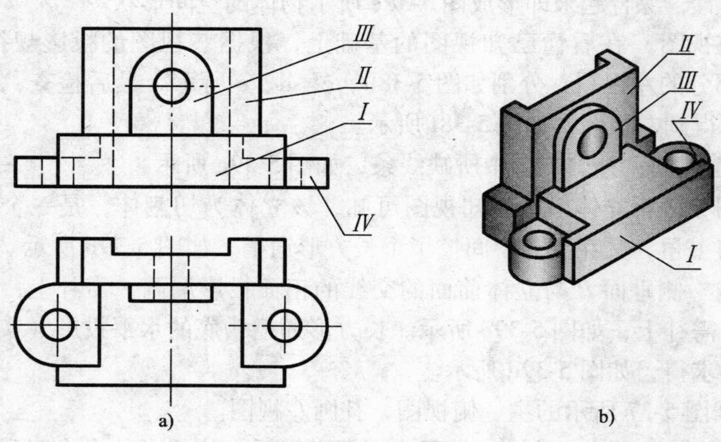

图 5-40　补画左视图

看懂组合体的形状后，便可接着形体分析逐步画出左视图，具体作图步骤如图 5-41 所示。

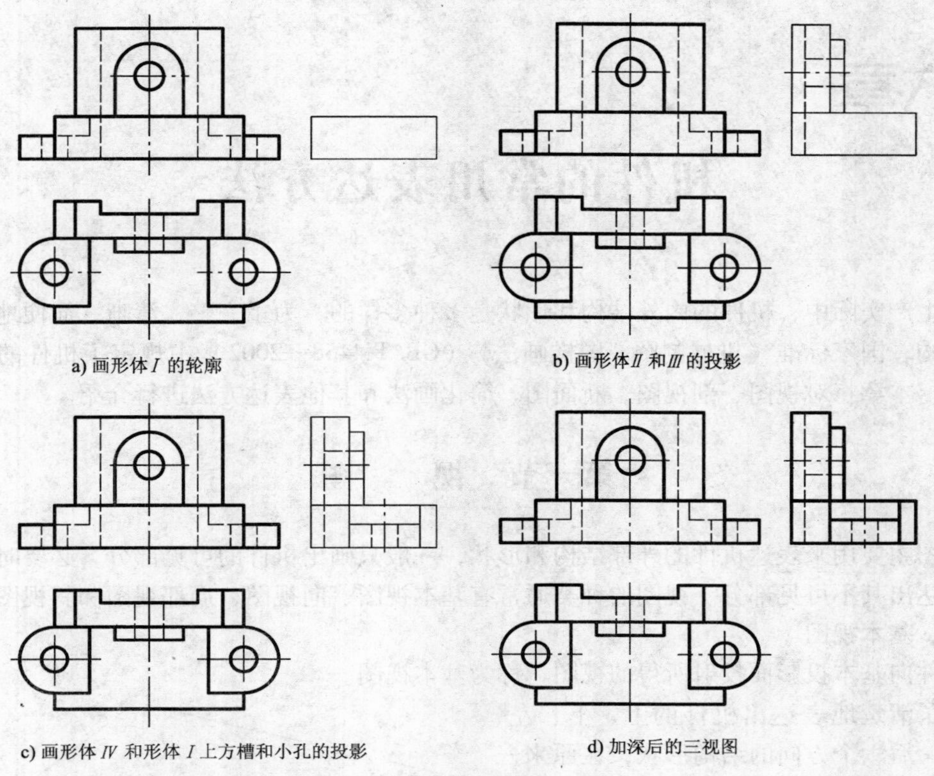

a) 画形体*I* 的轮廓

b) 画形体*II* 和*III* 的投影

c) 画形体 *IV* 和形体 *I* 上方槽和小孔的投影

d) 加深后的三视图

图 5-41　补画左视图的步骤

第六章

机件的常用表达方法

在生产实际中，机件的内外结构和形状是多种多样的，为了完整、清晰、简便地表达它们的结构，国家标准《机械制图　图样画法》（GB/T 4458—2002）中规定了机件的各种表达方法。本章将对视图、剖视图、断面图、简化画法和其他表达方法进行介绍。

第一节　视　　图

视图主要用来表达机件的外部结构和形状，一般只画出机件的可见部分，必要时才用细虚线表达出其不可见部分。视图的种类通常有基本视图、向视图、局部视图和斜视图。

一、基本视图

机件向基本投影面投射所得的视图，称为基本视图。

为了清楚地表达出机件的上、下、左、右、前、后六个方向的结构形状，在原来三个投影面的基础上，再增加三个投影面，构成了一个正六面体。正六面体的六个面即为六个基本投影面。将机件放置其中，分别向各基本投影面投射，即得到了六个基本视图，如图 6-1 所示。

六个基本视图：除了前面学过的主视图、俯视图、左视图外，还有：

从右向左投射得到的右视图；

从下向上投射得到的仰视图；

从后向前投射得到的后视图。

基本视图展开时，仍然保持正投影面不动，其他各投影图按图 6-2 所示展开。

当各视图按图 6-3 所示位置配置时，称为基本配置位置，一律不注视图名称。

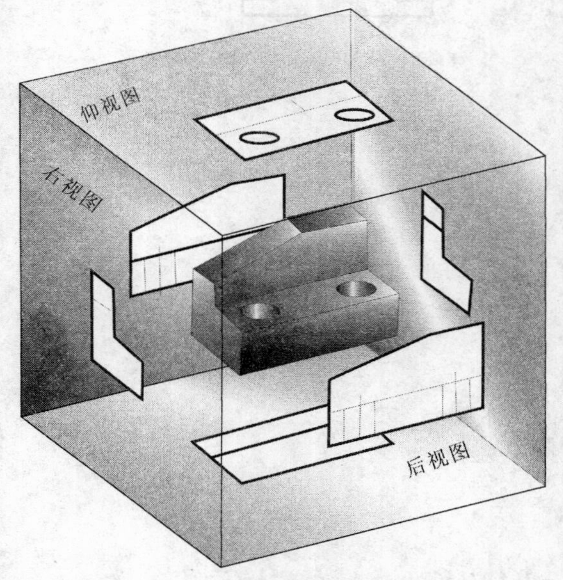

图 6-1　六个基本视图的形成

六个基本视图之间仍符合“长对正、高平齐、宽相等”的投影规律。

以主视图为准，除后视图外，各视图靠近主视图的一边，均表示机件的后面，远离主视图的一边表示机件的前面，即“里后外前”。

实际应用时，不一定要将六个基本视图都画出来，而应根据机件形状的复杂程度和结构特点，在将机件表达清楚的前提下，选择必要的基本视图，尽量减少视图的数量，并尽可能避免出现不可见轮廓线。一般优先选用主、俯、左三个视图。

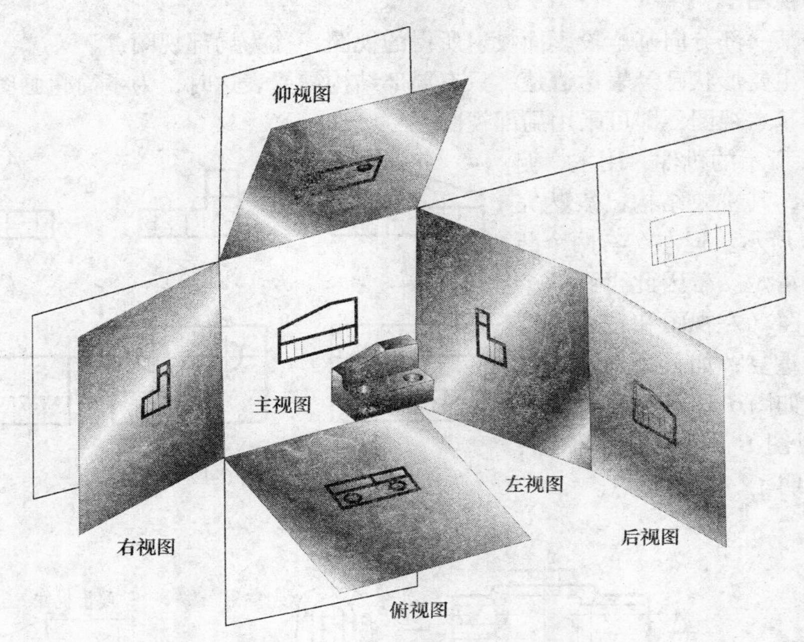

图 6-2　六个基本视图的展开

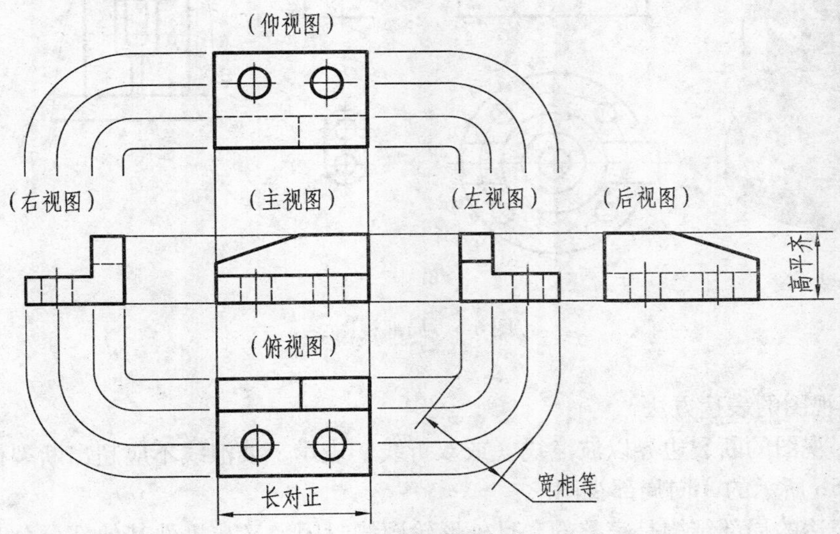

图 6-3　六个基本视图的配置

二、向视图

向视图是可以自由配置的基本视图。

在实际设计绘图中，有时为了合理地利用图纸幅面，基本视图可以不按规定的位置配置。但必须在该视图上方用大写拉丁字母（如 *A*、*B*、*C*…）标出该视图的名称，并在相应视图附近用箭头指明投射方向，并注上相同的字母，如图 6-4 所示。

三、局部视图

将机件的某一部分向基本投影面投射所得的视图，称为局部视图。

当机件的主要形状已经表达清楚，只有局部结构需要表达时，为了简化画图，不必再增加一个完整的基本视图，即可采用局部视图。

如图6-5a所示的机件，用主、俯两个基本视图，其主要结构已表达完整，如图6-5b所示。但左、右两个凸台的形状不够清楚。若因此再画两个完整的基本视图（左视图和右视图），则大部分投影重复；如只画出基本视图的一部分，如图6-5b所示的局部视图*A*和局部视图*B*，既简化了作图，又表达得简单明了、突出重点。

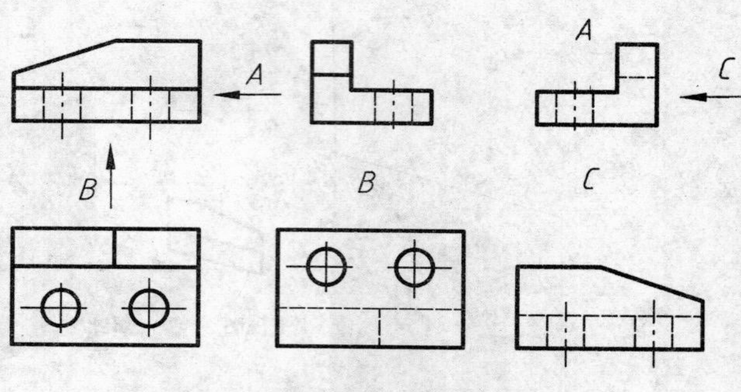

图6-4　向视图

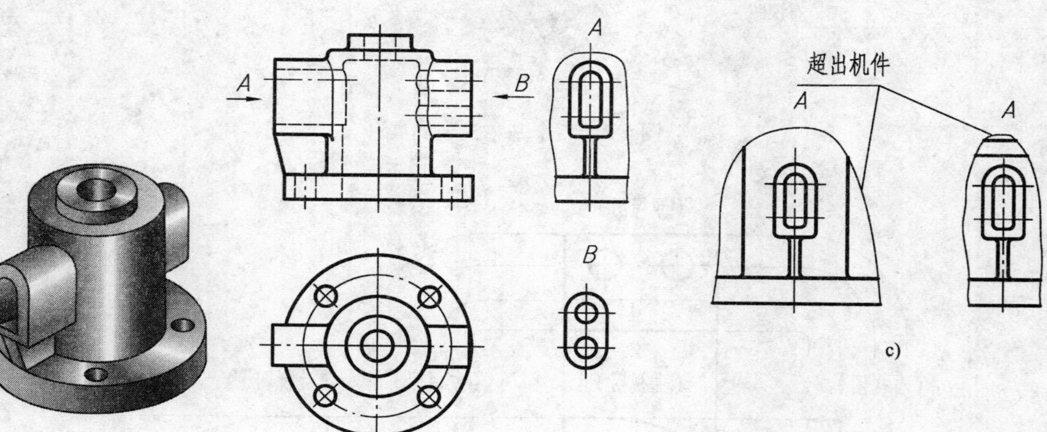

图6-5　局部视图

1. 局部视图的表达方法

1）局部视图的断裂边界以波浪线（或双折线）表示，波浪线不应超出断裂机件的轮廓线，如图6-5b所示的*A*向局部视图。

2）所表达的局部结构是完整的，且外形轮廓线封闭，又与机件其他部分分开时，则可省略表示断裂边界的波浪线，如图6-5b所示的*B*向局部视图。

2. 局部视图的配置形式及标注

1）可按基本视图的形式配置，如图6-5b中上方表达“左凸台”的*A*局部视图。当局部视图按投影关系配置时，中间又没有其他视图隔开时，可省略标注。

2）可按向视图的配置形式配置（图6-5b中下方表达“右凸台”的*B*向局部视图）。

3. 局部视图表达中的常见错误如图6-5c所示。

四、斜视图

机件向不平行于任何基本投影面的平面投射所得到的视图，称为斜视图。

如图 6-6a 所示的机件，其倾斜结构在俯视图和左视图上均不反映实形。这时可选择一个新的辅助投影面，使它与该倾斜部分平行（且垂直于某一基本投影面）。然后将机件上的倾斜部分向新的辅助投影面投射，所得视图表达了该部分的实形。再将新投影面按箭头所指的方向，旋转到与其垂直的基本投影面重合的位置，如图 6-6c 所示。

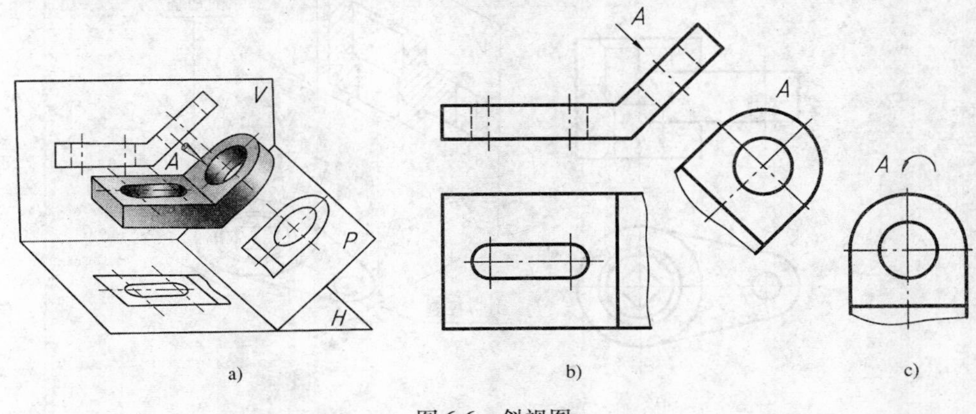

图 6-6　斜视图

斜视图的画法、配置及标注：

1）斜视图只表达机件倾斜部位结构特征的真实形状，其余部分省略不画，所以用波浪线或双折线断开，如图 6-6a 所示。

2）斜视图必须标注。斜视图一般按向视图的配置形式配置，在斜视图的上方用字母标注出视图的名称，在相应的视图附近用箭头指明投射方向，并注上同样的字母，字母应水平注写，如图 6-6b 所示。

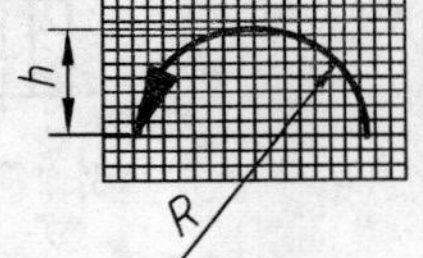

h=符号与字体高度

$h=R$

符号笔画宽度=$\frac{1}{10}h$ 或 $\frac{1}{14}h$

图 6-7　旋转符号的尺寸和比例

3）必要时允许将斜视图旋转配置，但须画出旋转符号，如图 6-6c 所示，旋转符号的箭头应与视图旋转方向一致。旋转符号为半圆形，半径等于字体高度，线宽为字体高度的 1/10 ~ 1/14，如图 6-7 所示。表示该视图名称的大写拉丁字母应靠近旋转符号的箭头端，也允许将旋转角度标注在字母之后。

第二节　剖　视　图

当机件的内部结构比较复杂时，视图中的虚线较多，这些虚线往往与实线或虚线相互交错重叠，既影响图形的清晰度，也不便于读图和标注尺寸，如图 6-8a 所示。为了将视图中不可见的部分变为可见，从而使虚线变为实线，国家标准（GB/T 4458. 6—2002）中规定了用剖视图来表达机件的内部结构的方法。

一、剖视图的概念

1. 剖视图的形成

假想用剖切面剖开物体，将处在观察者和剖切面之间的部分移去，而将其余的部分向投影面投射，并在剖面区域内加上剖面符号所得的图形称为剖视图，简称剖视，如图6-8b所示。

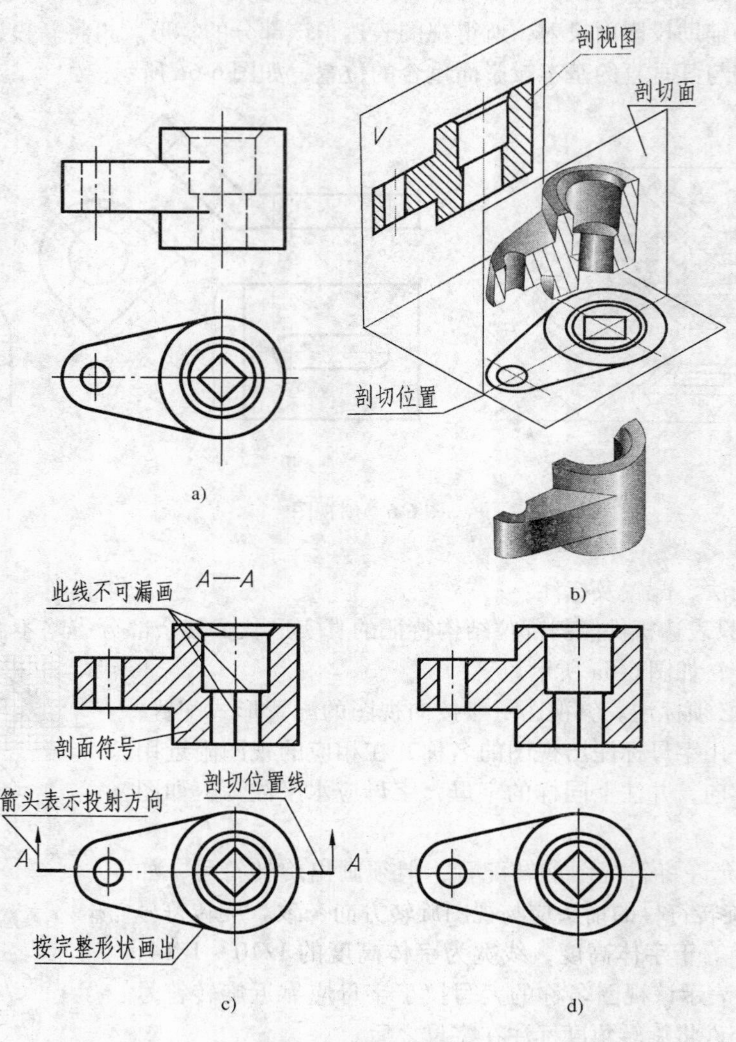

图6-8　剖视图的概念

2. 剖视图的画法

（1）确定剖切面的位置　为充分表达机件的内部孔、槽等真实结构和形状，剖切面应通过孔的轴线、槽的对称面。

（2）画剖视图　剖切面与机件实体接触的部分称为断面（也称为剖面）。画剖视图时，应把断面及剖切面后方的可见轮廓线用粗实线画出，在断面上应画出剖面符号，剖面符号不仅仅用来区分机件的空心及实体部分，同时还表示制造该机件所用材料的类别。国家标准GB/T 4457. 5—1984《机械制图　剖面符号》中规定了剖面符号，见表6-1。

表 6-1　部分材料的剖面符号

材料名称	剖面符号	材料名称	剖面符号	材料名称	剖面符号
金属材料（已有规定剖面符号者除外）		型砂、填砂、粉末冶金、砂轮、硬质合金刀片等		混凝土	
非金属材料（已有规定剖面符号者除外）		玻璃及供观察用的其他透明材料		钢筋混凝土	
线圈绕组元件		木材　纵断面		砖	
转子、电枢、变压器和电抗器等叠钢片		木材　横断面		液体	

金属材料的剖面线最好与主要轮廓线或剖面区域的对称线成45°角，如图 6-9 所示。当同一机件需用几个剖视图表达时，所有剖视图上剖面线的倾斜方向要相同且间距要相等。

当不需要表示材料的类别时，可按通用剖面线（与金属材料的剖面线相同）表示。剖面区域的其他表示方法请查阅有关标准。

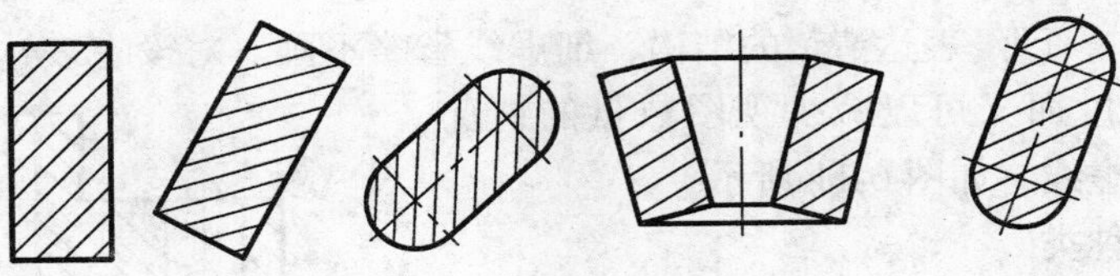

图 6-9　通用剖面线的画法

3. 剖切位置和剖视图的标注

画剖视图时，一般需在相应的视图上用剖切符号及名称表示。剖切符号由粗短画和箭头组成，粗短画（长约 5～10mm）表示出剖切位置，箭头（画在粗短画的外端，并与粗短画垂直）表示投射方向。在剖切符号附近还要注写大写拉丁字母“×”，并在剖视图的正上方用相同的字母注写剖视图的名称“×—×”，如图 6-8c 所示。

当剖视图按投影关系配置，中间又没有其他图形隔开时，可以省略箭头。

当单一剖切平面通过机件的对称平面或基本对称平面，且剖视图按投影关系配置，中间没有其他图形隔开时，可以省略标注，如图 6-8d 所示。

4. 画剖视图应注意的几点

1）剖切面是假想的，因此当机件的某一个视图画成剖视之后，其他视图仍按完整结构画出。

2）剖切面后方的可见轮廓线应全部画出，不应遗漏，如图 6-10 所示。

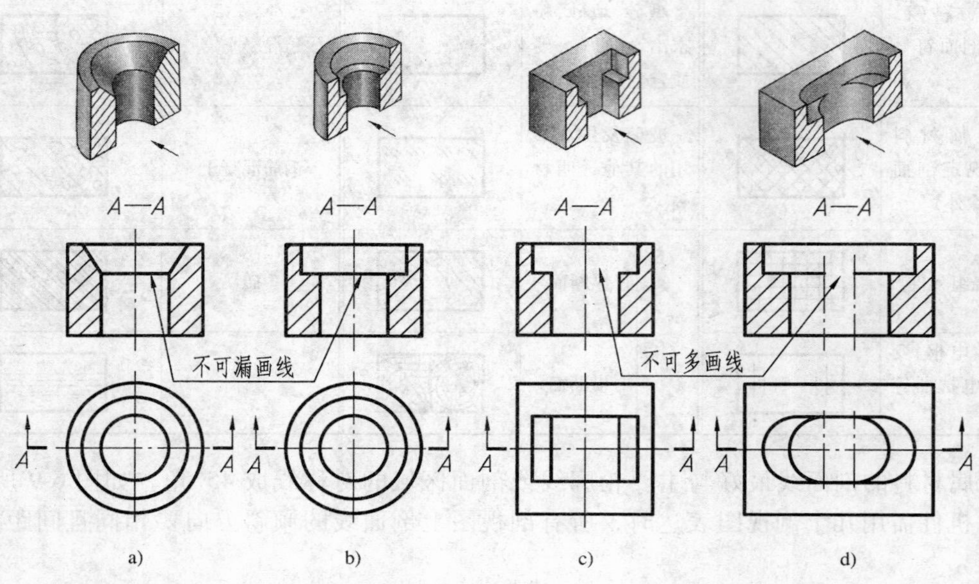

图 6-10　几种孔槽的剖视图

3）在剖视图中，已经表达清楚的结构，细虚线省略不画。对没有表达清楚的结构，在不影响剖视图清晰度而又可以减少视图数量的情况下，可以画少量细虚线，如图 6-11 所示。

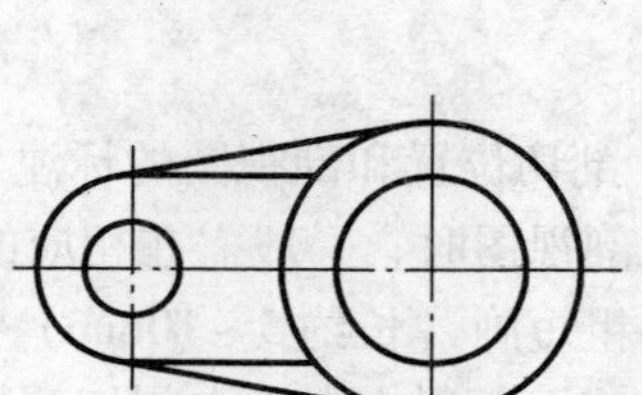

图 6-11　应画虚线的剖视图

二、剖视图的种类

按机件被剖切的范围不同，剖视图可以分为全剖视图、半剖视图和局部剖视图三种。

1. 全剖视图

用剖切面将机件完全剖开所得到的剖视图，称为全剖视图，如图 6-8、图 6-11 所示。全剖视图主要用于外形简单、内部形状复杂的不对称机件。

2. 半剖视图

当机件具有对称（或基本对称）平面时，向垂直于对称平面的投影面投射所得到的图形，应以对称中心线为界，一半画成剖视图，另一半画成视图，这样获得的图形称为半剖视图，如图 6-12 所示。

半剖视图主要用于内、外形状都需要表达的对称机件，其优点在于，一半（剖视图）能表达机件的内部结构，另一半（视图）表达外形，由于机件是对称的，较容易想象出机件的整体结构形状，如图 6-12 所示。有时，机件的形状接近对称，且不对称部分已另有图形表达清楚时，也可以画成半剖视图，如图 6-13、图 6-14 所示。

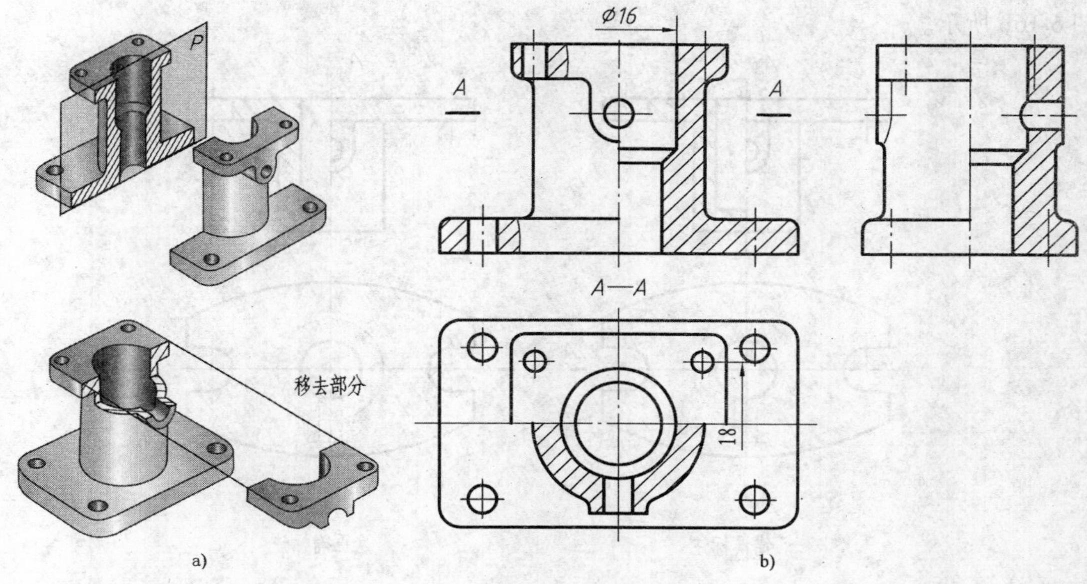

图 6-12　半剖视图

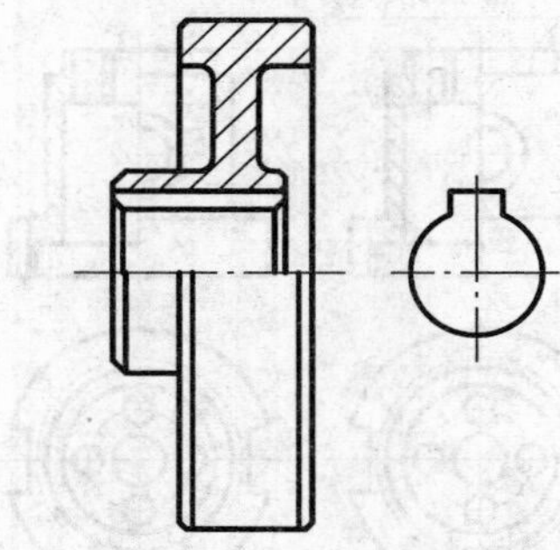

图 6-13　基本对称机件的半剖视图

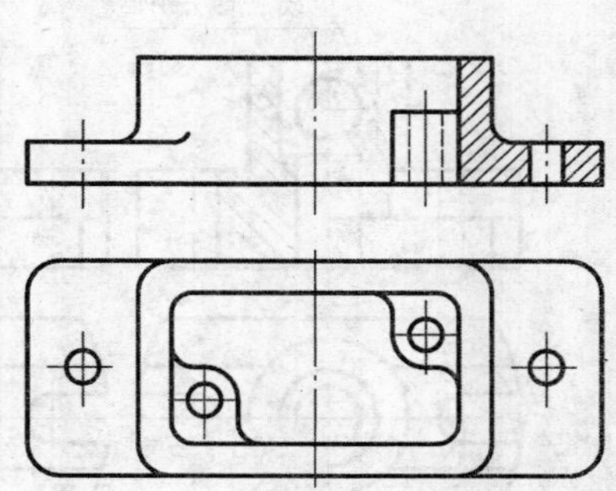

图 6-14　基本对称机件的半剖视图

画半剖视图时，应注意以下几点：

1）在半剖视图中，半个视图与半个剖视图的分界线为细点画线，如果对称机件视图的轮廓线与作半剖视的分界线（细点画线）重合，则不能采用半剖视图，如图 6-15 所示。

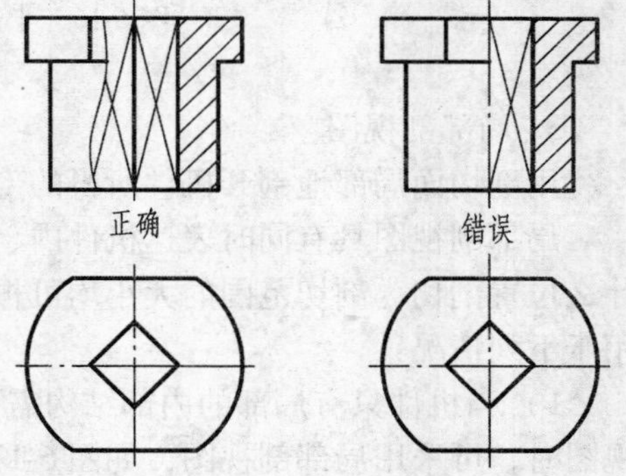

图 6-15　不宜半剖的机件

2）由于半剖视图可同时兼顾机件的内、外形状的表达，所以在表达外形的一半视图中一般不必再画出表达内形的细虚线。标注机件结构对称方向的尺寸时，只能在表示了该结构的一半画出尺寸界线和箭头，尺寸线应略超过对称中心线，如图 6-12b 所示的 $\phi16$ 和 18。

3）半剖视图的标注与全剖视图的标注规则相同，如图 6-16a 所示。半剖视图的画法正误对比如

图 6-16b 所示。

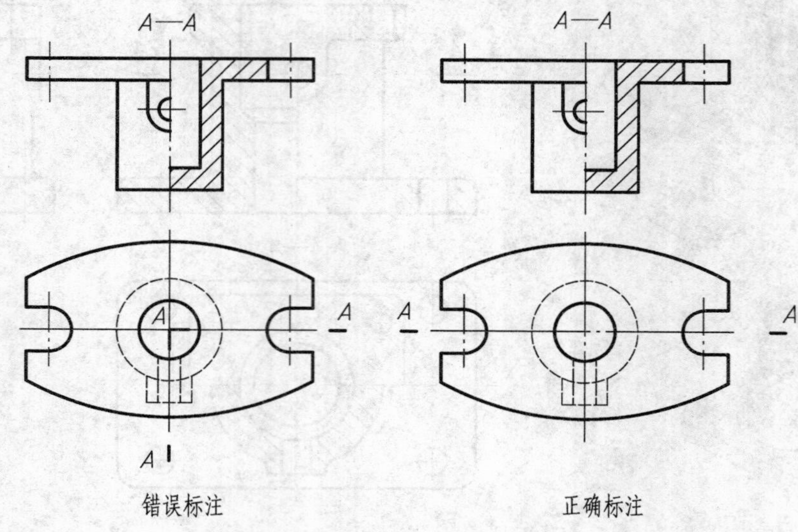

a)

虚线应省去不画
不能用粗实线分界
俯视图不应缺四分之一
错误画法
正确画法
错误画法
正确画法

b)

图 6-16　半剖视图的标注及画法正误对比

3. 局部剖视图

用剖切面局部地剖开机件所得的剖视图，称为局部剖视图，如图 6-17 所示。

局部剖视图具有同时表达机件内、外结构的优点，且不受机件是否对称条件的限制。在什么位置剖切、剖切范围的大小均可根据实际需要确定，所以应用比较广泛，局部剖视图常用于下列情况：

1）当机件只有局部的内部结构需要表达，或因需要保留部分外部形状而不宜采用全剖视图时，可采用局部剖视图，如图 6-17 所示。

2）某些纵向剖切时按不剖绘制的实心杆件，如轴、手柄等，需要表达某处的内部结构形状时，可采用局部剖视图，如图 6-18 所示。

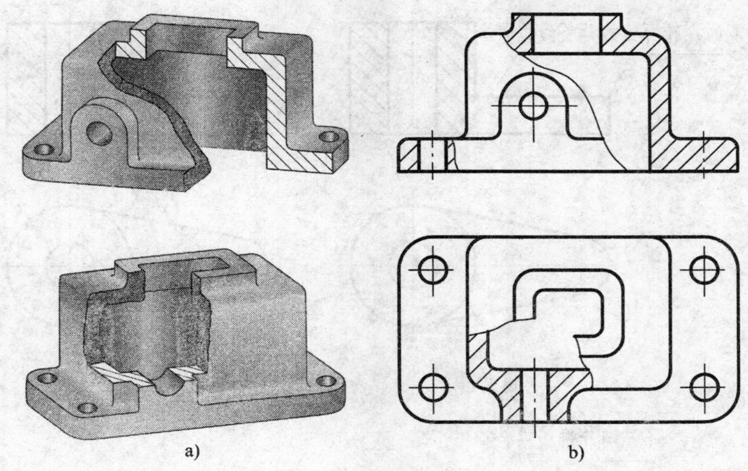
a)　　b)

图 6-17　局部剖视图

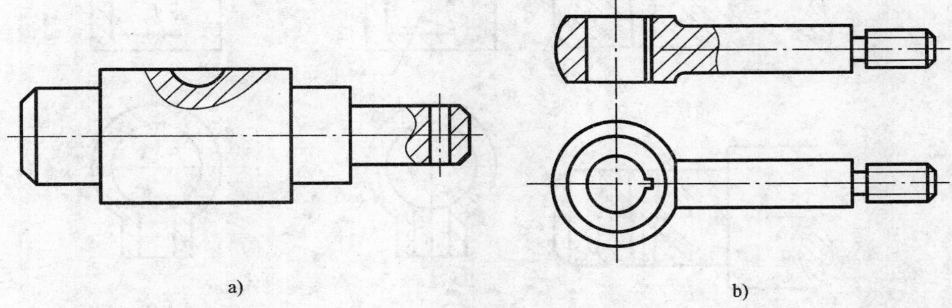
a)　　b)

图 6-18　局部剖视图应用示例

3）当机件的轮廓线与对称中心线重合，不宜采用半剖视图时，可采用局部剖视图，如图 6-15 所示。

画局部剖视图时，应注意以下几点：

1）局部剖视是一种比较灵活的表达方法，但在一个视图中，局部剖视图的数量不宜过多，否则图形过于零散，不利于看图。

2）在局部剖视图中，视图与剖视的分界线为波浪线。波浪线可以看做机件断裂面的投影，因此波浪线不能超出视图的轮廓线、不能穿过中空处、也不允许波浪线与图样上其他图线重合，如图 6-19 所示。当被剖切结构为回转体时，允许将该结构的中心线作为局部剖视图与视图的分界线（即以中心线代替波浪线），如图 6-20 所示。

3）局部剖视图的标注方法与全剖视图的标注方法基本相同；若为单一剖切面，且剖切位置明显时，可以省略标注，如图 6-17、图 6-18、图 6-20 所示局部剖视图。

三、剖切面的种类和剖切方法

由于机件的结构形状千差万别，因此画剖视图时应根据机件的结构特点，选用不同形式的剖切面来画全剖、半剖或局部剖视图，使机件的结构形状表达得更充分、更清楚。国家标准规定常用的剖切面有以下几种：

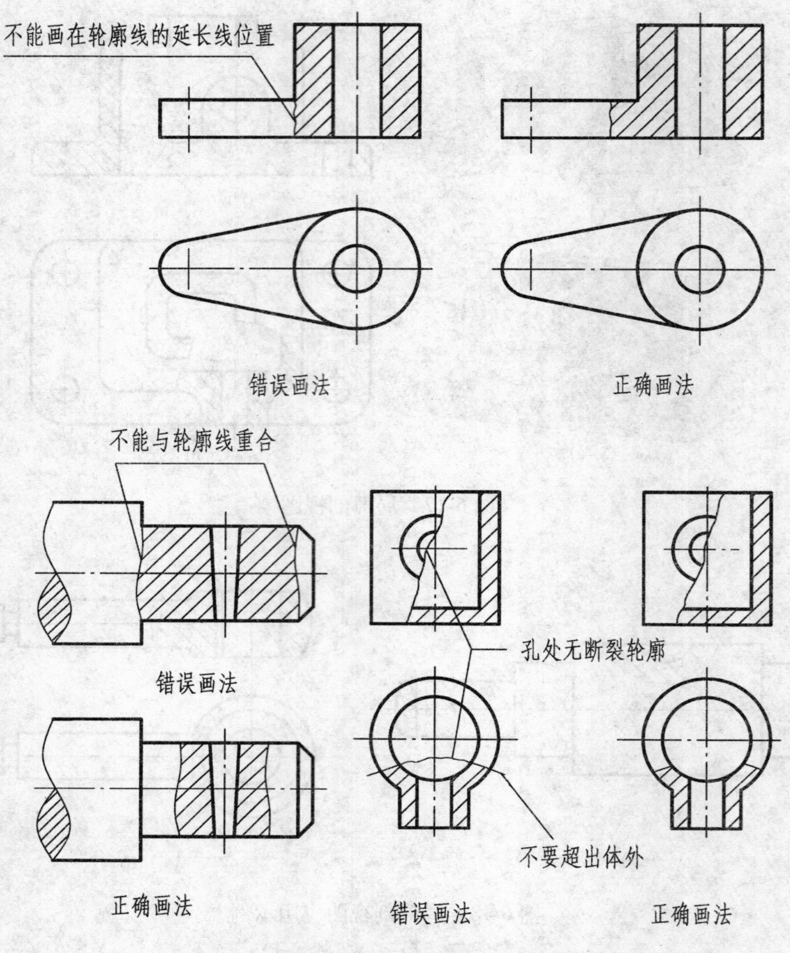

图 6-19　局部剖视图波浪线错误画法示例

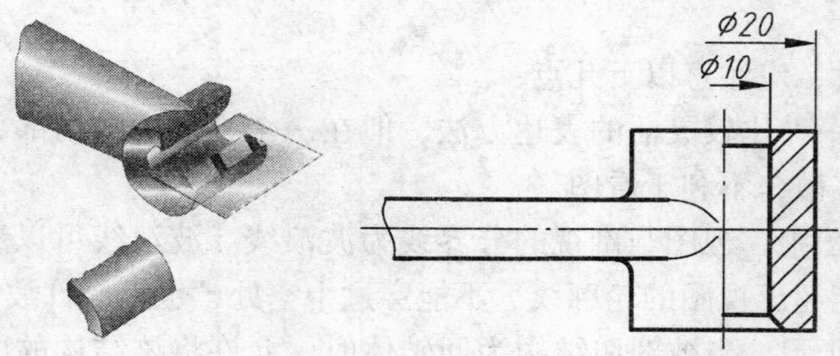

图 6-20　被剖切结构为回转体的局部剖视图

1. 单一剖切面

（1）单一平行剖切面　用一个平行于基本投影面的平面剖开机件，如图 6-8、图 6-12 所示。

（2）单一斜剖切面　假想用一个不平行于任何基本投影面的剖切面剖开机件的方法，如图 6-21 所示。

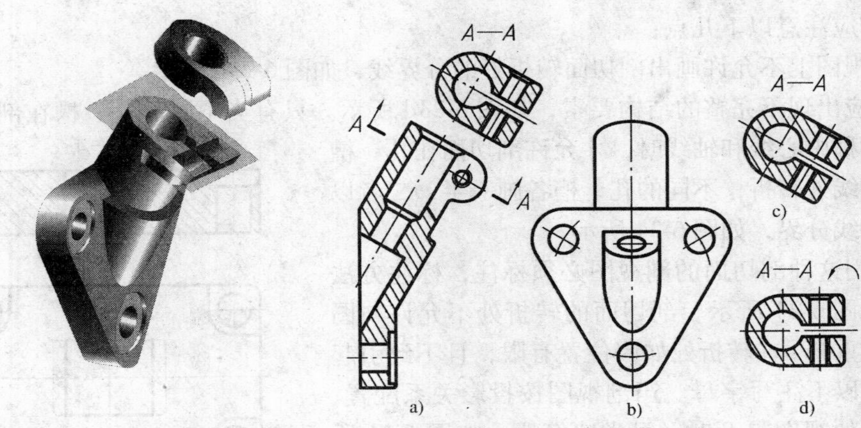

图6-21　单一斜剖切面剖切

单一斜剖切面剖切常用来表达机件倾斜部分的内部结构。用一个与倾斜部分平行，且垂直与某一基本投影面的剖切面剖开机件，然后将剖切面后面的部分向与剖切面平行的投影面上投射。画斜剖视图时，一般按投影关系配置在与剖切符号相对应的位置上，如图6-21b所示；也可平移到其他适当的地方，如图6-21c所示；在不致引起误解的情况下，也允许将图形旋转，如图6-21d所示。

（3）单一剖切柱面　图6-22所示扇形块，为了表达该零件上处于圆周分布的孔与槽等结构，可以采用圆柱面进行剖切。采用柱面剖切时，一般应按展开绘制，因此在剖视图上方应标出“×—×展开”。

图6-22　单一剖切柱面剖切

2. 几个平行的剖切面

用几个互相平行的剖切面剖开机件的方法，主要适用于机件内部有一系列不在同一平面上的孔、槽等结构时，如图6-23a、b所示。

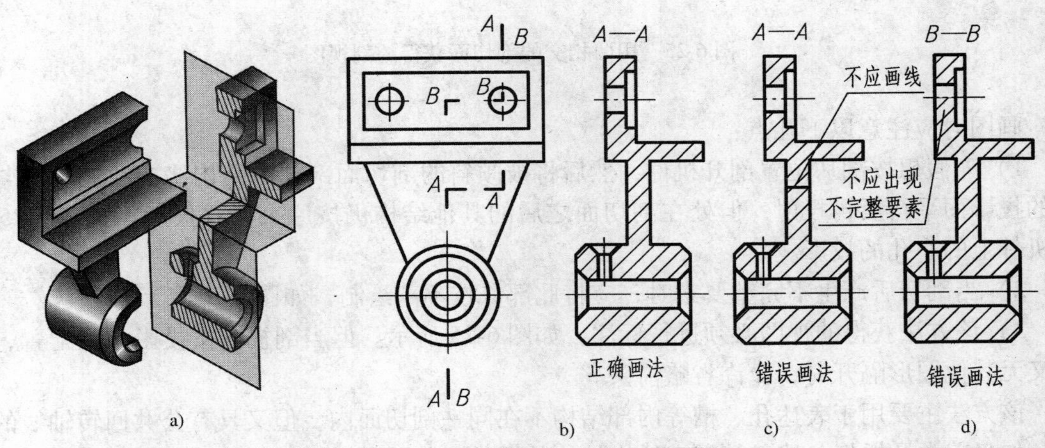

图6-23　几个平行剖切平面获得的剖视图

画图时应注意以下几点：

1）剖视图上不允许画出剖切面转折处的分界线，如图6-23c所示。

2）不应出现不完整的结构要素，如图6-23d所示。只有当不同的孔、槽在剖视图中具有共同的对称中心线和轴线时，才允许剖切面在孔、槽中心线或轴线处转折，不同的孔、槽各画一半，二者以共同的中心线分界，如图6-24所示。

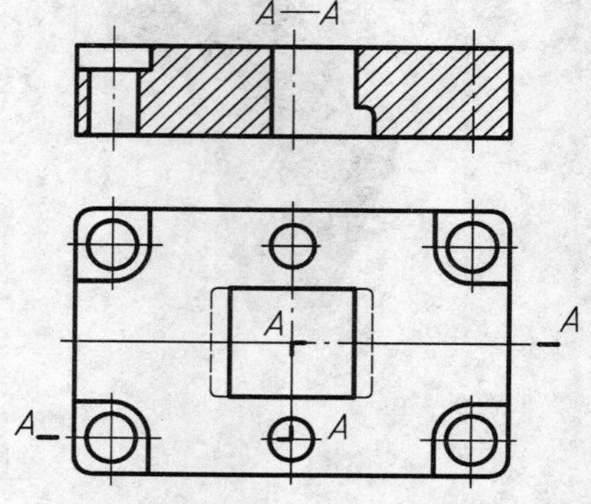

图6-24　模板的剖视图

3）采用这种剖切面的剖视图必须标注，标注方法如图6-23、图6-24所示。剖切面的转折处不允许与图上的轮廓线重合。在转折处如因位置有限，且不致引起误解时，可以不注写字母。当剖视图按投影关系配置、中间又无其他视图隔开时，可省略箭头，如图6-24所示。

3. 几个相交的剖切面

（1）两个相交的剖切面　用两个相交的剖切面（交线垂直于某一基本投影面）剖开机件，将倾斜的结构绕交线旋转到与选定的投影面平行后再投射而获得的剖视图，如图6-25所示。

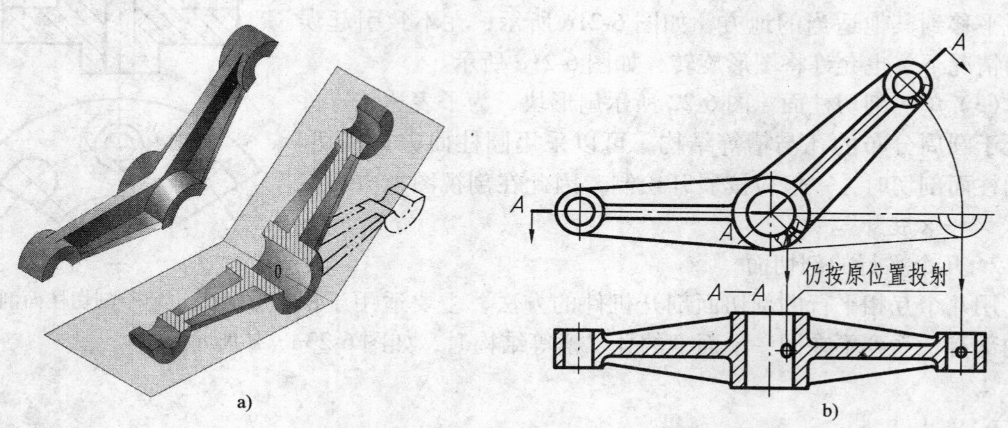

图6-25　用两相交的剖切面获得的剖视图

画图时应注意以下几点：

1）先假想按剖切位置剖开机件，然后将被倾斜的剖切面剖开的结构绕交线旋转到与选定的投影面平行后再投射；但处在剖切面之后的其他结构仍按原来位置投射，如图6-25所示机件上的小孔的投影。

2）当剖切后产生不完整要素时，应将此部分按不剖绘制，如图6-26所示。

3）该方法获得的视图必须进行标注，如图6-25所示。但当剖视图按投影关系配置，中间又无其他图形隔开时，允许省略箭头。

该方法主要用于表达孔、槽等内部结构不在同一剖切面内，但又具有公共回转轴线的机件。如盘盖类及摇杆、拨叉等需表达内结构的零件，如图6-27所示。

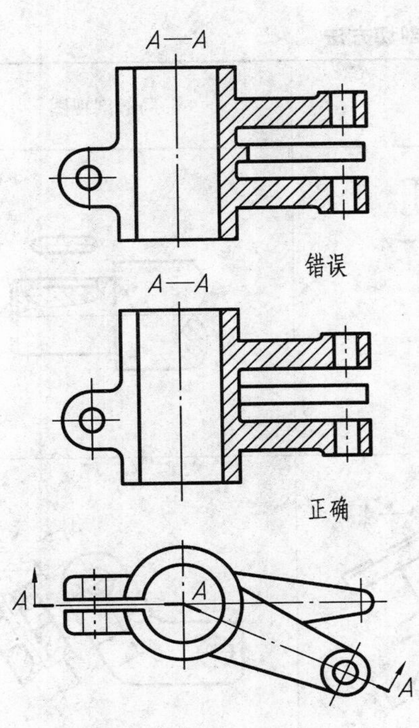

图 6-26　用两个相交的剖切面获得的剖视图

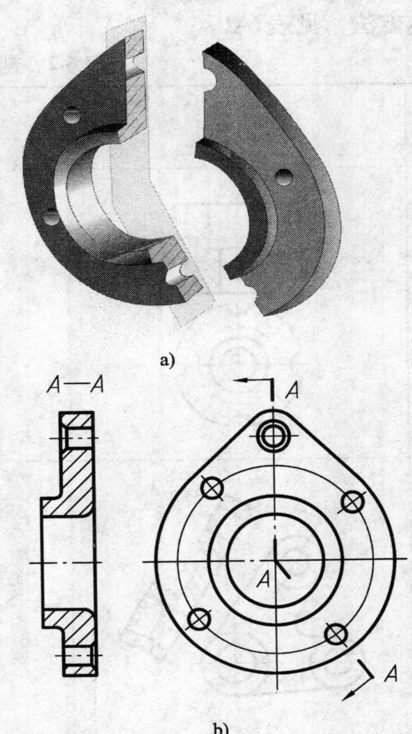

图 6-27　用两个相交的剖切面获得的剖视图

（2）两个以上相交的剖切面　用两个以上相交的剖切面画图时，可以用展开画法，图名应标注“×—×展开”，如图 6-28 所示。

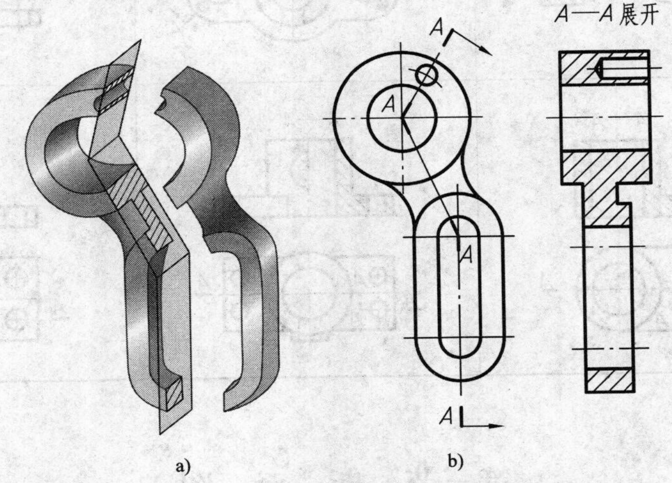

图 6-28　用两个相交的剖切面获得的剖视图

综合以上介绍的各种剖视图及剖切方法，在应用时应根据机件的结构特点，采用最适当的表达方法，见表6-2。

表6-2　剖视图的种类和剖切方法

种类		全剖视图	半剖视图	局部剖视图
单一剖切面	平行于基本投影面	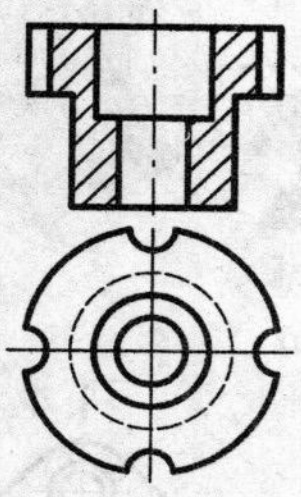	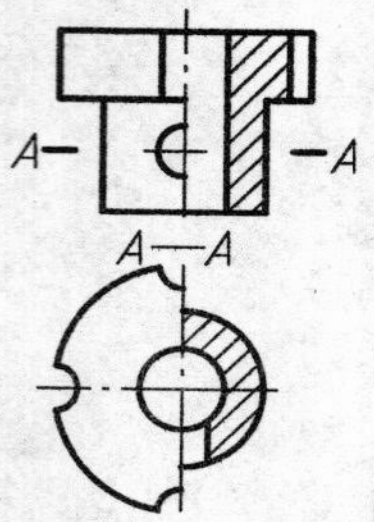	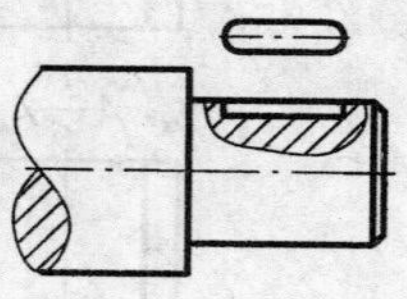
	不平行于基本投影面	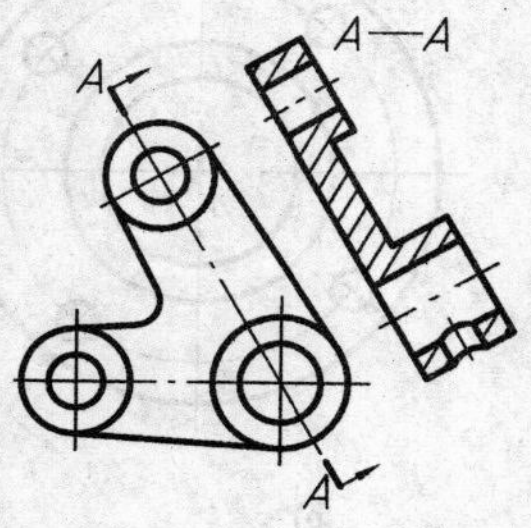	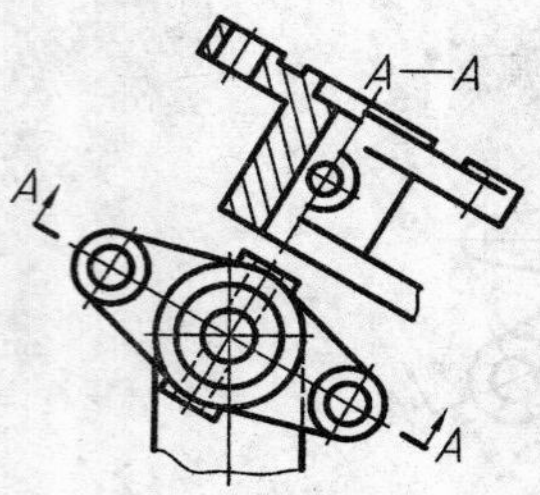	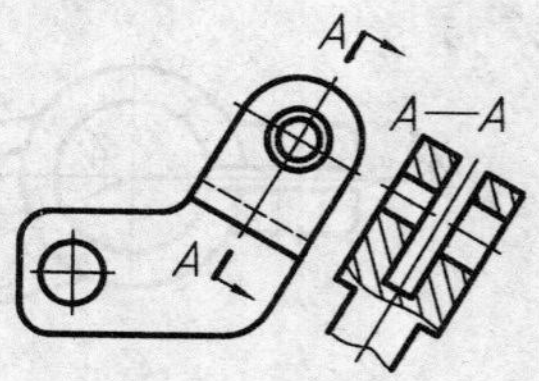
两个相交的剖切面		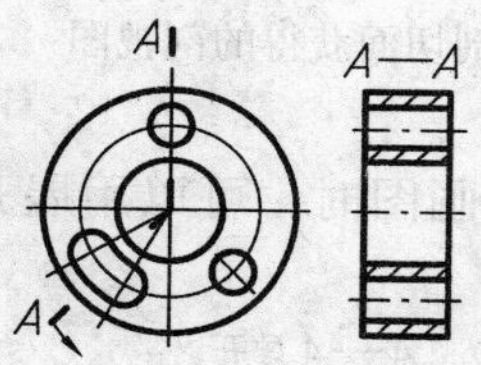	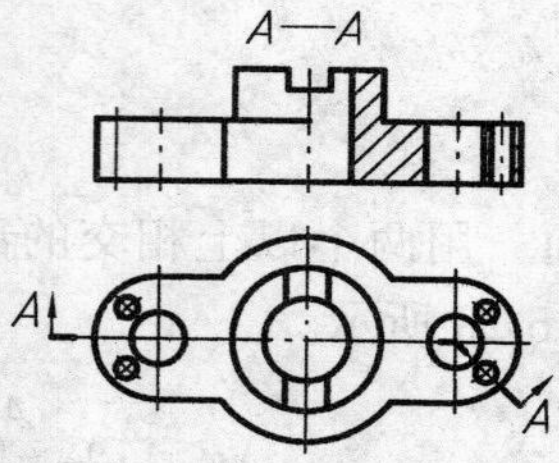	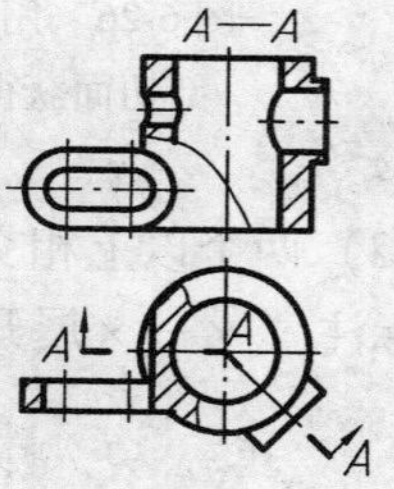
几个平行的剖切面		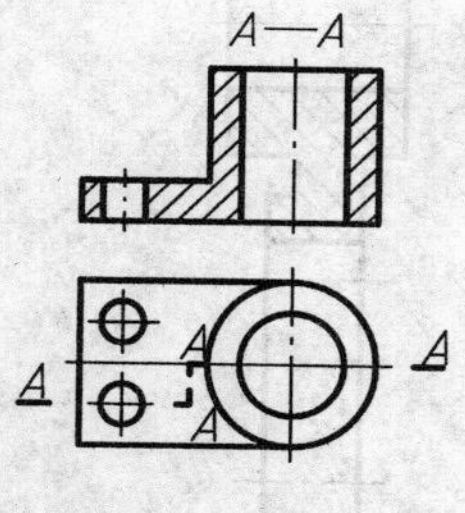	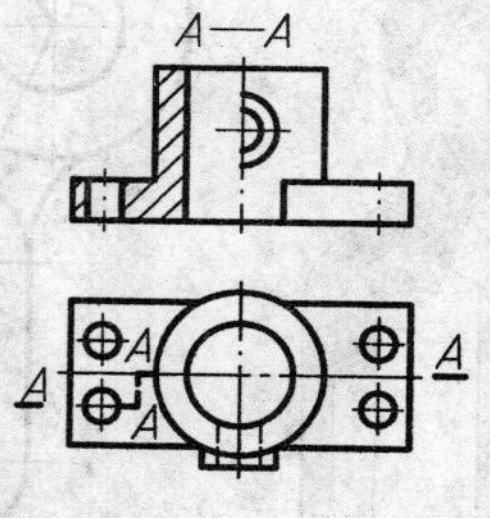	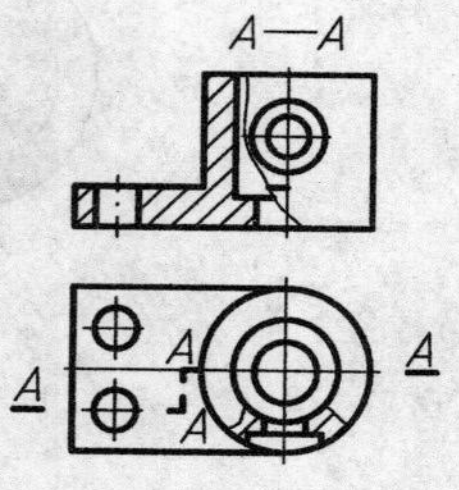

第三节　断　面　图

一、断面图的概念

假想用剖切面将物体的某处切断，仅画出该剖切面与物体接触部分的图形，称为断面

图，简称断面，如图 6-29 所示。

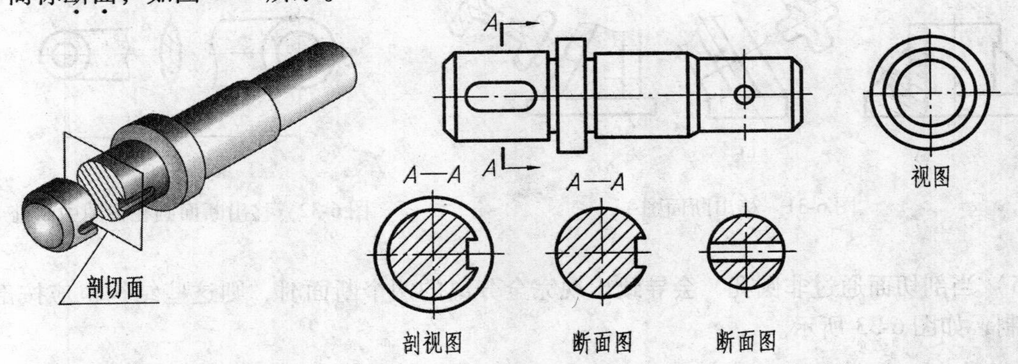

图 6-29 断面图的形成及其与视图、剖视图的比较

断面图与剖面图的主要区别在于：断面图是仅画出机件断面形状的图形；而剖视图除要画出其断面形状外，还要画出剖切面之后的可见轮廓线，如图 6-29 所示。

断面图主要用于实心杆件表面开有孔、槽等及型材、肋板、轮辐等断面形状的表达。

二、断面图的种类及画法

根据断面图的配置位置不同，可分为移出断面和重合断面两类。

1. 移出断面图的画法与标注

画在视图以外的断面图称为移出断面图，如图 6-30 所示。

1）移出断面图的轮廓线用粗实线绘制，并尽量画在剖切线的延长线上，必要时也可以将移出断面配置在其他适当的位置，如图 6-30 所示。

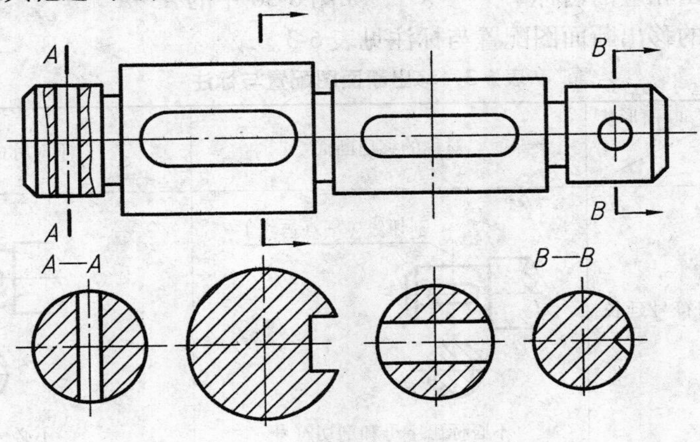

图 6-30 移出断面图

2）当剖切面通过由回转面形成的孔或凹坑的轴线时，这些结构按剖视图绘制，如图 6-30 中的 *A—A*、*B—B* 所示。

3）剖切面应与被剖切部分的主要轮廓垂直，如图 6-31a、b 所示。若由两个或多个相交剖切面剖切，其断面图形中间应用波浪线断开，如图 6-31c 所示。

4）当断面图形对称时，可将移出断面画在视图中断处，如图 6-32 所示。

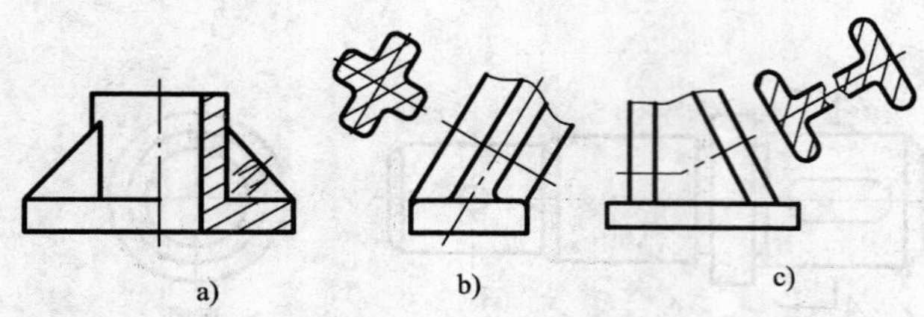

图 6-31 移出断面图

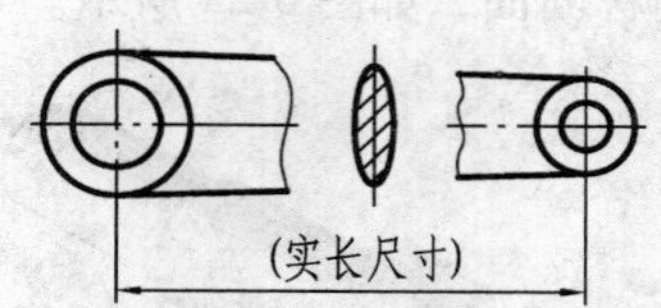

图 6-32 移出断面画在视图中断处

5）当剖切面通过非圆孔，会导致出现完全分离的两个断面时，则这些结构也应按剖视图绘制，如图 6-33 所示。

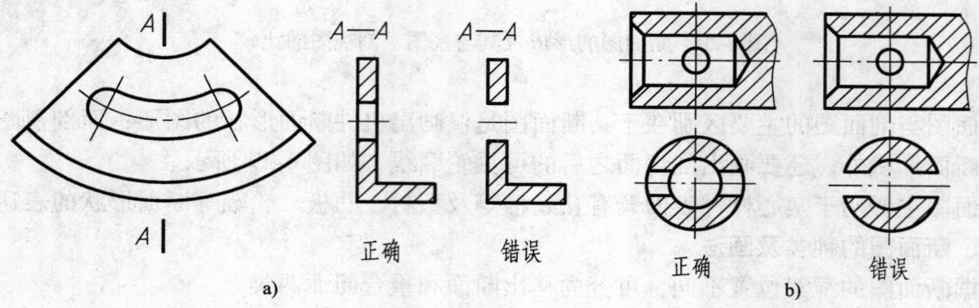

图 6-33 移出断面分离两部分的画法

6）移出断面图一般应用剖切符号表示剖切位置，用箭头表示投射方向，并注上字母，在断面图上方标注出相应的名称“×—×”，如图 6-30 中的 *A*—*A*。

国家标准规定的移出断面图配置与标注见表 6-3。

表 6-3 移出断面图配置与标注

断面图 配置 \ 断面形状	对称的移出断面	不对称的移出断面
配置在剖切线或剖切符号延长线上	剖切线（细点画线） 不必标出字母和剖切符号	不必标注字母
按投影关系配置	A A—A A 不必标注箭头	A A—A A 不必标注箭头

（续）

断面形状 / 断面图 / 配置	对称的移出断面	不对称的移出断面
配置在其他位置	A—A 不必标注箭头	A—A 应标注剖切符号（含箭头）和字母

2. 重合断面图的画法与标注

画在视图内的断面图称为重合断面图，如图 6-34 所示。

1）重合断面的轮廓线用细实线绘制，当与视图中的轮廓线重叠时，视图的轮廓线仍应连续画出，不可间断。

2）画重合断面时，可省略标注，如图 6-34b、c 所示。

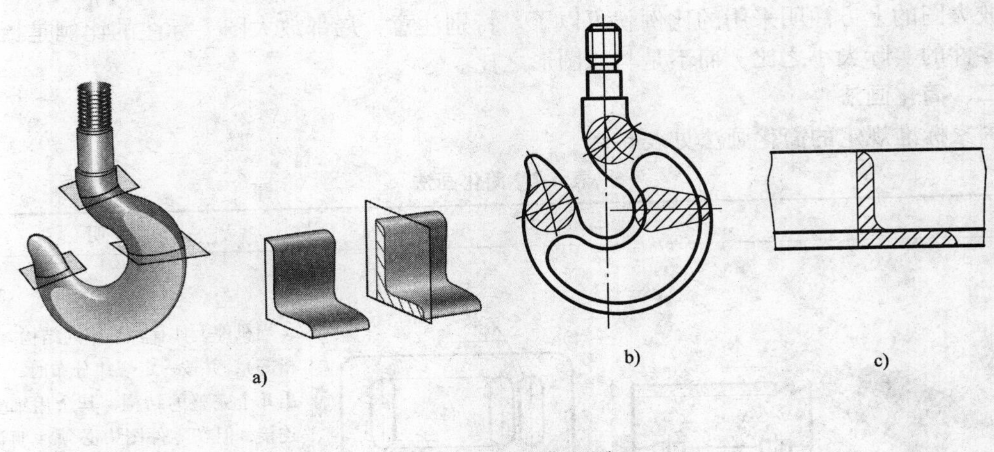

图 6-34　重合断面图

第四节　局部放大图及简化表示法

为使图形清晰和画图简便，国家标准规定了局部放大图、简化表示法等其他表示方法，供绘图时选用。

一、局部放大图

机件按一定比例绘制后，如果其中一些细小结构表达得不够清晰，又不便于标注尺寸时，可以用大于原图形所采用的比例单独画出这些结构，这种图形称为局部放大图，如图 6-35 所示轴上的退刀槽和挡圈以及图 6-36 所示端盖孔内的槽等。

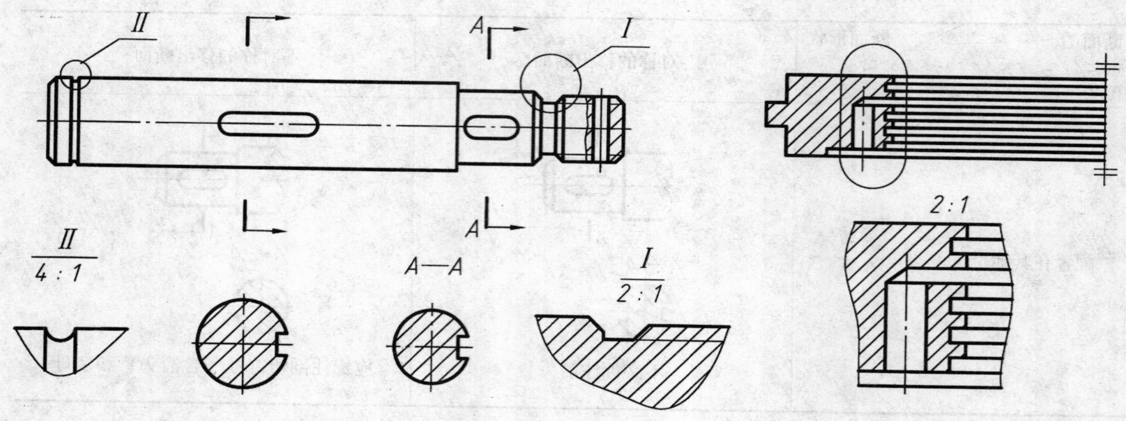

图 6-35　轴的局部放大图

图 6-36　端盖的局部放大图

局部放大图可以画成视图、剖视图和断面图。

画局部放大图时，在原图上要把所放大部分的图形用细实线圈出，并尽量把局部放大图配置在被放大部位的附近。当图上有几处放大部位时，要用罗马数字依次标明被放大部位，并在局部放大图的上方标出相应的罗马数字和所用的比例，若只有一处放大图部位时，则只需在放大图的上方注明采用的比例就可以了。特别注意：局部放大图上标注的比例是指该图形与零件的实际大小之比，而不是与原图形之比。

二、简化画法

国家标准规定的简化画法见表 6-4。

表 6-4　简化画法

内容	图　例	说　明
相同结构的简化画法	X 个　X 个	当机件上具有若干相同结构（齿、槽等），并按一定规律分布时，只画出几个完整的结构，其余用细实线连接，但在零件图中必须注明该结构的总数
	27×ϕ4　A　A—A　A	若干直径相同且按一定规律分布的孔，可仅画出一个或几个，其余用细实线表示其中心位置，标注尺寸时，注明孔的总数

（续）

内容	图　例	说　明
机件上肋、轮辐等的剖切	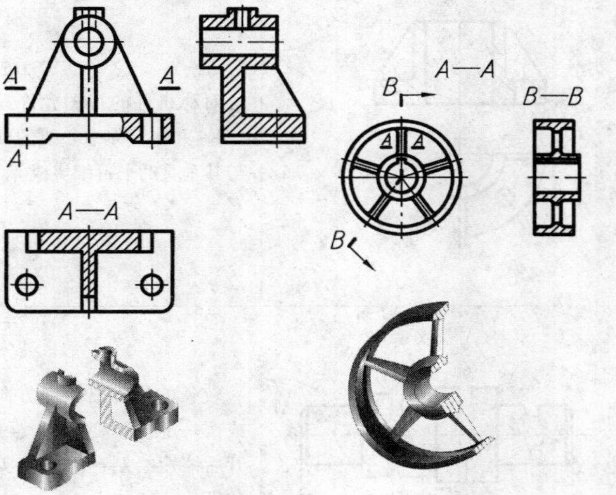 A　A　A　A—A　A—A　B　B—B　B	1）对于机件上的肋、轮辐等结构，若沿其纵向剖切时，不画剖面符号，而用粗实线将其与邻接部分分开
	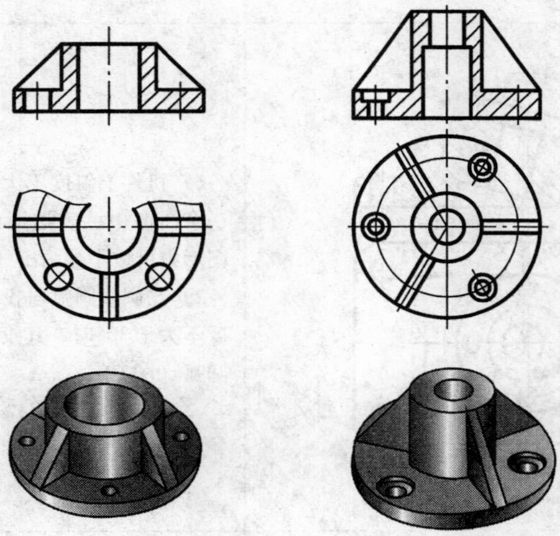	2）机件上均匀分布的肋、轮辐、孔等结构，当其不处在剖切面上时，可将这些结构旋转到剖切面上画出
圆柱形法兰上均布的孔的画法	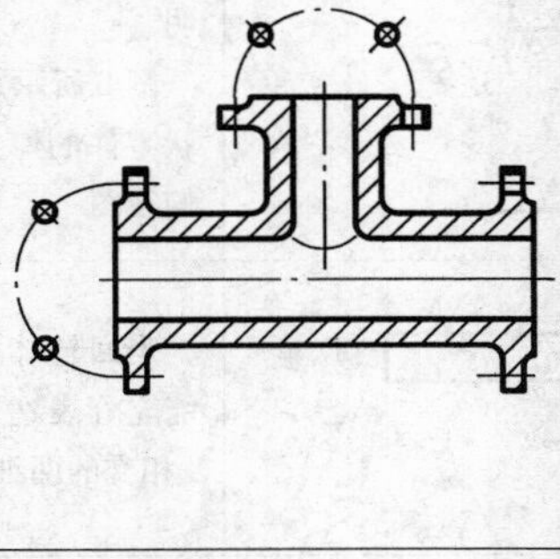	圆柱形法兰和类似零件上的均布孔，可由机件外向该法兰端面方向投射画出

（续）

内容	图例	说明
对称机件的省略画法		对称机件的视图允许只画一半或1/4，并在对称中心线的两端画两条与其垂直的平行细实线
较长机件的断开画法	（标注实长） （标注实长）	较长的机件沿长度方向形状一致或按一定规律变化时，可将机件断开后缩短绘制，但仍按实际长度标注尺寸
斜度不大的结构的画法	A—A A A A A A A a) b)	1）机件上斜度不大的结构，如在一个图形中已表达清楚，则在其他图形中可按小端画出（图a） 2）当圆或圆弧与投影面的倾斜角度不大于30°时，其投影仍画成圆或圆弧（图b）
小倒角和小圆角的画法	R1.5 R1.5 a) δ5 锐边倒圆角R0.5 b)	零件图中的小圆角、锐边的小倒圆或45°倒角允许省略不画，但必须标注出尺寸或在技术要求中加以说明 图b所示加注的符号“t”表示板状零件的厚度，可以省去左视图或俯视图
平面的表示法		当回转体被平面所截，而图形不能充分表达平面时，可用平面符号（相交的两细实线）表示

（续）

内容	图　例	说　明
较小结构的简化画法	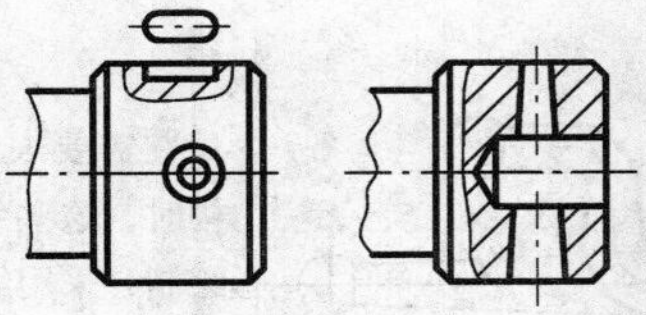	圆柱上的孔、槽等较小结构产生的表面交线允许简化成直线 机件上对称结构的局部视图（如键槽）可按图示方法绘制
剖中剖的画法	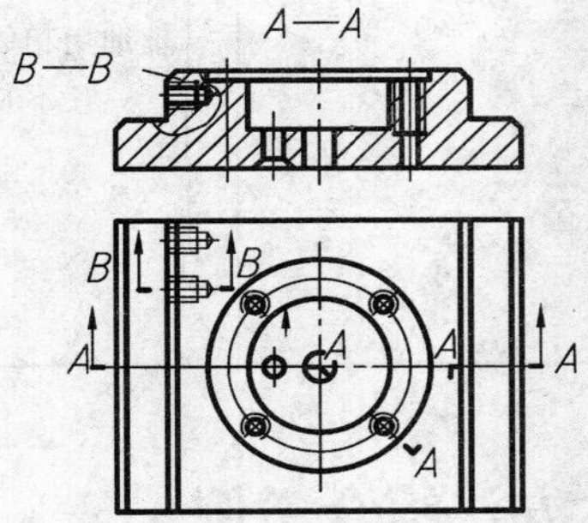	在剖视图中可再作一次局部剖切，但两个剖面的剖面线应画成同方向、同间隔，但要互相错开，并用细实线引出标注其名称（如剖切位置明显，也可省略不标），如图中的“*B—B*”
省略剖面符号	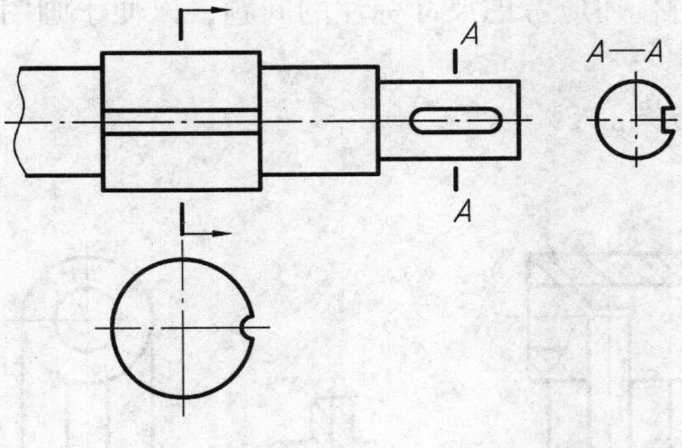	在移出断面图中，一般要画出剖面符号。当不致引起误解时允许省略剖面符号，但剖切位置和断面图的标注必须遵守规定
复杂曲面的表示法	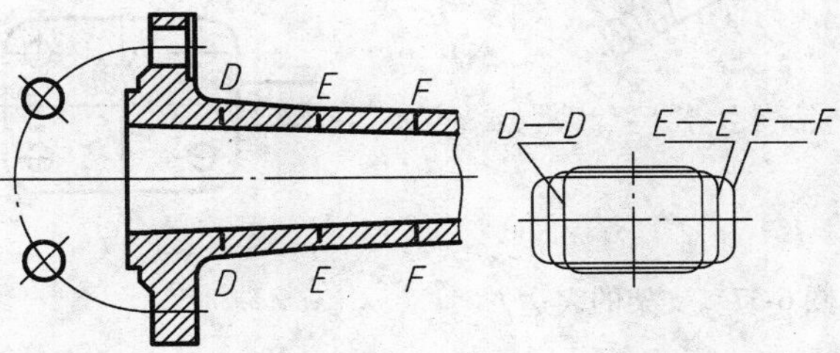	用一系列剖面表示机件上较复杂的曲面时，可以只画出曲面轮廓。并可以配置在同一个位置上

（续）

内容	图　例	说　明
其他规定的画法	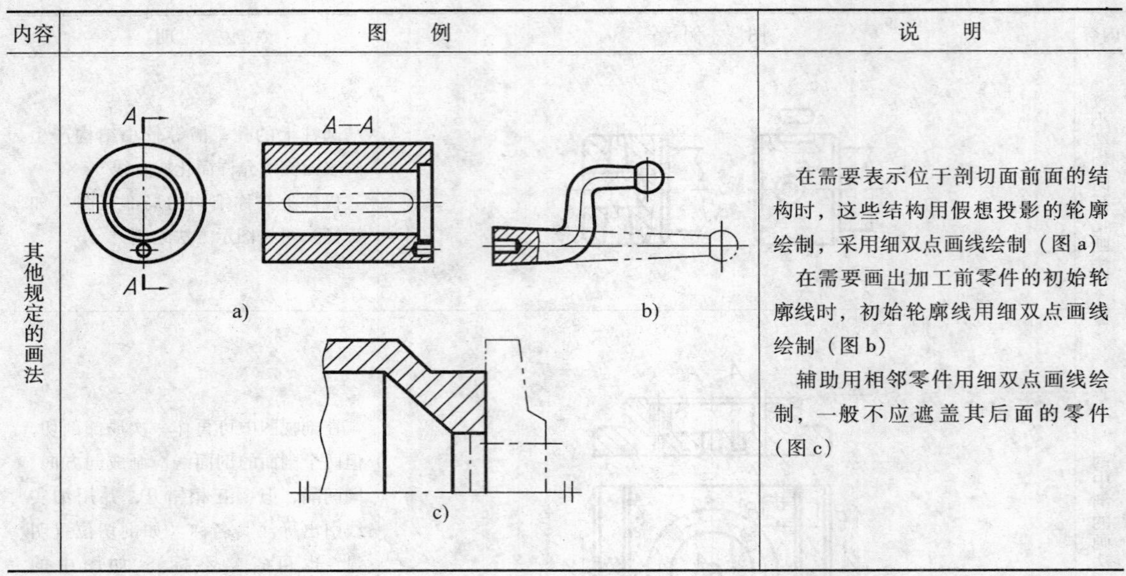	在需要表示位于剖切面前面的结构时，这些结构用假想投影的轮廓绘制，采用细双点画线绘制（图 a） 在需要画出加工前零件的初始轮廓线时，初始轮廓线用细双点画线绘制（图 b） 辅助用相邻零件用细双点画线绘制，一般不应遮盖其后面的零件（图 c）

第五节　表达方法综合举例

在绘制机件图样时，应根据机件的结构形状，选择适当的表达方法，确保完全、正确、清楚、简便。同时，在确定表达方案时，还应考虑尺寸标注的问题，以便于画图和读图。下面举例说明表达方法的综合应用。

例 1　图 6-37 所示为支架的表达方案。

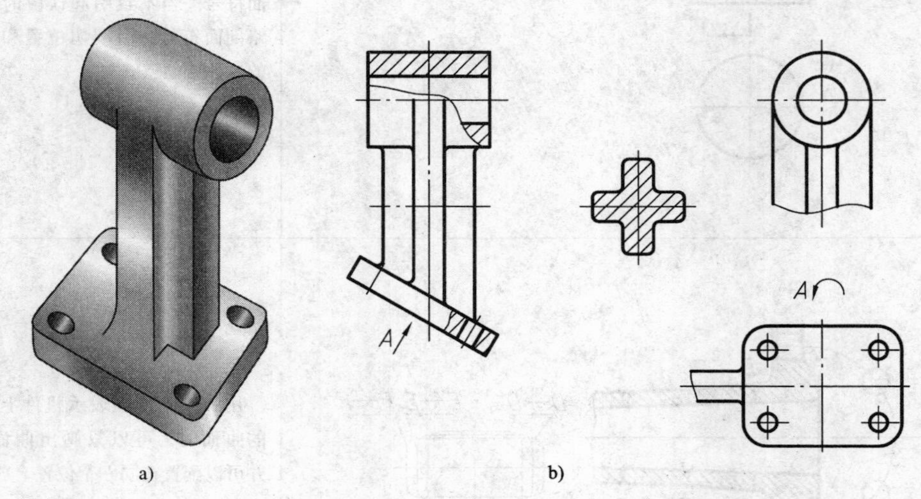

图 6-37　支架的表达方案

经形体分析，确定用四个图形表达，如图 6-37b 所示。主视图是工作位置，用以表达机件的外部结构形状，图中的局部剖视图用来表达圆筒上大孔和斜板上小孔的内部结构形状；为了明确圆筒与十字支承板的连接关系，采用了一个局部视图；为了表达十字支承板的形状，采用了一个移出断面图；为了反映斜板的实形及四个小孔的分布情况，采用了一个旋转配置的斜视图。

例2 阀体的表达方案，其立体图如图6-38所示。

1. 形体分析

阀体的主体部分是轴线为铅垂的四通管体*III*，它的顶部和底部分别为正方形凸缘*II*和圆形凸缘*V*，左上部有一圆形凸缘*I*，右前部有一腰形凸缘*IV*，各凸缘上均有与主体*III*相通的光孔。

2. 确定表达方案

（1）选择主视图　从放置稳定、加工、工作位置等多种因素考虑，该阀体主视图按图6-38中工作位置放置，并按箭头方向作为主视图的投射方向。

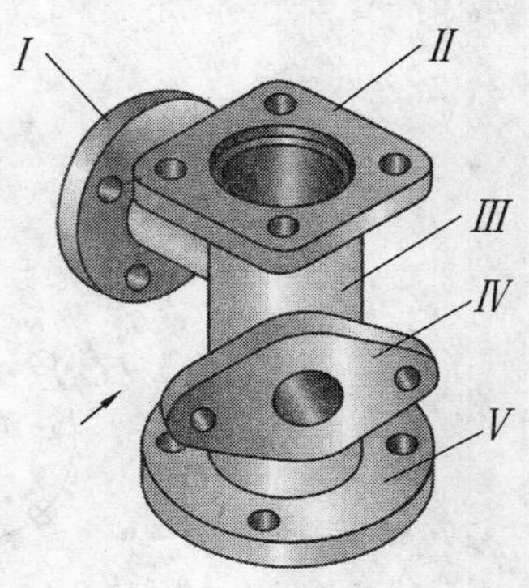

图6-38　阀体轴测图

为了表达各部分的内部形状，需对主视图作适当剖切。因管体与上、下凸缘同轴，并与左边凸缘的轴线在同一正平面内，而右前部腰形凸缘的轴线与剖切面成45°，故主视图可用两个相交的剖切面剖切，如图6-39a所示，画出的剖视图如图6-40中的“*B—B*”图。这样就把上下通孔、侧壁两凸缘孔的结构及其上、下位置关系表达清楚了。

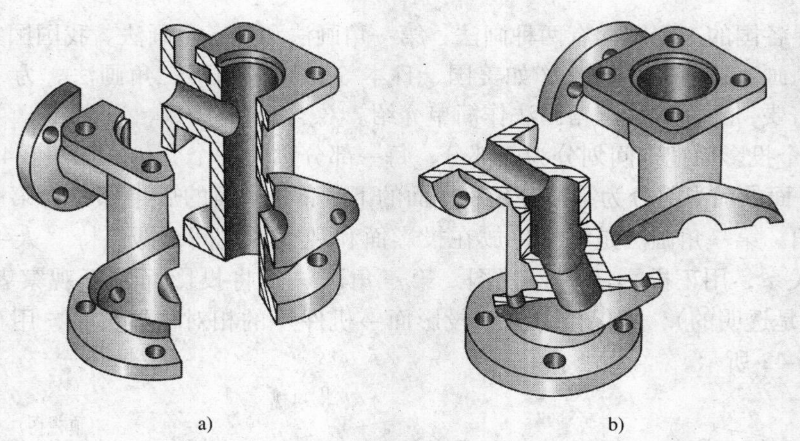

图6-39　阀体表达方案分析

（2）确定其他视图　为了表达右前部凸缘的倾斜位置，需画俯视图。为进一步表达管体孔与侧壁两凸缘孔的贯通情况、凸缘上的连接孔及底部凸缘上的连接孔的分布情况，俯视图采用阶梯剖，如图6-39b、图6-40中的“*A—A*”所示。

右前部凸缘的形状用斜视图表示，如图6-40中的“⌒C”所示。

上方的方形凸缘形状和四角孔的分布情况，如图6-40中的*D*向局部视图表达。

左部凸缘的形状和连接孔的分布，如图6-40中的俯视图中简化画法表达。

阀体的完整表达方法如图6-40所示。

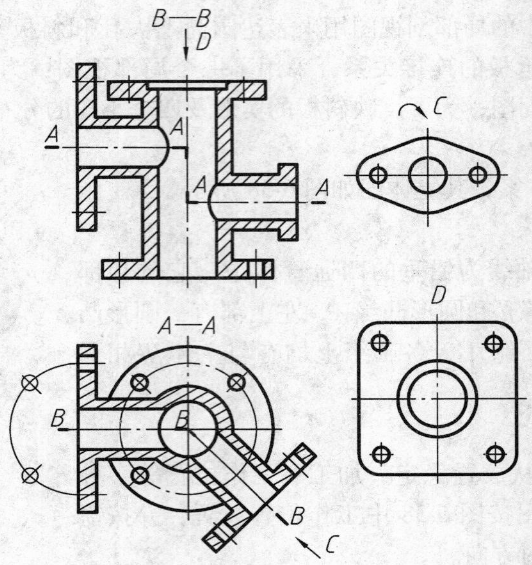

图 6-40　阀体表达方案

第六节　第三角投影简介

目前世界各国的工程图样有两种画法：第一角画法和第三角画法。我国国家标准规定优先采用第一角画法，而有些国家（如美国、日本等）则采用第三角画法。为了适应国际间技术交流的需要，下面对第三角画法作简单介绍。

V、*H* 两个投影面把空间划分为四部分，每一部分称为一个分角。如图 6-41 所示，*H* 面的上半部，*V* 面的前半部分为第一分角；*H* 面的下半部，*V* 面的后半部分为第三分角；其余为二、四分角。第一角画法是将机件放在投影面和观察者之间，即保持“人→机件→投影面”的位置关系，用正投影法获得视图。第三角画法是将投影面置于观察者和机件之间（假设投影面是透明的），即保持“人→投影面→机件”的相对位置关系，用正投影法获得视图，如图 6-42 所示。

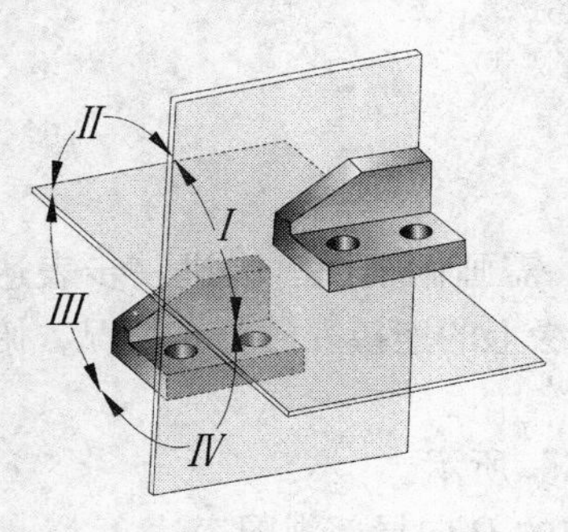

图 6-41　四个分角

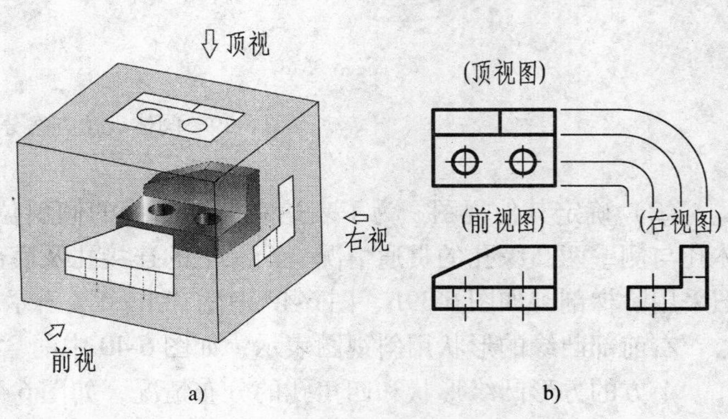

图 6-42　第三角画法的三视图

一、第三角视图的名称

第三角画法所得到的视图分别为：

由前方垂直向后观察，在前正立投影面上得到的视图称为主视图；

由上方垂直向下观察，在上水平投影面上得到的视图称为俯视图；

由右方垂直向左观察，在右侧立投影面上得到的视图称为右视图；

由下方垂直向上观察，在下水平投影面上得到的视图称为仰视图；

由后方垂直向前观察，在后直立投影面上得到的视图称为后视图；

由左方垂直向右观察，在左侧立投影面上得到的视图称为左视图。

二、第三角视图的配置

第三角画法规定，投影面展开时，前立面不动，上水平投影面、下水平投影面、两侧面均按箭头所指向前旋转 90°与前立面展开在一个投影面上（后直立面随左侧面旋转 180°），如图 6-43 所示。

第三角视图的配置如图 6-44 所示。

第三角与第一角视图配置相比，主（前）视图的配置一样，其他视图的配置一一对应相反。顶视图、底视图、右视图、左视图，靠近前视图的一边（里边），均表示机件的前面；而远离前视图的一边（外边），均表示机件的后面，即“里前外后”。这与第一角画法的“里后外前”正好相反。

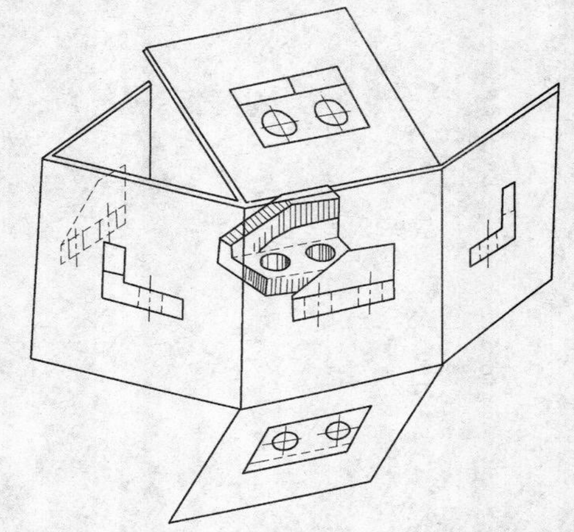

图 6-43　第三角画法的展开

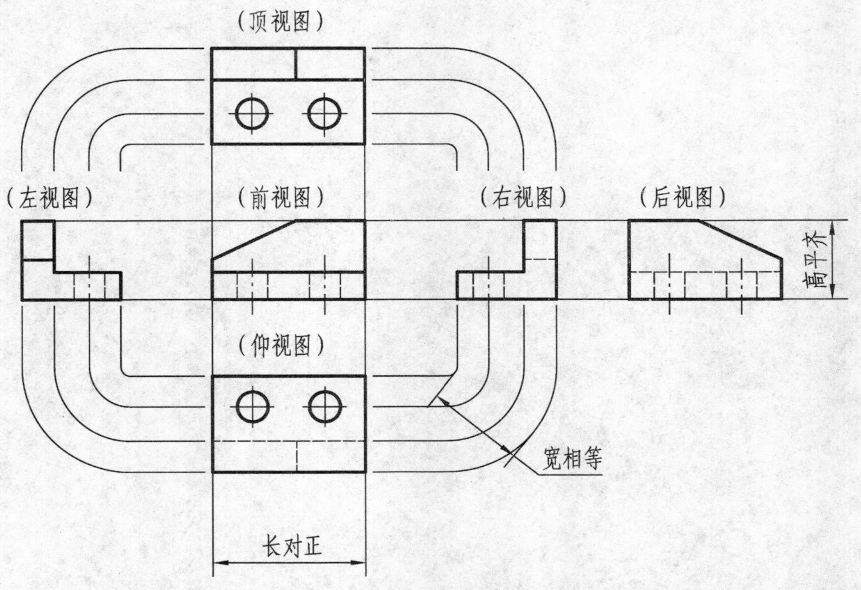

图 6-44　第三角视图的配置

国家标准规定，第一角画法用图6-45所示的识别符号表示，第三角画法用图6-46所示的识别符号表示。

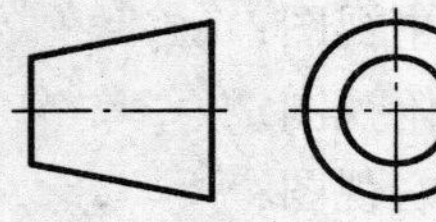

图6-45　第一角的识别符号

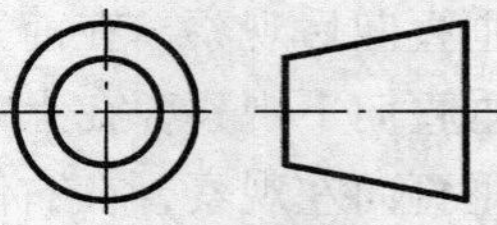

图6-46　第三角的识别符号

我国优先采用第一角画法，因此采用第一角画法时，无须标注识别符号。当采用第三角画法时，必须在图样中（在标题栏附近）画出第三角画法的识别符号。

第七章

标准件和常用件

在各种机械设备和仪器仪表中，经常要用到螺栓、螺钉、螺母、垫圈、键和销等零件。这些零件的结构、尺寸及技术要求等已全部实现标准化，以适应专业化大批量生产，这些零件统称为标准件。有些零件虽不属于标准件，但它们的结构和尺寸部分地实现了标准化，如齿轮、弹簧等，这些零件也广泛使用，统称为常用件。

本章将介绍这些标准件、常用件的基本知识、规定画法、标注及有关查表和计算方法。

第一节　螺　　纹

一、螺纹的基本知识

1. 圆柱螺旋线

若圆柱面上有一动点 A，绕圆柱轴线做等速旋转运动，同时沿其轴线方向做等速直线运动的轨迹，称为圆柱螺旋线。动点 A 旋转一周沿圆柱轴线方向所移动的距离 P，称为螺旋线的导程。螺旋线按动点的旋转方向不同，可分为右旋和左旋两种，如图 7-1 所示。

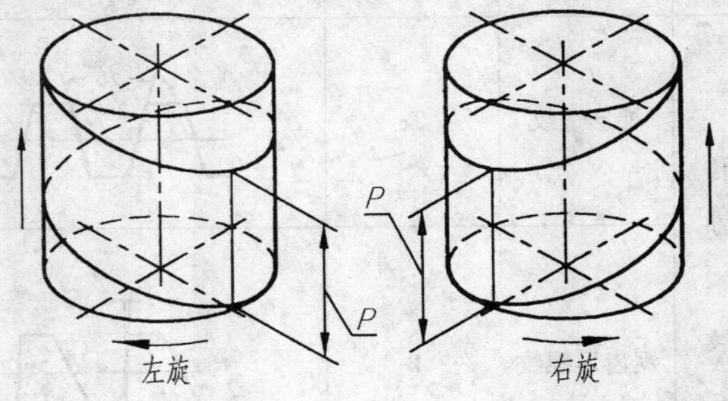

图 7-1　圆柱螺旋线的形成

2. 螺纹的形成与加工方法

（1）螺纹的形成　各种螺纹都是根据螺旋线形成的原理加工而成的。在外表面上形成的螺纹称为外螺纹；在内表面上形成的螺纹称为内螺纹。

（2）螺纹的加工方法　加工螺纹的方法很多，常用的加工方法有车床上车削内、外螺纹，用丝锥和攻内螺纹和用板牙套外螺纹等。图 7-2 所示在车床上加工内、外螺纹的情况。

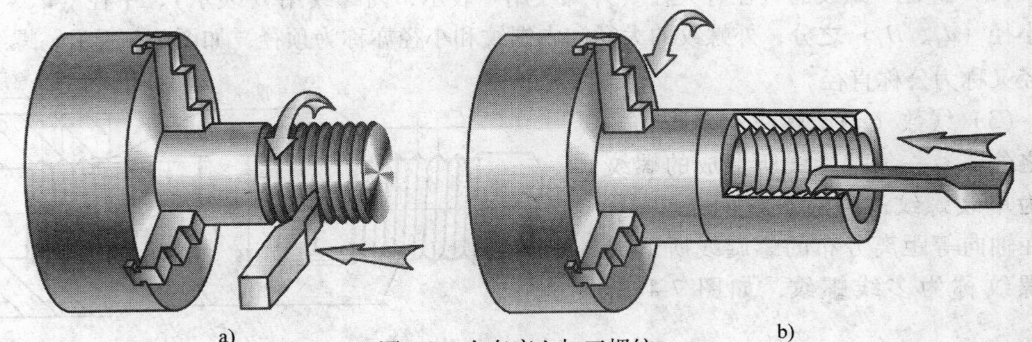

a)　b)

图 7-2　在车床上加工螺纹

a）在车床上加工外螺纹　b）在车床上加工内螺纹

3. 螺纹的要素

螺纹的要素有牙型、直径、螺距、线数和旋向，只有螺纹的所有要素都相同的外螺纹和内螺纹才能相互旋合。

（1）牙型　在通过螺纹轴线的剖视图上，牙齿的轮廓形状称为牙型。常用的牙型有三角形、梯形、锯齿形和矩形等多种。螺纹的牙型不同，其用途也不同，见表 7-1。

表 7-1　常用标准螺纹的牙型、特征符号及说明

种类			特征符号	牙型放大图	说明
联接螺纹	普通螺纹	粗牙 细牙	M	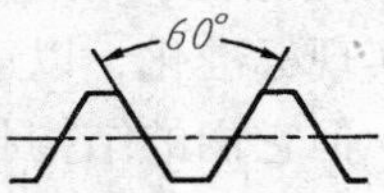	最常用的联接螺纹，一般联接多用粗牙。在相同的大径下，细牙螺纹的螺距比粗牙小，切深较浅，多用于薄壁或紧密联接的零件
	管螺纹	55°密封管螺纹	Rc、R_1、R_2、Rp	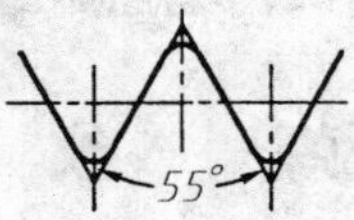	包括圆锥内螺纹（Rc）及与其相配的圆锥外螺纹（R_2）、圆柱内螺纹（Rp）及与其相配的圆锥外螺纹（R_1）两种联接形式，具有密封性。适用于管子、管接头、旋塞、阀门等
		55°非密封管螺纹	G	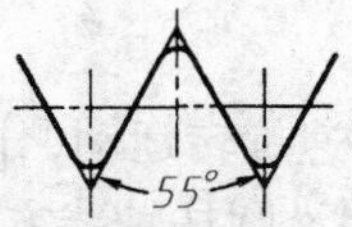	螺纹本身不具有密封性，内外螺纹都是圆柱管螺纹。适用于管接头、旋塞、阀门等
传动螺纹	梯形螺纹		Tr	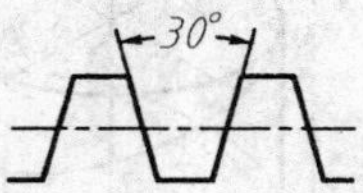	用于传递运动和动力，如机床丝杠、尾座丝杠等
	锯齿形螺纹		B	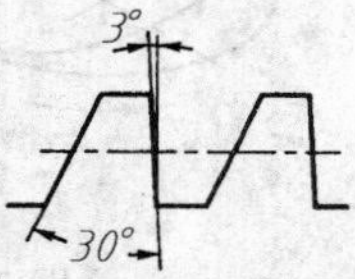	用于传递单向压力，如千斤顶螺杆

（2）直径　螺纹的直径有大径（外螺纹用 d 表示，内螺纹用 D 表示）、中径（d_2、D_2）和小径（d_1、D_1）之分，外螺纹的大径和内螺纹和小径亦称为顶径，如图 7-3 所示。螺纹的大径又称为公称直径。

（3）线数（n）　螺纹有单线和多线之分。沿一条螺旋线所形成的螺纹称为单线螺纹；沿两条或两条以上，且在轴向等距离分布的螺旋线所形成的螺纹称为多线螺纹，如图 7-4 所示。

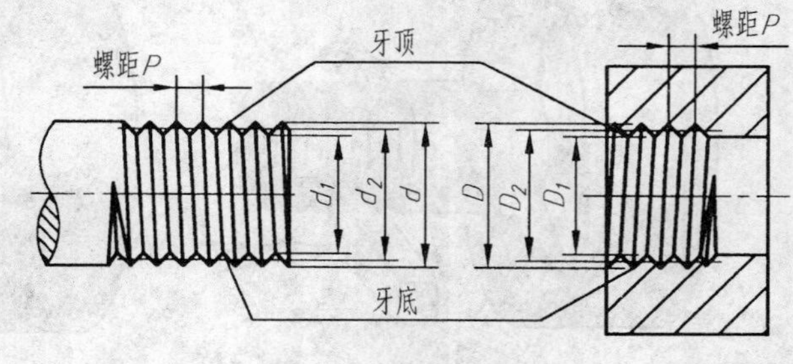

图 7-3　螺纹各部分名称

（4）螺距 P 和导程 P_h　螺距是指

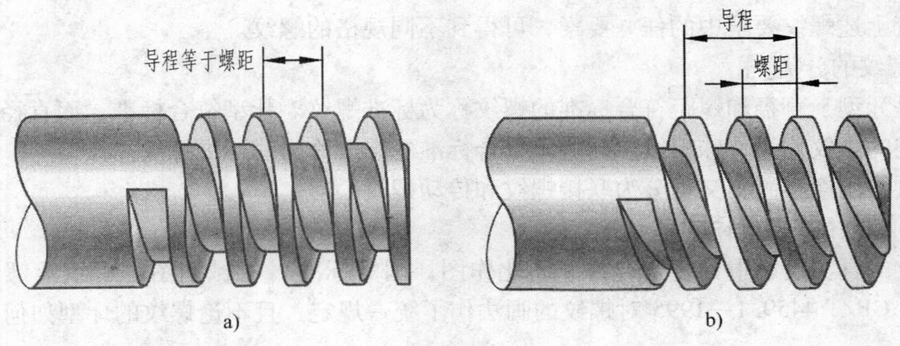

图 7-4　螺纹的线数

a）单线螺纹　b）双线螺纹

螺纹上相邻两牙在中径线上对应两点间的轴向距离。导程是指在同一条螺旋线上的相邻两牙在中径线上对应两点间的距离。螺距、导程和线数三者之间的关系为：螺距 P = 导程 P_h/线数 n。

（5）旋向　螺纹旋向分右旋和左旋。内、外螺纹旋合时，顺时针旋转旋入的螺纹为右旋螺纹；逆时针旋转旋入的螺纹为左旋螺纹。

旋向判定方法：将外螺纹轴线竖直放置，螺纹的可见部分右高、左低的螺纹为右旋螺纹；左高、右低的螺纹为左旋螺纹，如图 7-5 所示。

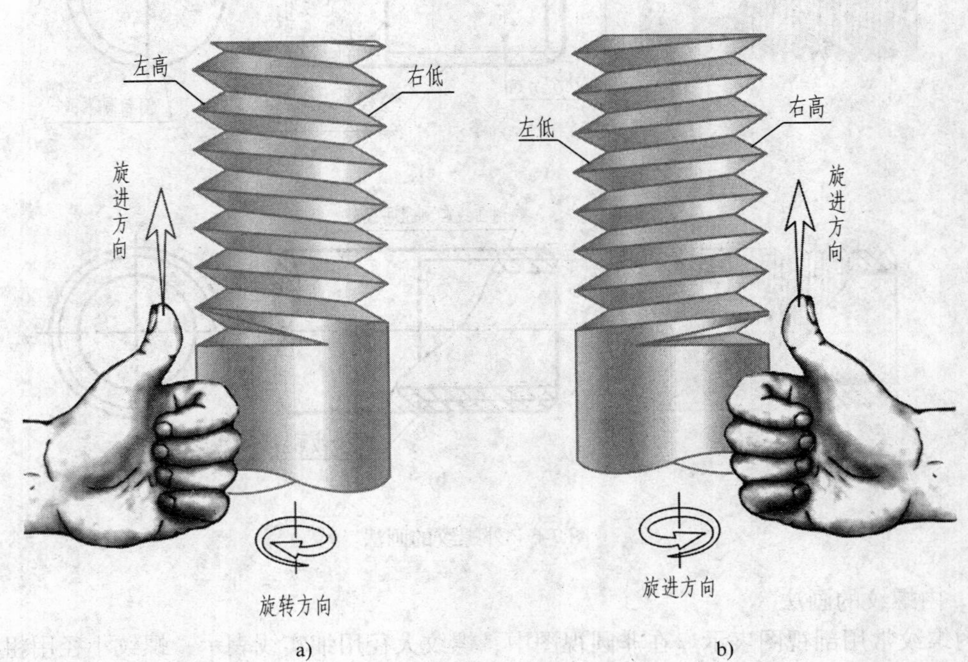

图 7-5　螺纹的旋向

a）左旋螺纹　b）右旋螺纹

改变上述螺纹要素中的任一要素，可得到不同规格的螺纹。

4. 螺纹的分类

凡是牙型、直径和螺距符合标准的螺纹称为标准螺纹。牙型符合标准，而直径或螺距不符合标准的螺纹称为特殊螺纹。牙型不符合标准的螺纹称为非标准螺纹。

螺纹按用途不同，又可分为联接螺纹和传动螺纹。

二、螺纹的规定画法

螺纹的真实投影十分复杂，为了简化作图，国家标准《机械制图　螺纹及螺纹紧固件表示法》GB/T 4459.1—1995 对螺纹的画法作了统一规定，且不论螺纹的牙型如何，其画法均相同。

1. 外螺纹的画法

在投影为非圆视图中，螺纹大径用粗实线表示，螺纹小径用细实线表示（取 $d_1 \approx 0.85d$），并画入倒角内，螺纹终止线用粗实线表示。在投影为圆的视图中，螺纹大径圆用粗实线表示，螺纹小径圆用细实线表示，且只画约 3/4 圈，倒角圆省略不画，如图 7-6a 所示。外螺纹剖切后，终止线按图 7-6b 所示画出。

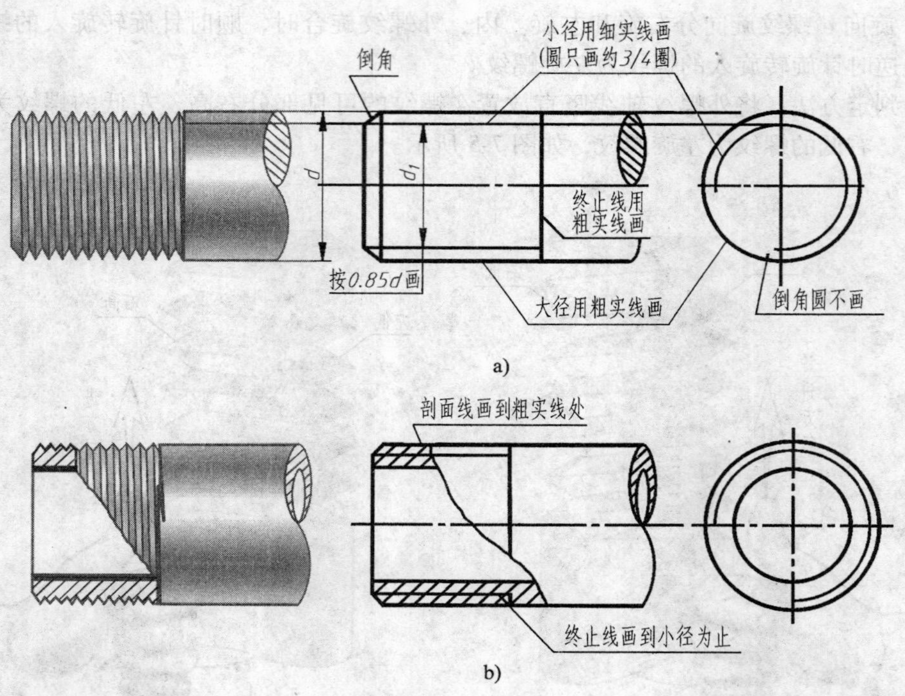

图 7-6　外螺纹的画法

2. 内螺纹的画法

内螺纹常用剖视图表示。在非圆视图中，螺纹大径用细实线表示，螺纹小径用粗实线表示（取 $D_1 \approx 0.85D$），螺纹终止线用粗实线表示，剖面线画到粗实线处。在投影为圆的视图中，螺纹大径圆用细实线表示，且只画约 3/4 圈，螺纹小径圆用粗实线表示，倒角圆省略不画，如图 7-7 所示。图 7-8 所示为不穿通螺纹孔的一种加工方法及其画法。

大径用细实线画
(圆只画约3/4圈)
小径用粗实线画
倒角圆不画
大径D
小径D_1
螺纹长度
剖面线画到粗实线
终止线用粗实线画

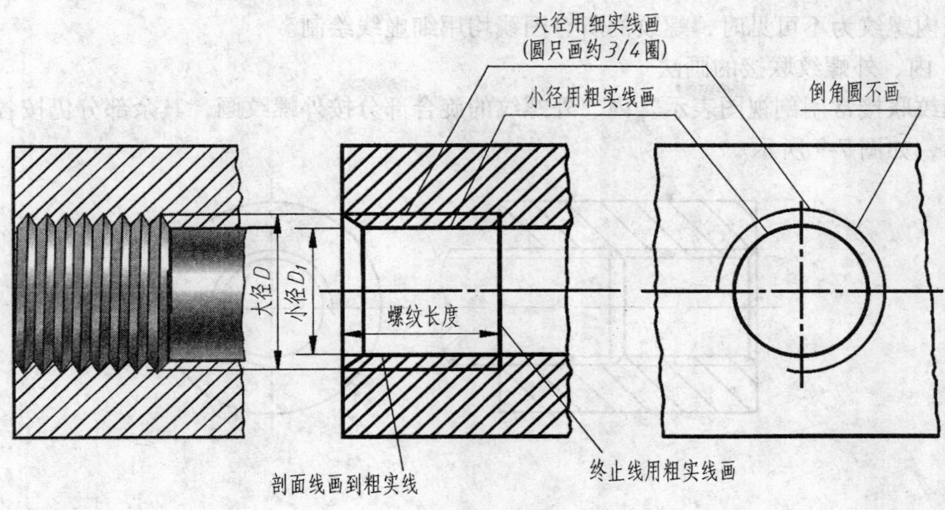

图 7-7 内螺纹的画法

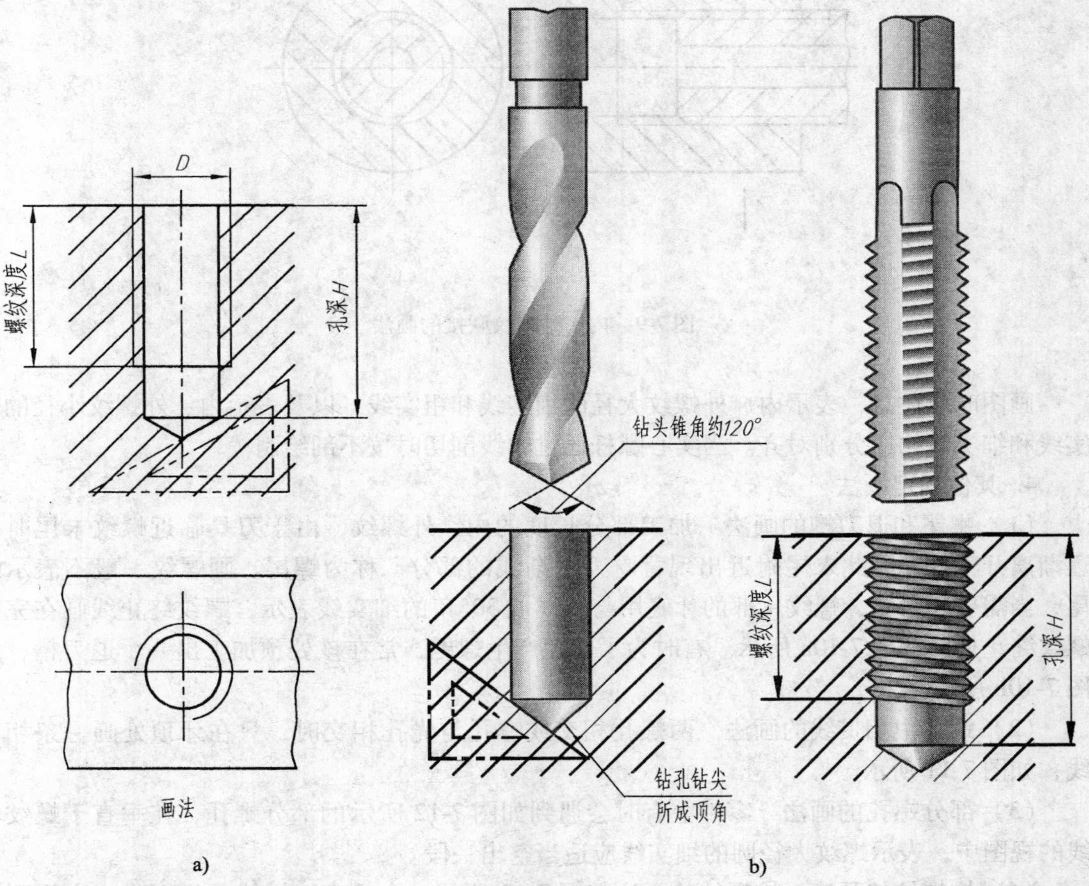

D
螺纹深度L
孔深H
画法
a)
钻头锥角约120°
钻孔钻尖
所成顶角
螺纹深度L
孔深H
b)

图 7-8 不穿通螺纹孔的加工方法及其画法

当内螺纹为不可见时，螺纹的所有图线均用细虚线绘制。

3. 内、外螺纹联接的画法

螺纹联接常用剖视图表示。内、外螺纹的旋合部分按外螺纹画，其余部分仍按各自的画法表示，如图 7-9 所示。

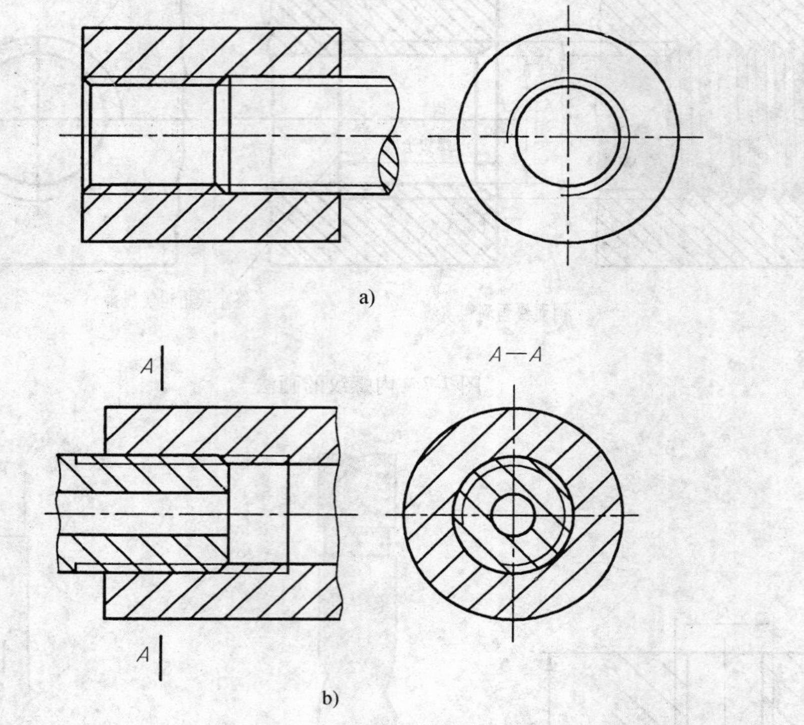

图 7-9　内、外螺纹联接的画法

画图时应注意，表示内、外螺纹大径的细实线和粗实线，以及表示内、外螺纹小径的粗实线和细实线均应分别对齐。当实心螺杆通过轴线剖切时按不剖绘制。

4. 其他规定画法

（1）螺尾和退刀槽的画法　加工部分长度的内、外螺纹，由于刀具临近螺纹末尾时要逐渐离开工件，因此末尾附近出现背吃刀量渐浅的部分，称为螺尾。画螺纹一般不表示螺尾，当需要表示时，螺纹尾部的牙底用与轴线成 30°角的细实线表示，螺纹终止线画在完整螺纹终止处，如图 7-10a 所示。有时为了避免产生螺尾，常在该处预加工出一个退刀槽，如图 7-10b 所示。

（2）螺孔中相贯线的画法　两螺孔相交或螺孔与光孔相交时，只在牙顶处画一条相贯线，如图 7-11 所示。

（3）部分螺孔的画法　零件上有时会遇到如图 7-12 所示的部分螺孔，在垂直于螺纹轴线的视图中，表示螺纹大径圆的细实线应适当空出一段。

（4）锥螺纹的画法　锥螺纹的画法如图 7-13 所示，在垂直于轴线的视图中，左视图中按螺纹的大端绘制，右视图中按螺纹的小端绘制。

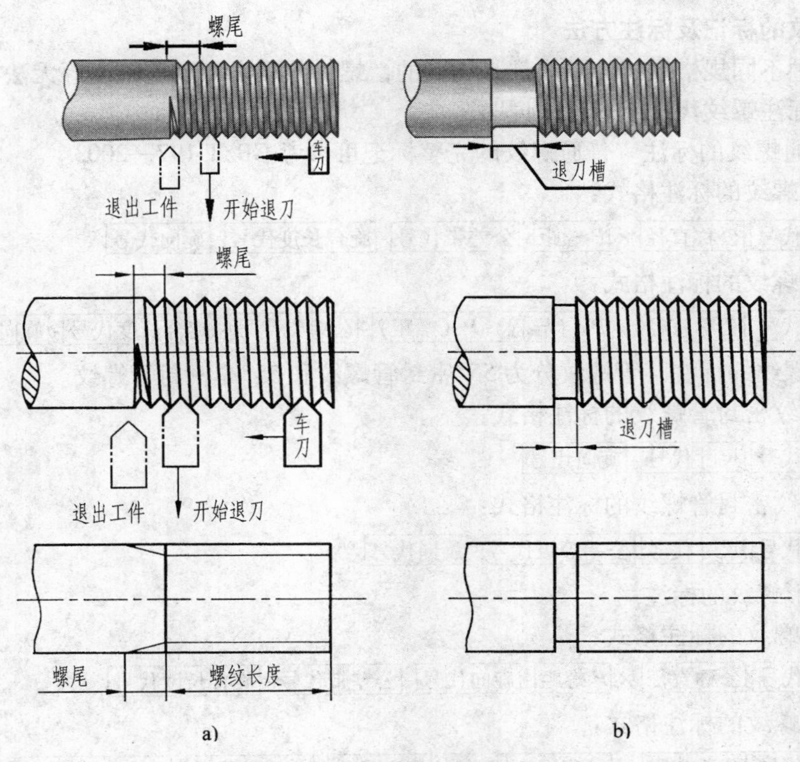

图 7-10　螺尾和螺纹退刀槽

a）螺尾及画法　b）退刀槽及画法

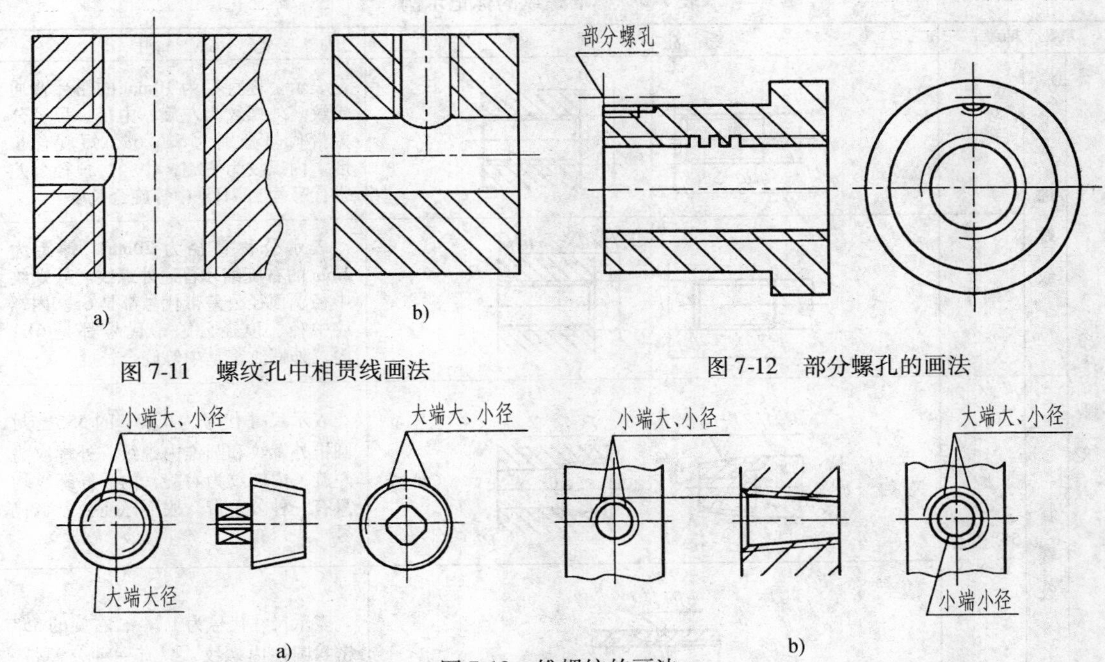

图 7-11　螺纹孔中相贯线画法

图 7-12　部分螺孔的画法

图 7-13　锥螺纹的画法

a）外螺纹　b）内螺纹

三、螺纹的标记及标注方法

由于各种不同规格螺纹的画法都是相同的，螺纹的要素和制造精度等无法在图中表示出来，可通过标注螺纹代号或标记来说明。

（1）普通螺纹的标注　普通螺纹的完整标记可参考 GB/T 197—2003。

1）单线螺纹的标注格式：

[螺纹特征代号][公称直径] × [*P* 螺距]-[公差带代号]-[旋合长度代号]-[旋向代号]

2）多线螺纹的标注格式：

[螺纹特征代号][公称直径] × [*Ph*（导程）*P*（螺距）]-[公差带代号]-[旋合长度代号]-[旋向代号]

（2）管螺纹的标注　管螺纹分为55°密封管螺纹和55°非密封管螺纹。

1）用螺纹密封管螺纹的标注格式：

[螺纹特征代号][尺寸代号]-[旋向代号]

2）非螺纹密封管螺纹的标注格式：

[螺纹特征代号][尺寸代号][公差等级代号]-[旋向代号]

（3）梯形螺纹的标注

1）单线螺纹的标注格式：

[螺纹特征代号][公称直径] × [*P* 螺距]-[旋向代号]-[公差带代号]-[旋合长度代号]

2）多线螺纹的标注格式：

[螺纹特征代号][公称直径] × [导程（*P* 螺距）]-[旋向代号]-[公差带代号]-[旋合长度代号]

标准螺纹的标注示例见表 7-2。

表 7-2　标准螺纹的标记示例

螺纹种类			标注示例	说明
联接螺纹	普通螺纹	粗牙	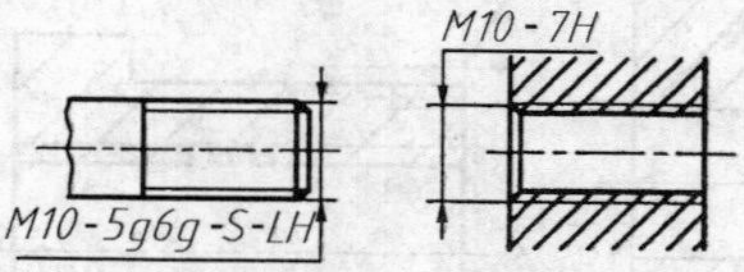 M10-5g6g-S-LH M10-7H	表示公称直径为10mm的粗牙普通螺纹。外螺纹为左旋，中径、顶径公差带代号分别为5g、6g，短旋合长度。内螺纹为右旋，中径、顶径公差带代号均为7H，中等旋合长度
		细牙	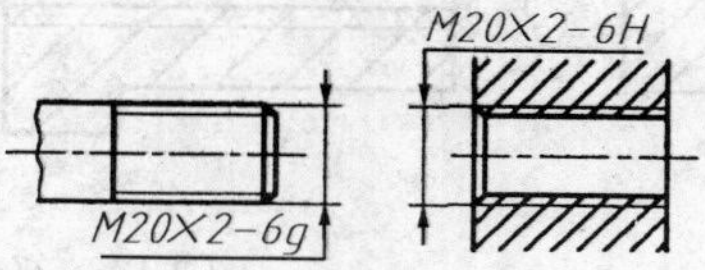 M20×2-6g M20×2-6H	表示公称直径为20mm，螺距为2mm的右旋细牙普通外螺纹。外螺纹中径、顶径公差带代号都是6g。内螺纹中径、顶径公差带代号都是6H；内、外螺纹都是中等旋合长度
	管螺纹	55°密封管螺纹	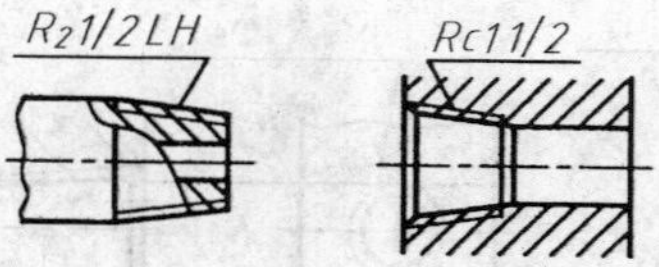 $R_2$1/2LH Rc11/2	表示尺寸代号为$1\,^1/_2$的55°密封圆锥外螺纹和圆锥内螺纹。外螺纹为左旋，内螺纹为右旋，内、外螺纹均只有一种公差带，故不标注公差带代号
			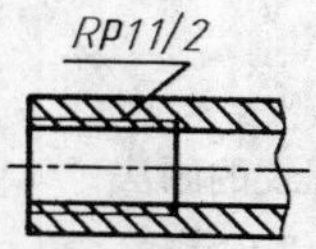 RP11/2	表示尺寸代号为$1\,^1/_2$、右旋的55°密封圆柱内螺纹，只有一种公差带，不标注公差带代号

（续）

螺纹种类			标注示例	说明
联接螺纹	管螺纹	55°非密封管螺纹	G3/4A　G3/4	表示尺寸代号为3/4、右旋的55°非密封圆柱外螺纹和圆柱内螺纹。外螺纹公差等级为A级，内螺纹公差等级只有一种，不标注公差等级
传动螺纹	梯形螺纹		Tr40×14(P7)LH-7e　Tr40×7-7H	表示公称直径为40mm，中等旋合长度的梯形螺纹。外螺纹导程为14mm、螺距为7mm，双线，左旋，中径公差带代号为7e。内螺纹螺距为7mm，单线、右旋、中径公差带代号为7H
	锯齿形螺纹		B40×7(P7)-8e-L　B40×7-7H-LH	表示公称直径为40mm的锯齿形螺纹。外螺纹导程为14mm、螺距为7mm，双线，右旋，中径公差带代号8e，长旋合长度。内螺纹螺距为7mm、单线、左旋、中径公差带代号为7H，中等旋合长度

几点说明：

1）单线螺纹省略标注导程。

2）单线粗牙普通螺纹省略标注螺距。

3）右旋螺纹省略标注旋向，左旋螺纹用LH表示。

4）管螺纹的尺寸代号并不是螺纹的大径，而是指管子的通孔直径。

5）螺纹公差带代号是对螺纹制造精度的要求。普通螺纹依次标注中径和顶径公差带代号，传动螺纹只标注中径公差带代号。小写字母表示外螺纹公差带代号，大写字母表示内螺纹公差带代号。如果中径和顶径公差带代号相同时，只注写一个代号。55°非密封外管螺纹公差等级分A、B两种，而内螺纹只有一种；55°密封管螺纹只有一种公差带，故不注公差带代号。

6）螺纹旋合长度代号表示对内、外螺纹旋合长度的要求。国家标准对普通螺纹的旋合长度规定为短、中、长三组，分别用S、N、L表示。中等旋合长度可省略标注N，短、长旋合长度要分别标注S、L。

7）必要时，在装配图中应标注螺纹副的标记。普通螺纹和传动螺纹的标记直接标注在大径的尺寸线上，公差带代号用斜线分开，斜线前后分别为内、外螺纹的公差带代号，如图7-14所示。管螺纹的标记采用引出线由配合部分的大径引出标注，内、外螺纹的标记用斜线分开，斜线前后分别为内、外螺纹的标记，如图7-15所示。

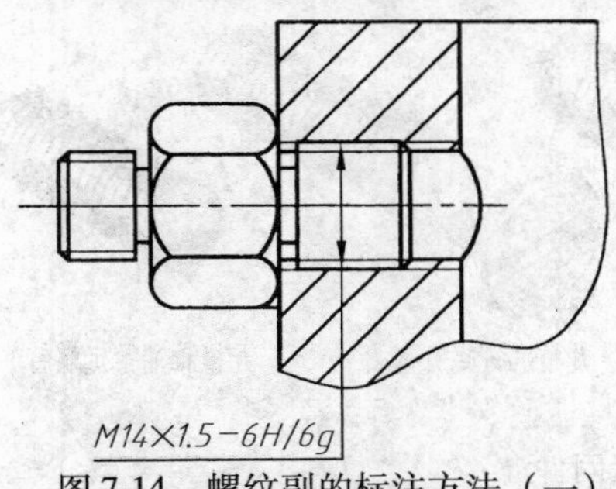

图7-14　螺纹副的标注方法（一）

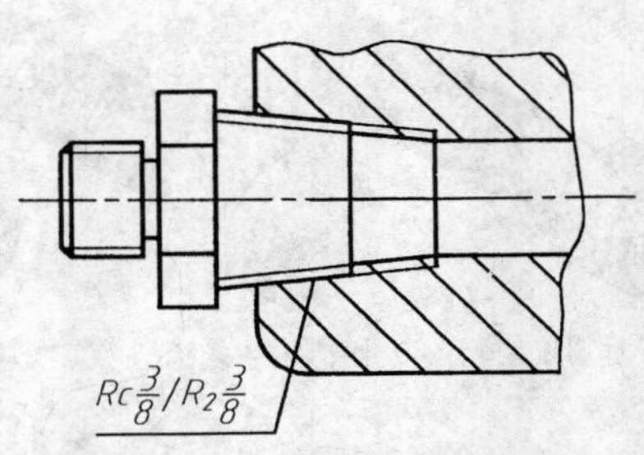

图7-15　螺纹副的标注方法（二）

8）特殊螺纹在标注时，应在特征代号前加注“特”定，如特 M36×0.75-7H，非标准螺纹应画出螺纹的牙型，标注所需尺寸，如图 7-16 所示。

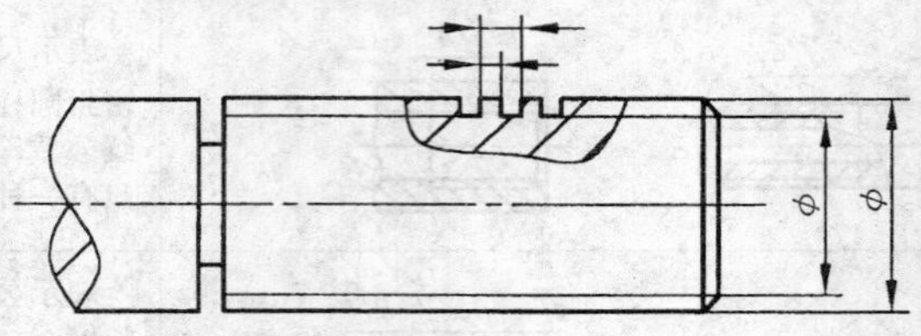

图 7-16　非标准螺纹的标注

第二节　螺纹紧固件及其联接

螺纹紧固件联接是工程上应用最广泛的联接方式，属于可拆卸联接。

一、常用的螺纹紧固件

螺纹紧固件的种类很多，常用的螺纹紧固件有螺栓、双头螺柱、螺钉、螺母、垫圈等，如图 7-17 所示。这些零件一般都是标准件，不需要单独画零件图，只需按规定进行标记，根据标记可以从相应的国家标准中查到它们的结构型式和尺寸。

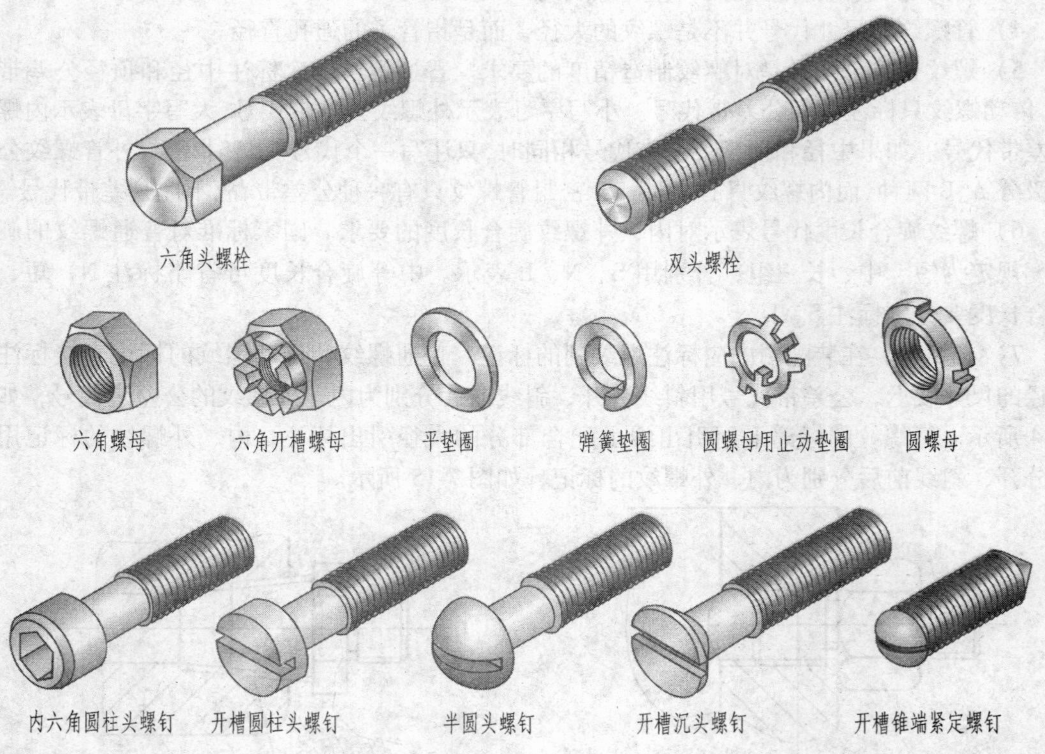

图 7-17　常见的螺纹紧固件

螺纹紧固件的规定标记为：

名称　标准编号　螺纹规格、公称尺寸-性能等级及表面热处理

标记的简化原则：

1）名称和标准年代号允许省略。

2）当产品标准中只规定一种型式、精度、性能等级或材料及热处理、表面处理时，允许省略。否则，可规定省略其中一种。

常用的螺纹紧固件及标记示例，见表 7-3。

表 7-3　常用的螺纹紧固件及标记示例

序号	名称及标准编号	图例及规格尺寸	标记示例
1	六角头螺栓—A 和 B 级 （GB/T 5782—2000）	M8　40	螺纹规格 d = M8，公称长度 l = 40mm，A 级的六角头螺栓：螺栓 GB/T 5782　M8 × 40
2	双头螺柱 （GB/T 897 ~ 900—1988）	M8　35	两端均为粗牙普通螺纹 d = M8，l = 35mm，B 型 b_m = 1.25d 的双头螺柱：螺柱 GB/T 898　M8 × 35
3	开槽沉头螺钉 （GB/T 68—2000）	M8　45	螺纹规格 d = M8、公称长度 l = 45mm 的开槽沉头螺钉：螺钉 GB/T 68　M8 × 45
4	1 型六角螺母—A 和 B 级 （GB/T 6170—2000）	M8	螺纹规格 D = M8、A 级 1 型六角螺母：螺母 GB/T 6170　M8
5	平垫圈—A 级 （GB/T 97.1—2002）	公称尺寸8mm	标准系列、公称尺寸 d = 8mm、性能等级为 140HV（硬度）级、不经表面处理的平垫圈：垫圈 GB/T 97.1　8-140HV
6	标准型弹簧垫圈 （GB/T 93—1987）	规格8mm	规格 8mm、材料为 65Mn、标准型弹簧垫圈：垫圈 GB/T 93　8

二、常用螺纹紧固件联接的画法

螺纹紧固件联接形式有螺栓联接、双头螺柱联接和螺钉联接。绘图时，其各部分尺寸应根据其规定标记，从标准中查表确定。但为了方便作图通常各部分尺寸可按螺纹公称直径（d、D）的一定比例画出，如图 7-18 所示。

1. 绘制螺纹紧固件联接图的规定

1）两零件接触表面只画一条线，凡不接触的相邻表面，不论间隙大小，都画两条线。

2）在剖视图中，相邻零件的剖面线的方向或间隔要加以区别。同一零件在各剖视图中剖面线的方向、间隔应相同。

3）当剖切面通过螺纹紧固件的轴线时，这些零件按不剖绘制。

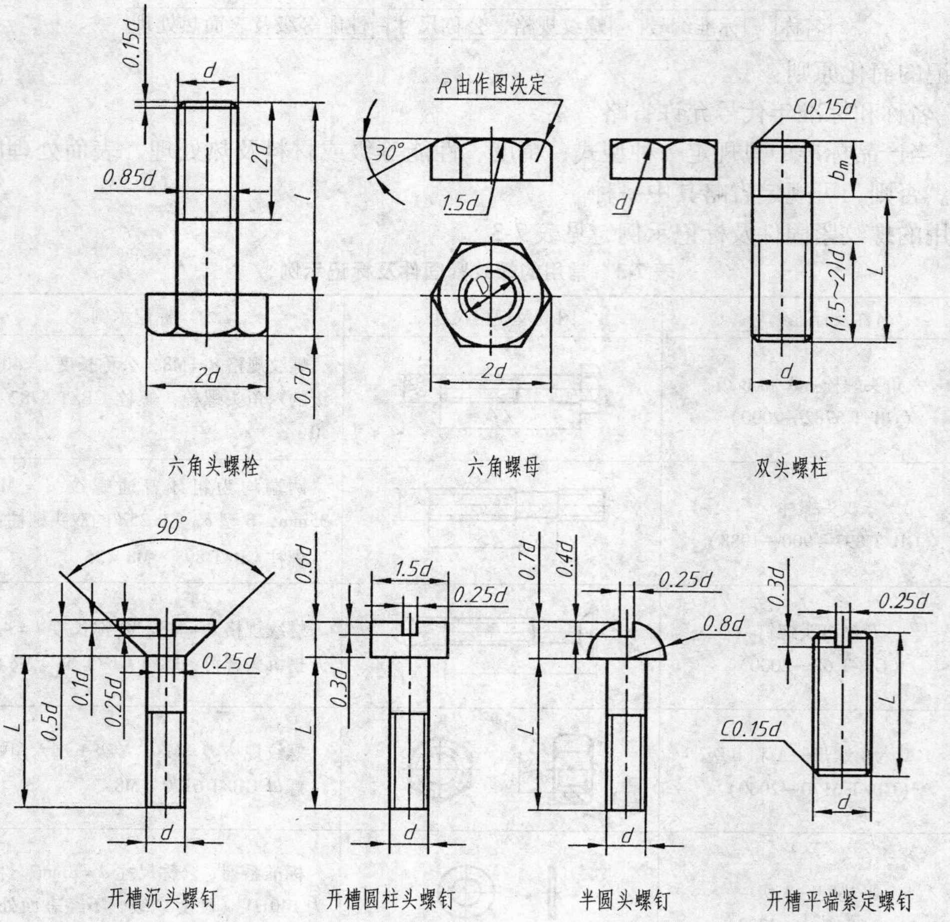

六角头螺栓　　六角螺母　　双头螺柱

开槽沉头螺钉　　开槽圆柱头螺钉　　半圆头螺钉　　开槽平端紧定螺钉

图 7-18　常用螺纹紧固件比例画法

2. 螺栓联接的画法

螺栓联接用于两个不太厚，并允许钻成通孔的零件联接，其画法如图 7-19 所示。

螺栓的长度 l 按以下公式确定：

$$l \geqslant \delta_1 + \delta_2 + s + m + a$$

式中　δ_1、δ_2——被联接零件的厚度（mm）；

s——垫圈厚度（mm）；

m——螺母厚度（mm）；

a——螺栓伸出螺母长度（mm）。

按上述公式计算出的螺栓长度，还应和螺栓的标准长度系列比较，取标准长度值。

3. 螺柱联接的画法

螺柱联接用于被联接两零件之一较厚、不易钻成通孔，且经常拆装的场合，其画法如图 7-20 所示。

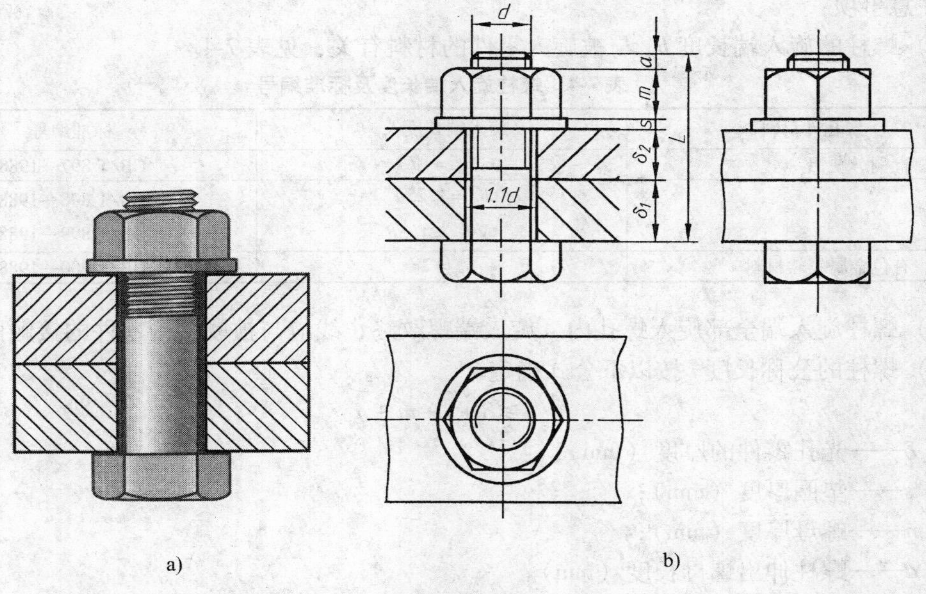

图 7-19　螺栓联接

$s=0.15d\quad a=0.3d$

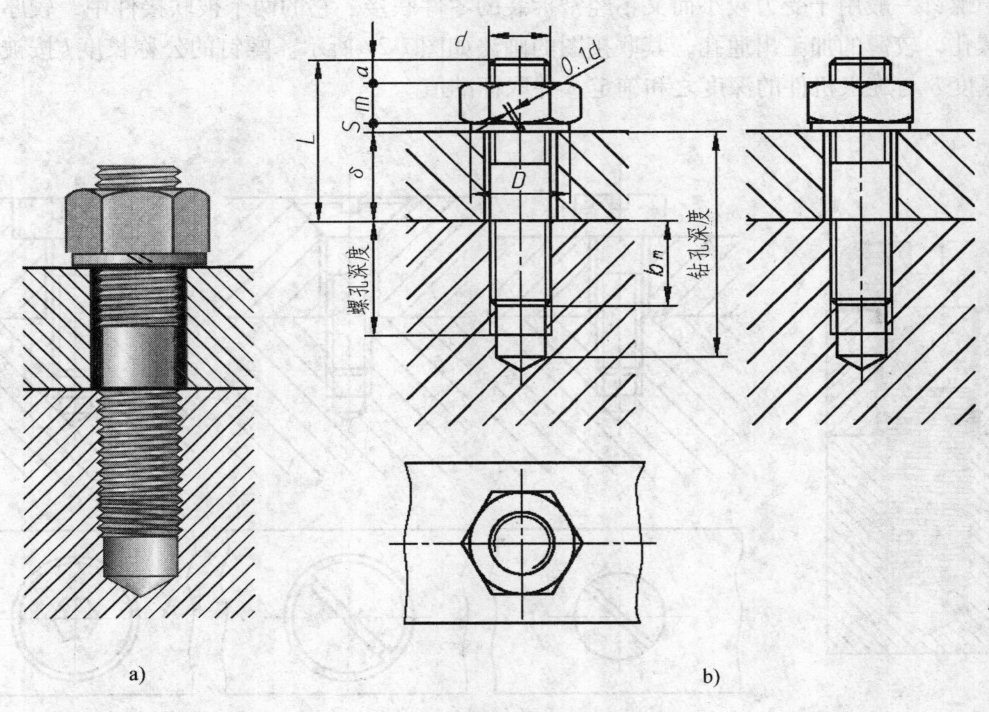

图 7-20　螺柱联接

$s=0.2d\quad D=1.5d\quad m=0.1d\quad a=0.3d$

螺孔深度 $=b_m+0.5d$　钻孔深度 $=b_m+1d$

注意事项：

1）螺柱的旋入端长度 b_m 与被旋入零件的材料有关，见表 7-4。

表 7-4　螺柱旋入端长度及标准编号

螺孔件材料	旋入端长度 b_m	标准编号
钢、青铜、硬铝	$b_m = 1d$	GB/T 897—1988
铸铁	$b_m = 1.25d$	GB/T 898—1988
	或 $b_m = 1.5d$	GB/T 899—1988
铝、有色金属较软材料	$b_m = 2d$	GB/T 900—1988

2）螺柱旋入端全部旋入螺孔内，旋入端螺纹终止线应与被联接两零件的接触面平齐。

3）螺柱的公称长度 l 按以下公式确定

$$l \geqslant \delta + s + m + a$$

式中　δ——光孔零件的厚度（mm）；

s——垫圈厚度（mm）；

m——螺母厚度（mm）；

a——螺柱伸出螺母长度（mm）。

按上述公式计算出的螺柱长度，还应和螺栓的标准长度系列比较，取标准长度值。

4）弹簧垫圈开口槽宽 $m_1 = 0.1d$，与水平线成 60°向左倾斜。

4. 螺钉联接的画法

螺钉一般用于受力较小而又不经常拆装的零件联接。它的两个被联接件中，较厚的加工出螺孔，较薄的加工出通孔，其联接图的画法如图 7-21 所示。螺钉的公称长度 l 按被联接件的厚度 δ 与旋入机件的深度之和确定，并取标准值。

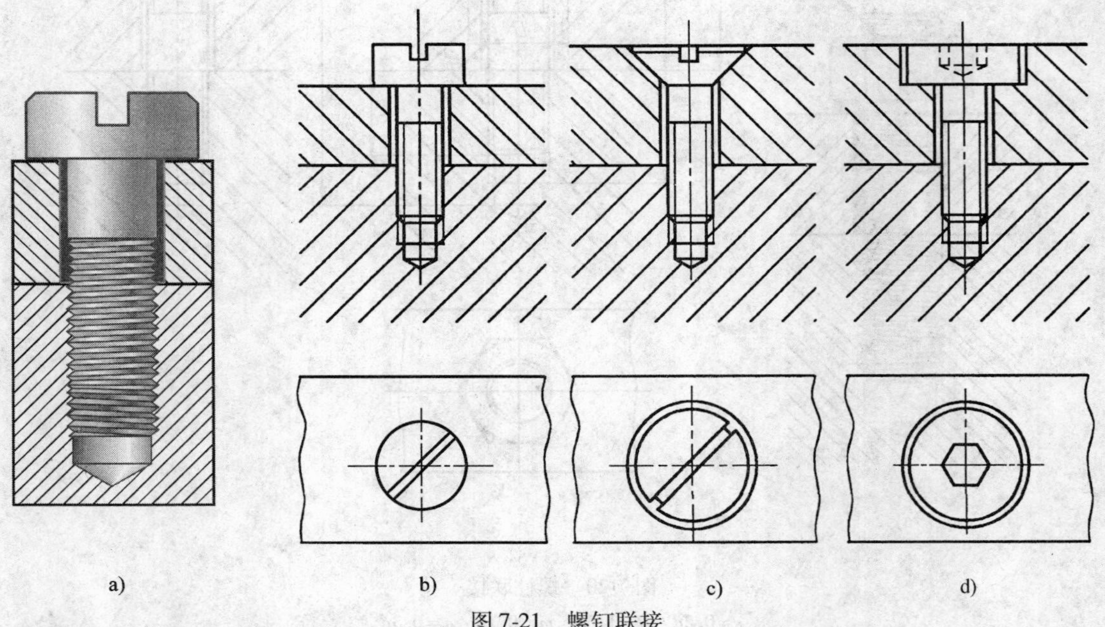

a)　b)　c)　d)

图 7-21　螺钉联接

a）立体图　b）开槽圆柱头螺钉　c）开槽沉头螺钉　d）内六角圆柱头螺钉

注意事项：

1）采用带一字槽的螺钉联接时，在投影为非圆的视图中，其槽口面对观察者，在投影为圆的视图上，一字槽按45°方向画出。

2）当一字槽槽宽不大于2mm时，可涂黑表示。

3）用开槽锥端紧定螺钉联接时，其画法如图7-22所示。

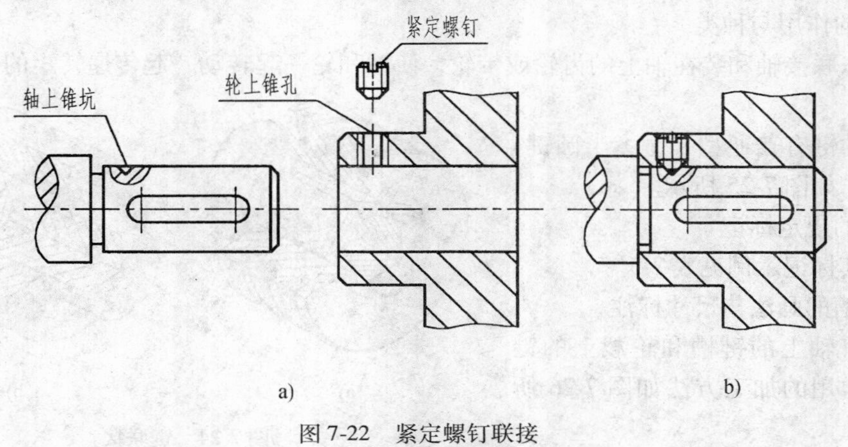

图7-22　紧定螺钉联接

a）联接前　b）联接后

在装配图中，螺纹紧固件的工艺结构，如倒角、退刀槽、缩颈、凸肩等均可省略不画。不穿通的螺纹孔可不画出钻孔深度，仅按有效螺纹部分的深度画出，如图7-23所示。

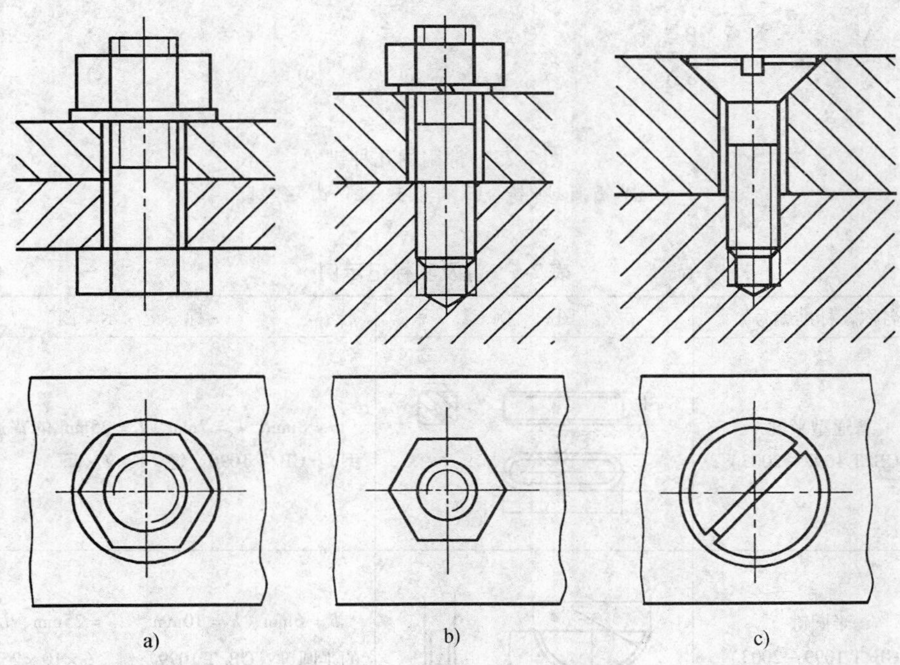

图7-23　螺栓、螺柱、螺钉联接的简化画法

第三节　键联接和销联接

键和销都是标准件，键联接与销联接也是工程中常使用的可拆卸联接。

一、键联接

1. 键的作用与种类

键用来联接轴和装在轴上的齿轮或带轮，使轴和轮一起转动，起传递转矩的作用，如图7-24 所示。

常用的键有普通型平键、半圆键、钩头楔键，如图 7-25 所示。

2. 键的规定标记

键及其标记示例见表 7-5。

3. 键槽的画法与尺寸标注

键槽有轴上的键槽和轮毂上的键槽两种，常用的加工方法如图 7-26 所示。

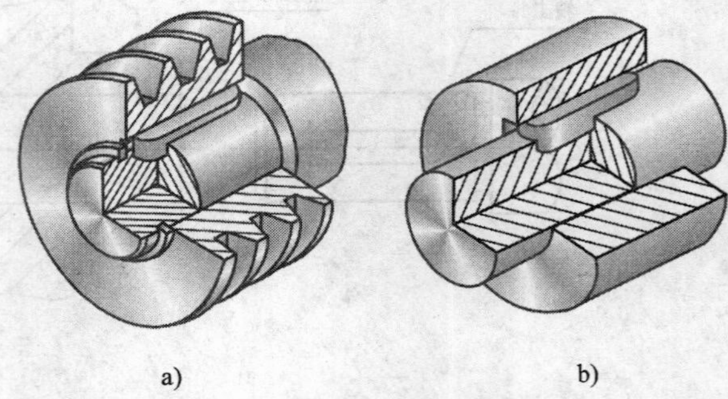

图 7-24　键联接

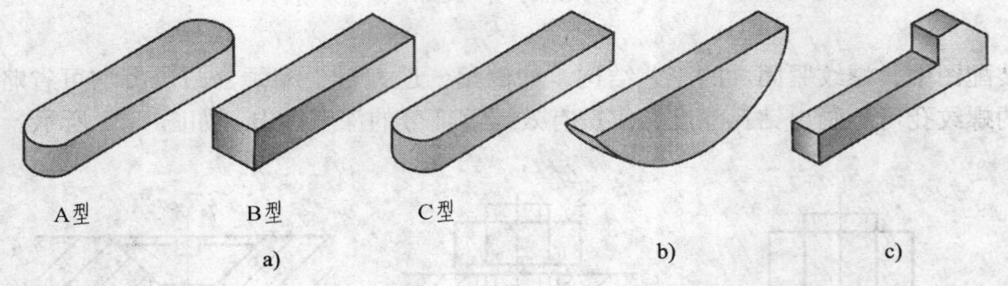

图 7-25　常用的几种键

a）普通型平键　b）半圆键　c）钩头楔键

表 7-5　键及其标记示例

序号	名称（标准编号）	图　例	标 记 示 例
1	普通型平键 (GB/T 1097—2003)		$b=8$mm、$h=7$mm、$L=25$mm 的普通平键（A 型）：GB/T 1096　键　8×7×25
2	半圆键 (GB/T 1099—2003)		$b=6$mm、$h=10$mm、$d_1=25$mm、$L=24.5$mm 的半圆键：GB/T 1099　键　6×10×25

（续）

序号	名称（标准编号）	图　　例	标　记　示　例
3	钩头型楔键 （GB/T 1565—2003）		$b=18\text{mm}$、$h=11\text{mm}$、$L=100\text{mm}$ 的钩头型楔键：GB/T 1565　键　18×11×100

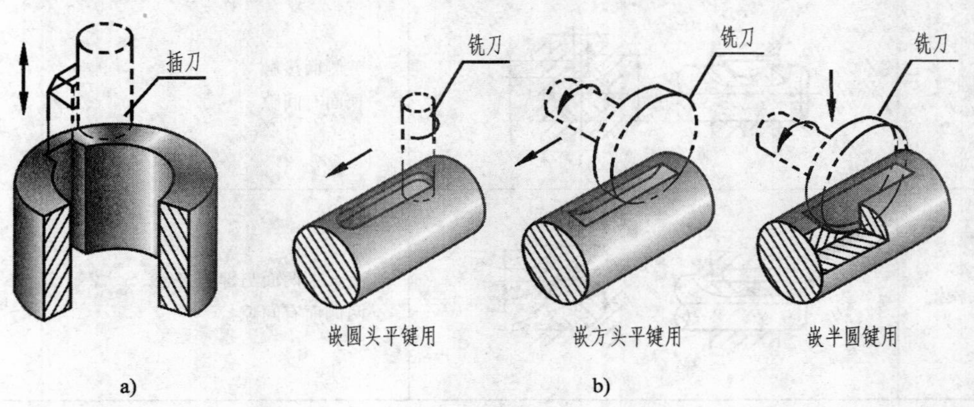

图 7-26　键槽的常用加工方法

a）轮毂上的键槽　b）轴上的键槽

键和键槽的尺寸可根据轴（或轮毂孔）的直径从相应的标准查得，键的长度 L 应小于或等于轮毂的长度并取标准值，键槽的画法与尺寸标注如图 7-27 所示。

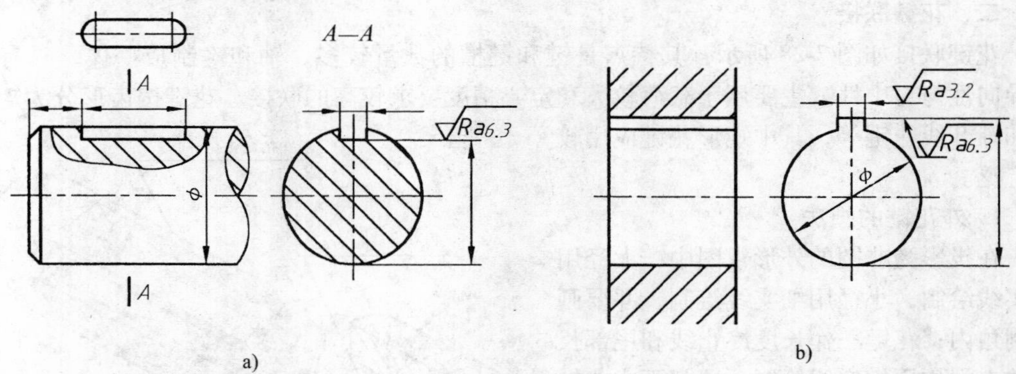

图 7-27　键槽的画法与尺寸标注

a）轴上键槽画法　b）轮毂上键槽画法

4. 键联接的画法（表 7-6）

（1）普通型平键联接的画法　键的两侧面为工作面，上、下两面为非工作面。联接时键的两侧面与键槽两侧面接触，上面与键槽的顶面之间有间隙。

表 7-6 键联接的画法

名 称	联接的画法	说 明
普通型平键	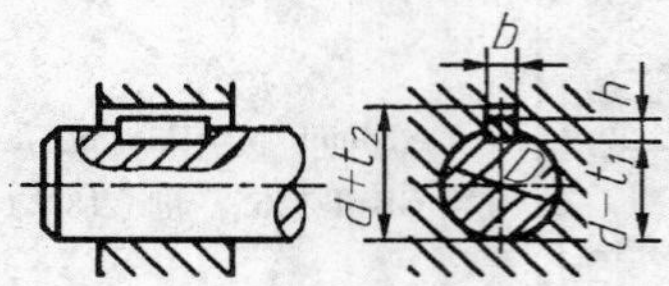	两侧面接触 顶面之间有间隙，键的倒角或圆角可省略不画
半圆键	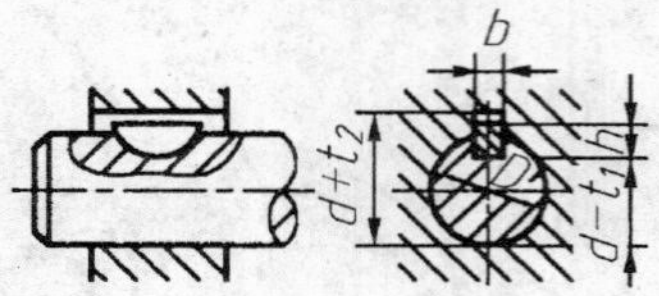	键侧面接触 顶面有间隙
钩头楔键	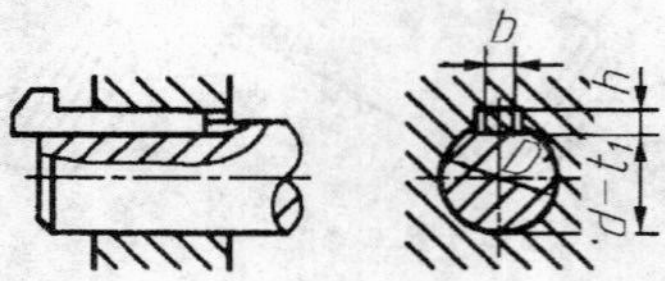	上、下两面与键槽接触 两侧面有间隙

（2）半圆键联接的画法　半圆键的联接与普通平键相似。半圆键具有自动调位的优点，常用于轻载和锥形轴的联接。

（3）钩头楔键联接的画法　钩头楔键的上底面有 1∶100 的斜度，联接时沿轴向将键打入槽内，直至打紧为止。故其上下两面为工作面，两侧面为非工作面。画图时，上、下两面与键槽接触，两侧面有间隙。

二、花键联接

花键联接如图 7-28 所示，其特点是键和键槽的数量较多，轴和键制成一体，具有良好的导向性与对中性。主要用于载荷较大和定心精度要求较高的联接。花键按齿形分为矩形花键和渐开线花键等，其中矩形花键应用较为广泛。

1. 外花键的画法

在投影为非圆的外形视图中，大径用粗实线绘制，小径用细实线绘制，并要画入倒角内；花键工作长度终止线和尾部长度的末端均用细实线绘制，尾部画成与轴线成 30°的斜线；在剖视图中，小径也画成粗实线。在垂直于轴线的视图或断面图中，可画出部分或全部齿形，也可只画出表示大径的粗实线圆和表示小径的细实线圆，倒角圆省略不画，如图 7-29 所示。

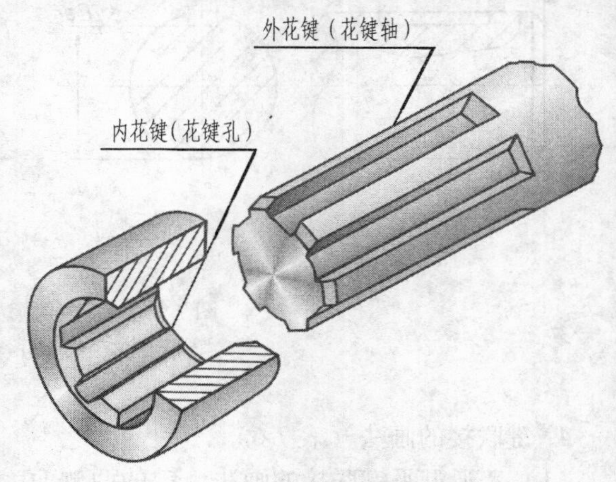

图 7-28　花键联接

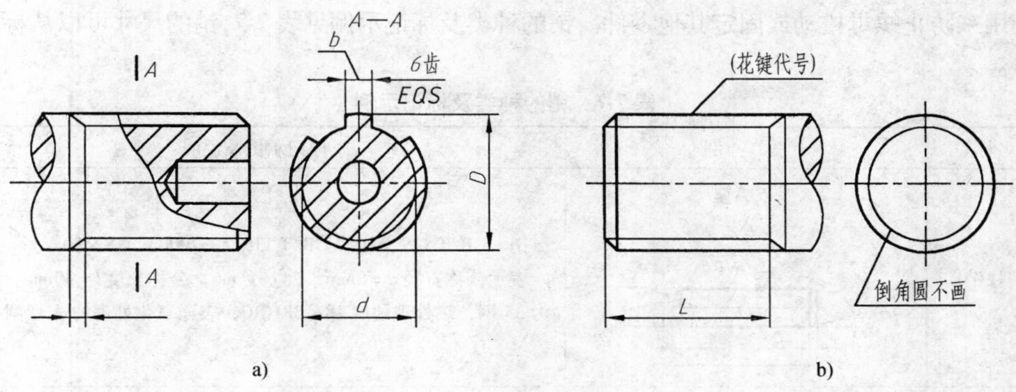

图 7-29　外花键的画法

2. 内花键的画法

在投影为非圆的剖视图中，大径、小径均用粗实线绘制。在投影为圆的视图中，可画出部分或全部齿形，如图 7-30 所示。

3. 内、外花键的联接画法

花键联接用剖视图和断面图表示，其联接部分按外花键的规定画法绘制，如图 7-31 所示。

4. 花键的尺寸标注

花键的尺寸可直接在图上注出大径 D、小径 d、键宽 b、齿数 N 和工作长度 L，如图 7-29a、图 7-30 所示。

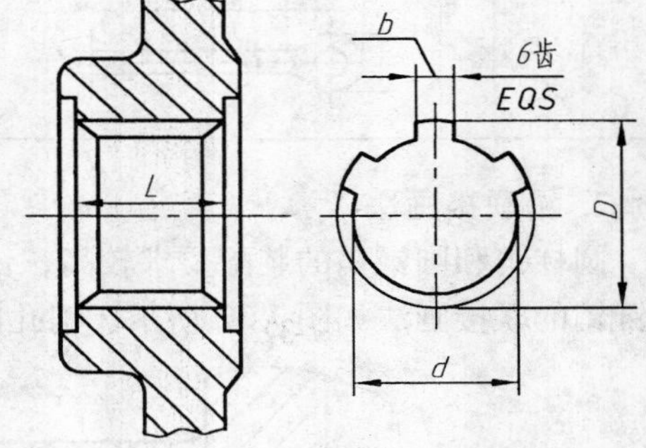

图 7-30　内花键的画法

花键也可以采用代号标注，如图 7-29b、图 7-31 所示。

矩形花键的代号形式为 $N \times d \times D \times b$，如 $6 \times 23 \times 26 \times 6$，表示 6 个齿，小径为 23mm、大径为 26mm，键宽为 6mm 的矩形花键。

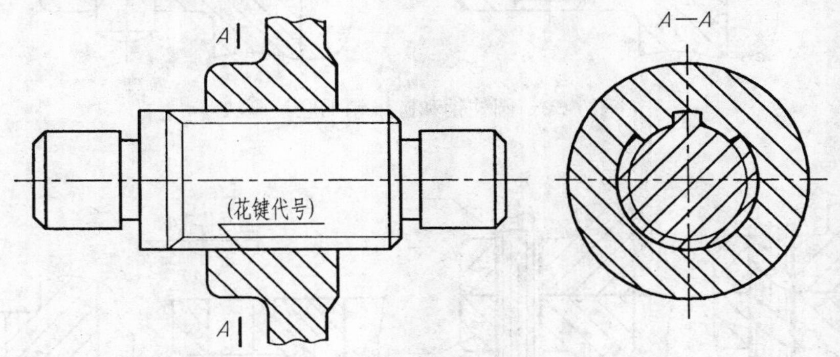

图 7-31　花键联接的画法与代号标注

三、销联接

1. 销及其标记

常用的销有圆柱销、圆锥销和开口销三种。圆柱销和圆锥销用于零件之间的联接或定位；开口销用来防止螺母松动或固定其他零件。销的种类及标记示例见表7-7，销的尺寸可以从标准中查得。

表 7-7　销的种类及标记示例

名称	图　例	标记示例及说明
圆柱销	A型 d公差:m6 Ra 0.8　R≈d　15°　c　a　l　d	销　GB/T 119.2（按 GB/T 119.2—2000）　8×30 表示公称直径 $d=8$mm，公差为m6，公称长度 $l=30$mm，材料为35钢，热处理硬度28～38HRC，表面氧化处理的A型圆柱销
圆锥销	1:50　R1　Ra 0.8　R2　d　a　a　l	销　GB/T 117　10×60 表示公称直径 $d=10$mm，长度 $l=60$mm，材料为35钢，热处理硬度28～38HRC，表面氧化处理的A型圆锥销。圆锥销按表面加工要求不同，分为A、B两种型式
开口销	b　l　a　c　d	销　GB/T 91　5×40 表示公称直径 $d=5$mm，长度 $l=40$mm，公称直径指与之相配的销孔直径，故开口销公称直径都大于其实际直径

2. 销联接画法

圆柱销和圆锥销的装配要求较高，销孔一般要在被联接零件装配后统一加工。圆柱销和圆锥销的联接画法如图7-32所示。销孔的加工过程及尺寸标注如图7-33所示。

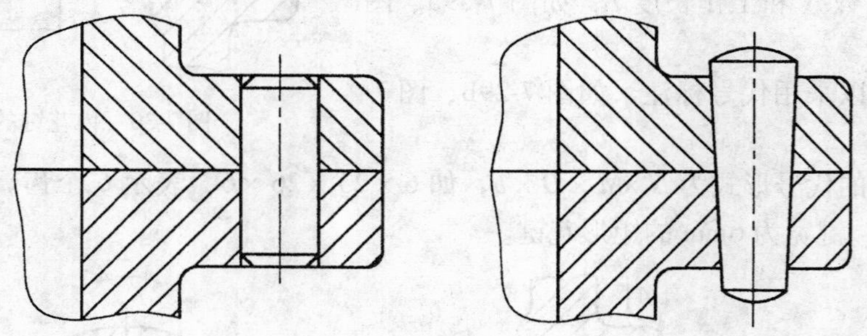

图 7-32　圆柱销和圆锥销的联接画法

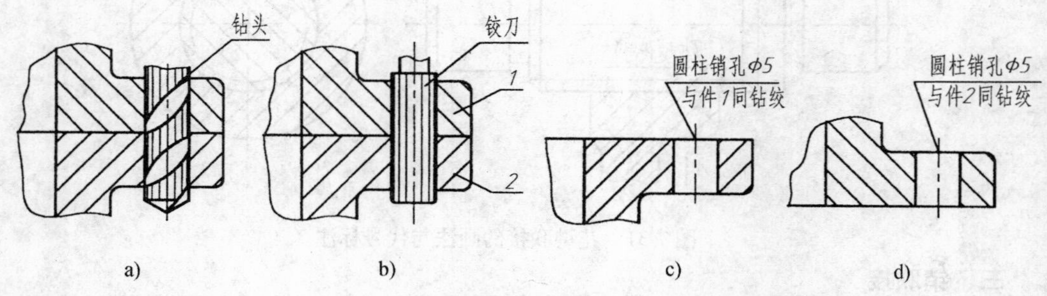

图 7-33　销孔的加工过程及尺寸标注
a）钻孔　b）铰孔　c）件2的尺寸标注　d）件1的尺寸标注

图 7-34 所示为带销孔螺杆和槽形螺母用开口销锁紧防松的联接图。

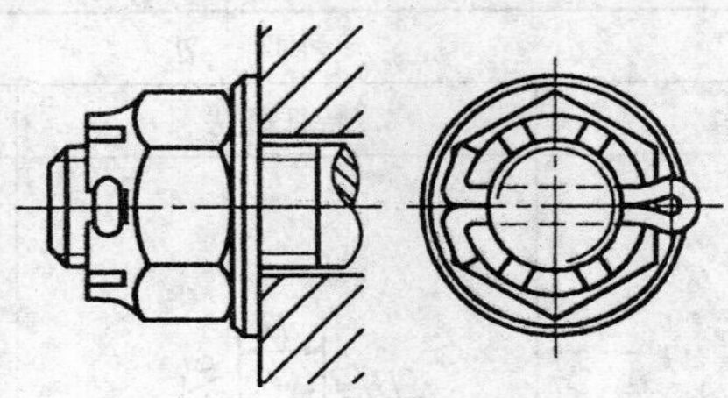

图 7-34　开口销锁紧防松图画法

第四节　滚动轴承

滚动轴承是支承轴的部件，由于它具有摩擦阻力小，结构紧凑等优点而被广泛应用。

一、滚动轴承的结构和分类

1. 滚动轴承的结构

滚动轴承一般由内圈（上圈）、外圈（下圈）、滚动体和保持架组成，如图 7-35 所示。

2. 滚动轴承的分类

按承受载荷的方向，滚动轴承分为三类：

（1）向心轴承　主要承受径向载荷，如深沟球轴承（图 7-35b）。

（2）推力轴承　只承受轴向载荷，如推力球轴承（图 7-35a）。

（3）向心推力轴承　同时承受径向和轴向载荷，如圆锥滚子轴承（图 7-35c）。

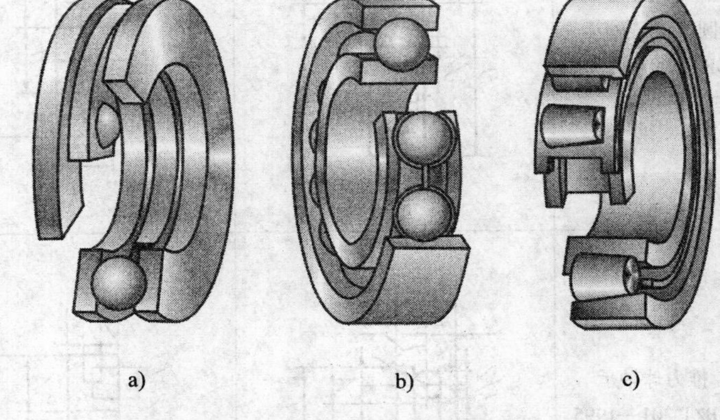

图 7-35　常用的滚动轴承

a）推力球轴承　b）深沟球轴承　c）圆锥滚子轴承

二、滚动轴承的画法

滚动轴承是标准件，需要时可根据轴承的代号选购。在装配图中由轴承代号查出外径 D、内径 d 和宽度 B，采用规定画法或特征画法，在传动系统中用图示符号表示，见表 7-8。

三、滚动轴承的代号（GB/T 272—1993）

滚动轴承代号是用字母加数字表示滚动轴承的结构、尺寸、公差等级、技术性能等特征的产品识别符号。

滚动轴承代号由基本代号、前置代号和后置代号构成，其排列形式如下：

前置代号　基本代号　后置代号

1. 基本代号

基本代号表示滚动轴承的基本类型、结构和尺寸，是滚动轴承代号的基础。基本代号由轴承类型代号、尺寸系列代号和内径代号构成。

表 7-8　轴承的规定画法和特征画法（摘自 GB/T 4459.7—1998）

名称和标准编号	画法			
	规定画法	特征画法	图示符号	装配画法
深沟球轴承 GB/T 276—1994	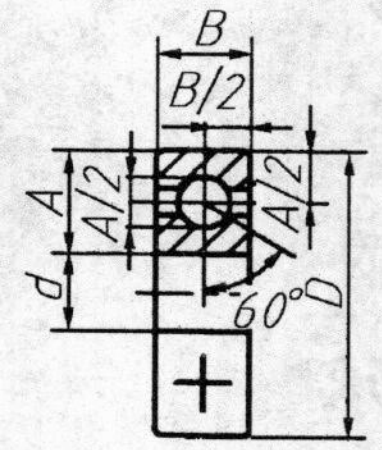 B, B/2, A, A/2, A/2, d, 60°, D	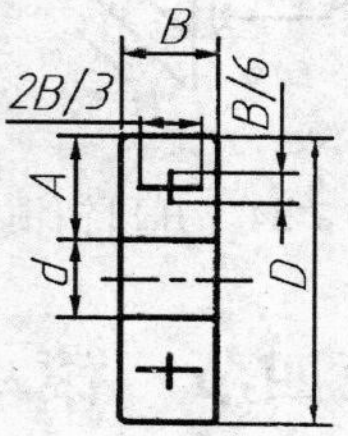 B, 2B/3, B/6, A, d, D	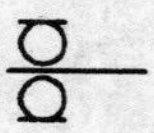	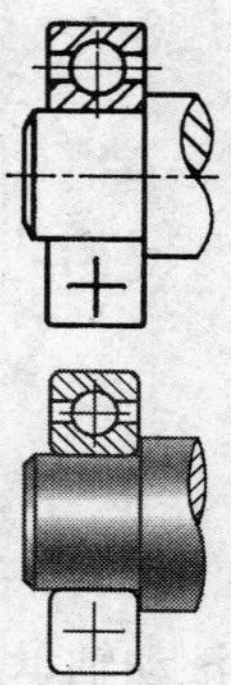
圆锥滚子轴承 GB/T 297—1994	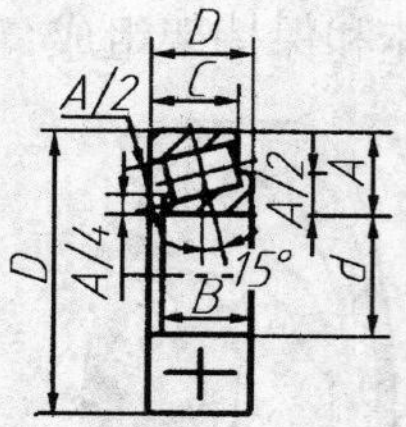 D, C, A/2, A/2, A, D, A/4, 15°, d, B	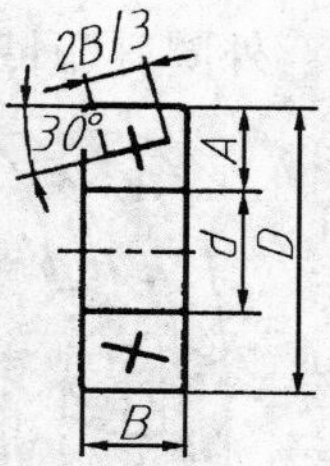 2B/3, 30°, A, d, D, B		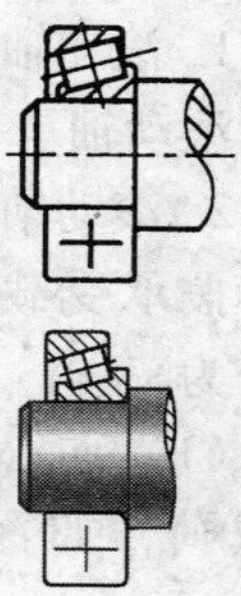
推力球轴承 GB/T 301—1995	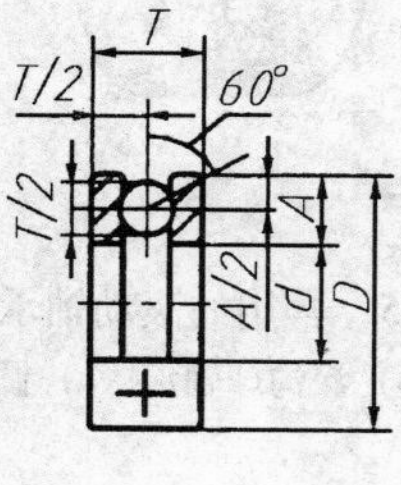 T, T/2, 60°, T/2, A, A/2, d, D	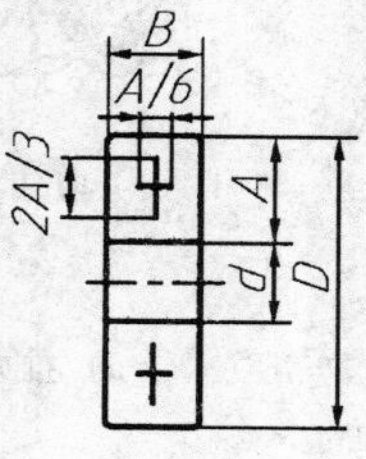 B, A/6, 2A/3, A, d, D	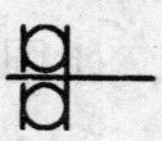	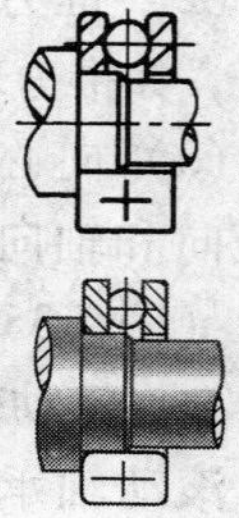

类型代号用阿拉伯数字或大写拉丁字母表示，见表 7-9。

表 7-9　滚动轴承类型代号

代　号	轴　承　类　型	代　号	轴　承　类　型
0	双列角接触球轴承	6	深沟球轴承
1	调心球轴承	7	角接触球轴承
2	调心滚子轴承和推力调心轴承	8	推力圆柱滚子轴承
3	圆锥滚子轴承	N	圆柱滚子轴承（双列或多列用字母 NN）
4	双列深沟球轴承	U	外球面轴承
5	推力球轴承	QJ	四点接触球轴承

注：在表中代号后或前加字母或数字表示该类轴承中的不同结构。

尺寸系列代号由轴承的宽（高）度系列和直径系列代号组合而成，见表 7-10。内径代号一般为两个数字，代号 00、01、02、03 分别表示内径 d = 10mm、12mm、15mm、17mm；代号为 04 ~ 99 时，代号乘 5 就是内径 d 的尺寸。

表 7-10　向心轴承、推力轴承尺寸系列代号

直径系列代号	向心轴承								推力轴承			
	宽度系列代号								高度系列代号			
	8	0	1	2	3	4	5	6	7	9	1	2
	尺寸系列代号											
7	—	—	17	—	37	—	—	—	—	—	—	—
8	—	08	18	28	38	48	58	68	—	—	—	—
9	—	09	19	29	39	49	59	69	—	—	—	—
0	—	00	10	20	30	40	50	60	70	90	10	—
1	—	01	11	21	31	41	51	61	71	91	11	—
2	82	02	12	22	32	42	52	62	72	92	12	22
3	83	03	13	23	33	—	—	—	73	93	13	23
4	—	04	—	24	—	—	—	—	74	94	14	24
5	—	—	—	—	—	—	—	—	—	95	—	—

常用的轴承类型、尺寸系列代号及基本代号见表 7-11。

表 7-11　常用的轴承类型代号、尺寸系列代号及基本代号

轴承类型	类型代号	尺寸系列代号	基本代号	标准编号
深沟球轴承	6	17	61700	GB/T 276—1994
	6	37	63700	
	6	18	61800	
	6	19	61900	
	16	(0) 0	16000	
	6	(1) 0	6000	
	6	(0) 2	6200	
	6	(0) 3	6300	
	6	(0) 4	6400	
圆锥滚子轴承	3	02	30200	GB/T 297—1994
	3	03	30300	
	3	13	31300	
	3	20	32000	
	3	22	32200	
	3	23	32300	
	3	29	32900	
	3	30	33000	
	3	31	33100	
	3	32	33100	
推力球轴承	5	11	51100	GB/T 301—1995
	5	12	51200	
	5	13	51300	
	5	14	51400	

2. 前置代号和后置代号

前置、后置代号是轴承在结构形状、尺寸、公差、技术要求等有改变时，在其基本代号左、右添加的补充代号。

前置代号用字母表示，例如：

GS 8 11 07

其中：GS——前置代号，推力圆柱滚子轴承座圈。

8——轴承类型代号，推力圆柱滚子轴承。

11——尺寸系列代号，宽度系列代号为1，直径系列代号为1。

后置代号用字母（或加数字）表示，例如：

6 2 10 NR

其中：6——轴承类型代号，深沟球轴承。

2——尺寸系列代号（02），宽度系列代号0省略，直径系列代号为2。

10——内径代号，$d=50$mm。

NR——后置代号，轴承外圈上有止动槽，并带止动环。

第五节 齿 轮

一、齿轮的作用及传动形式

齿轮的主要作用是传递动力、改变运动速度和方向。齿轮常用的传动形式有：

圆柱齿轮传动——用于两平行轴之间的传动，如图7-36a所示。

锥齿轮传动——用于两相交轴之间的传动，如图7-36b所示。

蜗杆传动——用于两交错轴之间的传动，如图7-36c所示。

a) b) c)

图7-36 齿轮传动和种类

a）圆柱齿轮传动 b）锥齿轮传动 c）蜗杆传动

齿轮传动的另一种形式为齿轮齿条传动，用于转动和平动之间的运动转换，如图 7-37 所示。

图 7-37　齿轮齿条传动

根据齿轮齿廓形状，又可分为渐开线齿轮、摆线齿轮和圆弧齿轮。其中渐开线齿轮应用最广，本节介绍的各种齿轮均为渐开线齿轮。

二、圆柱齿轮传动

圆柱齿轮按其齿形方向可分为：直齿、斜齿和人字齿，如图 7-38 所示。这里主要介绍直齿圆柱齿轮。

1. 直齿圆柱齿轮各部分名称及代号（图 7-39）

（1）齿顶圆　通过齿轮各齿顶端的圆，称为齿顶圆，其直径用 d_a 表示。

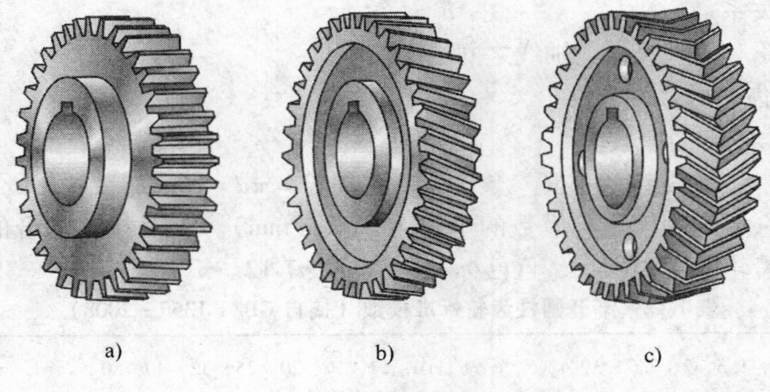

图 7-38　圆柱齿轮

a）直齿轮　b）斜齿轮　c）人字齿轮

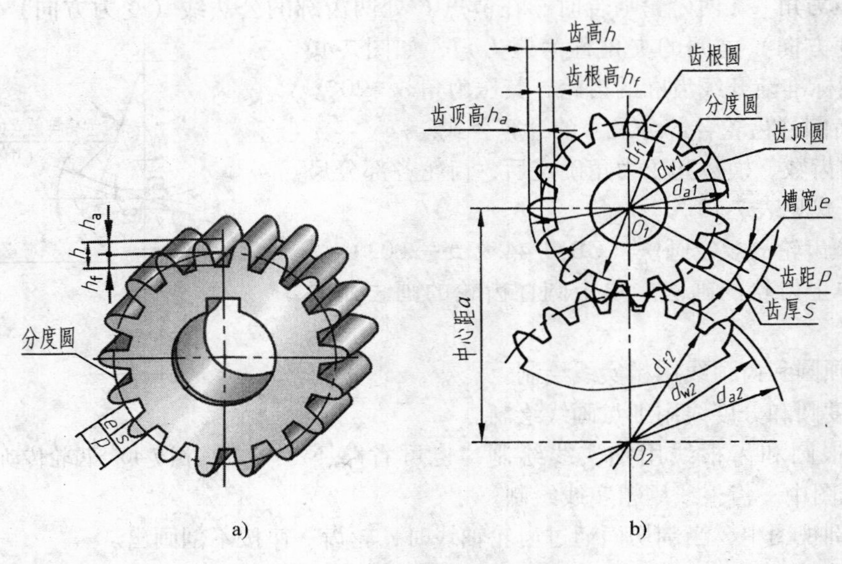

图 7-39　齿轮各部分名称及代号

（2）齿根圆　通过齿轮各齿槽底部的圆，称为齿根圆，其直径用 d_f 表示。

（3）分度圆　齿轮上一个约定的假想圆，在该圆上，槽宽 e（相邻两齿廓之间的弧长）与齿厚 s（一个齿两侧之间的弧长）相等，即 $e=s$，此圆称为分度圆，其直径用 d 表示，分度圆是齿轮设计和加工时计算尺寸的基准圆。

（4）节圆　两齿轮啮合时，位于连心线 O_1、O_2 上两齿廓接触点，称为节点。分别以 O_1、O_2 为圆心，过节点所作的两个相切的圆称为节圆。其直径用 d_w 表示。正确安装的标准齿轮，分度圆和节圆相等，即 $d=d_w$。

（5）齿距 p　分度圆上相邻两齿廓对应点之间的弧长称为齿距。$p=s+e=2s=2e$。

（6）齿高 h　轮齿在齿顶圆和齿根圆之间的径向距离称为齿高。

1）齿顶高 h_a。齿顶圆和分度圆之间的径向距离。

2）齿根高 h_f。分度圆和齿根圆之间的径向距离。

齿高有如下关系

$$h=h_a+h_f$$

（7）中心距 a　两啮合齿轮轴线之间的距离。

2. 直齿圆柱齿轮的基本参数

（1）齿数 z　轮齿的个数。

（2）模数 m　齿轮设计的重要参数。分度圆周长 $=\pi d=pz$，那么 $d=pz/\pi$，令 $p/\pi=m$。则 $d=mz$，式中的 m 即为模数。模数的单位为毫米（mm）。一对相互啮合的齿轮的模数相等。模数是计算齿轮的主要参数，且已标准化，见表 7-12。

表 7-12　渐开圆柱齿轮标准模数（摘自 GB/T 1357—2008）　（单位：mm）

第一系列	1，1.25，1.5，2，2.5，3，4，5，6，8，10，12，16，20，25，32，40，50
第二系列	1.125，1.375，1.75，2.25，2.75，3.5，4.5，5.5，(6.5)，7，9，11，14，18，22，28，36，45

注：选用时应优先选用第一系列，括号内的模数尽可能不用。

（3）压力角 α　两齿轮啮合时，在节点 C 处两齿廓的公法线（受力方向）与两圆的公切线（速度方向）之间的夹角称为压力角，如图 7-40 所示。我国标准渐开线齿廓的齿轮，其压力角 $\alpha=20°$。

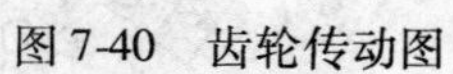

图 7-40　齿轮传动图

3. 直齿圆柱齿轮各部分尺寸的计算公式

齿轮的齿数、模数和压力角确定后，齿轮各部分尺寸的计算公式见表 7-13。

4. 圆柱齿轮的规定画法（GB/T 4459.2—2003）

（1）单个齿轮的画法　单个圆柱齿轮的画法如图 7-41 所示。

1）齿顶圆和齿顶线用粗实线绘制。

2）分度圆和分度线用细点画线绘制。

3）齿根圆和齿根线用细实线绘制，也可省略不画；在剖视图中，齿根线用粗实线绘制。

4）在剖视图中，当剖切面通过齿轮轴线时，轮齿一律按不剖画出。

若为斜齿轮或人字形齿轮，则在其投影为非圆的视图上，用三条互相平行的细实线表示轮齿方向。

表 7-13 标准直齿圆柱齿轮基本尺寸计算公式

基本参数：模数 m 齿数 z							
序号	名 称	符号	计算公式	序号	名 称	符号	计算公式
1	齿距	p	$p=\pi m$	5	分度圆直径	d	$d=mz$
2	齿顶高	h_a	$h_a=m$	6	齿顶圆直径	d_a	$d_a=m(z+2)$
3	齿根高	h_f	$h_f=1.25m$	7	齿根圆直径	d_f	$d_f=m(z-2.5)$
4	齿高	h	$h=2.25m$	8	中心距	a	$a=\frac{1}{2}m(z_1+z_2)$

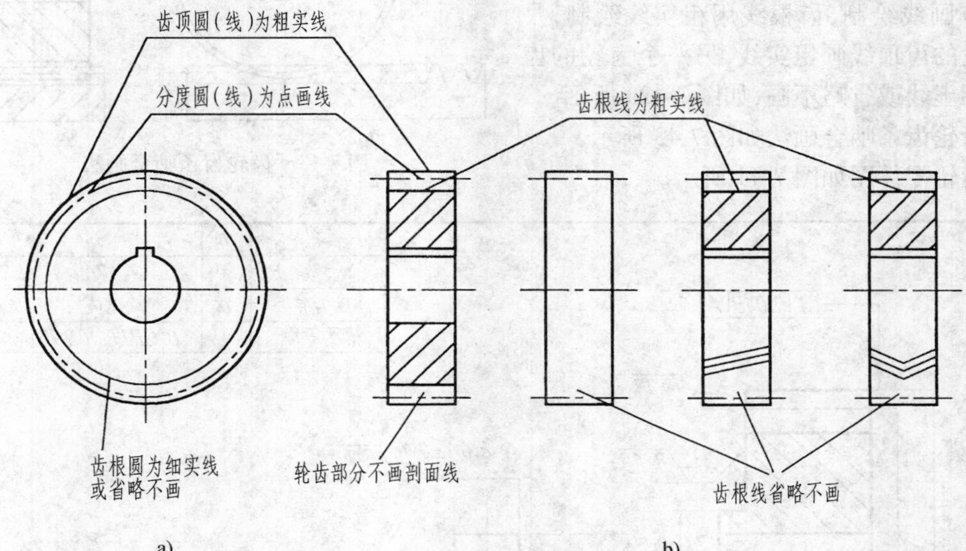

图 7-41 单个圆柱齿轮的画法

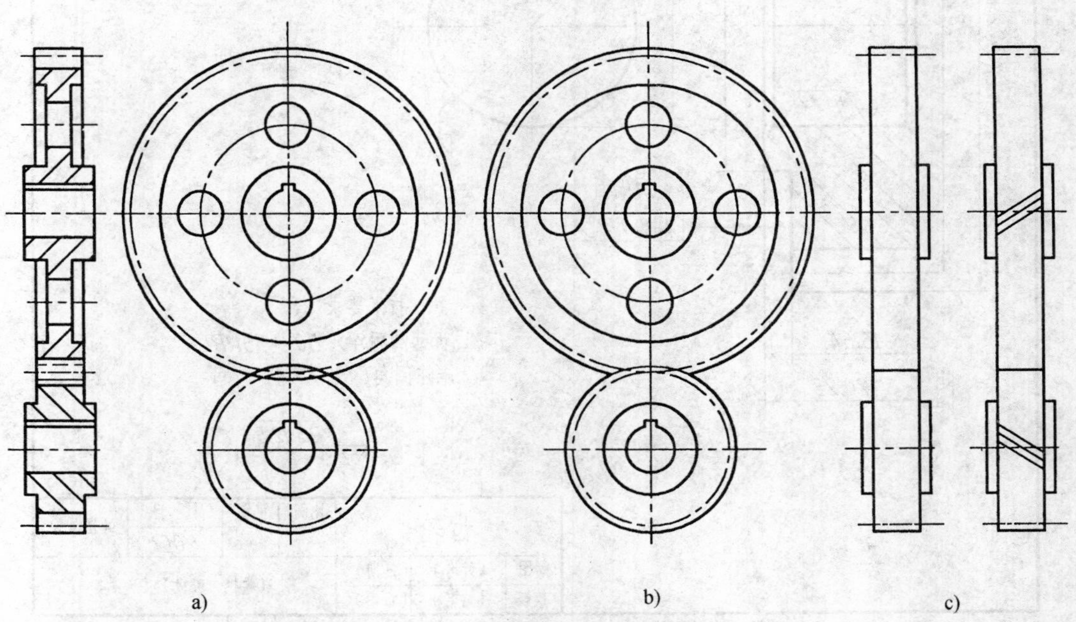

图 7-42 圆柱齿轮啮合的画法

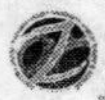

齿轮轮齿部分以外的结构，均按其真实投影绘制。

（2）两齿轮啮合的画法　两齿轮啮合时，除啮合区外，其余部分的结构均按单个齿轮绘制。

1）在为圆的视图中，两节圆相切，两齿顶圆用粗实线完整绘制，如图 7-42a 所示；啮合区内齿顶圆也可省略不画；齿根圆用细实线绘制，也可省略不画，如图 7-42b。

2）在非圆的视图中，不剖时两节线重合用粗实线绘制。在剖视图中，两节线重合用细点画线绘制，齿根线用粗实线绘制，一个齿轮的齿顶线画粗实线，另一个齿轮的齿顶线画虚线或省略不画，如图 7-42a 所示。

齿轮齿条啮合画法如图 7-43 所示。

齿轮零件图如图 7-44 所示。

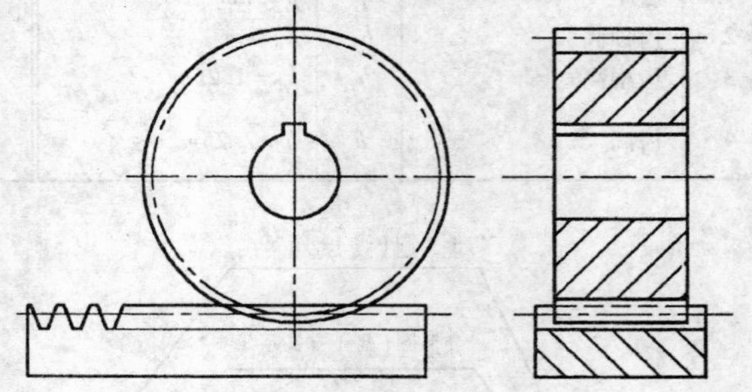

图 7-43　齿轮齿条啮合画法

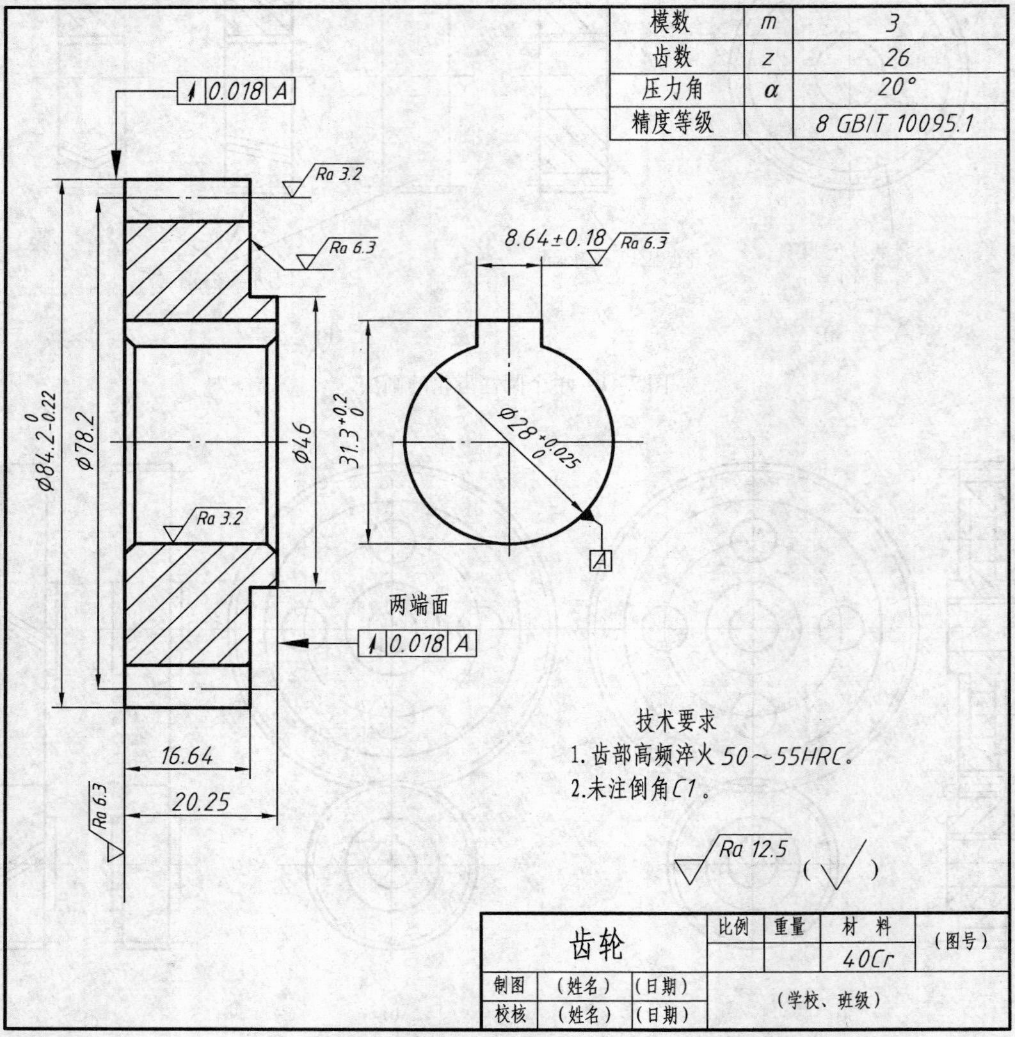

模数 m 3
齿数 z 26
压力角 α 20°
精度等级 8 GB/T 10095.1
0.018 A
Ra 3.2
Ra 6.3
8.64±0.18
Ø84.2-0.22 0
Ø78.2
Ø46
31.3+0.2 0
Ø28+0.025 0
A
两端面
16.64
20.25
技术要求
1.齿部高频淬火50～55HRC。
2.未注倒角C1。
Ra 12.5
齿轮
比例 重量 材料
40Cr
(图号)
制图 (姓名) (日期)
校核 (姓名) (日期)
(学校、班级)

图 7-44　齿轮零件图

三、直齿锥齿轮传动

直齿锥齿轮通常用于垂直相交的两轴之间的传动。其主体结构由顶锥、前锥和背锥组成。轮齿分布在圆锥面上，齿形从大端到小端逐渐收缩。为了便于设计和制造，国家标准规定以大端参数为标准值。

1. 直齿锥齿轮各部分名称和代号（图 7-45）

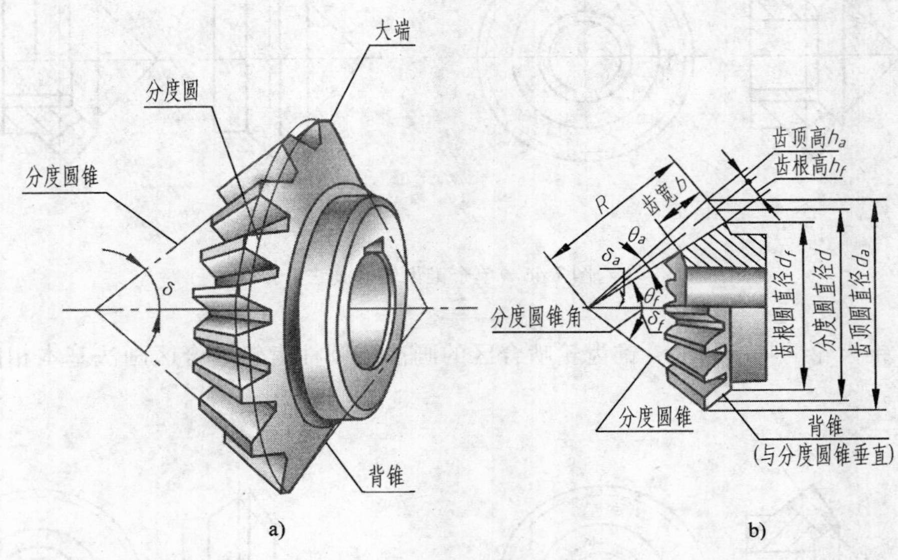

图 7-45　锥齿轮各部分名称

当给定直齿锥齿轮的齿数、模数和分度圆锥角后，可按表 7-14 所列公式计算各部分尺寸。

表 7-14　直齿锥齿轮各部分的尺寸计算公式

基本参数：模数 m　齿数 z　分度圆锥角 δ							
序号	名称	符号	计 算 公 式	序号	名称	符号	计 算 公 式
1	齿顶高	h_a	$h_a=m$	8	齿顶角	θ_a	$\tan\theta_a=\frac{2\sin\delta}{z}$
2	齿根高	h_f	$h_f=1.2m$	9	齿根角	θ_f	$\tan\theta_f=\frac{2.4\sin\delta}{z}$
3	齿高	h	$h=2.2m$	10	分度圆锥角	δ	当 $\delta_1+\delta_2=90°$ 时，$\tan\delta_1=\frac{z_1}{z_2}$ $\delta_2=90°-\delta_1$
4	分度圆直径	d	$d=mz$	11	顶锥角	δ_a	$\delta_a=\delta+\theta_a$
5	齿顶圆直径	d_a	$d_a=m(z+2\cos\delta)$	12	根锥角	δ_f	$\delta_f=\delta-\theta_f$
6	齿根圆直径	d_f	$d_f=m(z-2.4\cos\delta)$	13	背锥角	δ_v	$\delta_v=90°-\delta$
7	锥距	R	$R=\frac{mz}{2\sin\delta}$	14	齿宽	b	$b\leqslant\frac{R}{3}$

2. 直齿锥齿轮的画法

直齿锥齿轮画法与圆柱齿轮画法基本相同。

（1）单个锥齿轮画法　单个锥齿轮的画法如图 7-46 所示。

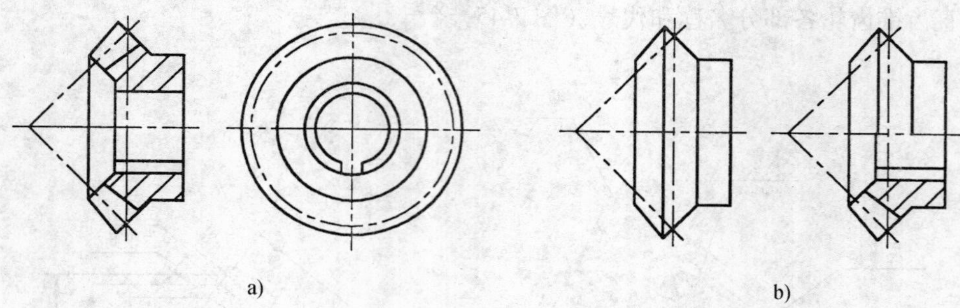

图 7-46　单个锥齿轮的画法

（2）锥齿轮的啮合画法　锥齿轮啮合区的画法与圆柱齿轮啮合区画法基本相同，如图 7-47 所示。

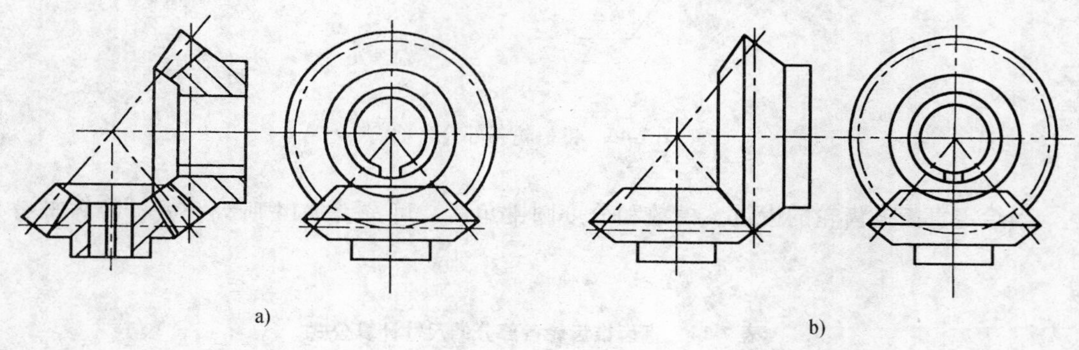

图 7-47　锥齿轮啮合画法

直齿锥齿轮零件图，参见图 7-48。

四、蜗轮、蜗杆

蜗杆蜗轮常用于垂直交叉两轴之间的传动。一般情况下，蜗杆是主动件，蜗轮是从动件。蜗杆传动具有结构紧凑、传动比大的优点，但效率低。蜗杆齿廓的轴向剖面呈等腰梯形，与梯形螺纹相似，其齿数又称头数，相当于螺纹的线数，常用单头或双头蜗杆。若蜗杆为单头，则蜗杆转一圈蜗轮只转过一个齿，如图 7-36c 所示。

蜗杆的画法，如图 7-49 所示。

蜗轮的画法，如图 7-50 所示。

蜗轮蜗杆啮合画法，如图 7-51 所示。在蜗轮为圆的视图中，蜗杆的节线与蜗轮的节圆应画成相切。

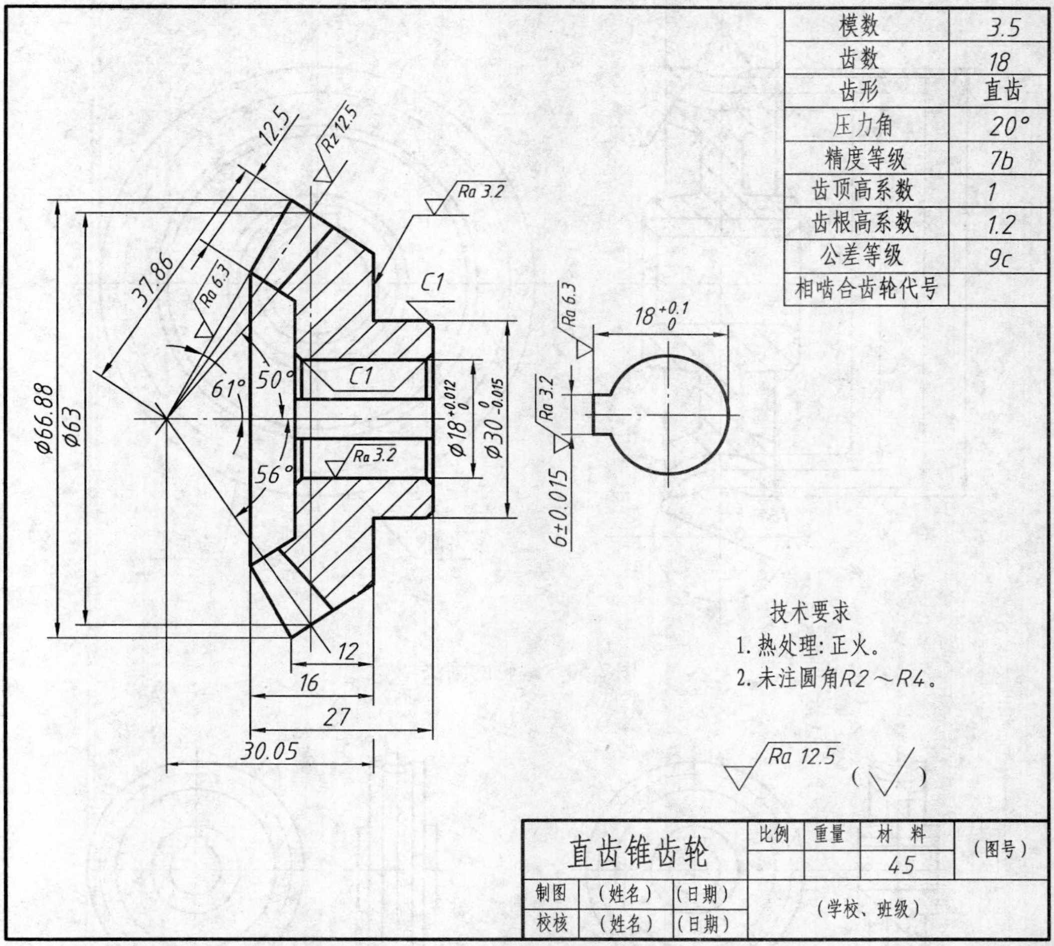

模数	3.5
齿数	18
齿形	直齿
压力角	20°
精度等级	7b
齿顶高系数	1
齿根高系数	1.2
公差等级	9c
相啮合齿轮代号	

技术要求

1. 热处理：正火。
2. 未注圆角R2～R4。

Ra 12.5 （√）

直齿锥齿轮		比例	重量	材料	（图号）
				45	
制图	（姓名）	（日期）	（学校、班级）		
校核	（姓名）	（日期）			

图 7-48　直齿锥齿轮的零件图

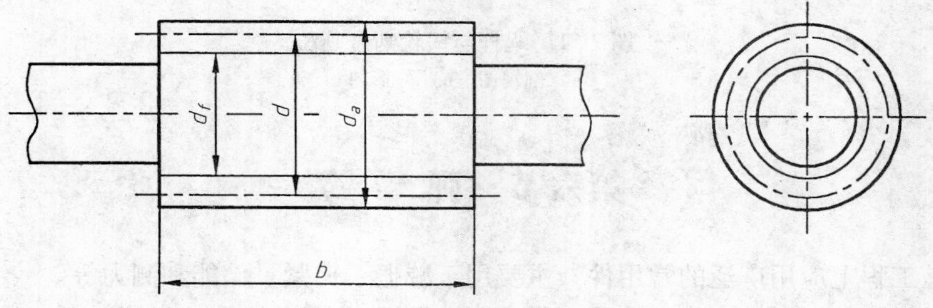

图 7-49　蜗杆的画法

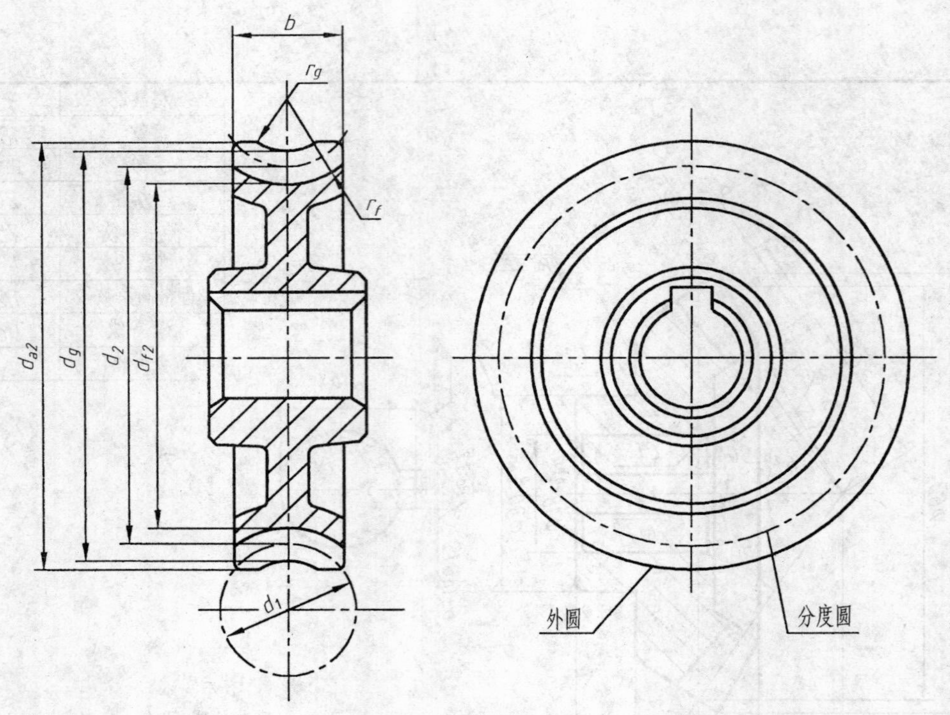

图 7-50　蜗轮的画法

图 7-51　蜗杆与蜗轮啮合画法
a）剖视图　b）外形图

第六节　弹　　簧

弹簧是工程上应用广泛的常用件，主要用于减振、夹紧、储能和测力等。

弹簧的种类很多，常用的有螺旋弹簧、板弹簧和涡卷弹簧等，如图 7-52 所示。其中圆柱螺旋弹簧更为常用。按所受载荷不同，这种弹簧又分为压缩弹簧（图 7-52a）、拉伸弹簧（图 7-52b）和扭转弹簧（图 7-52c）三种。

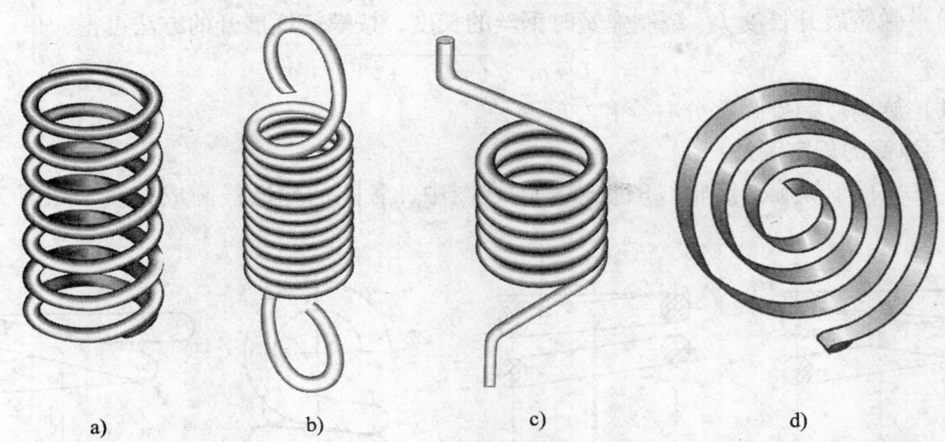

图 7-52　常用弹簧种类

a）圆柱螺旋压缩弹簧　b）圆柱螺旋拉伸弹簧　c）圆柱螺旋扭转弹簧　d）平面涡卷弹簧

本节主要介绍圆柱螺旋压缩弹簧的有关名称、规定画法及尺寸计算。

一、圆柱螺旋压缩弹簧的各部分名称及尺寸计算（图 7-53）

（1）材料直径 d　制造弹簧的钢丝直径（mm）。

（2）弹簧外径 D_2　弹簧的最大直径（mm）。

（3）弹簧内径 D_1　弹簧的最小直径（mm）。

（4）弹簧中径 D　弹簧的平均直径（mm）。

$$D=\frac{D_1+D_2}{2}=D_1+d=D_2-d$$

（5）节距 t　相邻两有效圈在中径上对应点间的轴向距离。

（6）有效圈数 n　弹簧上能保持相同节距的圈数。

（7）支承圈数 n_2　为使弹簧端面受力均匀，放置平稳，制造时将弹簧两端并紧、磨平。这部分圈数仅起支承作用，常用的为 1.5～2.5 圈，2.5 圈为最多。

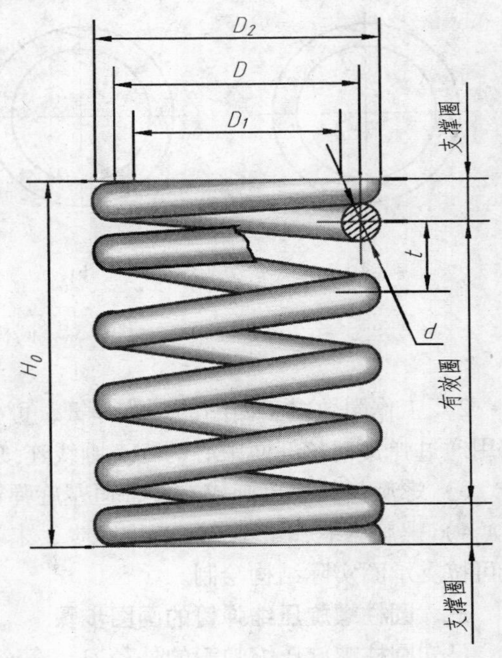

图 7-53　圆柱螺旋压缩弹簧

（8）总圈数 n_1　弹簧的有效圈数和支承圈数之和为总圈数，即

$$n_1=n+n_2$$

（9）弹簧的自由高度 H_0　弹簧在未受外力作用下的高度（或长度）由下式计算

$$H_0 = nt + (n_2 - 0.5)d$$

(10) 弹簧展开长度 L　绕制弹簧时钢丝的长度，按螺旋线展开的方法可得

$$L \approx n_1 \sqrt{(\pi D)^2 + t^2}$$

(11) 旋向　螺旋弹簧分右旋和左旋两种。

二、弹簧的规定画法

1）在平行于螺旋弹簧轴线的投影面的视图中，各圈的轮廓线画成直线，如图 7-54 所示。

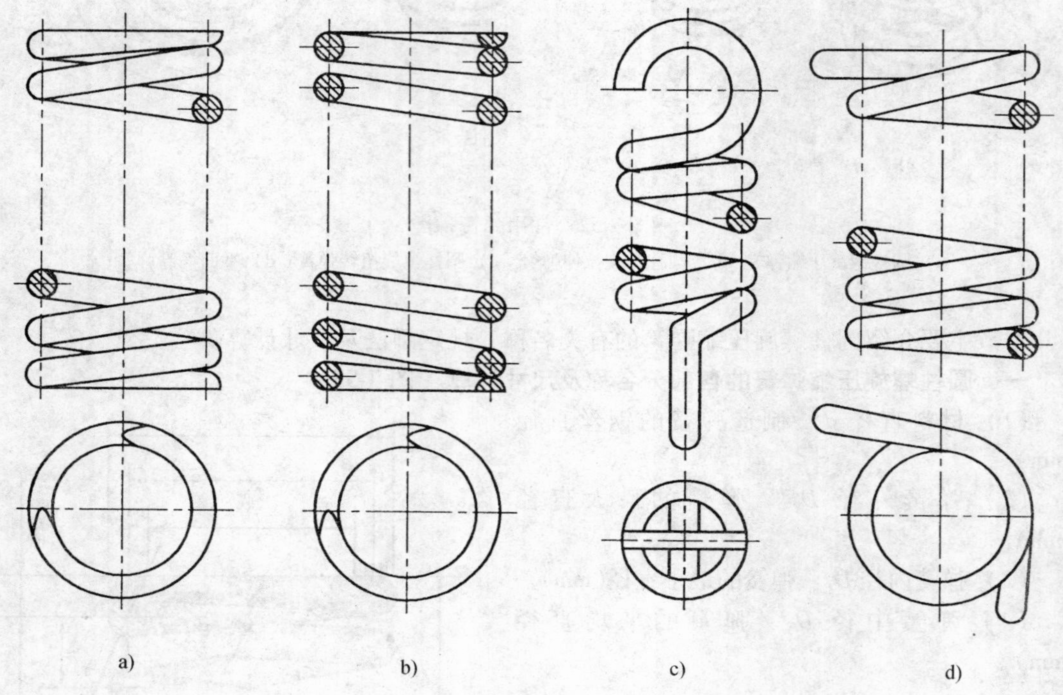

图 7-54　圆柱螺旋弹簧规定画法

2）工作圈数多于四圈的螺旋弹簧，可在每一端画出 1 ~ 2 圈（支承圈数除外），中间只需用通过弹簧钢丝剖面中心的细点画线连接起来，且可适当缩短图形长度。

3）螺旋弹簧均可画成右旋，但左旋弹簧不论画成左旋或右旋，均要加注“左”字。

4）螺旋压缩弹簧不论支承圈多少，末端并紧情况如何，均按 2.5 支承圈绘制，必要时也可按支承圈实际结构绘制。

三、圆柱螺旋压缩弹簧的画图步骤

已知圆柱螺旋压缩弹簧的外径 D_2、簧丝直径 d、节距 t 和圈数，就可以计算出弹簧中径 D 和自由高度 H_0，画图步骤如图 7-55 所示。

圆柱螺旋压缩弹簧零件图，如图 7-56 所示。

四、弹簧在装配图中的规定画法

1）在装配图中，弹簧被看作实心物体，被弹簧挡住的结构一般不画出，可见部分应画到弹簧的外径或中径，如图 7-57a 所示箭头所指处。

d
d
d
t
H0
d
t/2 t/2
t
D2
a)
b)
c)
d)

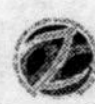

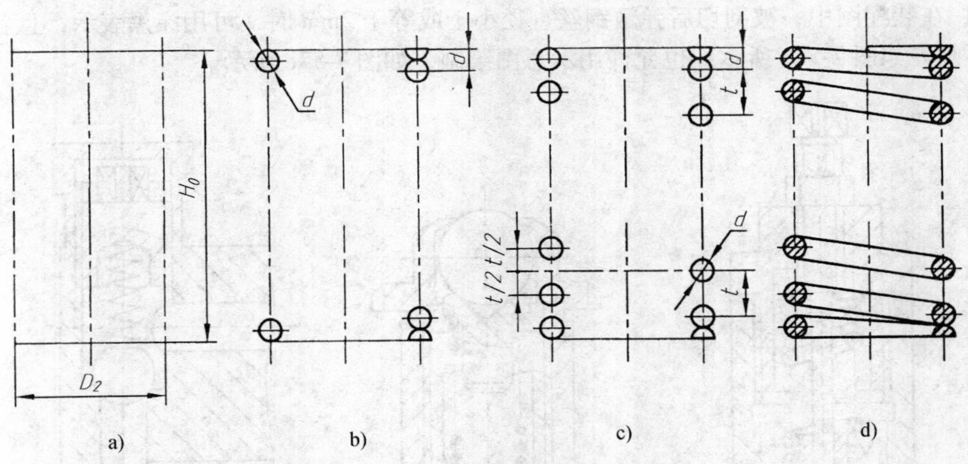

图 7-55　圆柱螺旋压缩弹簧画图步骤

a）按自由高度 H_0 和弹簧中径 D_2 作矩形　b）根据材料直径 d，画出支承圈部分的四个圆和二个半圆

c）根据节距 t，作有效圈部分的五个圆　d）按右旋方向作相应的公切线，并画剖面线

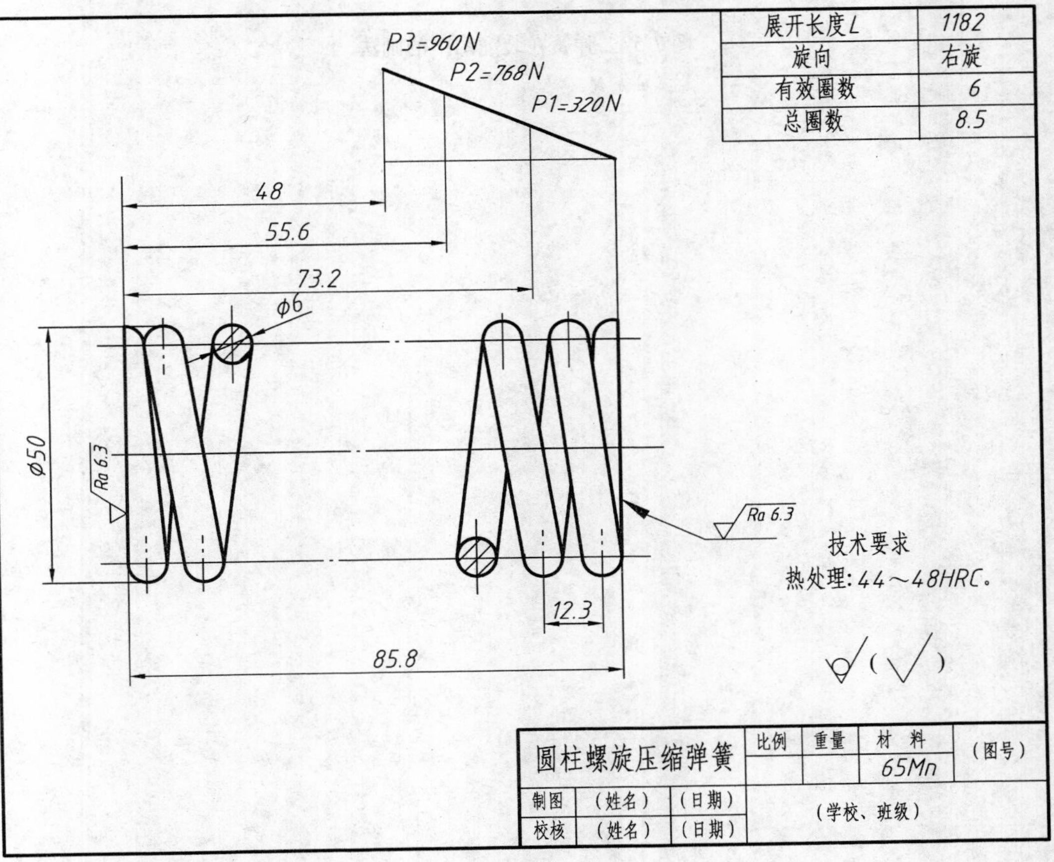

展开长度L 1182
旋向 右旋
有效圈数 6
总圈数 8.5
P3=960N
P2=768N
P1=320N
48
55.6
73.2
ϕ6
ϕ50
Ra 6.3
Ra 6.3
12.3
85.8
技术要求
热处理:44～48HRC。
( )
圆柱螺旋压缩弹簧
比例
重量
材 料
65Mn
(图号)
制图 (姓名) (日期)
校核 (姓名) (日期)
(学校、班级)

图 7-56　圆柱螺旋压缩弹簧零件图

2）在装配图中，被剖切后弹簧钢丝直径小于或等于 2mm 时，可用涂黑表示，且各圈轮廓线不画，如图 7-57b 所示，也允许用示意图绘制，如图 7-57c 所示。

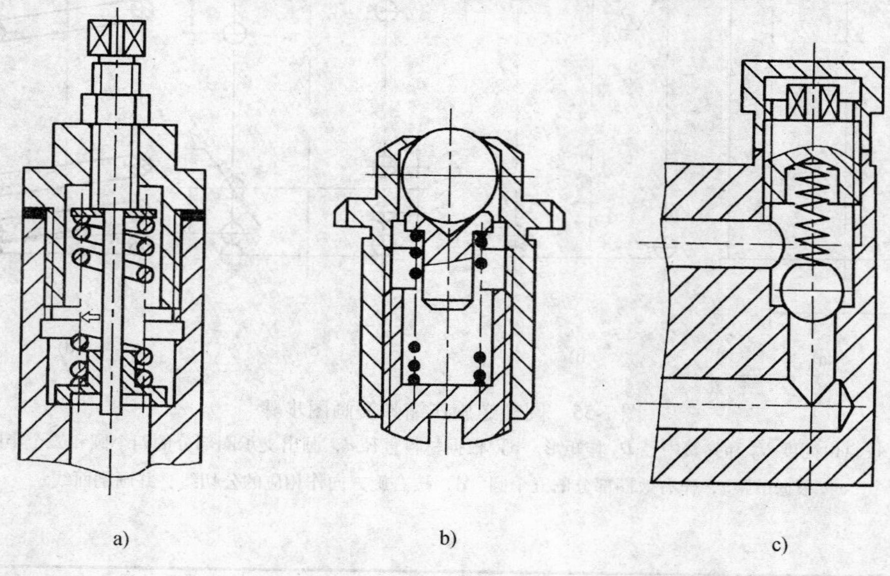

图 7-57　弹簧在装配图中的画法

第八章

零　件　图

零件是制造机器或部件的单元体，一台机器或部件是由许多相互联系的零件装配而成的。零件图是表示零件结构、大小及技术要求的图样。本章主要学习零件图的作用和内容、零件图表达方案的选择、零件图的尺寸标注、技术要求等内容。前面学过的第五章、第六章是学习本章的基础。

第一节　零件图的作用和内容

一、零件图的作用

零件图是制造和检验零件的依据，是指导生产的重要技术文件。从零件的毛坯制造、机械加工工艺路线的制订、毛坯图和工序图的绘制、工夹具和量具的设计到加工检验和技术革新等，都要根据零件图来进行。

二、零件图的内容

由图 8-1 所示零件图可以看出，一张完整的零件图，应包含以下内容：

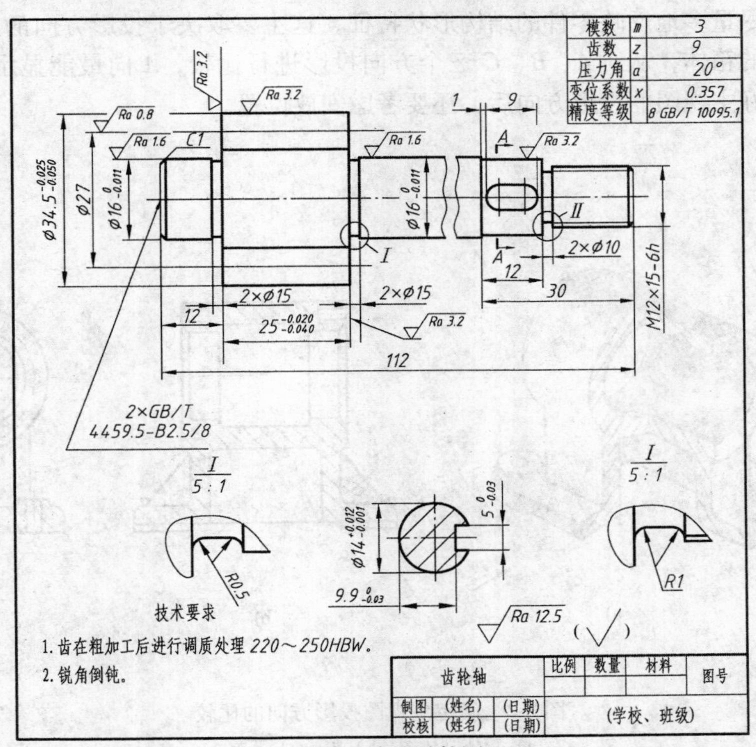

图 8-1　轴的零件图

（1）一组视图　用一定数量的视图、剖视图、断面图等正确、完整、清晰地表达出零件的内外结构和形状。

（2）一组尺寸　正确、完整、清晰、合理地标注出制造、检验、装配零件所需的尺寸。

（3）技术要求　用规定的代号（符号）、数字、字母或文字注释，简明、准确地给出零件在制造、检验和使用时应达到的各项技术指标，如表面粗糙度、尺寸公差、几何公差、热处理和其他文字说明等。

（4）标题栏　填写图样名称、图样代号、单位名称、材料、比例，以及设计、审核、工艺、批准人员签名和时间（年、月、日）等。

第二节　零件图的视图选择

零件图的视图选择，就是运用第六章所学过的表达方法，将零件的各部分结构形状和相互位置正确、完整、清晰地表达出来，力求画图简便，利于看图。为此，就要对零件进行结构形状分析，依据零件的结构特点、用途及主要加工方法选择主视图和其他视图。

一、主视图的选择

主视图是一组视图的核心，主视图选择得恰当与否将直接影响到其他视图位置和数量的选择，关系到画图、看图是否方便，甚至牵扯到图纸幅面的合理利用等问题，所以主视图的选择一定要慎重，应考虑以下原则：

1. 零件的结构形状特征原则

主视图应尽量多地反映零件的结构形状特征，这主要取决于投影方向的选定，如图 8-2 所示是传动器的箱体，从对 *A*、*B*、*C* 三个方向投影进行比较，*A* 向最能显示箱体的结构形状特征。选择好主视图的投影方向后，还要考虑安放位置。

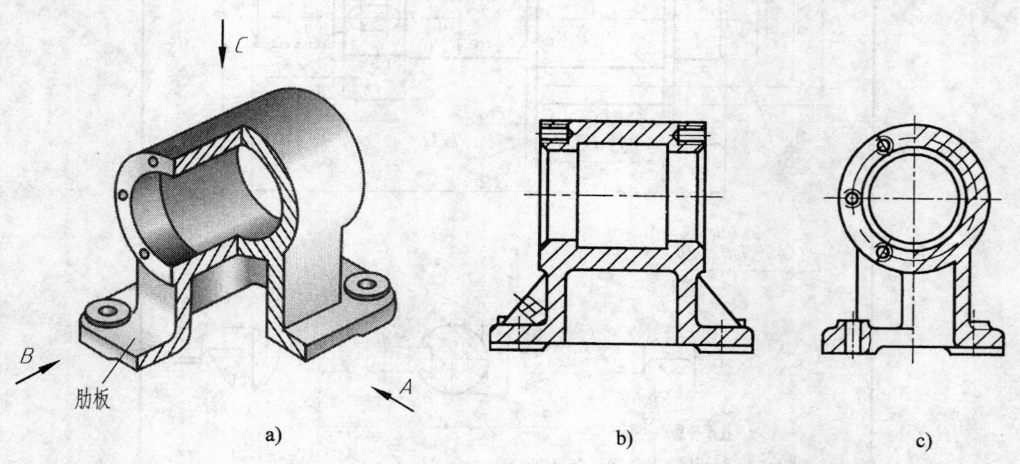

图 8-2　确定主视图投影方向的比较

a）箱体立体图　b）好　c）不好

2. 零件的加工位置原则

主视图应尽量表示零件在机械加工时所处的位置。如轴、套类零件的加工，大部分工序是在车床或磨床上进行的，如图 8-3 所示。因此一般将其轴线水平放置，如图 8-1 所示。这样在加工时可以直接进行图、物对照，既便于看图，又可减少差错。

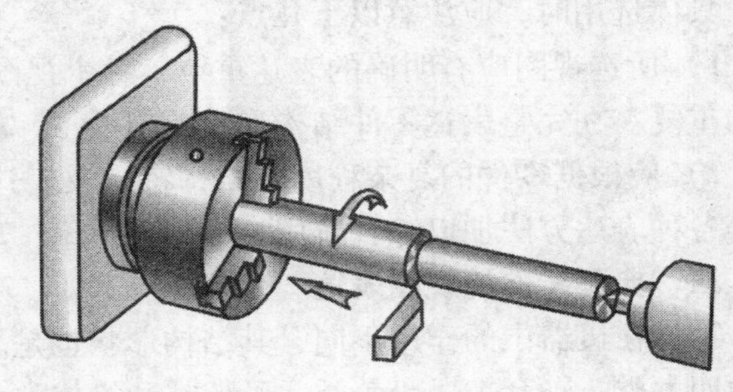

图 8-3 轴类零件的加工位置

但是，有的零件加工往往要经过许多道工序，而每工序的加工位置也不尽相同，因此应选其主要的加工位置来考虑。

3. 零件的工作位置（或安装位置）原则

主视图应尽量表示零件在机器上的工作位置或安装位置，这样看图者很容易通过头脑中已有的形象储备将其与整台机器或部件联系起来，从而获取某些信息；同时，也便于与其装配图直接对照（装配图通常按其工作位置或安装位置绘制）看图。图 8-4 所示支座的主视图就是根据它的工作位置、安装位置并尽量多地反映其形状特征的原则选定的。

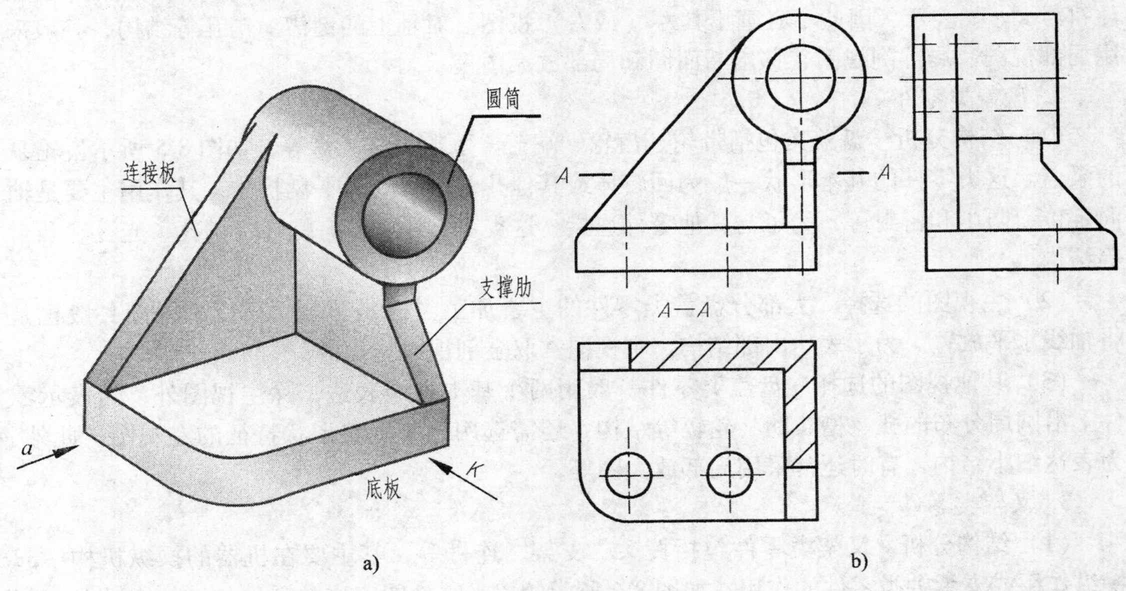

图 8-4 支座的主视图选择

在选择主视图时，不一定工作位置和加工位置同时都满足，要根据零件的结构特征、看图方便全面考虑。

主视方向、安放位置确定后，还要考虑表达方法，是用基本视图还是剖视图等。

二、其他视图的选择

对于结构形状较复杂的零件，只画主视图不能完全反映其结构形状，必须选择其他视图采用合适的表达方法来补充。

具体选用时，应注意以下几点：

1）所选视图应有明确的表达重点，各个视图所表达的内容应彼此互补，注意避免不必要的重复。在完整表达零件结构形状的前提下，使视图的数量为最少。

2）应根据零件的复杂程度、结构特点及表达需要，将视图、剖视图、断面图、简化画法等各种表达方法加以综合应用，恰当地重组，尽量少画或不画虚线。

三、典型零件的视图表达

零件在机器中的作用不同，其结构形状也是多种多样。按照零件结构特点，通常将零件分为四大类：轴套类、盘盖类、叉架类和箱体类。

1. 轴套类零件

（1）结构分析　轴套类零件一般由同轴线的不同直径的回转体组成，零件上通常有键槽、轴肩、螺纹、退刀槽、倒角、中心孔等结构，如图 8-1 所示。

（2）主视图的选择　这类零件的非圆视图作主视方向，按其加工位置安放，一般将轴线水平放置。这样既可把各段形体的相对位置表示清楚，同时又能反映出轴上的轴肩、退刀槽等结构，如图 8-1 所示。

（3）其他视图的选择　确定了主视图后，由于轴的各段形体的直径尺寸在其数字前加注符号“ϕ”表示，因此不必画出其左（或右）视图。对轴上的键槽、销孔等结构，一般采用局部视图、局部剖视图、移出断面图和局部放大图表示。

2. 盘盖类零件

（1）结构分析　盘盖类包括带轮、齿轮、端盖、手轮、法兰盘等，如图 8-5 所示齿轮泵的泵盖。这类零件的基本形状一般为回转体或其他几何形状的扁平盘状体，其作用主要是轴向定位、防尘和密封等，为了与其他零件连接，这类零件还常带有螺孔、销孔、光孔、凸台等结构。

（2）主视图的选择　大部分盘盖类零件的主要加工方法是车削，所以主视图一般也是将轴线水平放置。为了表达内部结构，主视图常取全剖视图。

（3）其他视图的选择　盘盖类零件一般用两个基本视图表达，除主视图外，为表示零件上沿圆周分布的孔、槽、肋、轮辐等结构，还需选用一个反映形状特征的左视图。此外，为表达细小结构，有时还常采用局部放大图等。

3. 叉架类零件

（1）结构分析　叉架类零件包括拨叉、支架、连杆等，其主要在机器的操纵机构中起操纵作用或支承轴类零件的作用，如图 8-6 所示的拨叉零件图。这类零件的结构大致分三部分，即支承、工作、联接部分，圆筒为支承部分，叉架为工作部分，肋板为连接部分。

（2）主视图的选择　叉架类零件的结构比较复杂，常带有倾斜或弯曲部分，零件毛坯为铸件或锻件，需经多种机械加工。因此，主视图以工作位置安放，并应能明显地反映零件的形状结构特征。

（3）其他视图的选择　叉架类零件一般需要两个或两个以上的基本视图才能将其主体形状结构表达清楚，对于零件上的弯曲、倾斜结构，还需用斜视图、斜剖视图、断面图、局

部视图来表达。

4. 箱体类零件

（1）结构分析　如图 8-7 所示为齿轮泵的泵体，这类零件主要有各种泵体、阀体、变速箱的箱体和机座等，因其作用是容纳和支承其他零件，其上常有薄壁围成的不同形状的空腔，并带有轴承孔、凸台、肋板，此外还有安装底板、安装孔、螺孔等结构。箱体类零件结构形状较为复杂，毛坯多为铸件，需经多种机械加工。

（2）主视图的选择　由于箱体类零件加工工序较多，加工位置多变，选择主视图时要考虑工作位置和主要形状特征，且常与其在装配图中的位置相同。主视图画成全剖视图，重点反映其内部结构。

（3）其他视图的选择　为了表达箱体类零件的内外结构，一般要用两个或两个以上的基本视图，并根据结构特点在基本视图上取剖视、断面表达内外结构，还可采用局部视图、斜视图及规定画法等表达外形。如图 8-7 所示的泵体，主视图取全剖视后，已表达了内腔、支承轴孔、油孔的相对位置以及定位销孔、联接螺孔的深度。为了表达内腔形状和螺孔、定位销孔的分布情况，增加左视图。在左视图中取两个局部剖视以表达油孔与内腔的连通情况及安装孔的结构。*B* 视图表达右侧凸缘的形状，*C* 视图表达安装底板的形状及安装孔的位置。这样，整个箱体零件的结构形状便完全表达出来了。

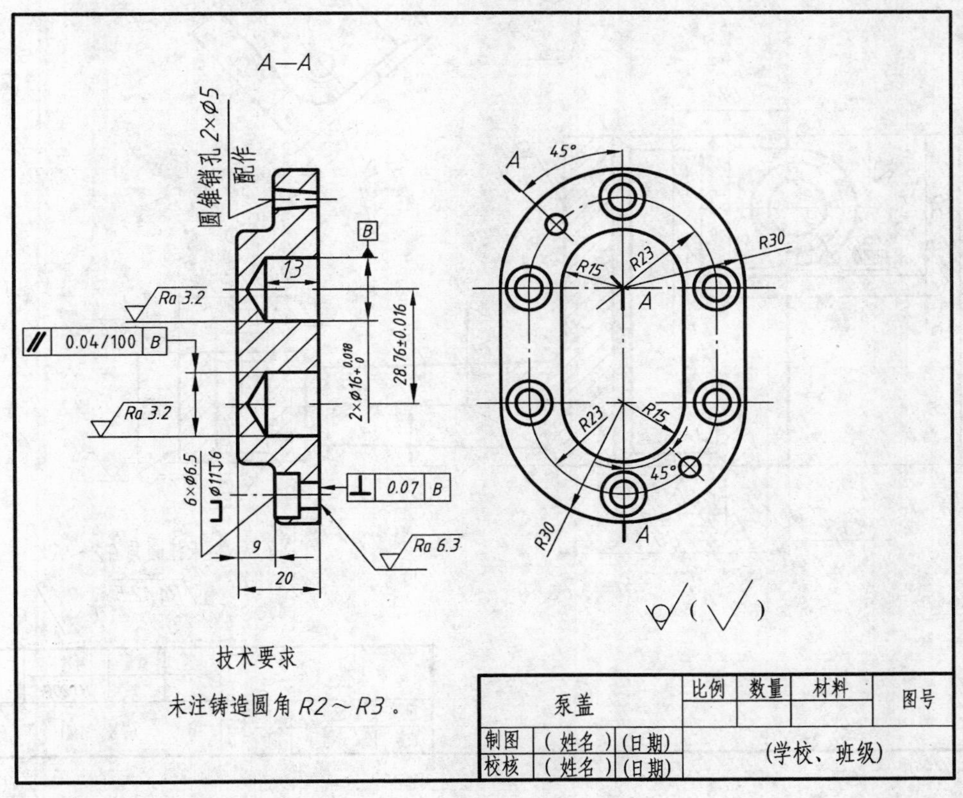

图 8-5　泵盖零件图

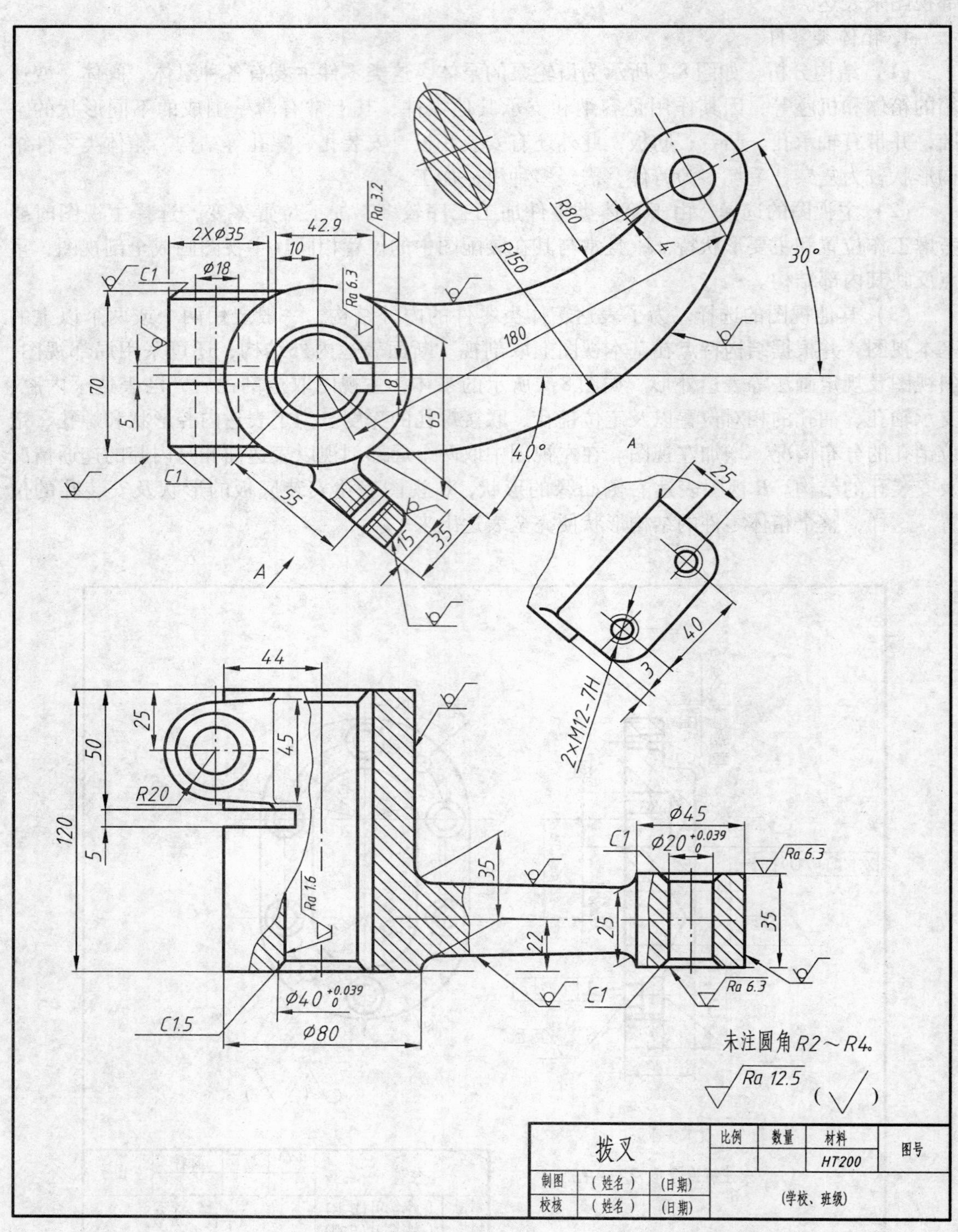

2×ϕ35
42.9
10
Ra 3.2
ϕ18
C1
Ra 6.3
R80
R150
4
30°
180
70
5
8
65
40°
A
25
C1
55
15
35
A
40
3
2×M12-7H
44
25
50
45
R20
120
5
Ra 1.6
35
ϕ45
C1
ϕ20 +0.039 0
Ra 6.3
35
25
22
35
C1
Ra 6.3
ϕ40 +0.039 0
C1.5
ϕ80
未注圆角R2～R4。
Ra 12.5
(√)
拨叉
比例
数量
材料
HT200
图号
制图
(姓名)
(日期)
校核
(姓名)
(日期)
(学校、班级)

图 8-6 拨叉零件图

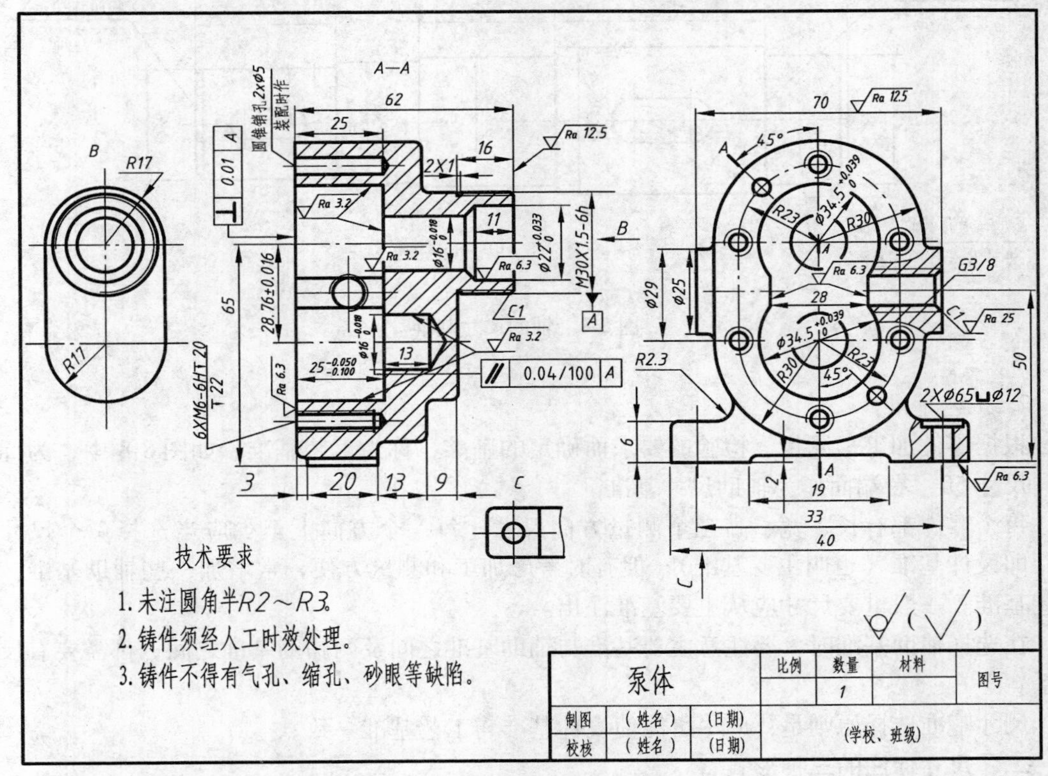

图 8-7　箱体零件

第三节　零件图的尺寸标注

零件图中的尺寸是制造零件的重要依据之一，必须做到正确、完整、清晰、合理。有关正确、完整、清晰的要求，在前面已有明确的叙述，本节将着重围绕合理性方面做进一步分析。

尺寸标注的合理性主要是指：

（1）满足零件结构设计上的要求　通过分析零件的作用，标注零件的结构尺寸。

（2）满足零件加工和检验的要求　通过分析零件的加工过程，所注尺寸要尽量有利于加工和检验。

一、尺寸基准的选择

所谓尺寸基准，是指标注尺寸的起点。根据尺寸基准在生产过程中的不同作用，将基准分为设计基准和工艺基准。

1. 设计基准

在设计中用以确定零件在机器中的位置及其几何关系的基准，称为设计基准。如图 8-8 中轴线和 $\phi40$ 圆柱的左端面。

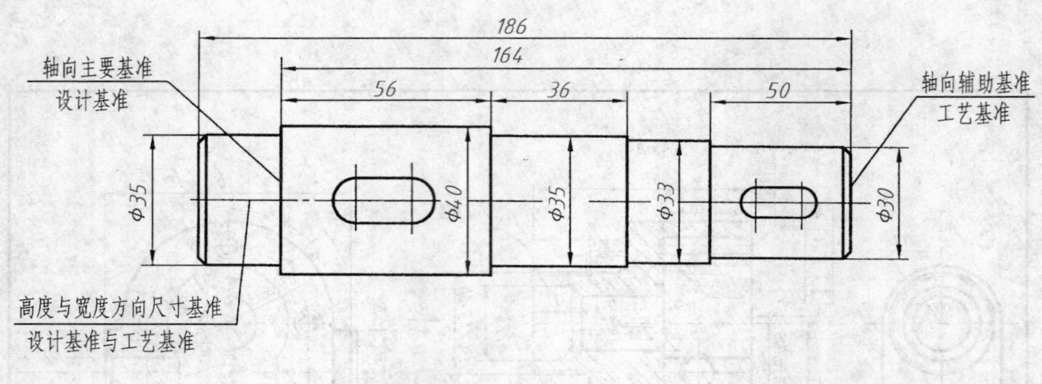

图 8-8　轴的尺寸基准

2. 工艺基准

根据零件加工、测量、检验的要求而确定的基准，称为工艺基准。如图 8-8 中，为标注轴向尺寸 50，右端面作为辅助尺寸基准。

每个零件都有长、宽、高三个测量方向尺寸，每一个方向上至少应当选择一个尺寸基准，即设计基准（也叫主要基准）；但有时考虑加工和测量方便，常增加一些辅助基准，即工艺基准。一般重要尺寸应从主要基准注出。

在选择辅助基准时，要注意主要基准与辅助基准之间及两辅助基准之间，都需要有尺寸联系。

尺寸基准选择原则是：应尽可能使设计基准与工艺基准一致。

二、尺寸标注的三种形式

1. 链式注法

如图 8-9a 所示，同一方向的尺寸逐段首尾相接地注出，后一个尺寸以前一尺寸的终端为基准。其主要优点是：前段加工尺寸的误差并不影响后段加工尺寸；其主要缺点：总尺寸有加工累计误差。

2. 坐标式注法

如图 8-9b 所示，所有尺寸从同一基准注起，其主要优点是：任一尺寸的加工精度只取决于本段加工误差，不受其他尺寸误差的影响；其主要缺点：某些加工工序的检验不太方便。

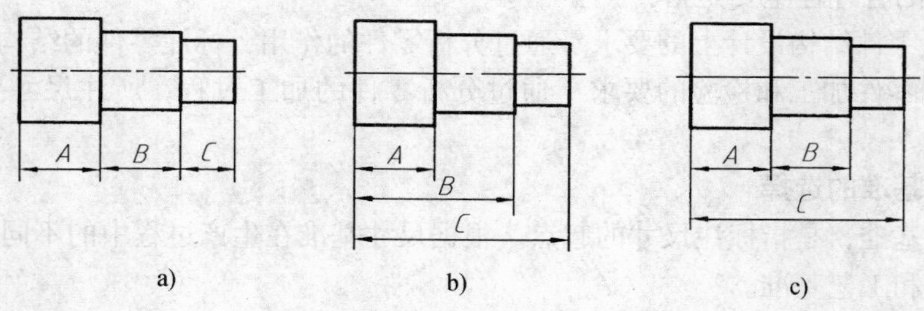

图 8-9　尺寸标注的三种形式

3. 综合式注法

如图 8-9c 所示，综合式注法是链式和坐标式注法的综合，它具备了上述两种方法的优点，在尺寸标注中应用最广。

三、标注尺寸的一般原则

1）设计中的重要尺寸，要从基准出发直接注出，以保证设计要求。

2）标注尺寸时，不允许注成封闭的尺寸链（图 8-10a），即前一尺寸的终点为后一尺寸的起点（尺寸的基准各不相同，并互为基准）。此时，总长的误差是各段误差的总和。图 8-10b 中选择一段（称为开环）空出不注，是合理的。

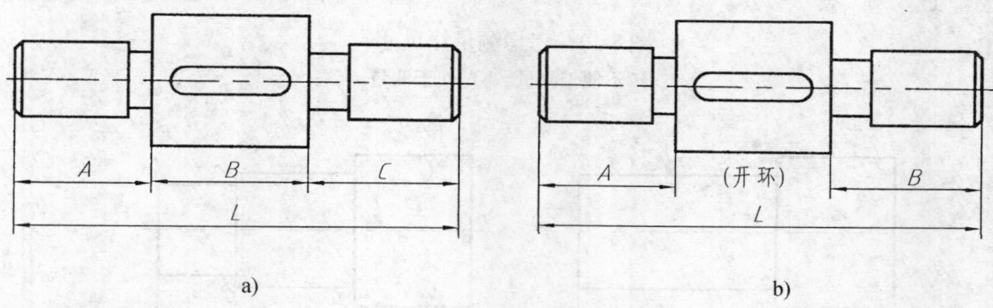

图 8-10

a）封闭的尺寸链 b）确定开环

3）标注尺寸时要考虑加工方便。为使不同工种的工人看图方便，应将零件上的加工面尺寸与非加工面尺寸尽量分别注在图形的两边，加工面与非加工面之间只能有一个尺寸联系，其他尺寸为加工面与加工面、非加工面与非加工面之间的尺寸，如图 8-11 所示。对同一工种的加工尺寸，要适当集中，如图 8-12 所示，加工时以便于查找。

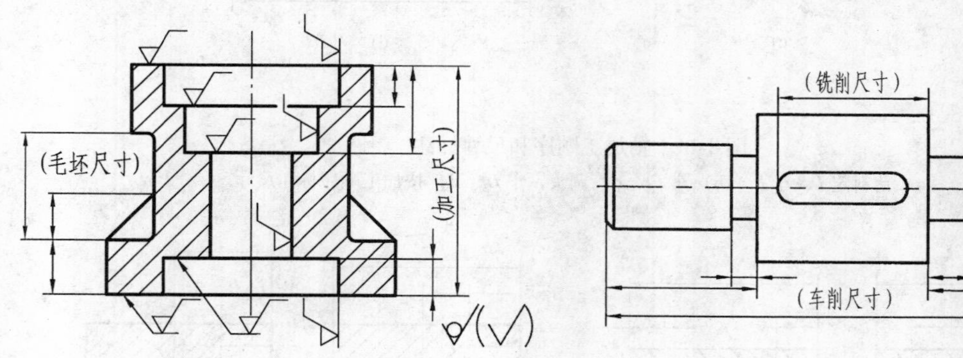

图 8-11 加工面与非加工面的尺寸注法

图 8-12 同工种加工的尺寸注法

4）按测量要求标注尺寸。在生产中，为便于测量，所注尺寸要尽量使用普通量具测量。图 8-13a 中的尺寸不便于测量，应按图 8-13b 所示的形式标注。

5）标注尺寸应符合加工顺序。按加工顺序标注尺寸符合加工过程，便于加工和测量，如图 8-14、图 8-15 所示。

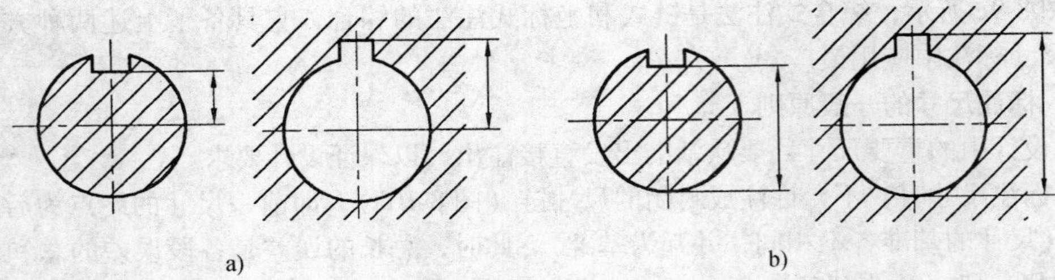

图 8-13　考虑测量注尺寸

a）不便于测量　b）便于测量

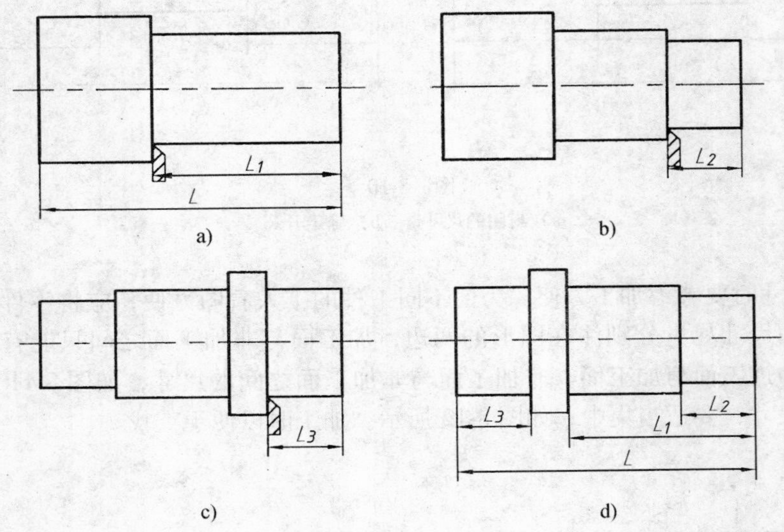

图 8-14　轴加工顺序和尺寸标注

a）落料定 L，车 L_1　b）车 L_2　c）调头，车 L_3　d）按加工顺序标注尺寸

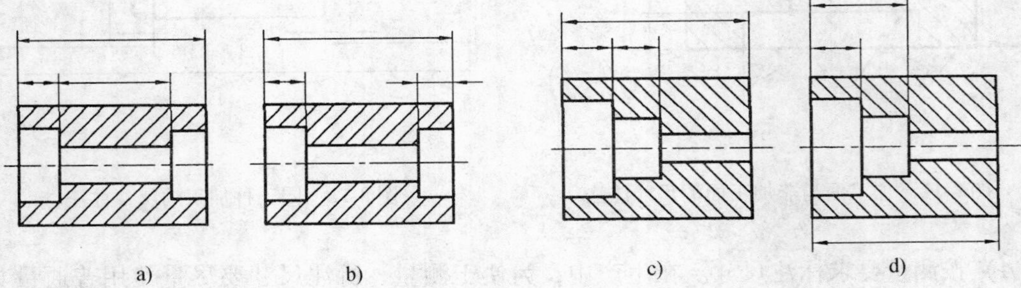

图 8-15　阶梯孔的尺寸标注

a）、c）不便测量　b）、d）便于测量

四、零件上孔的尺寸注法

零件上孔的尺寸注法见表8-1。普通注法和旁注法为同一结构的两种注写形式。标注尺寸时，可根据图形情况及尺寸位置来选择注写形式。

表8-1　零件上孔的尺寸注法

类型	普通注法	旁注法		说明
光孔	4×φ4 10	4×φ4↧10	4×φ4↧10	"↧"为深度符号
	4×φ4H7 10 12	4×φ4H7↧10 孔↧12	4×φ4H7↧10 孔↧12	钻孔深度为12，精加工孔（铰孔）深度为10
	该孔无普通注法，注意：φ4是指与其相配的圆锥销的公称直径（小端直径）	锥销孔φ4 配作	锥销孔φ4 配作	"配作"系指该孔与相邻零件的同位锥销孔一起加工
锪孔	φ13 4×φ6.6	4×φ6.6 ⌴φ13	4×φ6.6 ⌴φ13	"⌴"为锪平符号，锪孔通常只须锪出圆平面即可，故沉孔深度一般不注
沉孔	90° φ13 6×φ6.6	6×φ6.6 φ13×90°	6×φ6.6 ⌵φ13×90°	"⌵"为埋头孔符号，该孔为安装开槽沉头螺钉所用
	φ11 6.8 4×φ6.6	4×φ6.6 ⌴φ11↧6.8	4×φ6.6 ⌴φ11↧6.8	该孔为安装内六角圆柱头螺钉所用，承装头部的孔深应注出

（续）

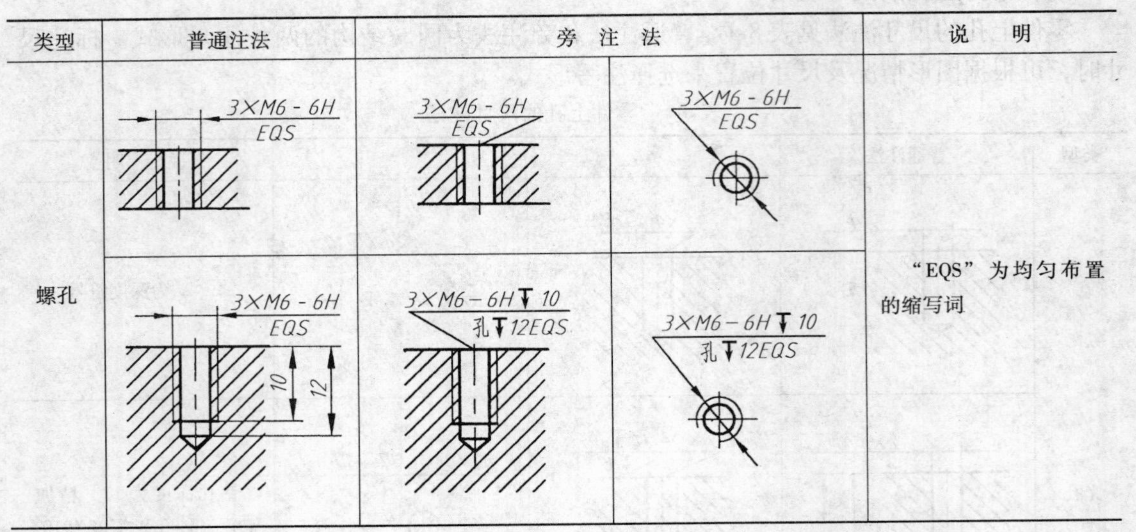

类型	普通注法	旁注法		说明
螺孔				“EQS”为均匀布置的缩写词

第四节　零件常用的工艺结构

零件的制造过程，通常是先制造出毛坯件，再将毛坯件经机械加工制作成零件。因此在绘制零件图时，必须对零件上的某些结构（如铸造圆角、退刀槽等）进行合理地设计和规范地表达，以符合铸造工艺和机械加工工艺的要求。下面将零件上常用的工艺结构作简单介绍。

一、铸造工艺结构

1. 铸件壁厚

铸造零件的壁厚应尽量均匀或逐渐变化，避免突然增厚时由于冷却速度不同而产生裂纹或缩孔，如图 8-16 所示。

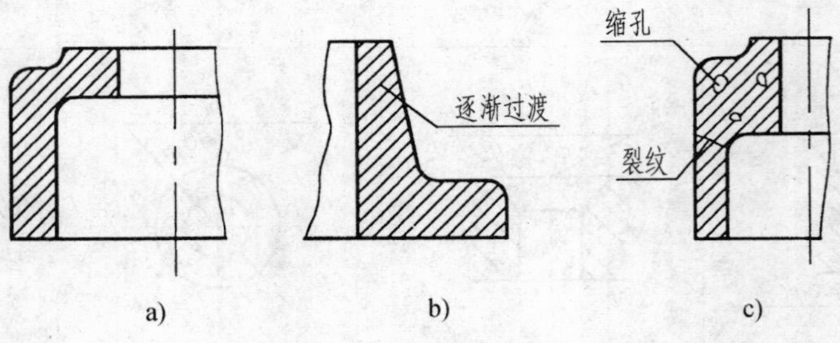

图 8-16　铸件的壁厚

a）壁厚均匀　b）逐渐过渡　c）产生缩孔和裂纹

2. 起模斜度

在铸造零件毛坯时，为了便于在砂型中取出木模，一般沿着起模方向设计出起模斜度，通常为 1∶20。铸造零件的起模斜度在图中可不画出、不标注，必要时可在技术要求中用文字说明，如图 8-17 所示。

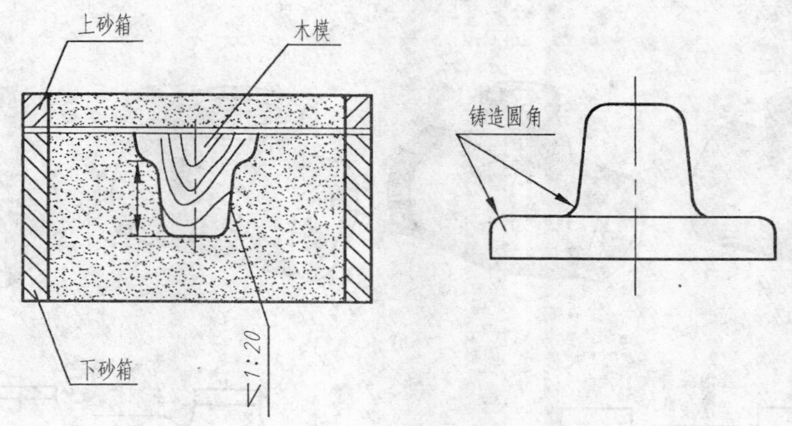

图 8-17　起模斜度和铸造圆角

3. 铸造圆角

为了便于脱模和避免砂型尖角在浇注时发生落砂，以及防止铸件两表面的尖角处出现裂纹、缩孔，往往将铸件转角处做成圆角，如图 8-17 所示。在零件图上，该圆角一般应画出并标注圆角半径。当圆角半径相同（或多数相同时）时，也可将其半径尺寸在技术要求中统一注写。

4. 过渡线

由于有铸造圆角的存在，使得铸件表面的相贯线变得不够明显，若不画出这些线，零件的结构则显得含糊不清，为了便于看图及区分不同表面，图样中仍须按没有圆角时交线的位置，用细实线画出这些不太明显的线，此线称为过渡线，如图 8-18 所示。

二、机械加工工艺结构

1. 倒角和倒圆

为了便于安装和搬运零件，轴或孔的端部一般都被加工成圆角或倒角；为了避免应力集中产生裂纹，在轴肩处往往加工成圆角过渡，称为倒圆，其结构特点与尺寸标注如图 8-19 所示。

2. 退刀槽和砂轮越程槽

为了车削时便于退刀、磨削时砂轮能稍微越过加工面，以保证被加工面的精度及装配时零件靠近，常在被加工面的轴肩处预先车出退刀槽或砂轮越程槽，如图 8-20 所示。其具体结构和尺寸需根据轴径（或孔径）查阅附表 20，其尺寸可按“槽宽 × 槽深”或“槽宽 × 直径”的形式注出。当槽的结构比较复杂时，可画出局部放大图标注尺寸。

3. 凸台和凹坑

为了使零件表面接触良好和减少加工面积，常在铸件的接触部位铸出凸台和凹坑，其常用结构如图 8-21 所示。

4. 钻孔结构

钻孔时，钻头的轴线应与被加工表面垂直，否则会使钻头弯曲，甚至折断，如图 8-22a 所示。因此，当零件表面倾斜时，可设置凸台或凹坑，如图 8-22b、c 所示。钻头单边受力也容易折断，因此对于钻头钻透处的结构，也要设置凸台使孔完整，如图 8-22d、e 所示。

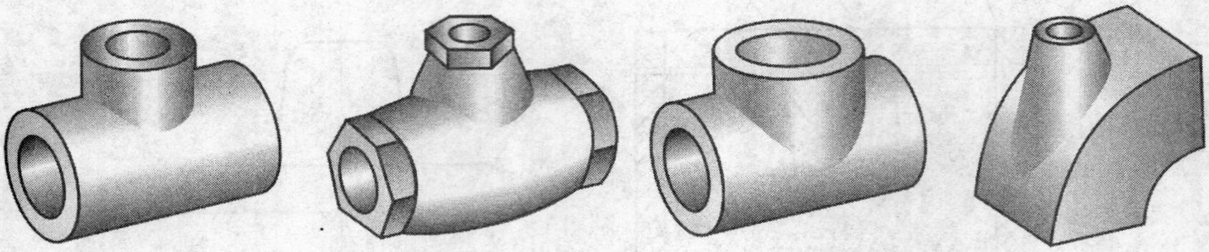

a)

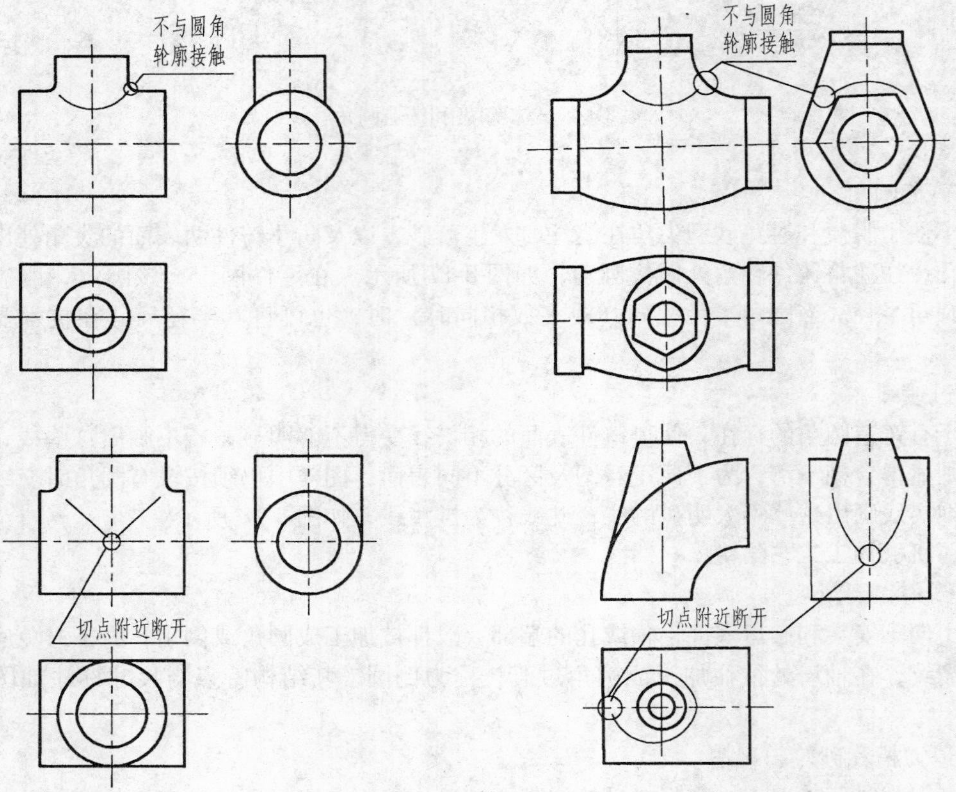

不与圆角轮廓接触

不与圆角轮廓接触

切点附近断开

切点附近断开

b)

图 8-18 过

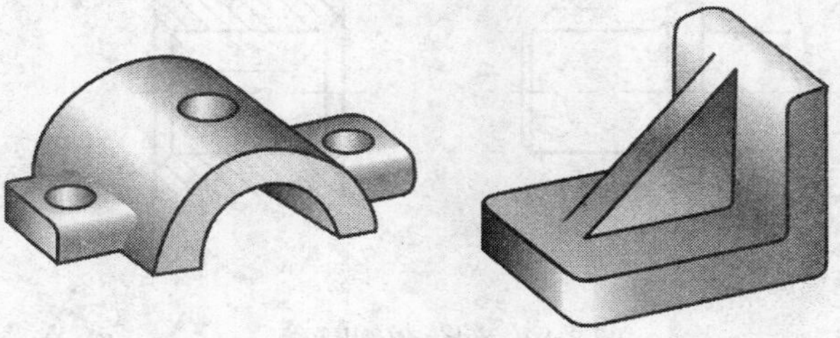

c)

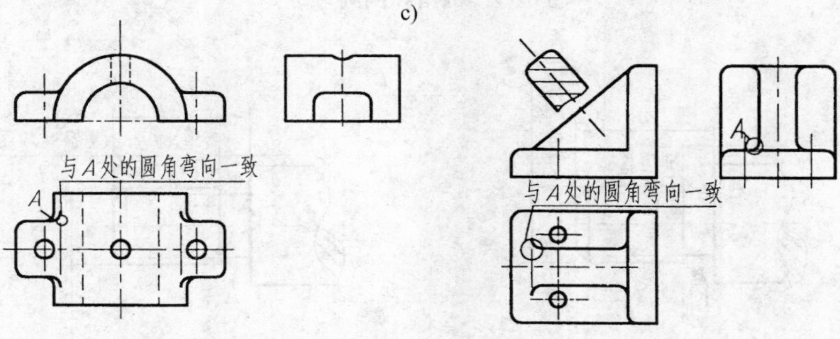

d)

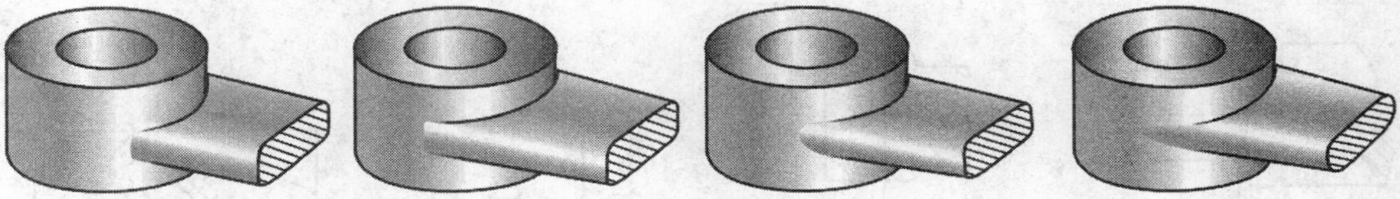

e)

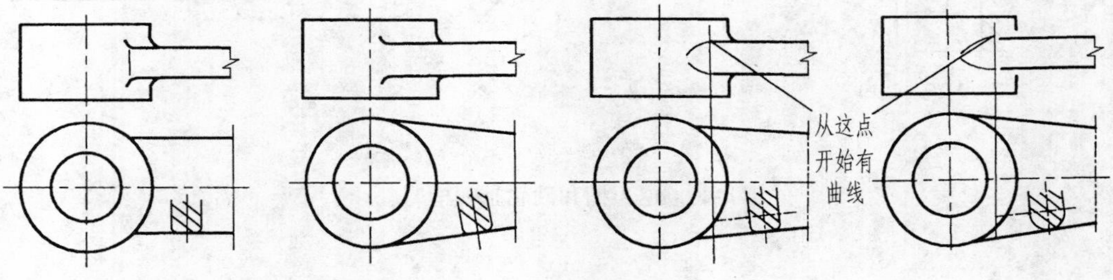

f)

渡线画法

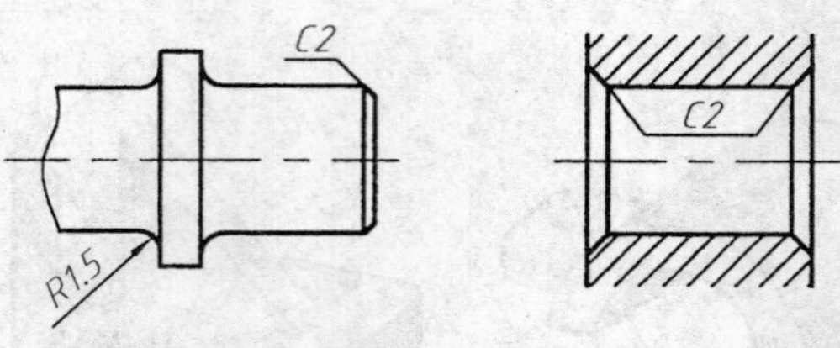

图 8-19　倒角和倒圆

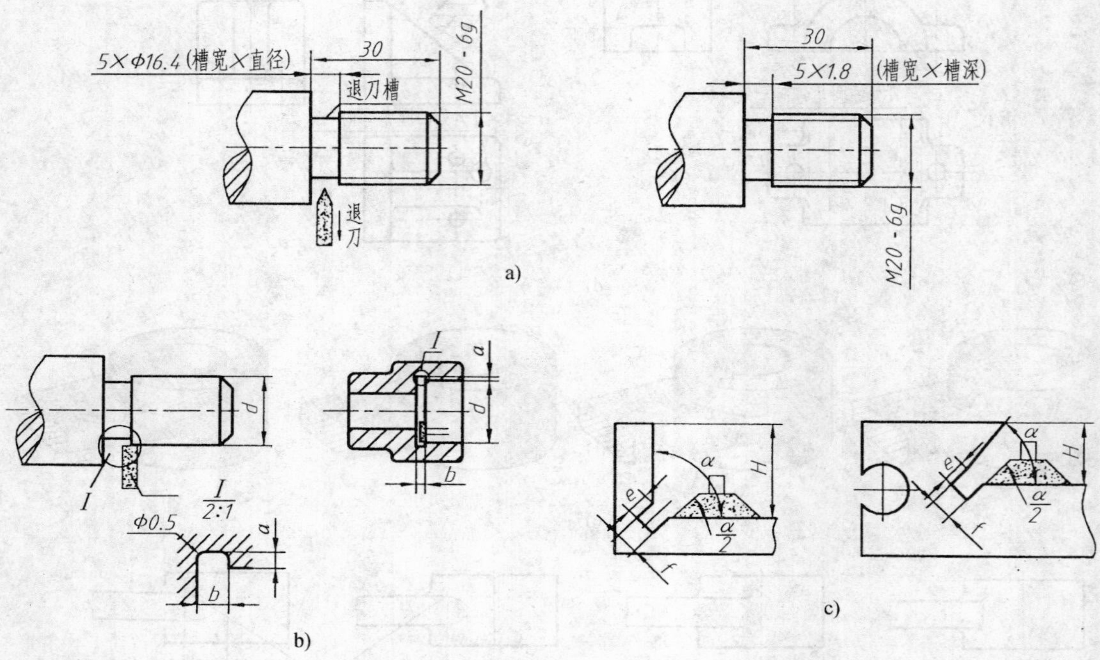

图 8-20　退刀槽和砂轮越程槽

图 8-21　凸台和凹坑

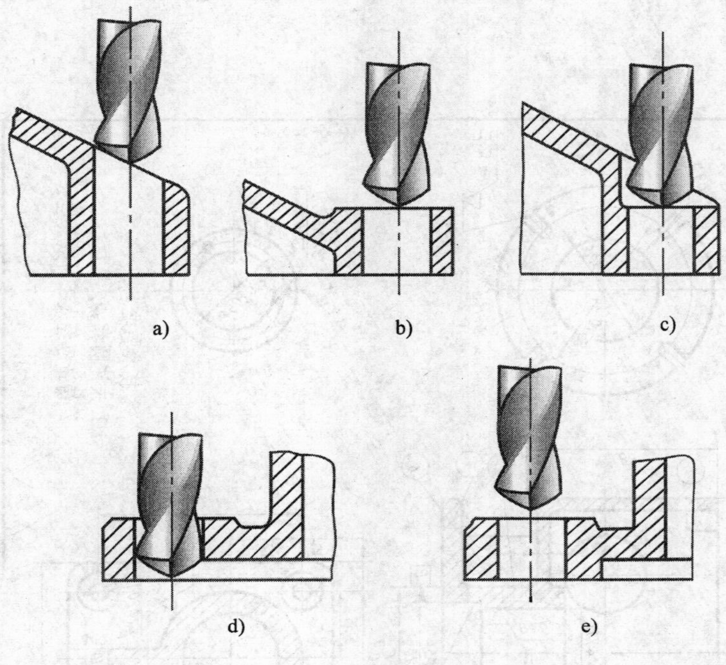

图 8-22　钻孔结构

第五节　读 零 件 图

读零件图就是根据已有的零件图，了解零件的名称、材料、用途，并分析其图形、尺寸、技术要求，从而想像出零件各组成部分形体的结构形状、大小及相对位置，做到对零件有一个完整了解，更好地理解设计意图，进而设计加工过程。

形体分析法仍是读零件图的基本方法。现以图 8-23 所示蜗轮蜗杆减速器为例，说明看零件图的方法与步骤。

一、概括了解

从标题栏了解零件的名称、材料、比例等，大致了解零件的作用。由图 8-23 中的标题栏可知，该零件名称为箱体，材料 HT200。箱体是减速器的主体零件，用来容纳支承蜗杆、蜗轮轴和蜗轮。

二、读懂零件的结构形状

1. 分析视图

先找出主视图和其他基本视图，了解各视图间的相互关系及所要表达的内容，对剖视图，应找出剖切面的位置和投射方向。

箱体零件图采用了三个基本视图、一个 *C—C* 剖视图和两个局部视图。*A—A* 全剖视图为主视图，表达了箱体沿侧垂线（蜗杆轴线）剖切后的内部结构，剖切面的位置标注在俯视图上。左视图为 *B—B* 全剖视图，表达了箱体沿铅垂轴线（蜗轮轴线）剖切后的内部结构，剖切面的位置标注在主视图上。俯视图表达外形。*C—C* 剖视图表达了底板和肋板的结构形状，在主视图上可找到其剖切面的位置。

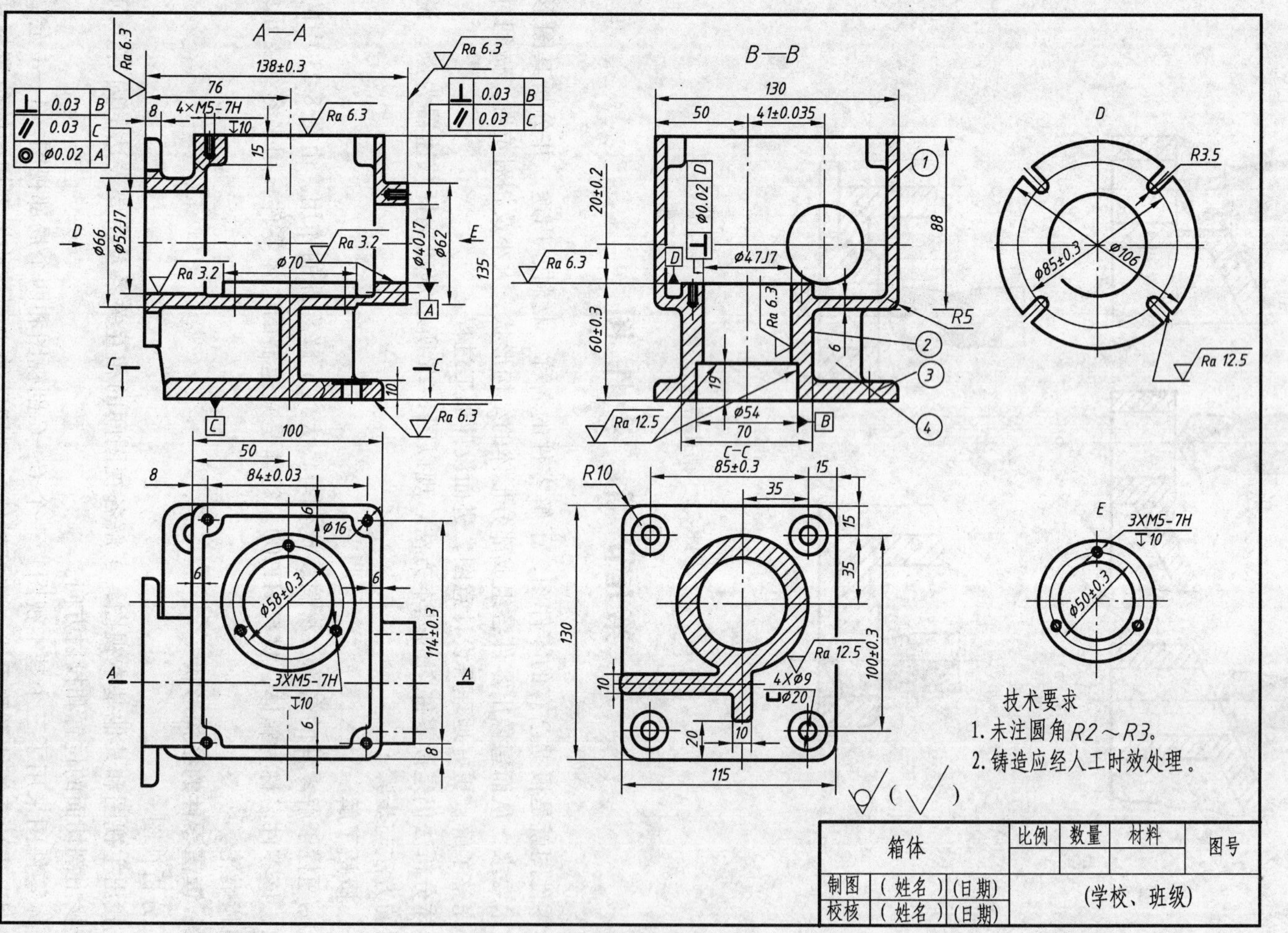

图8-23 减速器箱体零件图

D 向、*E* 向局部视图表达箱体两侧凸缘、凸台的形状，从标注方法上可找到它们的投影关系。

2. 分析结构形状

运用形体分析法，将反映零件特征的视图，分解为几个部分，找出每一部分在各视图上的对应投影，把这些投影联系起来进行想像，理解各部分的结构形状，再按它们之间的相对位置，综合想像出零件的整体结构形状。

把图 8-23 中的 *B—B* 全剖左视图分解为①②③④四个主要部分，按投影关系，找出它们在其他视图上的相应投影。不难看出：①是箱体上部长方形腔体，用来容纳啮合的蜗轮、蜗杆；②是铅垂方向带阶梯孔的圆柱，是蜗轮轴的轴孔；③是长方形底板，为安装箱体之用；④是丁字形肋板，用来加强上述三部分的相互连接。箱体两侧凸缘、凸台的形状，反映在 *D* 向、*E* 向视图上。各部分还有螺孔、通孔等结构，便于箱体与其他零件联接。整个箱体结构形状如图 8-24 所示。

三、分析尺寸

分析尺寸，应先分析长、宽、高三个方向的尺寸基准，运用形体分析和结构分析的方法，分析各部分的定形尺寸和定位尺寸，分清楚哪些是主要尺寸。

（1）尺寸基准　底面是高度方向的尺寸基准；蜗轮轴的轴线是长度方向的尺寸基准，也是宽度方向的尺寸基准。

（2）主要尺寸　箱体轴承孔直径及有关轴向尺寸（如 ϕ47J7、60mm ± 0. 3mm、41mm ± 0. 035mm 等）和轴线与安装面的距离或中心高（如 20mm ± 0. 2mm、60mm ± 0. 3mm）均属于箱体的主要尺寸。

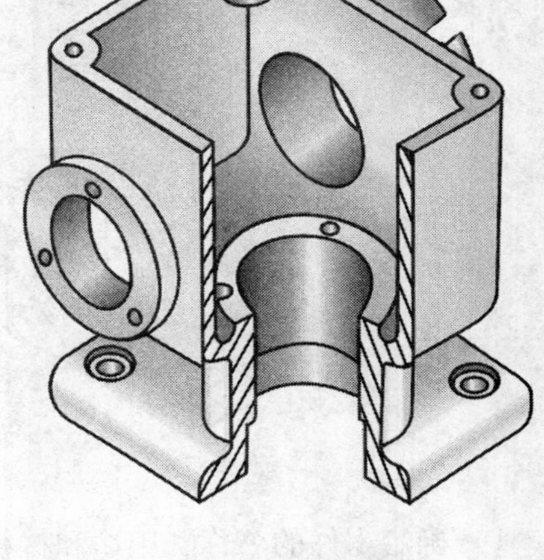

图 8-24　箱体轴测图

四、了解技术要求

为了便于对零件组织生产和检验，必须详细了解和分析零件图中表面粗糙度值、尺寸公差、几何公差及表面处理等技术要求。图 8-23 中标出尺寸公差要求的配合尺寸有：轴承孔直径 ϕ47J7、轴向尺寸 60mm ± 0. 3mm 等。标注几何公差要求的有：轴承孔 ϕ52J7、ϕ40J7 轴线与基准平面 *C*（底面）的平行度公差 0. 03mm 等。

零件图上还标出了对箱体各表面的表面粗糙度值的要求。轴承孔内表面，表面粗糙度要求较高为 *Ra*3. 2μm，而孔的端面及底面，表面粗糙度要求稍低些为 *Ra*6. 3μm，箱体大多数表面为非加工面，在图样右上角统一标注。

五、全面总结

综合上面的分析，就对该零件有较全面完整的了解，达到读图要求，但应注意的是，在读图过程中，上述步骤不能把它们机械地分开，而应相互联系起来。

第六节　零 件 测 绘

零件测绘是根据已有零件进行分析，以目测估计实物各部分之间的比例，徒手画出它的草图，测量并标注尺寸和技术要求，然后经整理画成零件图的过程。学习先进技术、改进现有设备，修配、仿造机器及配件等，都需要进行测绘，因此测绘是工程技术人员必须掌握的基本技能之一。

由于零件草图是绘制零件图的依据，必要时还要直接根据它制造零件，因此绘制草图决不可草率。一张完整的零件草图必须具备零件图应有的全部内容，要求做到：图形正确，尺寸完整，线型分明，字体工整，并注写出技术要求和标题栏中的相关内容。

一、零件测绘的方法和步骤

（1）分析零件，确定表达方案　以支座零件（图 8-25）为例。

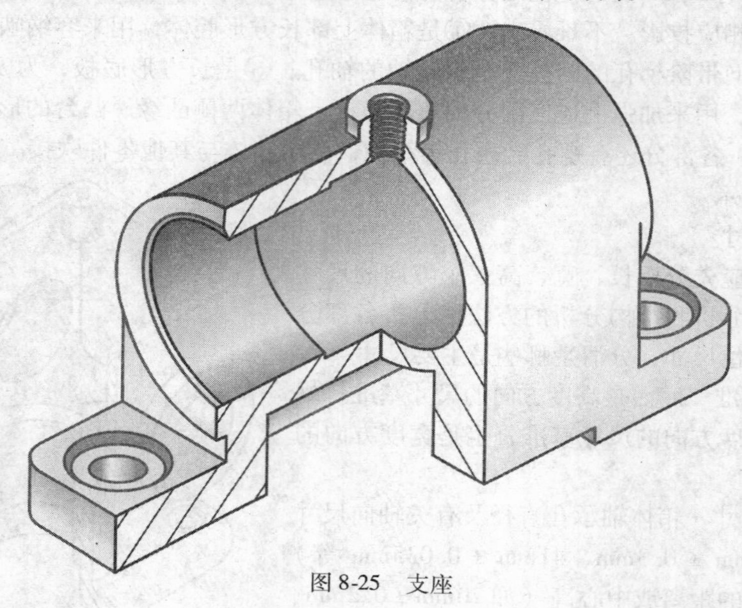

图 8-25　支座

1）确定零件的名称、用途和材料。

2）对零件进行结构分析。零件的每个结构都有一定的功用，对已破旧、磨损和带有某些缺陷零件的测绘，在分析的基础上，把它改正过来，只有这样，才能完整、清晰、简便地表达它们的结构形状，并完整、合理、清晰地标注出它们的尺寸。

3）进行工艺分析。因为同一零件可以按不同的加工顺序制造，所以其结构形状的表达、基准的选择和尺寸的标注也不一样。

4）零件的表达方案分析。通过上述分析，对零件有了较深的认识，在此基础上再确定主视图、视图数量和表达方法。

（2）画零件草图　经过分析以后，就可以画草图，其具体步骤如下：

1）在图纸上定出各个视图的位置，画出各视图的基准线、中心线。安排各个视图的位置时，要考虑到各视图间应留有标注尺寸的地方，留出右下角标题栏的位置，如图 8-26a 所示。

2）目测比例，徒手绘图。仔细地画出零件的外部及内部的结构形状，如图 8-26b 所示。

3）标出零件各表面粗糙度符号，选择基准和画尺寸线、尺寸界线及箭头。经仔细校核后，画出剖面线，描深轮廓线，如图 8-26c 所示。

4）测量尺寸，并将尺寸数字标入图中、注写技术要求，如图 8-26d 所示。

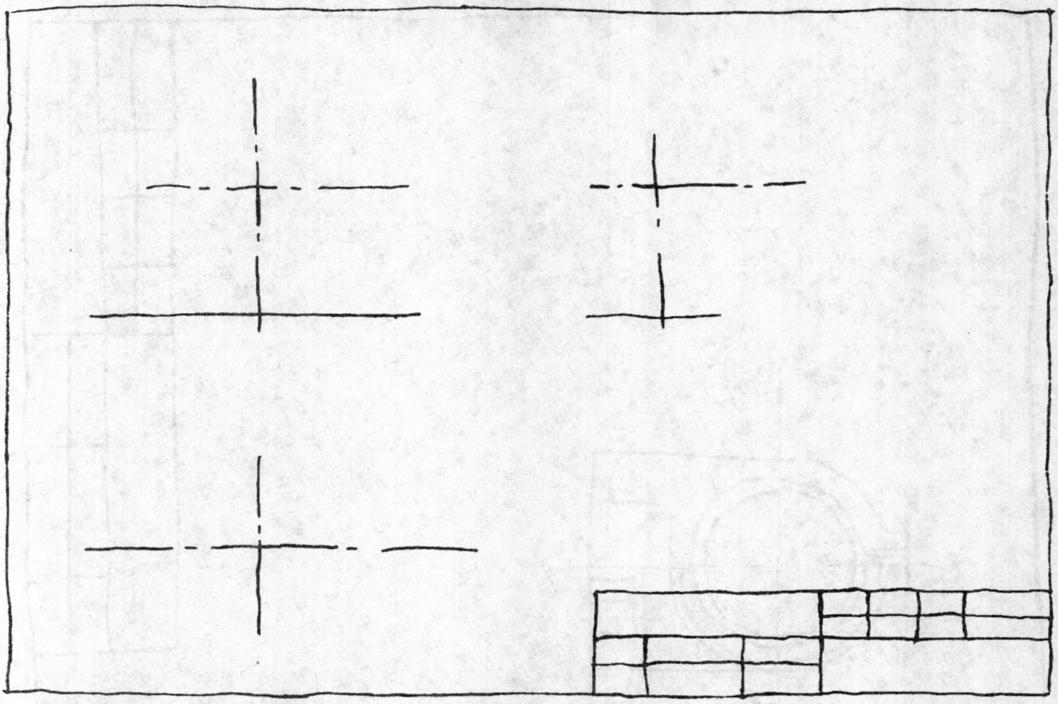

a)

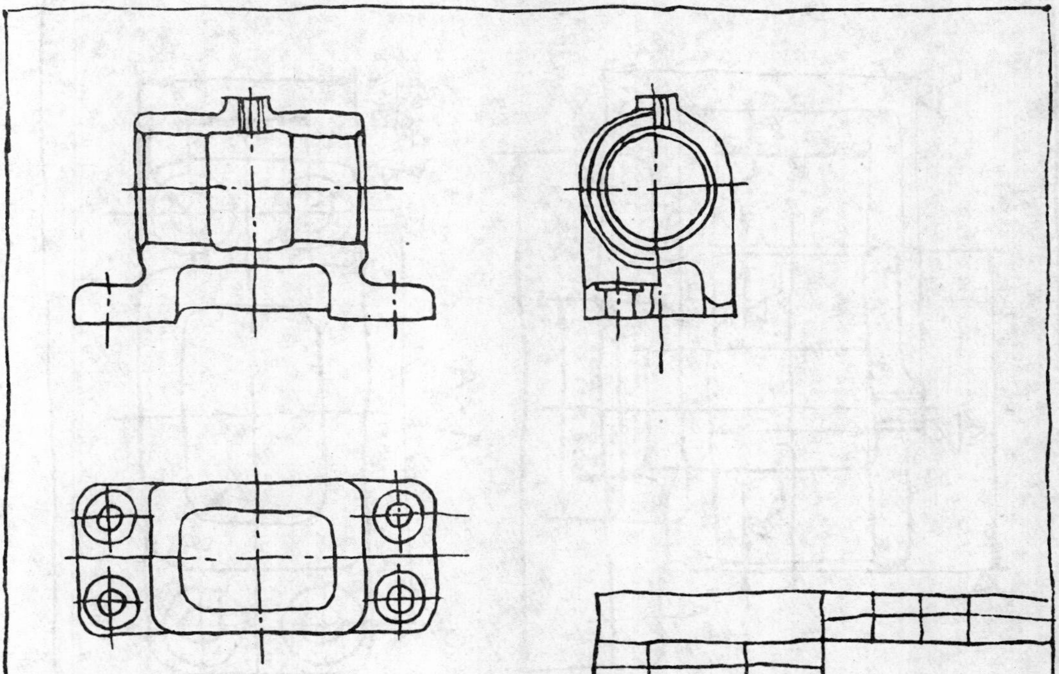

b)

图 8-26　支座零件图的画图步骤

a）定出各视图的基准线　b）画出各视图图形

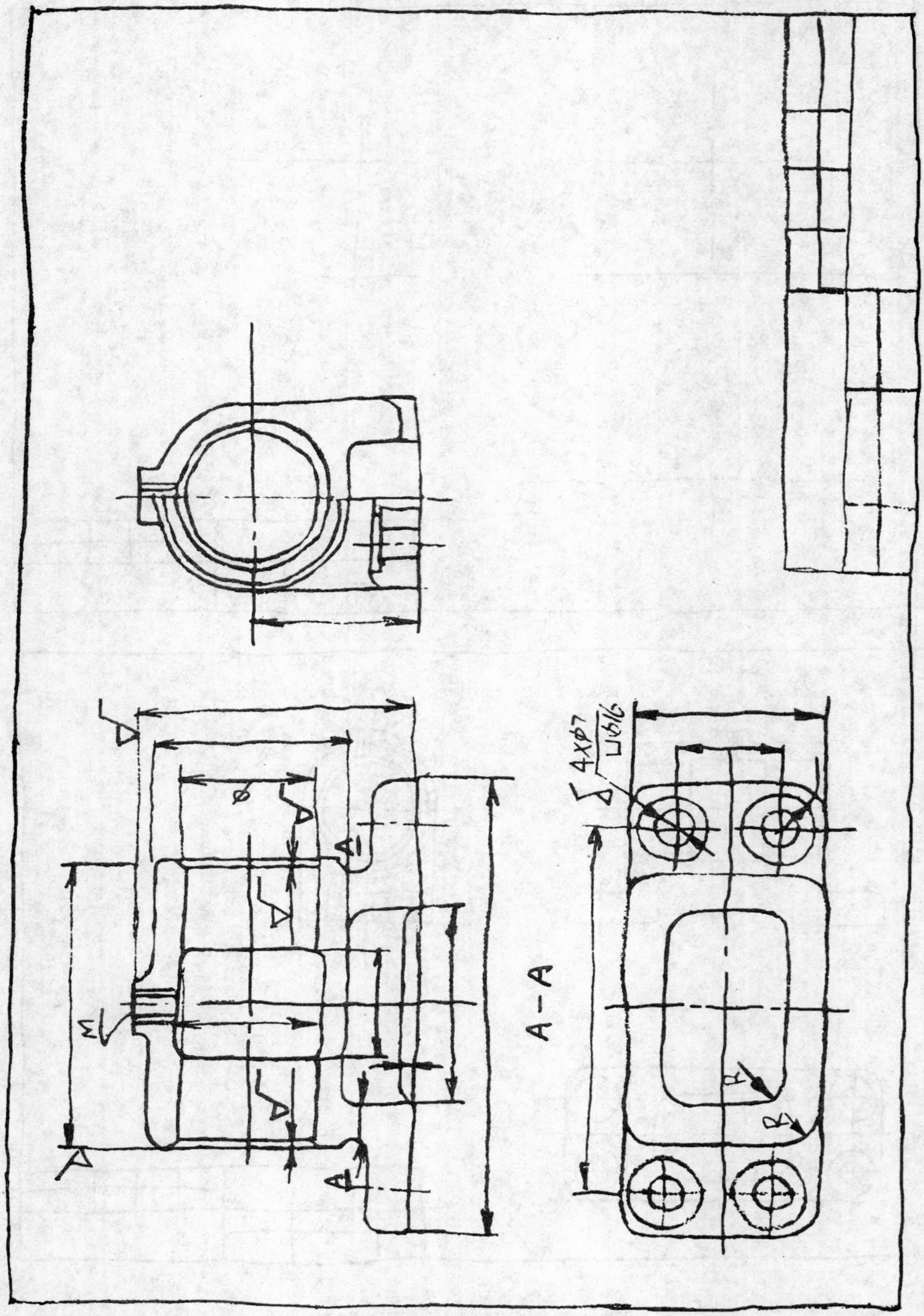

c)

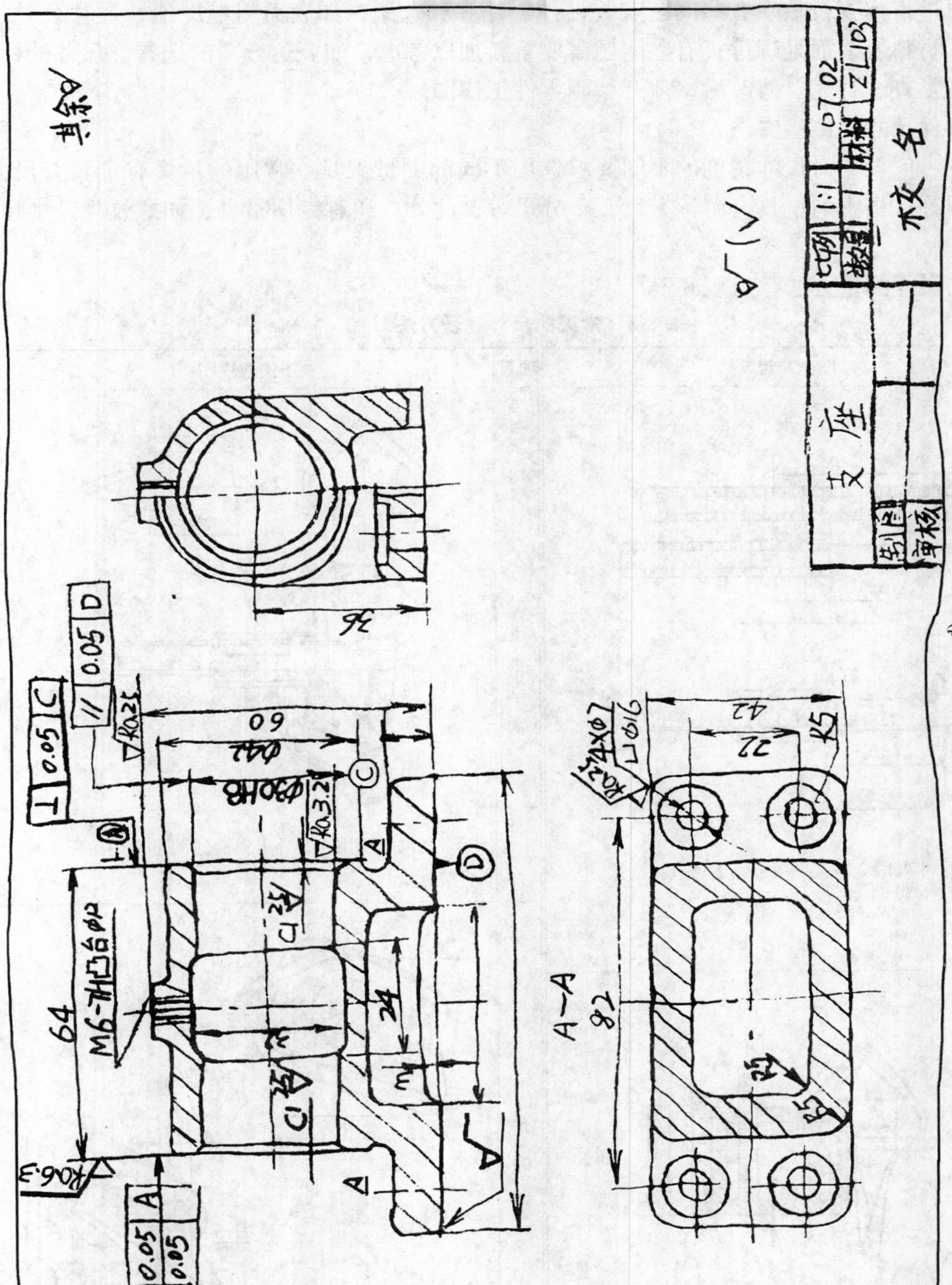

d)

图8-26 支座零件图的画图步骤(续)

c) 标注尺寸和表面粗糙度

d) 填写技术要求标题栏、描深

（3）画零件工作图的步骤　零件草图是在现场（车间）测绘的。受测绘的时间限制，有些问题只要表达清楚就可以了，不一定是最完善的。因此，在整理零件工作图时，需要对零件草图再进行审查校核。有些问题需要设计、计算和选用，如表面粗糙度值、尺寸公差、几何公差、材料及表面处理等；有些问题需要重新加以考虑，如表达方案的选择、尺寸的标注等。经过复查、补充、修改后，才开始画零件工作图。

二、零件尺寸的测量方法

测量时，应根据对尺寸精度的不同要求选用不同的测量工具。常用的量具有金属直尺，内、外卡钳等；精密的量具有游标卡尺、千分尺等；此外，还有专用量具，如螺纹规、半径样板等。

常见的尺寸测量方法，见表8-2。

表8-2　常见的尺寸测量方法

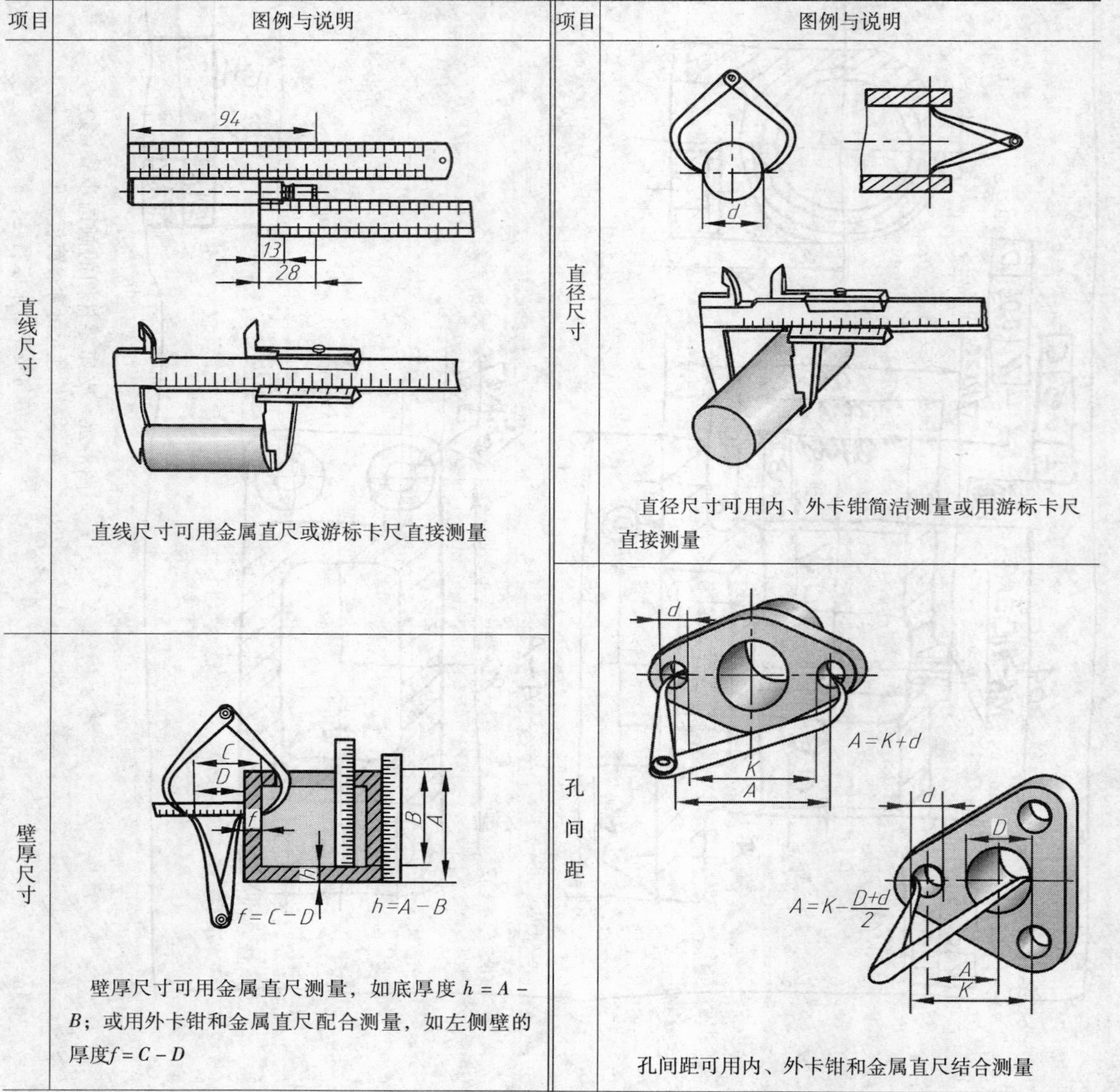

项目	图例与说明	项目	图例与说明
直线尺寸	直线尺寸可用金属直尺或游标卡尺直接测量	直径尺寸	直径尺寸可用内、外卡钳简洁测量或用游标卡尺直接测量
壁厚尺寸	壁厚尺寸可用金属直尺测量，如底厚度 $h=A-B$；或用外卡钳和金属直尺配合测量，如左侧壁的厚度$f=C-D$	孔间距	孔间距可用内、外卡钳和金属直尺结合测量

（续）

项目	图例与说明
中心高	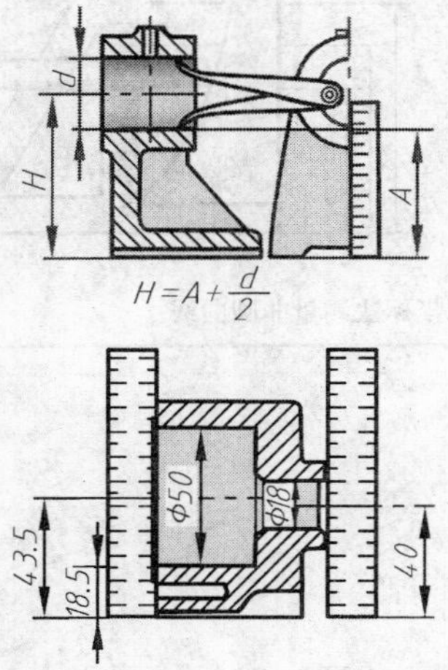 中心高可用金属直尺或用金属直尺和内卡钳配合测量，即：$H = A + d/2$（见上图） 左侧的中心高：43.5 = 18.5 + 50/2
螺距	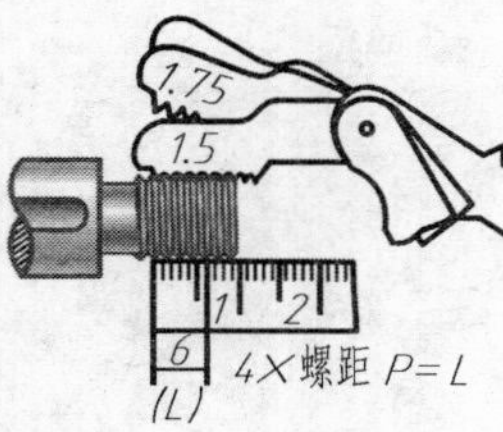 螺纹的螺距应该用螺纹环规直接测得也可用金属直尺测量

项目	图例与说明
齿顶圆直径	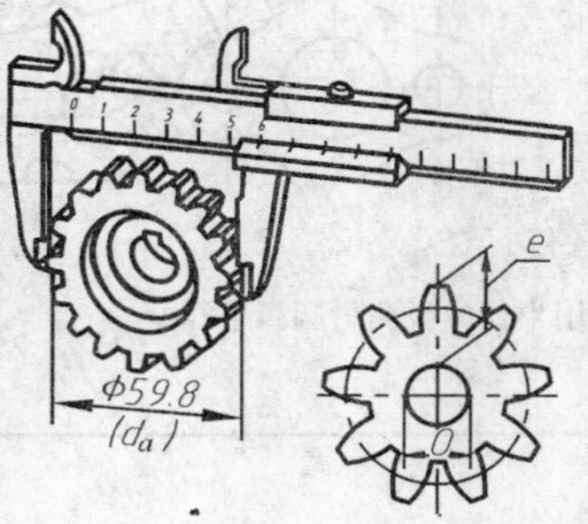 偶数齿的齿轮，齿顶圆直径可用游标卡尺直接测得；奇数齿可间接测量
曲面曲线的轮廓	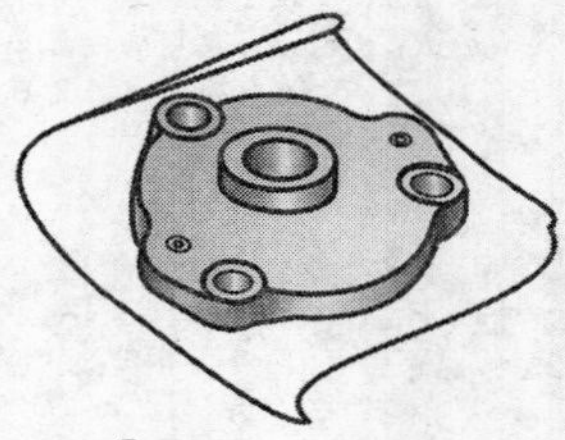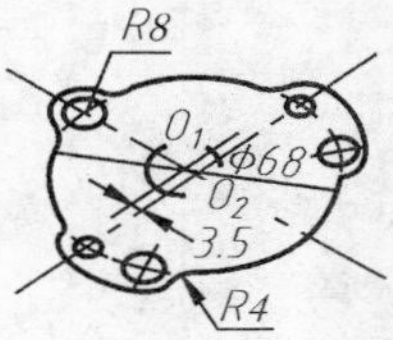 对精度要求不高的曲面轮廓，可以用拓印法在纸上拓印出它的轮廓形状，然后用几何作图法的方法求出各连接圆弧的尺寸和圆心位置，如图中 $\phi68$、$R8$、$R4$ 和 3.5

（续）

项目	图例与说明	项目	图例与说明
曲面曲线的轮廓	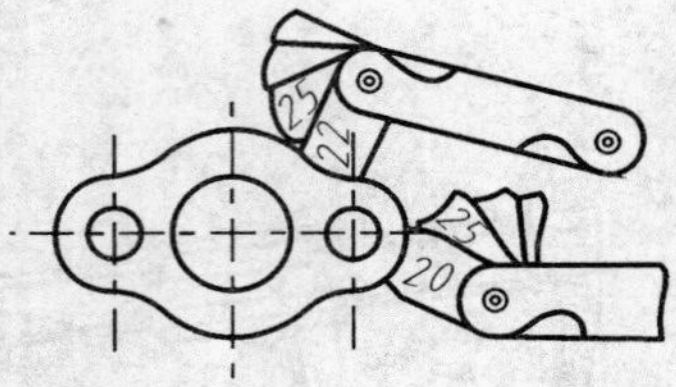 25 22 25 20 用半径样板测量圆弧半径	曲面曲线的轮廓	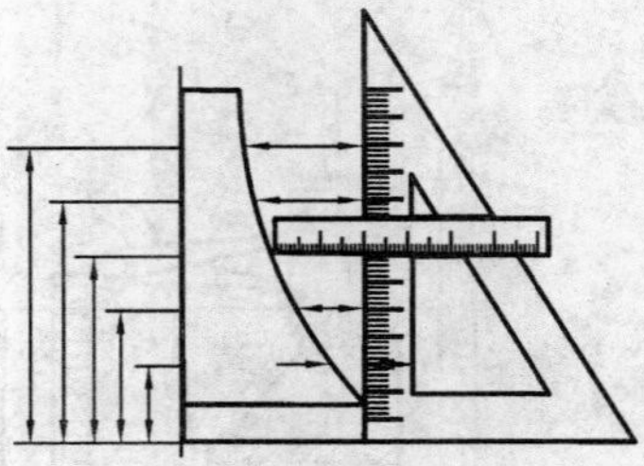 用坐标法测量非圆曲线

第九章

零件几何量公差

零件图上除了要有表达零件结构形状与大小的一组图形、一组尺寸外，还必须对制造和检验该零件时所需的各项技术指标提出具体要求。技术要求涉及面广，内容多，本章主要介绍几何量公差，它主要包括尺寸公差与配合、几何公差、表面粗糙度等。

第一节　极限与配合

一、极限与配合的基本概念

1. 互换性的概念

在机械工业中，互换性是指制成的同一规格的零（部）件，在装配或更换时，不作任何选择，就能达到预定的使用性能要求的一种特性。它是机器现代化大生产的重要基础，可使机器装配、维修获得高速度，并取得最佳的经济效果。

建立先进的极限与配合制度，是实现互换性的基础。由于机床振动、刀具磨损、测量误差等一系列因素的影响，零件的几何参数不可能制造得绝对准确，也没有必要绝对准确，加工时只要将零件的几何参数（尺寸、形状和位置）误差控制在一定的范围（即公差）内，就可以实现互换性。因此，零件图上一般都注有极限与配合方面的技术要求。

2. 有关尺寸、偏差和公差的术语及定义

（1）尺寸　以特定单位表示线性尺寸值的数值。从尺寸的定义可知，尺寸由数字和特定单位组成；在机械零件上，线性尺寸通常指两点之间的距离，如直径、半径、宽度、深度、高度和中心距等。

（2）公称尺寸　通过它应用上、下极限偏差可算出极限尺寸。它是由设计给定的（孔用 D，轴用 d 表示），设计时根据强度和结构的要求，采取计算、试验或类比法设计确定公称尺寸，其数值应优先选用标准直径或标准长度。

（3）实际尺寸　通过测量实际零件所获得的某一孔、轴的尺寸。(孔用 D_a，轴用 d_a 表示)。

（4）极限尺寸　一个孔或轴允许的尺寸的两个极端；两个极端中较大的一个称为上极限尺寸（D_{max}、d_{max}），较小的一个称为下极限尺寸（D_{min}、d_{min}）。

（5）偏差　某一尺寸减去公称尺寸所得的代数差。

极限偏差等于极限尺寸减去公称尺寸所得的代数差。

①上极限尺寸减去公称尺寸所得的代数差，称为上极限偏差（ES、es）。

②下极限尺寸减去公称尺寸所得的代数差，称为下极限偏差（EI、ei），如图 9-1 所示。

根据定义，上、下极限偏差用公式表示为

对孔：$ES = D_{max} - D$

$EI = D_{min} - D$

对轴：$es = d_{max} - d$

$ei = d_{min} - d$

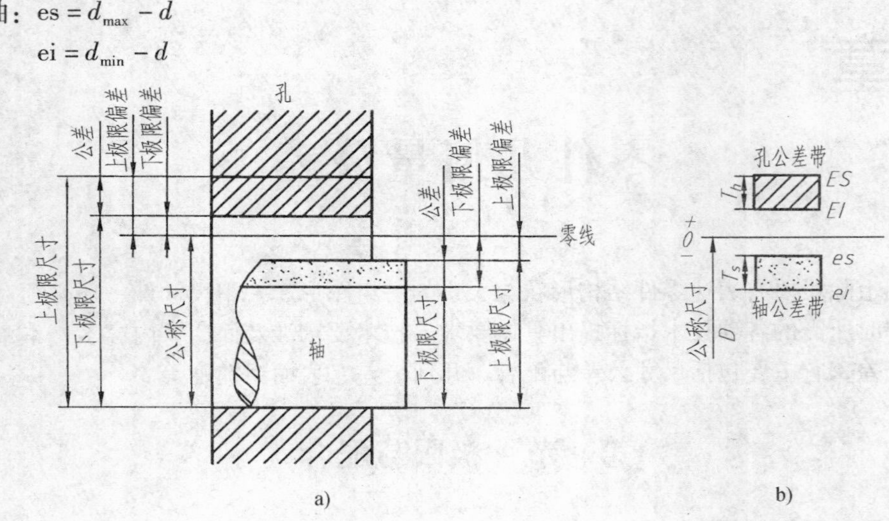

图9-1　公称尺寸、偏差与公差

偏差可以为正、负或零值，它分别表示该尺寸大于、小于或等于公称尺寸；所以不等于零的偏差值，在偏差值前必须标上相应的"+"或"-"号；偏差为零时，"0"也不能省略。

在图样和技术文件上标注极限偏差时，标准规定：上极限偏差标在公称尺寸的右上角；下极限偏差标在上极限偏差的正下方，与公称尺寸在同一底线上。如 $\phi25^{-0.020}_{-0.033}$ 或 $\phi25f6\ \left(^{-0.020}_{-0.033}\right)$，当上、下极限偏差数值相等符号相反时，则标注为 $\phi25\pm0.0065$。

（6）尺寸公差（简称公差）　上极限尺寸减下极限尺寸之差，或上极限偏差减下极限偏差之差，它是允许尺寸的变动量；孔、轴公差分别用 T_h 和 T_s 表示。

用公式表示为

$$T_h = |D_{max} - D_{min}| = |ES - EI| \tag{9-1}$$

$$T_s = |d_{max} - d_{min}| = |es - ei| \tag{9-2}$$

公差和极限偏差是两个既有联系又有区别的重要概念。两者都是设计时给定的；在数值上，极限偏差可以为正、负或零值；公差是没有正负号的绝对值，也不能为零，表示允许实际尺寸的变化范围。从作用上看，极限偏差用于限制实际偏差，是判断完工零件尺寸是否合格的依据，它代表公差带的位置，影响配合的松紧；而公差用于限制尺寸误差，它代表公差带的大小，影响配合精度。从工艺上看，偏差取决于加工时机床的调整（进刀），公差反映加工的难易程度，即加工精度的高低。对单个零件，只能测出尺寸的实际偏差，而对数量足够多的一批零件，才能确定尺寸误差。

（7）公差带图　为了清晰地表示上述术语的含义及孔轴之间的配合关系，可以作公差与配合的示意图。由于零件的公称尺寸与公差、极限偏差相比，其值相差十分悬殊，所以示意图中仅将公差与极限偏差部分放大（图9-2），称为公差带图。从图中可以直观地分析、推导上述计算关系式。

零线是在公差带图中代表公称尺寸并确定偏差坐标位置的一条基准线。通常将零线画成水平位置的线段，正偏差位于零线的上方，负偏差位于零线的下方，零偏差重合于零线。公

差带图中的偏差用毫米（mm）为单位时，可省略不标；如用微米（μm）为单位，则必须注明。

尺寸公差带：在公差带图中，表示上、下极限偏差的两条直线所限定的一个区域。

例1　作 $\phi25\mathrm{H7}\left(^{+0.021}_{0}\right)$ 和轴 $\phi25\mathrm{f6}\left(^{-0.020}_{-0.033}\right)$ 公差带图。

解　作图步骤：

1）作零线，并在零线左端标上“0”和“+”、“-”号，在其左下方画出单箭头的尺寸线并标上公称尺寸 $\phi25$。

2）选择合适比例（一般可选 500∶1），按选定的放大比例画出公差带图。为了区别孔和轴的公差带，孔的公差带应画上剖面线；轴的公差带应用不同剖面线方向以示区别（本文用黑点），分别标上公差带代号 H7、f6（后述），一般将极限偏差值直接标在公差带附近，如图 9-2 所示。

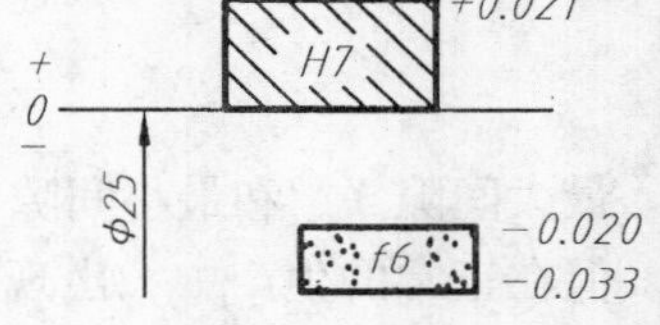

图 9-2　公差带图

“极限与配合”的标准对构成孔、轴公差带的两个要素——公差带大小和公差带位置，分别进行了标准化，建立了标准公差和基本偏差两个体系，两者原则上彼此独立。

3. 有关配合的术语及定义

（1）孔和轴　在国家标准“极限与配合”中，孔通常指工件的圆柱形内表面，也包括非圆柱形的内表面（由两平行平面或切面形成的表面）。轴通常指工件的圆柱形外表面，也包括非圆柱形的外表面（由两平行平面或切面形成的表面），如图 9-3 所示。

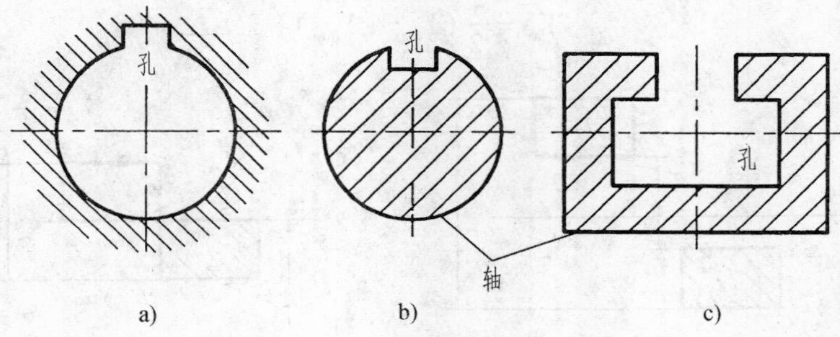

图 9-3　孔和轴

（2）配合　公称尺寸相同的，相互结合的孔和轴公差带之间的关系。

（3）间隙和过盈　孔的尺寸减去相配合的轴的尺寸之差为正值时是间隙，用 X 表示；尺寸之差为负值时是过盈，用 Y 表示。

（4）间隙配合　具有间隙（包括最小间隙等于零）的配合。此时孔的公差带在轴的公差带之上，如图 9-4 所示。

由于孔、轴的实际要素允许在各自的公差带内变化，所以孔、轴配合的间隙也是变化的。当孔制成上极限尺寸、轴制成下极限尺寸时，装配后得到最大间隙；当孔制成下极限尺寸、轴制成上极限尺寸时，装配后得到最小间隙。即

最大间隙　$$X_{\max} = D_{\max} - d_{\min} = \mathrm{ES} - \mathrm{ei} \tag{9-3}$$

最小间隙　$$X_{\min} = D_{\min} - d_{\max} = \mathrm{EI} - \mathrm{es} \tag{9-4}$$

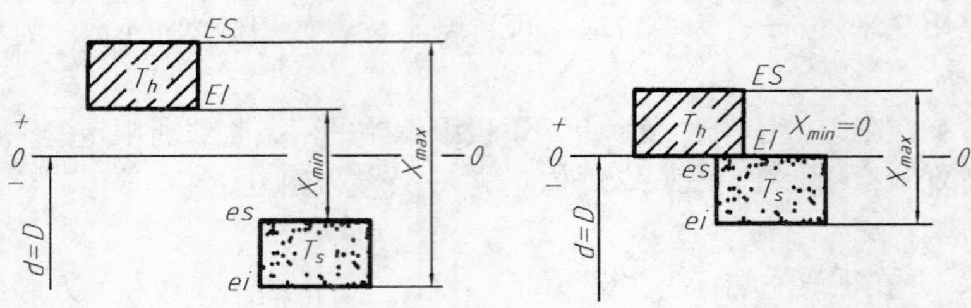

图 9-4　间隙配合

最大间隙 X_{max} 和最小间隙 X_{min} 统称为极限间隙，它们是间隙配合中反映配合性质的特征值。但在正常的生产中，出现 X_{max} 和 X_{min} 的机会是很小的，故有时用平均间隙来表示配合性质。

$$X_{av}=\frac{1}{2}(X_{max}+X_{min}) \tag{9-5}$$

（5）过盈配合　具有过盈（包括最小过盈等于零）的配合。此时，孔的公差带在轴的公差带之下，如图 9-5 所示。过盈配合中反映配合性质的特征值是最大过盈 Y_{max}、最小过盈 Y_{min} 和平均过盈 Y_{av}。

最大过盈　$$Y_{max}=D_{min}-d_{max}=\mathrm{EI}-\mathrm{es} \tag{9-6}$$

最小过盈　$$Y_{min}=D_{max}-d_{min}=\mathrm{ES}-\mathrm{ei} \tag{9-7}$$

平均过盈　$$Y_{av}=\frac{1}{2}(Y_{max}+Y_{min}) \tag{9-8}$$

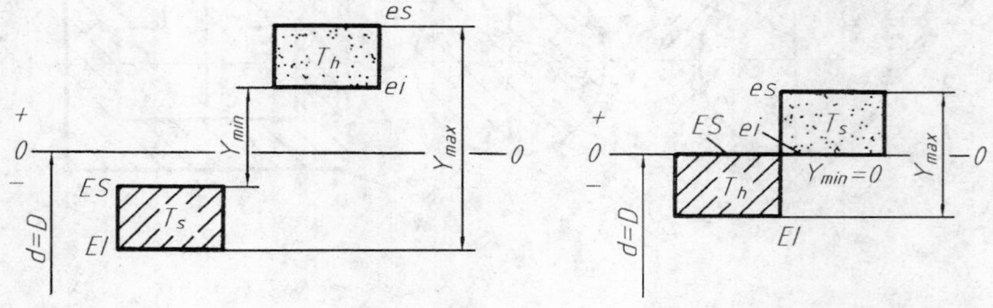

图 9-5　过盈配合

（6）过渡配合　可能具有间隙或过盈的配合。此时，孔的公差带与轴的公差带相互重叠，如图 9-6 所示。过渡配合中反映配合性质的特征值是最大间隙 X_{max}，最大过盈 Y_{max} 和平均间隙 X_{av} 或平均过盈 Y_{av}。

最大间隙　$$X_{max}=D_{max}-d_{min}=\mathrm{ES}-\mathrm{ei} \tag{9-9}$$

最大过盈　$$Y_{max}=D_{min}-d_{max}=\mathrm{EI}-\mathrm{es} \tag{9-10}$$

平均间隙或过盈　$$X_{av}(Y_{av})=\frac{1}{2}(X_{max}+Y_{max}) \tag{9-11}$$

平均值为正，则为平均间隙，平均值为负则为平均过盈。

（7）配合公差　在各类配合中，允许间隙或过盈的变动量。配合公差反映配合的松紧变化程度；它和尺寸公差一样，是没有正、负号，也不能为零的绝对值。用公式表示为

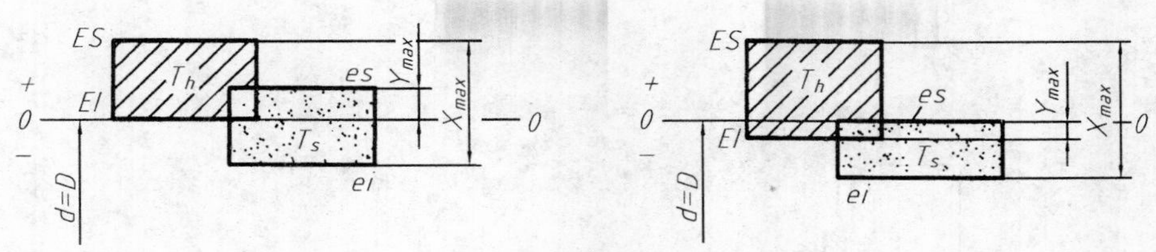

图 9-6　过渡配合

间隙配合　　$T_f = |X_{max} - X_{min}|$　　(9-12)

过盈配合　　$T_f = |Y_{min} - Y_{max}|$　　(9-13)

过渡配合　　$T_f = |X_{max} - Y_{max}|$　　(9-14)

上述三类配合的配合公差亦等于孔公差与轴公差之和，即

$$T_f = T_h + T_s \qquad (9\text{-}15)$$

式（9-15）的结论说明配合件的装配精度与零件的加工精度有关。

二、极限与配合的主要内容简介

1. 标准公差系列

标准公差系列是对公差值进行标准化后确定的，它以表格的形式列出，见附表 21。表中任一公差都称为标准公差，用以确定公差带的大小；规定有 20 个公差等级，各级代号为 IT01、IT0、IT1 ~ IT18，其中 IT01 级精度最高，IT18 级精度最低。设计时，在满足使用要求的前提下，尽量采用低一级的公差等级。

2. 基本偏差系列

基本偏差是指用以确定公差带相对于零线位置的上极限偏差或下极限偏差，一般是靠近零线的那个极限偏差（有个别公差带例外）；基本偏差是使公差带位置标准化的唯一参数。当公差带位于零线上方时，基本偏差为下极限偏差，当公差带位于零线下方时，基本偏差为上极限偏差。

国家标准对孔和轴各规定了 28 个基本偏差，代号用拉丁字母表示，大写字母表示孔，小写字母表示轴。基本偏差系列如图 9-7 所示；其中 A ~ H(a ~ h)用于间隙配合；J ~ ZC(j ~ zc)用于过渡或过盈配合。从图中还可以看到：孔的基本偏差 A ~ H 为下极限偏差，J ~ ZC 为上极限偏差；轴的基本偏差 a ~ h 为上极限偏差，j ~ zc 为下极限偏差；JS(js)的公差带对称地分布于零线两边，基本偏差为上极限偏差 $+\frac{IT}{2}$或下极限偏差 $-\frac{IT}{2}$。基本偏差系列图只表示公差带的位置，不表示公差带的大小，因此公差带只画出属于基本偏差的一端，另一端则开口，由标准公差来限定。

孔、轴的公差带代号，由基本偏差代号和标准公差等级代号（去掉 IT）组成；两种代号并排，位于公称尺寸之后，并与其字号相同，如图 9-8 所示。

孔、轴的配合代号用孔、轴公差带的组合表示，写成分数形式，分子为孔的公差带代号，分母为轴的公差带代号，如$\frac{H7}{f6}$或 H7/f6；若指某公称尺寸的配合，则公称尺寸标在配合代号之前，如 $\phi25\,\frac{H7}{f6}$或 ϕ25H7/f6。

只要知道了孔、轴的基本偏差和标准公差，就可以计算出孔、轴的另一个极限偏差。

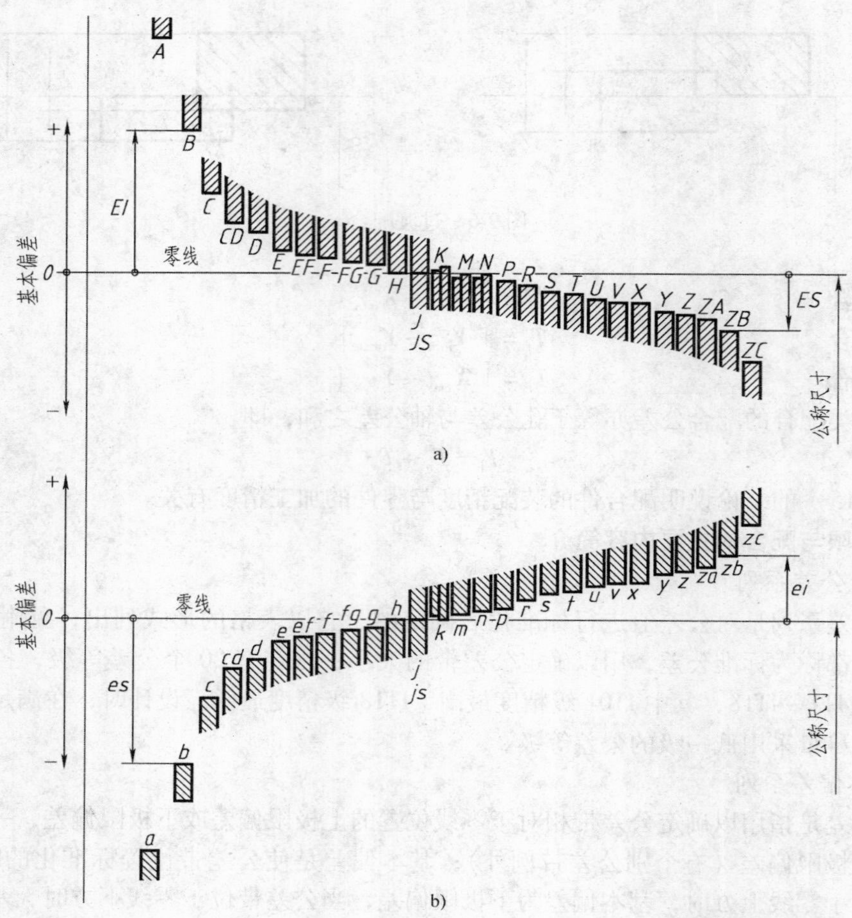

图 9-7　基本偏差系列

a）孔　b）轴

3. 基准制

从前述三类配合的公差带图可知，变更孔、轴公差带的相对位置，可以组成不同性质的配合，但为简化起见，无需两者都变，只要固定一个，变更另一个，就可得到各种配合。因此，国家标准对孔、轴公差带之间的相互位置关系，规定了两种基准制，即基孔制和基轴制。

（1）基孔制　基本偏差为一定的孔的公差带，与不同基本偏差的轴的公差带所形成各种配合的一种制度，如图 9-9a 所示。

基孔制中的孔称为基准孔，用 H 表示，基本偏差为下极限偏差，且等于零，其公差带偏置在零线上方。

（2）基轴制　基本偏差为一定的轴的公差带，与不同基本偏差的孔的公差带形成各种配合的一种制度，如图 9-9b 所示。

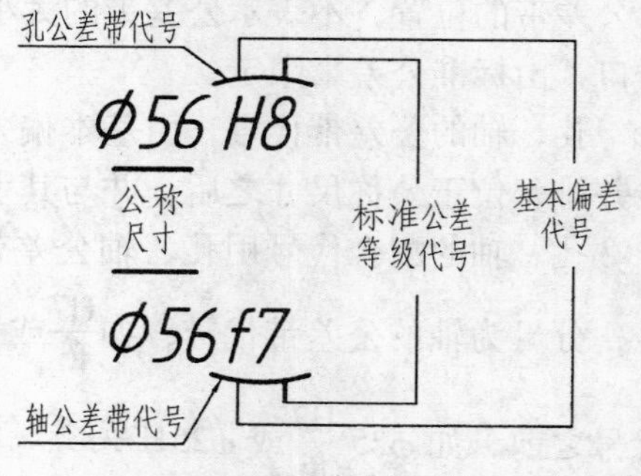

图 9-8　孔、轴公差带代号的写法

基轴制中的轴称为基准轴，用 h 表示，基本偏差为上极限偏差，且等于零，其公差带偏置在零线下方。

4. 优先和常用配合

标准公差等级有 20 个，基本偏差有 28 种，可组成大量公差带和配合。过多的公差带和配合既不能发挥标准的作用，也不利于生产。因此，国家标准规定了优先、常用和一般用途的孔、轴公差带和与之相应的优先和常用配合。基孔制常用配合有 59 种，其中优先配合 13 种。见表 9-1；基轴制常用配合有 47 种，其中优先配合 13 种，见表 9-2。

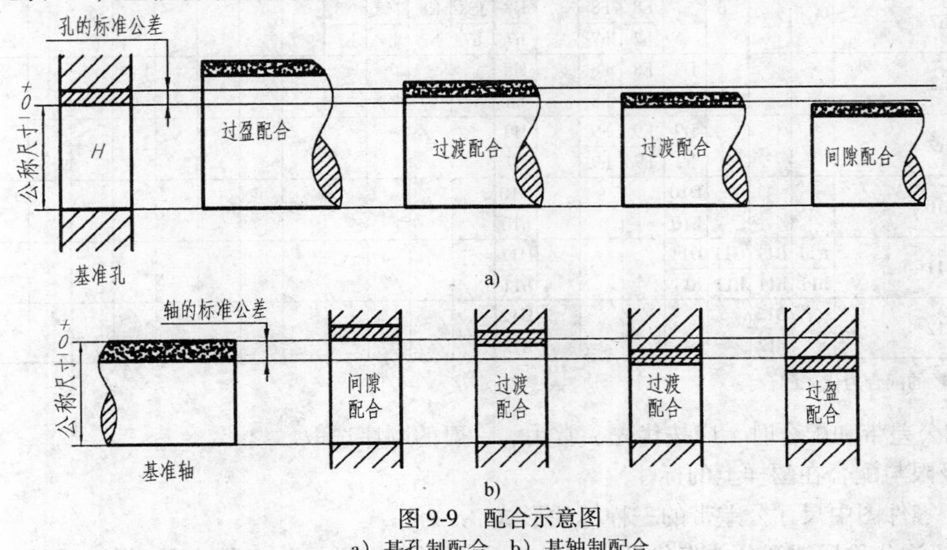

图 9-9　配合示意图

a）基孔制配合　b）基轴制配合

表 9-1　基孔制优先、常用配合（GB/T 1801—2009）

基准孔	轴																			
	a	b	c	d	e	f	g	h	js	k	m	n	p	r	s	t	u	v	x	y	z
	间隙配合								过渡配合			过盈配合									
H6						H6/f5	H6/g5	H6/h5	H6/js5	H6/k5	H6/m5	H6/n5	H6/p5	H6/r5	H6/s5	H6/t5					
H7						H7/f6	◤H7/g6	◤H7/h6	H7/js6	◤H7/k6	H7/m6	◤H7/n6	◤H7/p6	H7/r6	◤H7/s6	H7/t6	◤H7/u6	H7/v6	H7/x6	H7/y6	H7/z6
H8					H8/e7	◤H8/f7	H8/g7	◤H8/h7	H8/js7	H8/k7	H8/m7	H8/n7	H8/p7	H8/r7	H8/s7	H8/t7	H8/u7				
				H8/d8	H8/e8	H8/f8		H8/h8													
H9			H9/c9	◤H9/d9	H9/e9	H9/f9		◤H9/h9													
H10			H10/c10	H10/d10				H10/h10													
H11	H11/a11	H11/b11	◤H11/c11	H11/d11				◤H11/h11													
H12		H12/b12						H12/h12													

注：1. $\frac{H6}{n5}$、$\frac{H7}{p6}$在公称尺寸小于或等于 3mm 和$\frac{H8}{r7}$在公称尺寸小于或等于 100mm 时，为过渡配合。

2. 带◤的配合为优先配合。

表 9-2　基轴制优先、常用配合（GB/T 1801—2009）

基准轴	孔																				
	A	B	C	D	E	F	G	H	JS	K	M	N	P	R	S	T	U	V	X	Y	Z
	间隙配合								过渡配合				过盈配合								
h5						F6/h5	G6/h5	H6/h5	JS6/h5	K6/h5	M6/h5	N6/h5	P6/h5	R6/h5	S6/h5	T6/h5					
h6						F7/h6	◤G7/h6	◤H7/h6	JS7/h6	◤K7/h6	M7/h6	◤N7/h6	◤P7/h6	R7/h6	◤S7/h6	T7/h6	◤U7/h6				
h7					E8/h7	◤F8/h7		◤H8/h7	JS8/h7	K8/h7	M8/h7	N8/h7									
h8				D8/h8	E8/h8	F8/h8		H8/h8													
h9				◤D9/h9	E9/h9	F9/h9		◤H9/h9													
h10				D10/h10				H10/h10													
h11	A11/h11	B11/h11	◤C11/h11	D11/h11				◤H11/h11													
h12		B12/h12						H12/h12													

注：带◤的配合为优先配合。

选用公差带和配合时，应按优先、常用、一般的顺序选取。

5. 极限与配合在图样上的标注

（1）零件图中尺寸公差带的三种标注形式

1）标注公称尺寸和公差带代号。此种标注适用于大批量生产的产品零件，如图 9-10a 所示。

2）标注公称尺寸和极限偏差值。此种标注一般在单件或小批生产的产品零件图样上采用，应用较广泛，如图 9-10b 所示。

3）标注公称尺寸、公差带代号和极限偏差。此种标注适用于中小批量生产的产品零件，如图 9-10c 所示。

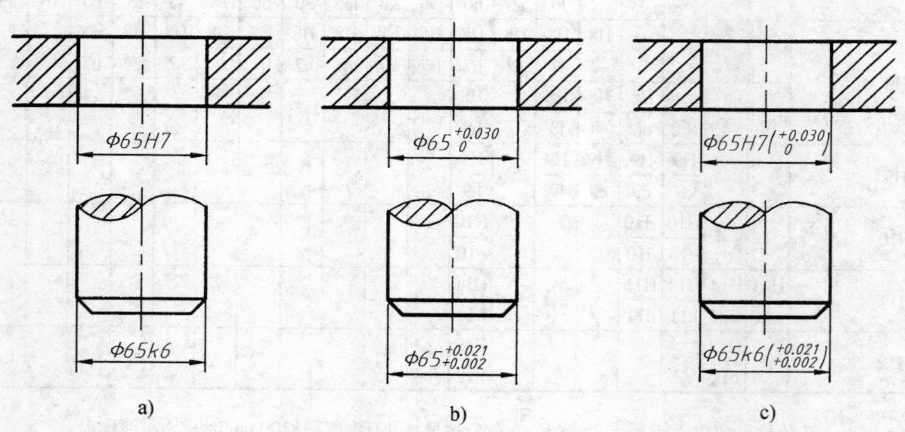

图 9-10　公差带代号、极限偏差在零件图上的三种标注形式

（2）装配图中配合的三种标注方法　如图 9-11 所示，其中图 9-11a 所示的方法应用广泛。

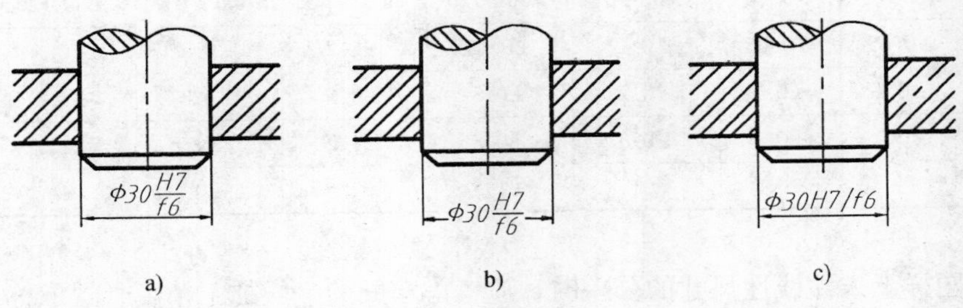

图 9-11　配合代号在装配图上标注的三种形式

6. 极限与配合的选择（简介）

极限与配合的选择包括基准制的选择、公差等级的选择、配合种类的选择。

（1）基准制的选择　优先选用基孔制，因为采用基孔制可以减少定值刀具、量具的规格数目，有利于刀具、量具的标准化、系列化，经济合理、使用方便。

下列情况宜采用基轴制：

1）冷拉圆型材（可达 IT7 ~ IT9）作轴，其表面不需再加工时。

2）在同一公称尺寸的轴上需要装配几个具有不同配合的零件时。

如果有标准件，要根据标准件选择基准制，如轴承内圈采用基孔制，外圈采用基轴制。

（2）公差等级的选择　公差等级的选择原则是：在满足使用要求的前提下，尽量选取较低的公差等级。公差等级的选择方法多采用类比法。所谓类比法，就是参考从生产实践中总结出来的经验资料，进行分析、比较来进行选择，为此要了解各个公差等级的应用范围：

1）IT01 ~ IT1 用于量块的尺寸公差，IT1 ~ IT7 用于量规（来检验 IT6 ~ IT16 孔和轴）公差。

2）IT5 ~ IT12 用于配合尺寸公差，其中：IT5 ~ IT6 用于高精度配合；IT6 ~ IT7 用于较重要的配合：IT7 ~ IT9 用于中等精度的配合；IT10 ~ IT12 用于不重要的配合。

3）IT12 ~ IT18 用于非配合。

用类比法选用公差等级时，还应考虑“工艺等价原则”，即相配合的孔、轴在制造时的难易程度应基本相当。在较高精度时，相互配合的孔的公差等级应比轴的公差等级低一级，如 $\phi 25\ \frac{H7}{f6}$，这是由于较高精度的孔较难加工的缘故；公差等级低于 8 级（IT8）的零、部件，相互配合的孔、轴采用相同的公差等级，如 $\phi 25\ \frac{H9}{f9}$。

一般公差（未注公差的线性和角度尺寸的公差）是指在车间一般加工条件下可以保证的公差。GB/T 1804—2000 对线性尺寸一般公差规定了四个公差等级，即 f（精密级）、m（中等级）、c（粗糙级）、v（最粗级），线性尺寸的极限偏差数值见表 9-3。

表 9-3　线性尺寸的极限偏差数值　　（单位：mm）

公差等级	尺寸分段							
	0.5～3	>3～6	>6～30	>30～120	>120～400	>400～1000	>1000～2000	>2000～4000
f（精密级）	±0.05	±0.05	±0.1	±0.15	±0.2	±0.3	±0.5	—
m（中等级）	±0.1	±0.1	±0.2	±0.3	±0.5	±0.8	±1.2	±2
c（粗糙级）	±0.2	±0.3	±0.5	±0.8	±1.2	±2	±3	±4
v（最粗级）	—	±0.5	±1	±1.5	±2.5	±4	±6	±8

在规定图样上未注线性尺寸的公差时，应考虑车间的一般加工精度，选取标准规定的公差等级；在图样上、技术文件或标准中用线性尺寸的一般公差标准编号和公差等级符号表示。例如，当一般公差选用中等级时，可在零件图样（标题栏上方）上标明：未注公差尺寸按 GB/T 1804—m。

（3）配合种类的选择

1）确定配合类别

①间隙配合主要用于相配件间有相对运动或无相对运动，但需要经常拆卸的场合；有相对移动的，选用较小间隙的配合；有相对转动的，选用较大间隙的配合。

②过盈配合主要用于相配件间需要靠过盈量来传递扭矩的场合。

③过渡配合主要用于相配件间无相对运动，对中性要求较高，且不靠配合传递动力，又要求拆卸方便的场合。

2）配合选用的方法有：计算法、试验法和类比法；计算法的结果是近似的，还要经过试验确定，用得很少；试验法成本很高，只有对产品性能影响很大的一些配合才采用；类比法是在对机械设备上现有的、行之有效的一些配合有充分了解的基础上，对技术要求和工作条件与之类似的配合件，用参照类比的方法确定配合，这种方法目前应用最为广泛。

表 9-4 列出了尺寸至 500mm 基孔制常用和优先配合的特征及应用，可供选择配合时参考。

表 9-4　尺寸至 500mm 基孔制常用和优先配合的特征及应用

配合类别	配合特征	配合代号	应用
间隙配合	特大间隙	$\frac{H11}{a11}$ $\frac{H11}{b11}$ $\frac{H12}{b12}$	用于高温或工作时要求大间隙的配合
	很大间隙	$\left(\frac{H11}{c11}\right)$ $\frac{H11}{d11}$	用于工作条件较差、受力变形或为了便于装配而需要大间隙的配合和高温工作的配合
	较大间隙	$\frac{H9}{c9}$ $\frac{H10}{c10}$ $\frac{H8}{d8}$ $\left(\frac{H9}{d9}\right)$ $\frac{H10}{d10}$ $\frac{H8}{e7}$ $\frac{H8}{e8}$ $\frac{H9}{e9}$	用于高速重载的滑动轴承或大直径的滑动轴承，也可用于大跨距或多支点支承的配合
	一般间隙	$\frac{H6}{f5}$ $\frac{H7}{f6}$ $\left(\frac{H8}{f7}\right)$ $\frac{H8}{f8}$ $\frac{H9}{f9}$	用于一般转速的动配合。当温度影响不大时，广泛应用于普通润滑油润滑的支承处
	较小间隙	$\left(\frac{H7}{g6}\right)$ $\frac{H8}{g7}$	用于精密滑动零件或缓慢间歇回转的零件的配合部位
	很小间隙和零间隙	$\frac{H6}{g5}$ $\frac{H6}{h5}$ $\left(\frac{H7}{h6}\right)$ $\left(\frac{H8}{h7}\right)$ $\frac{H8}{h8}$ $\left(\frac{H9}{h9}\right)$ $\frac{H10}{h10}$ $\left(\frac{H11}{h11}\right)$ $\frac{H12}{h12}$	用于不同精度要求的一般定位件的配合和缓慢移动和摆动零件的配合

（续）

配合类别	配合特征	配合代号	应用
过渡配合	绝大部分有微小间隙	$\frac{H6}{js5}$ $\frac{H7}{js6}$ $\frac{H8}{js7}$	用于易于装卸的定位配合或加紧固件后可传递一定静载荷的配合
	大部分有微小间隙	$\frac{H6}{k5}\left(\frac{H7}{k6}\right)\frac{H8}{k7}$	用于稍有振动的定位配合。加紧固件可传递一定载荷,装卸方便可用木锤敲入
	大部分有微小过盈	$\frac{H6}{m5}$ $\frac{H7}{m6}$ $\frac{H8}{m7}$	用于定位精度较高且能抗振的定位配合。加键可传递较大载荷。可用铜锤敲入或小压力压入
	绝大部分有微小过盈	$\left(\frac{H7}{n6}\right)\frac{H8}{n7}$	用于精确定位或紧密组合件的配合。加键能传递大力矩或冲击性载荷。只在大修时拆卸
	绝大部分有较小过盈	$\frac{H8}{p7}$	加键后能传递很大力矩,且承受振动和冲击的配合、装配后不再拆卸
过盈配合	轻型	$\frac{H6}{n5}$ $\frac{H6}{p5}\left(\frac{H7}{p6}\right)\frac{H6}{r5}$ $\frac{H7}{r6}$ $\frac{H8}{r7}$	用于精确的定位配合。一般不能靠过盈传递力矩。要传递力矩尚需加紧固件
	中型	$\frac{H6}{s5}\left(\frac{H7}{s6}\right)\frac{H8}{s7}$ $\frac{H6}{t5}$ $\frac{H7}{t6}$ $\frac{H8}{t7}$	不需加紧固件就可传递较小力矩和轴向力。加紧固件后可承受较大载荷或动载荷的配合
	重型	$\left(\frac{H7}{u6}\right)\frac{H8}{u7}$ $\frac{H7}{v6}$	不需加紧固件就可传递和承受大的力矩和动载荷的配合。要求零件材料有高强度
	特重型	$\frac{H7}{x6}$ $\frac{H7}{y6}$ $\frac{H7}{z6}$	能传递和承受很大力矩和动载荷的配合,需经试验后方可应用

注：1. 括号内的配合为优先配合。

2. 国家标准规定的47种基轴制配合的应用与本表中的同名配合相同。

第二节　几 何 公 差

一、概述

零件在加工过程中不仅有尺寸误差，而且还会产生几何误差。几何误差对机械产品工作性能的影响不容忽视。例如圆柱形零件的圆度、圆柱度误差会使配合间隙不均、加速磨损、各部分过盈不一致、影响连接强度；机床导轨的直线度误差会使移动部位运动精度降低，影响加工质量；齿轮箱上各轴承孔的位置误差会影响齿轮传动的齿面接触精度和齿侧间隙；轴承盖上各螺钉孔的位置不正确，则会影响其自由装配等。因此，为保证机械产品的质量和零件的互换性，必须对几何公差加以控制，规定形状、方向、位置和跳动公差。

1. 几何公差的项目及符号

按 GB/T 1182—2008 规定，几何公差分为形状、方向、位置和跳动公差四种类型，其几何特征符号共有 14 个，各项目的名称及符号见表 9-5。

表 9-5　几何特征的名称及符号

公　差	特征项目	符　号	有或无基准要求
形状公差	直线度	—	无
	平面度	⏥	无
	圆度	○	无
	圆柱度	⌭	无
	线轮廓度	⌒	无
	面轮廓度	⌓	无
方向公差	平行度	∥	有
	垂直度	⊥	有
	倾斜度	∠	有
	线轮廓度	⌒	有
	面轮廓度	⌓	有

公　差	特征项目	符　号	有或无基准要求
位置公差	位置度	⌖	有或无
	同心度（用于中心点）	◎	有
	同轴度（用于轴线）	◎	有
	对称度	⌯	有
	线轮廓度	⌒	有
	面轮廓度	⌓	有
跳动公差	圆跳动	↗	有
	全跳动	⌰	有

2. 几何公差的研究对象——几何要素

几何要素（简称要素）是指构成零件几何特征的点、线和面，如图 9-12 所示。

几何要素可从不同角度分类：

（1）按存在状态分类

1）实际要素：零件实际存在的要素。通常用测量得到的要素来代替实际要素。

2）理想要素：具有几何学意义的要素，它们不存在任何误差。图样上表示的要素均为理想要素。

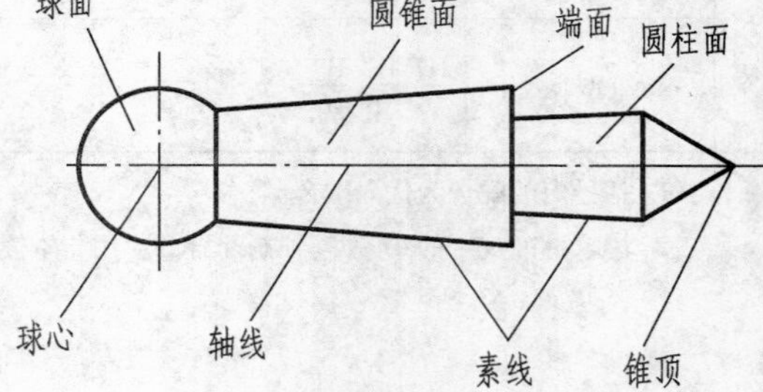

图 9-12　零件的要素

（2）按所处的地位分类

1）被测要素：图样上由几何公差框格指引线箭头所指的，表示给出几何公差要求的要素，是检测的对象。如图 9-13 中 d_2 的圆柱面、台肩面和 d_1 圆柱的轴线都给出了几何公差，因此它们都是被测要素。

2）基准要素：图样上由基准代号所指的，用来确定被测要素方向或位置的要素。如图 9-13 中 d_2 的圆柱轴线用来确定 d_2 圆柱台肩面的方向和 d_1 圆柱面的位置，所以，d_2 圆柱轴线是基准要素，如图 9-13 所示。

（3）按结构特征分类

1）组成要素：构成零件外形，能直接为人们所感觉到的点、线、面各要素。如图 9-12 中的球面、圆锥面、圆柱面、端面及圆锥面和圆柱面的素线等。

2）导出要素：由一个或几个组成要素得到的中心点、中心线或中心面。它不能直接为

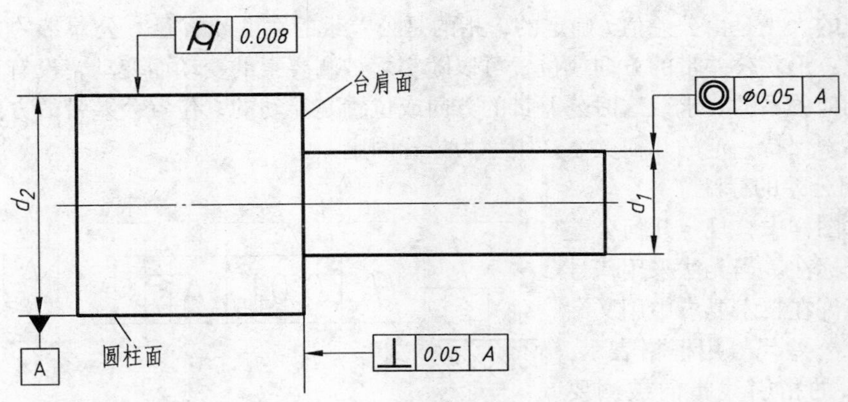

图 9-13　零件几何要素示例

人们感觉到，但却依附于相应的组成要素而假想存在。如图 9-12 中球心是依附于球面的导出要素，轴线是依附于回转表面的导出要素。

（4）按功能关系分类

1）单一要素：仅对其本身给出几何公差要求的要素。如图 9-13 中 d_2 圆柱面给出了圆柱度公差要求，故为单一要素。

2）关联要素：与基准要素有功能（方向、位置）要求的要素。如图 9-13 中 d_1 轴线相对于 d_2 轴线有同轴度要求；d_2 圆柱的台肩面相对 d_2 圆柱的轴线有垂直度要求，所以 d_1 的轴线和 d_2 的台肩面都是关联要素。

3. 几何公差的意义和特征

随使用场合的不同，几何公差通常具有两个意义。其一，几何公差是一个以理想要素为边界的平面或空间区域，要求实际要素处处不得超出该区域，该区域称为几何公差带；其二，几何公差是一个数值，要求实际要素的误差值小于或等于该值。

几何公差的公差带具有形状、大小、方向和位置四要素。公差带的形状由被测要素的理想形状和给定的公差特征项目所确定。几何公差的公差带形状如图 9-14 所示。

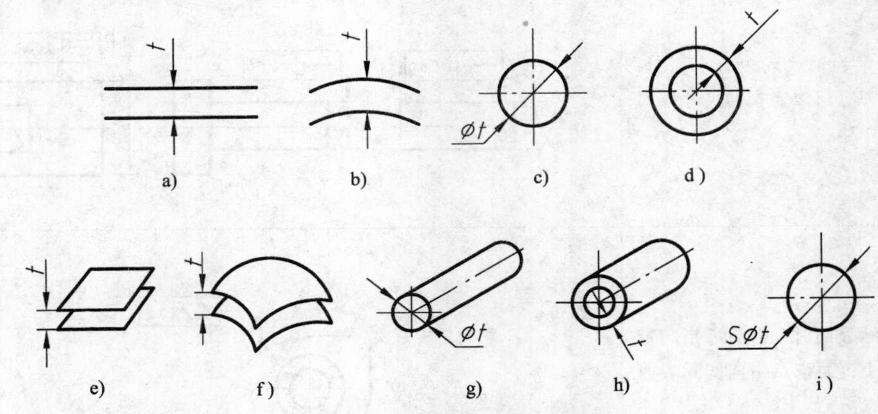

图 9-14　几何公差的公差带形状

a）两平行直线　b）两等距直线　c）一个圆　d）两同心圆　e）两平行平面

f）两等距曲面　g）圆柱面　h）两同心圆柱面　i）一个球

公差带的大小是由公差值 t 确定的，指的是公差带的宽度或直径。公差带的方向和位置有两种情况：形状公差带的方向或位置可以随实际被测要素的变动而变动，没有对其他要素保持一定几何关系的要求，这时公差带的方向或位置是浮动的；位置公差带的方向或位置必须和基准要素保持一定的几何关系，则称为位置固定。

4. 几何公差的标注

在技术图样中，规定几何公差一般用代号标注。当无法采用代号标注时，允许在技术要求中用文字说明。几何公差代号用框格表示，并用带箭头的指引线指向被测要素；几何公差框格有两格或多格，它可以水平放置，也可以垂直放置，自左至右依次填写几何公差项目符号、公差数值（单位为 mm）、基准代号字母等，其基本形式及规格如图 9-15a 所示。

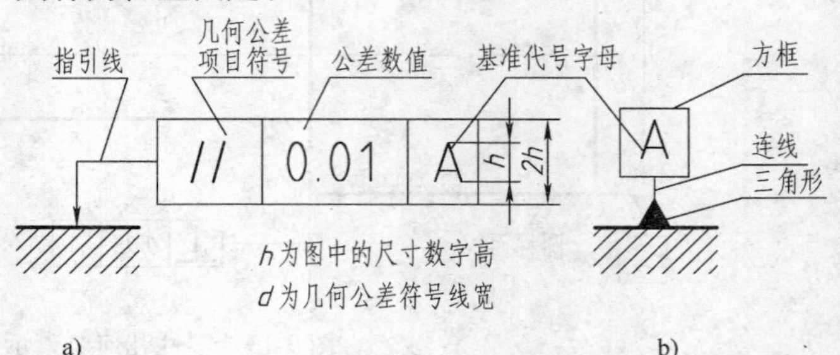

图 9-15　几何公差的标注

a）几何公差框格　b）基准要素符号

（1）被测要素的标注　用带箭头的指引线将框格与被测要素相连，指引线可从框格的任一端垂直引出，引向被测要素时允许弯折，但不得多于两次；指引线箭头应指向公差带的宽度或直径方向，见表 9-6 ~ 表 9-8。指引线箭头按表 9-6 所示的方法与被测要素连接。

表 9-6　被测要素的标注方法

配合类别	应　用
当被测要素为组成要素时，指引线的箭头应指在该要素的可见轮廓线或其引出线上，并应明显地与尺寸线错开	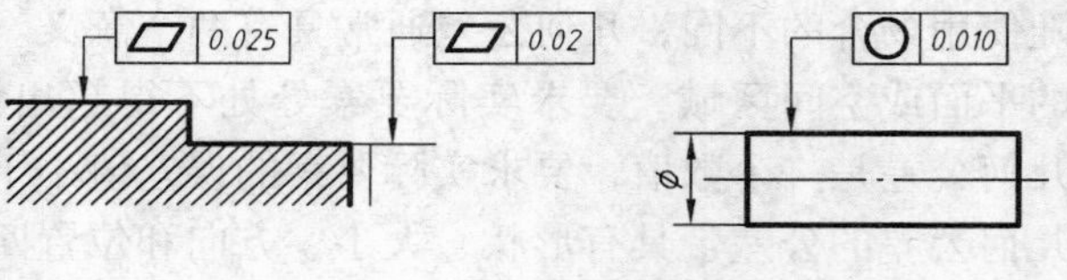
当被测要素为轴线或中心平面时，指引线的箭头应与该要素的尺寸线对齐	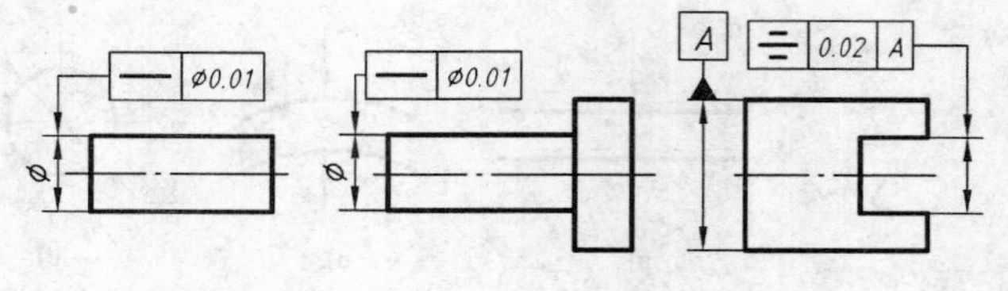
当指向实际表面时，箭头可指向带点的参考线上，而该点指向实际表面上	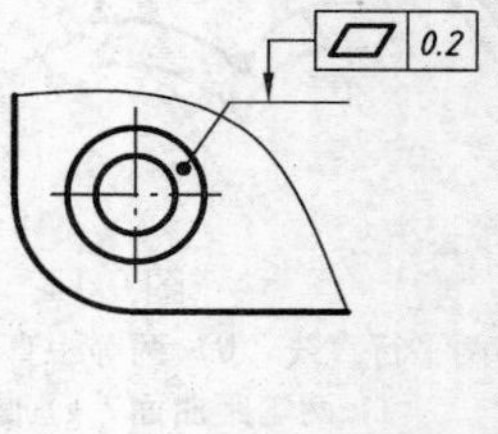

（续）

配合类别	应　用
当被测要素为圆锥体的轴线时，指引线的箭头应与圆锥体的直径尺寸对齐；若该尺寸不能明显区别圆锥体和圆柱体，应在圆锥体内画出空白尺寸线，并将指引线箭头与该空白尺寸线对齐；若圆锥体采用角度尺寸标注，则指引线箭头应对着该角度尺寸线	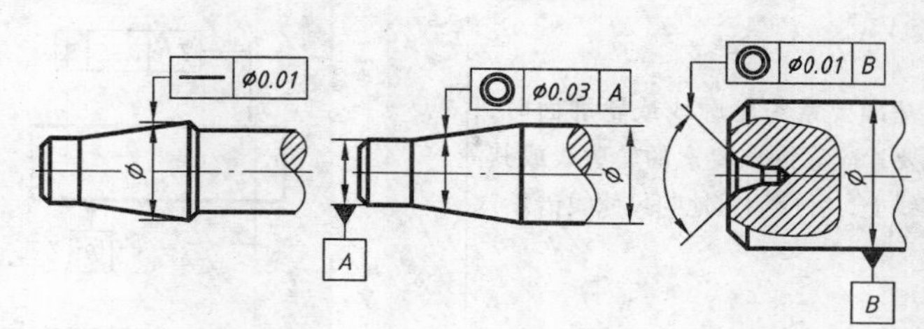
当同一被测要素有多项几何公差要求，其标注方法又一致时，可以将这些框格绘制在一起，并引用一根指引线	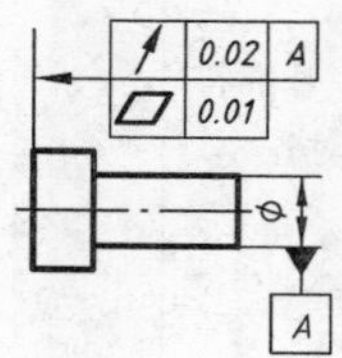
当多个被测要素有相同的几何公差要求时，可以在从框格引出的指引线上绘制多个指示箭头，并分别与个被测要素相连	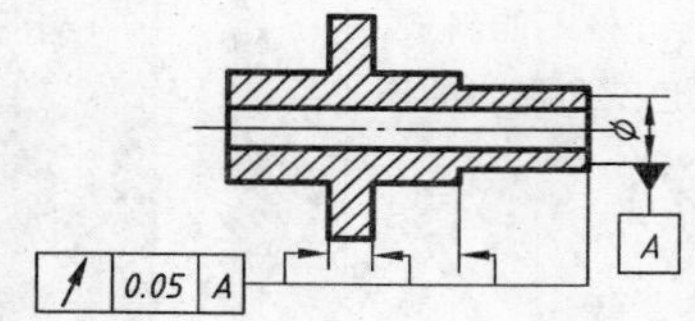
当被测要素只是该要素中的局部时，用粗点画线表示其范围，并且注出尺寸	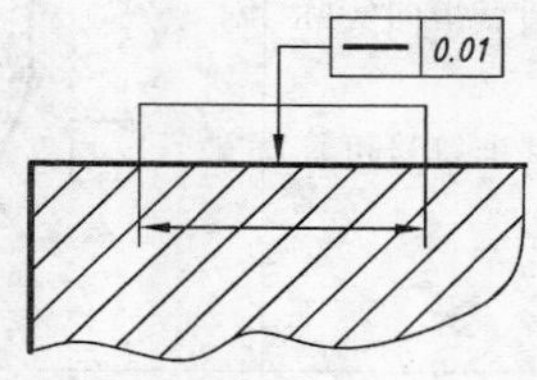
为说明公差框格中所标注的几何公差的其他附加要求，或为了简化标注方法，可以在公差框格上方或下方附加文字说明。一般属于被测要素数量的说明，应写在公差框格的上方，属于解释性的说明应写在公差框格的下方	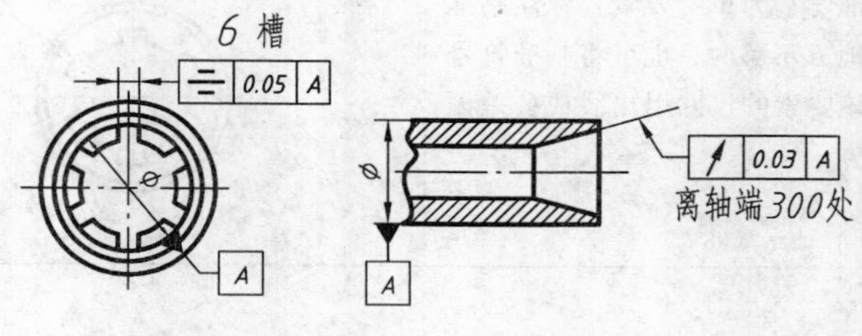

（2）基准要素的标注　基准用基准代号在图中指示；基准代号由方框（边长为图内尺寸数字高度的 2 倍）、大写字母（不用 E、I、J、M、O、P、L、R、F）、细实线和三角形组成，如图 9-15b 所示。基准代号按表 9-7 所列的方法与基准要素相连。

表 9-7　基准要素的标注方法

配合类别	应　用
当基准要素为轮廓线或轮廓面时，基准要素应靠近该要素的轮廓线或其延长线上，并应明显地与尺寸线错开	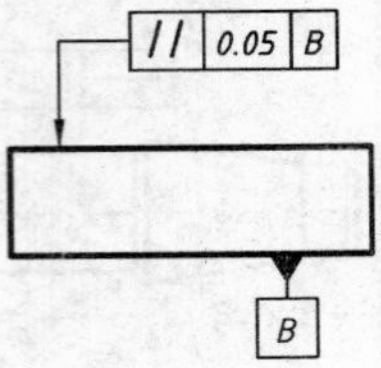 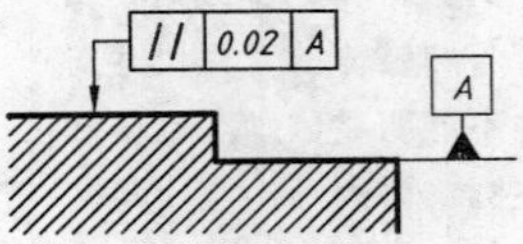 // 0.05 B B // 0.02 A A
当基准要素为导出要素时，基准符号的连线应与该要素的尺寸线对齐	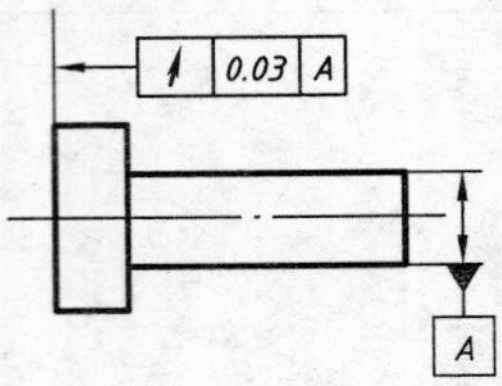 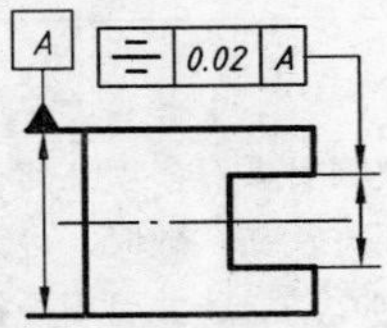 ↗ 0.03 A A A ⌯ 0.02 A
基准符号中的基准方格不能斜放，必要时基准方格与黑色三角形间的连线可用折线	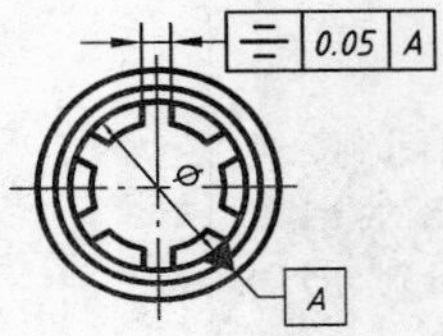 ⌯ 0.05 A A
基准要素可以置于用圆点指向实际表面的参考线上 当基准为中心孔时，基准符号可标注在中心孔引出线的下方	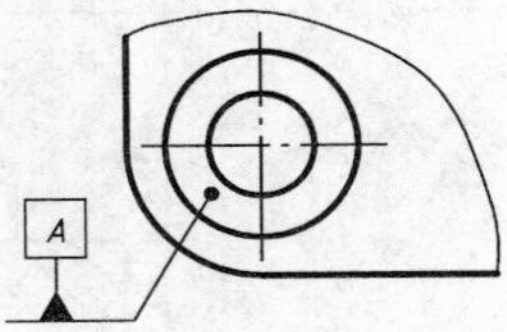 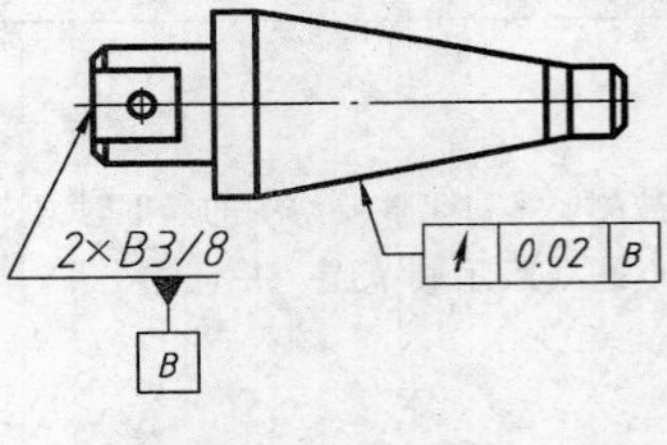 A 2×B3/8 B ↗ 0.02 B
当基准要素为单一要素且标注基准符号的地方不够时，也可将基准符号标注在该要素的尺寸引出线或公差框格的下方	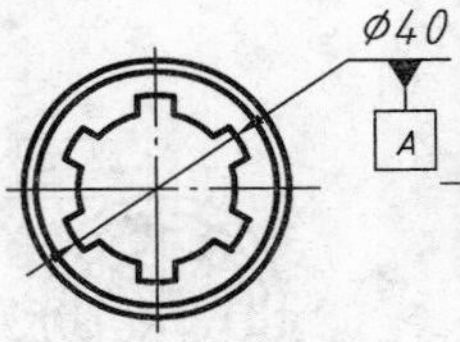 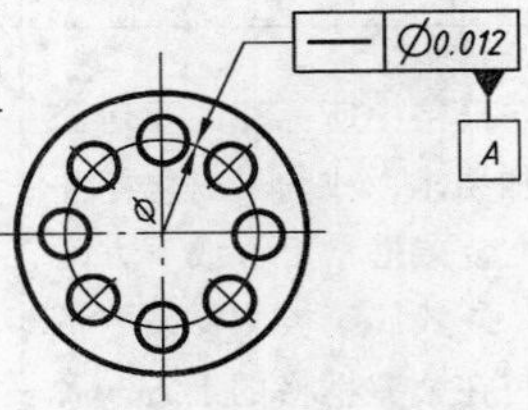 ϕ40 A — ϕ0.012 A
当基准要素只是该要素中的局部时，用粗点画线表示其范围，并且注出尺寸	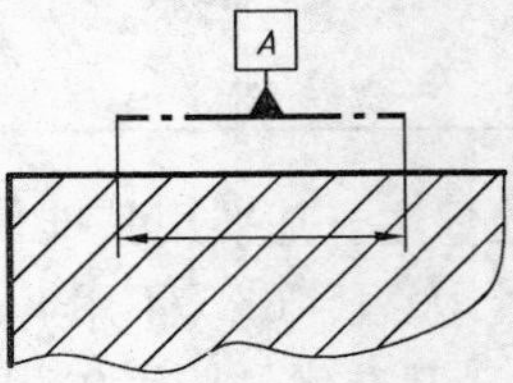 A

（续）

配合类别	应　用
当基准为组合基准要素时，应在公差框格的第三格内填写与基准符号相应的字母，字母之间用横线相连；当基准为两个或三个基准平面时，应在公差框格内第三格开始从左到右顺序填写相应的字母	
基准必须注出基准符号，不得与公差框格直接相连，即被测要素与基准要素应分别标注	

在基准代号框格中，单一基准要素用一个大写字母表示，见表9-8中平行度、垂直度、倾斜度等的标注；由两个要素组成的公共基准，用横线隔开的两个大写字母表示，如A—B，见表9-8中同轴度的标注；由三个相互垂直的平面所构成的基准体系，称为三基面体系，用三个大写字母表示，从左至右依次为第一、第二、第三基准；其中选最重要（或最大）的平面作为第一基准A，选次要（或较长）的平面作为第二基准B，选不重要的平面作为第三基准C，见表9-8中线的位置度的标注。

二、几何公差的定义

几何公差及公差带的定义和解释见表9-8。

表9-8　几何公差及公差带的定义和解释

项目	公差带定义	标注和解释
直线度	在给定平面内，公差带是距离为公差值 t 的两平行直线之间的区域 	被测圆柱面与任一素线必须位于该平面内距离为0.01mm的两平行直线内

（续）

项目	公差带定义	标注和解释
直线度	在给定方向上，公差带是距离为公差值 t 的两平行平面之间的区域 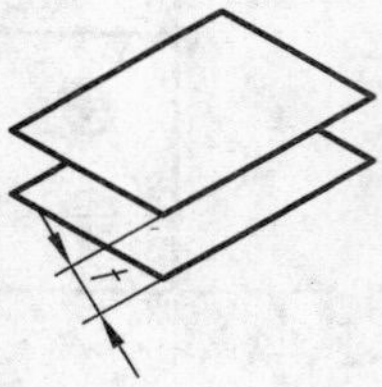	被测表面的素线必须位于距离为 0.1mm 的两平行平面内 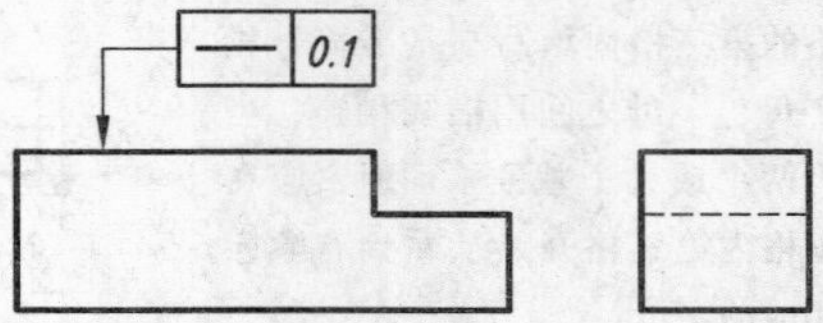
	如在公差值前加注 ϕ，则公差带是直径为 t 的圆柱面内的区域 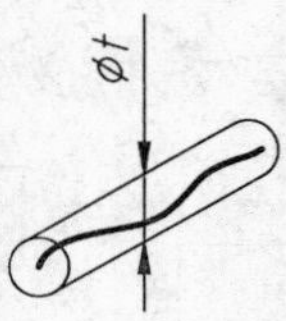	被测圆柱面的轴线位于直径为 ϕ0.08mm 的圆柱面内 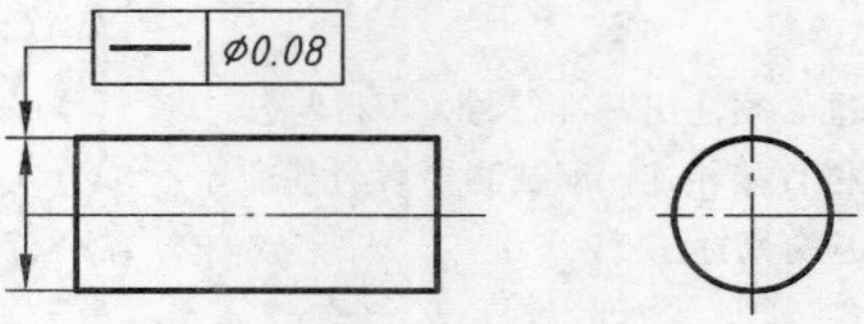
平面度	公差带是距离为公差值 t 的两平行平面之间的区域 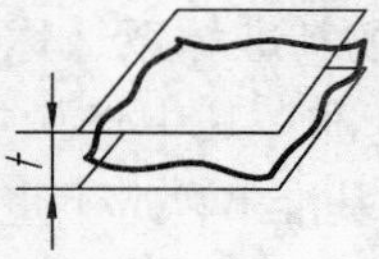	被测表面必须位于距离为公差值 0.06mm 的两平行平面内 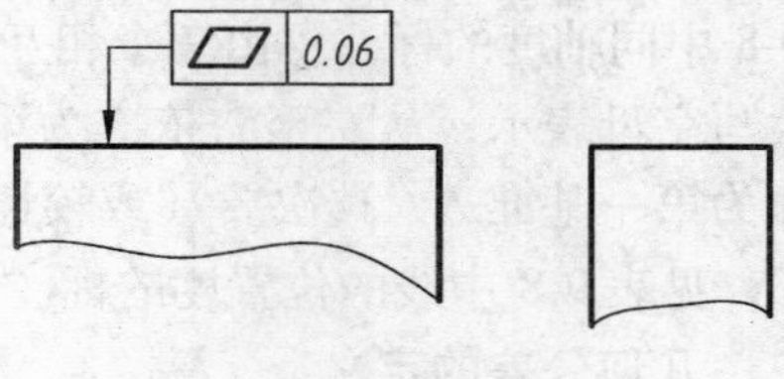
圆度	公差带是在同一正截面上，半径差为公差值 t 的两同心圆之间的区域 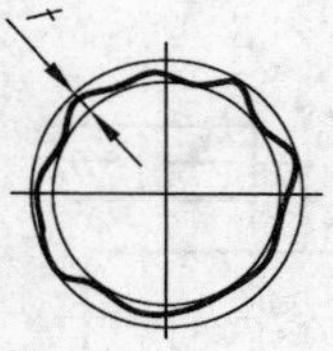	被测圆柱面任一正截面的圆周必须位于半径差为公差值 0.02mm 的两同心圆之间 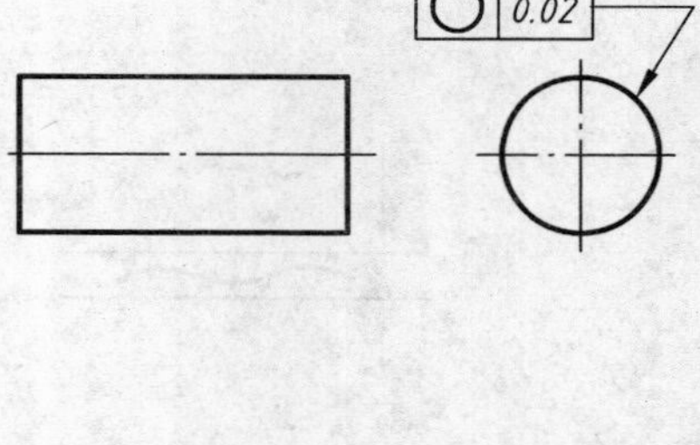

（续）

项目		公差带定义	标注和解释
圆柱度		公差带是半径差为公差值 t 的两同轴圆柱面之间的区域	被测圆柱面必须位于半径差为公差值 0.05mm 的两同心圆柱面之间
平行度	面对面	公差带是距离为公差值 t，且平行于基准面的两平行平面之间的区域 	被测表面必须位于距离为公差值 0.05mm，且平行于基准表面 A 的两平行平面之间
	线对面	公差带是距离为公差值 t，且平行于基准平面的两平行平面之间的区域 	被测轴线必须位于距离为公差值 0.05mm，且平行于基准平面 A 的两平行平面之间
	面对线	公差带是距离为公差值 t，且平行于基准轴线的两平行平面之间的区域 	被测表面必须位于距离为公差值 0.05mm，且平行于基准线 A 的两平行平面之间

（续）

项目		公差带定义	标注和解释
平行度	线对线	公差带是距离为公差值 t，且平行于基准线，并位于给定方向上的两平行平面之间的区域 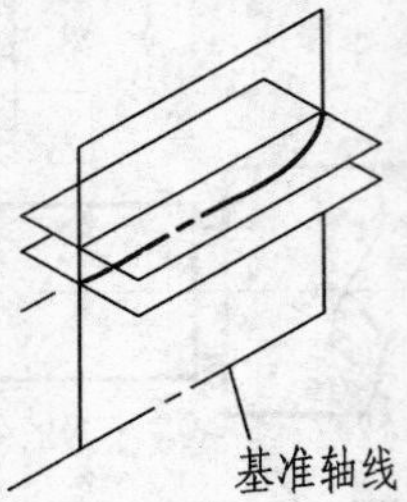 基准轴线	被测轴线必须位于距离为公差值 0.1mm，且在给定方向上平行于基准轴线的两平行平面之间 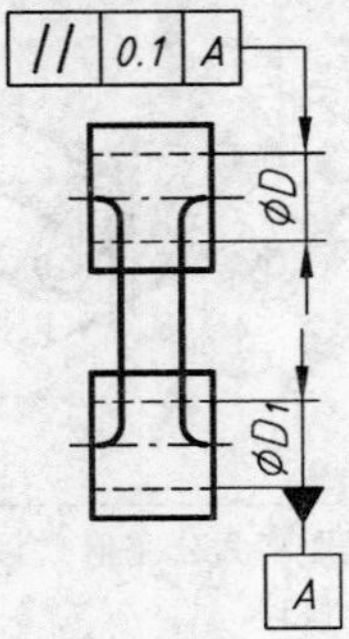 // 0.1 A ϕD ϕD_1 A
		如在公差值前加注 ϕ，公差带是直径为公差值 t，且平行于基准轴线的圆柱面内的区域 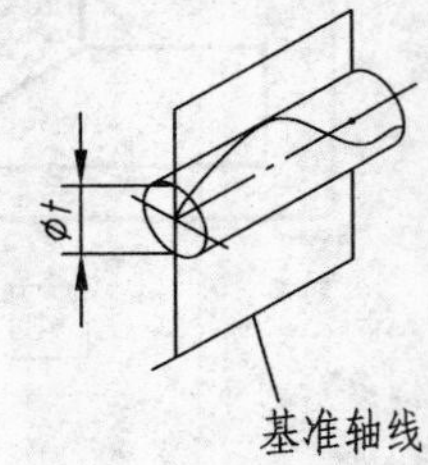 ϕt 基准轴线	被测轴线必须位于直径为公差值 ϕ0.1mm，且平行于基准轴线的圆柱面内 ϕD 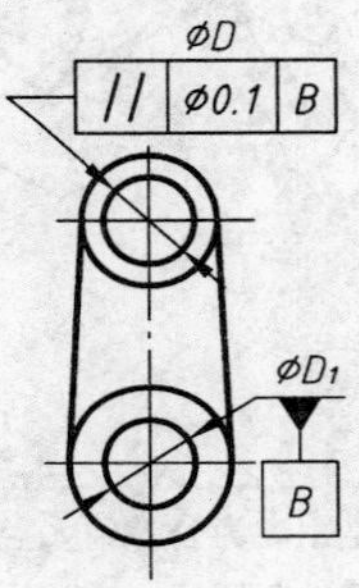 // ϕ0.1 B ϕD_1 B
垂直度	面对面	公差带是距离为公差值 t，且垂直于基准平面的两平行平面之间的区域 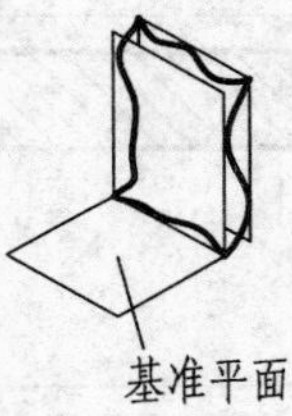 基准平面	被测面必须位于距离为公差值 0.05mm，且垂直于基准平面 C 的两平行平面之间 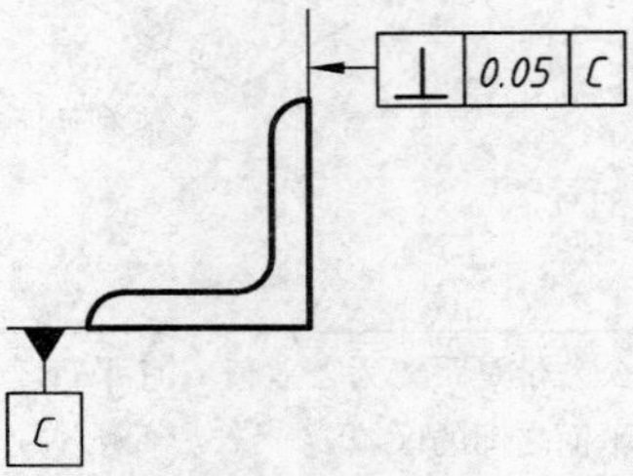 ⊥ 0.05 C C
倾斜度	面对线	公差带是距离为公差值 t，且与基准线成一定角度 α 的两平行平面之间的区域 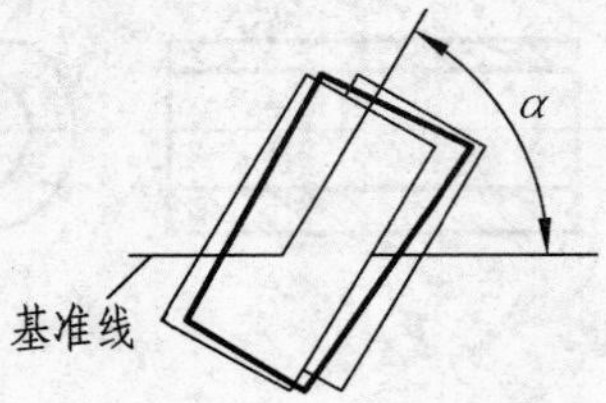 α 基准线	被测表面必须位于距离为公差值 0.1mm，且与基准线 D（基准轴线）成理论正确角度 75° 的两平行平面之间 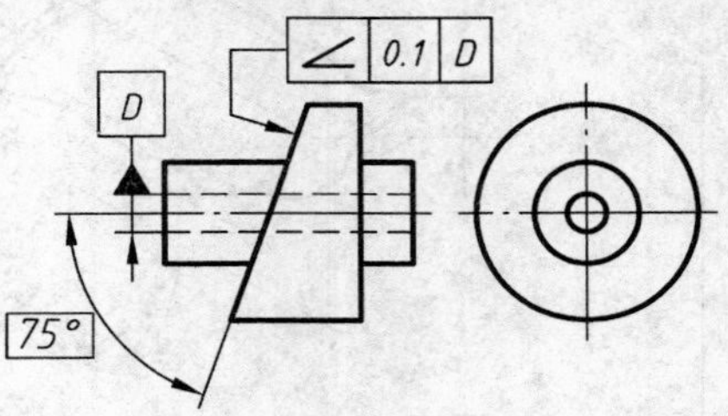 ∠ 0.1 D D 75°

（续）

项目		公差带定义	标注和解释
同轴度	轴线	公差带是直径为公差值 ϕt 的圆柱面内区域，该圆柱面的轴线与基准轴线同轴 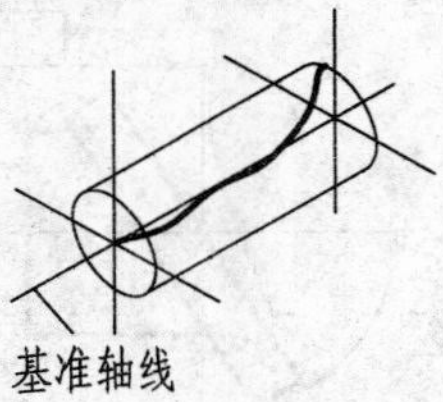 基准轴线	大圆的轴线必须位于直径为公差值 $\phi 0.1$mm，且与公共基准轴线 $A—B$ 同轴的圆柱面内 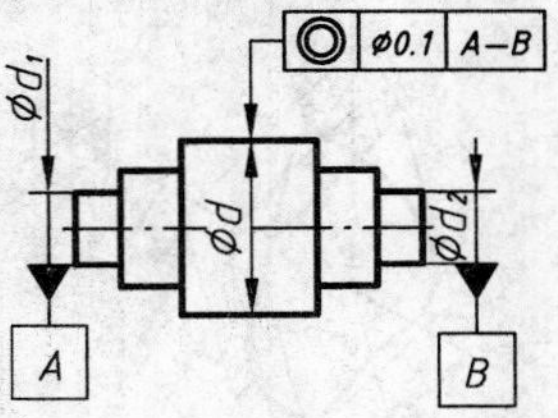 Ø0.1 A—B；ϕd_1；ϕd；ϕd_2；A；B
对称度	中心平面	公差带是距离为公差值 t，且相对基准的中心平面对称配置的两平行平面之间的区域 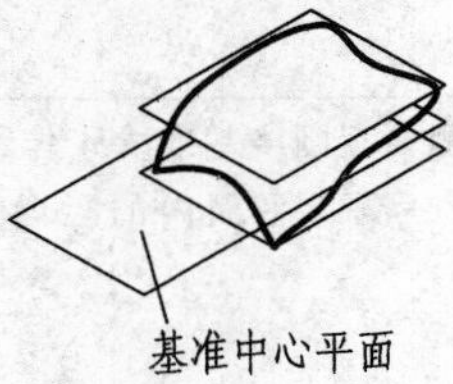 基准中心平面	被测中心平面必须位于距离为公差值 0.08mm，且相对基准中心平面 A 对称配置的两平行平面之间 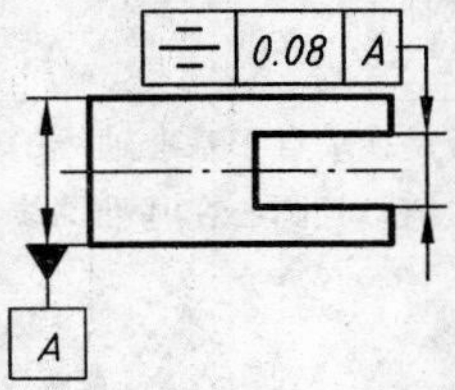 0.08 A；A
位置度	点	如公差值前加注 $S\phi$，公差带是直径为公差值 t 的球内的区域，球公差带的中心点的位置由相对于基准 A 和 B 的理论正确尺寸确定 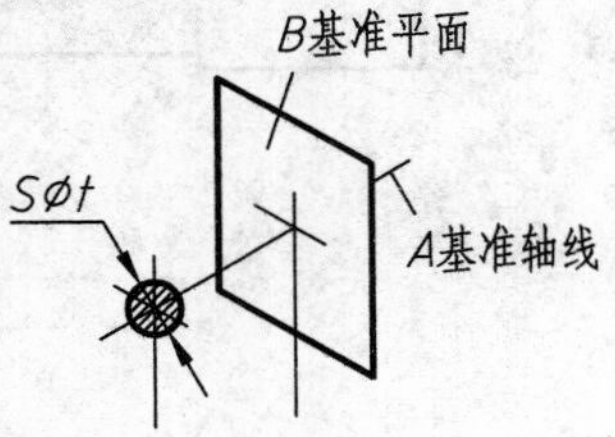 B基准平面；SØt；A基准轴线	被测球的球心必须位于公差值 0.08mm 的球内，该球的球心位于相对基准 A 和 B 所确定的理想位置上 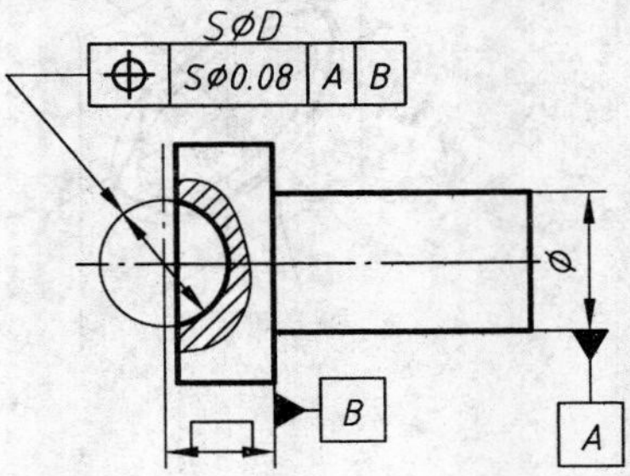 SØD；SØ0.08 A B；Ø；B；A
	线	如在公差值前加注 ϕ，则公差带是直径为 t 的圆柱面内的区域，公差带的轴线位置由相对于三基准体系的理论正确尺寸确定 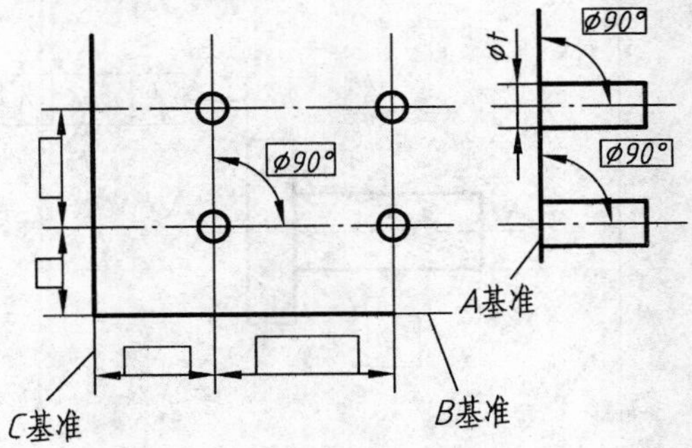 Ø90°；Øt；Ø90°；Ø90°；A基准；C基准；B基准	每个被测轴线必须位于直径为公差值 $\phi 0.1$mm，且以相对于 A、B、C 基准平面所确定的理想位置为轴线的圆柱内 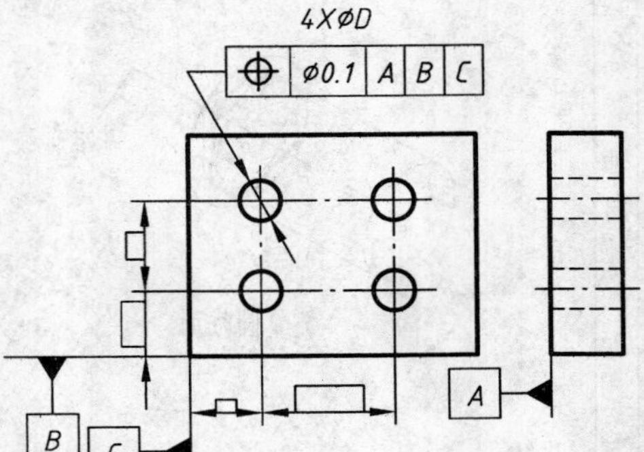 4XØD；Ø0.1 A B C；A；B；C

（续）

<table>
<tr><th colspan="2">项目</th><th>公差带定义</th><th>标注和解释</th></tr>
<tr><td>位置度</td><td>面</td><td>公差带是距离为公差值 t，中心平面的理想位置在两平行平面之间的区域 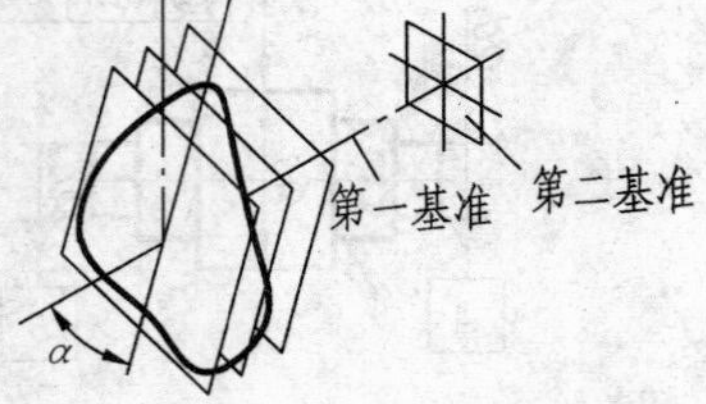</td><td>被测平面必须位于公差值为 0.05mm，与基准轴线成 60°，中心平面距基准平面 B 为 50mm 的两平行平面内 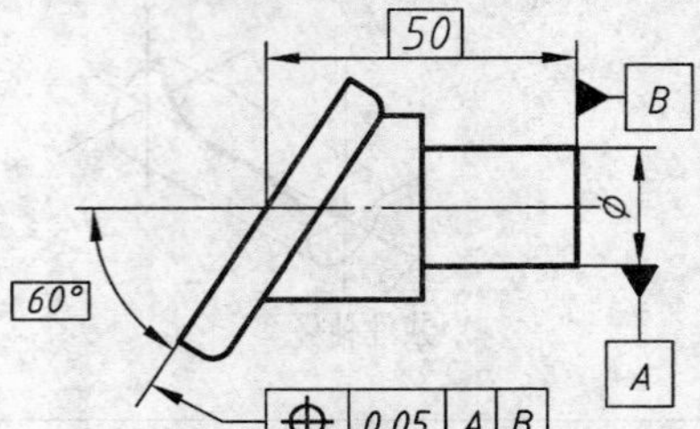</td></tr>
<tr><td rowspan="2">圆跳动</td><td>径向</td><td>公差带是在垂直于基准轴线的任一测量平面内半径差为公差值 t，且圆心在基准轴线上的两个同心圆之间的区域 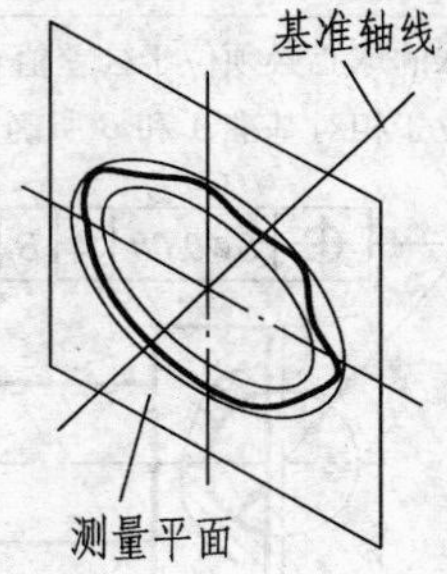</td><td>当被测要素围绕基准线 A 作无轴向移动旋转一周时，在任一测量平面内的径向圆跳动量均不大于 0.05mm 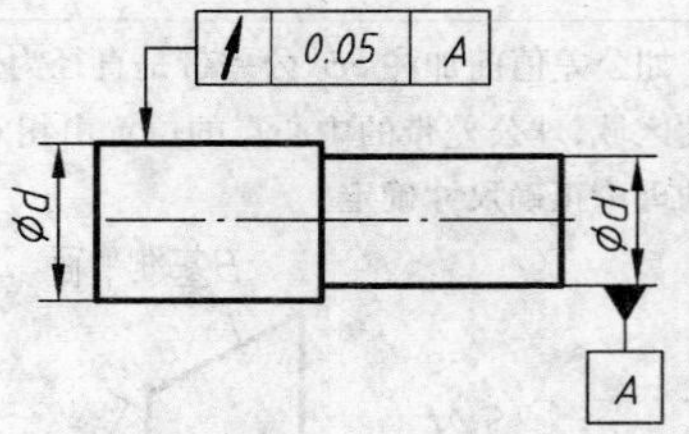</td></tr>
<tr><td>轴向</td><td>公差带是在与基准同轴的任一半径位置的测量圆柱面上距离为 t 的圆柱面区域 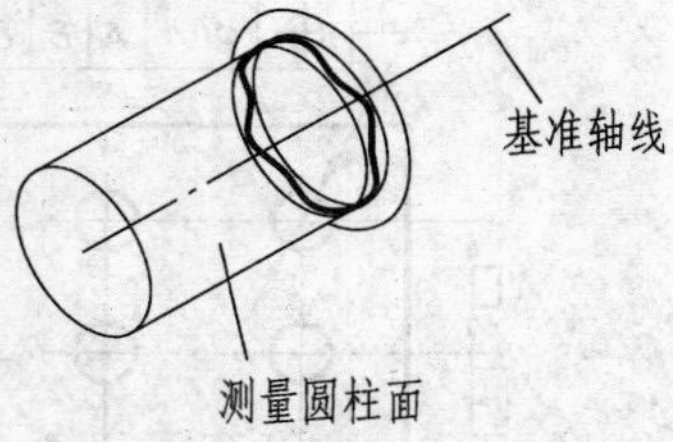</td><td>被测面绕基准轴线 A 作无轴向移动旋转一周时，在任一测量圆柱面内的轴向跳动量均不大于 0.06mm 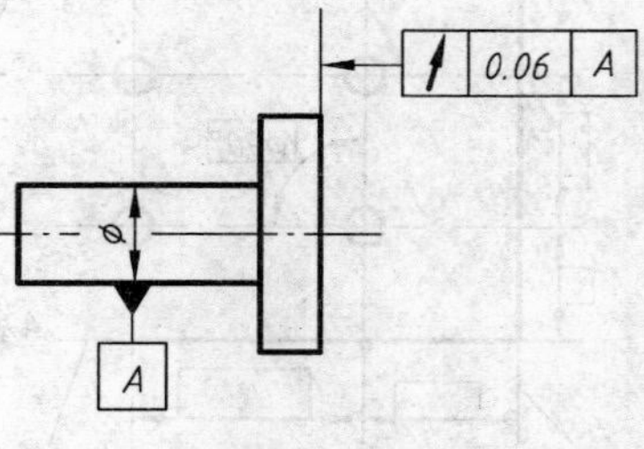</td></tr>
</table>

（续）

项目		公差带定义	标注和解释
圆跳动	斜向	公差带是在与基准轴线同轴的任一测量圆锥面上距离为 t 的两圆之间的区域，除另有规定，其测量方向应与被测面垂直 	被测面绕基准轴线 A 作无轴向移动旋转一周时，在任一测量圆锥面上的跳动量均不得大于 0.05mm
全跳动	径向	公差带是半径差为公差值 t，且与基准同轴的两圆柱面之间的区域 	被测要素围绕基准线 $A—B$ 作若干次旋转，并在测量仪器与工件间同时作轴向移动，此时在被测要素上各点间的示值差均不得大于 0.2mm，测量仪器或工件必须沿着基准轴向方向相对于公共基准轴向 $A—B$ 移动
	端面	公差带是半径差为公差值 t，且与基准垂直的两平行平面之间的区域 	被测要素围绕基准线 A 作若干次旋转，并在测量仪器与工件间作径向移动，此时在被测要素上各点间的示值差均不得大于 0.05mm，测量仪器或工件必须沿着轮廓具有理想正确形状的线和相对于基准轴线 A 的正确方向移动

三、几何公差与尺寸公差的关系

同一被测要素上，既有几何公差又有尺寸公差时，确定几何公差与尺寸公差之间相互关系的原则称为公差原则，它分为独立原则和相关要求两大类。

1. 有关术语及定义

（1）提取组成要素的局部尺寸　在实际要素的任意截面上，两对应点之间测得的距离称为提取组成要素的局部尺寸，简称提取要素的局部尺寸；内、外表面的提取要素的局部尺寸分别用 D_a、d_a 表示，要素各处的提取要素的局部尺寸往往是不同的，如图 9-16 所示。

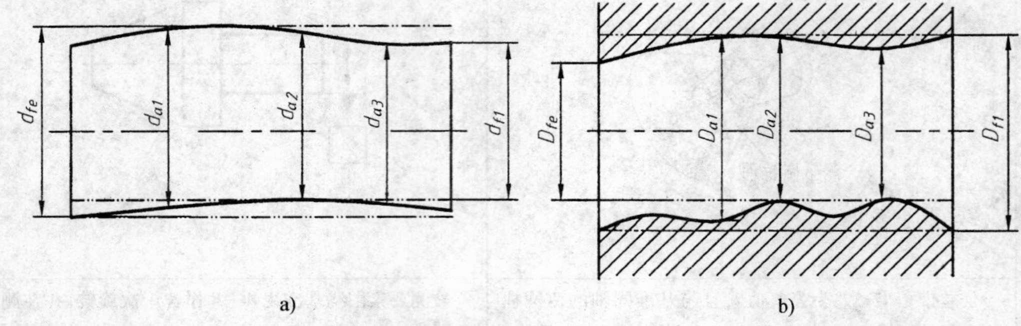

图 9-16　提取要素的局部尺寸和作用尺寸

（2）作用尺寸（用 D_{fe} 和 d_{fe} 表示）

1）作用尺寸。在被测要素的给定长度上，与实际孔内接的最大理想轴或与实际轴外接的最小理想孔的尺寸，如图 9-17 中的 d_{fe}，称为单一作用尺寸；对于关联要素，该理想面的轴线或中心平面必须与基准保持图样给定的几何关系，如图 9-17 中的 d_{fer}，称为关联作用尺寸；假设图样给出了 d 圆柱面的轴线对轴肩的垂直度公差。

2）作用尺寸的计算公式

作用尺寸 = 提取要素的局部尺寸 ± 几何误差（孔取“－”号，轴取“＋”号）

3）作用尺寸的特点。作用尺寸是在配合中真正起作用的尺寸，是假想的圆柱直径；对于一个零件它是唯一的，对于一批零件它是不同的，并且有 $D_{fe} \leqslant D_a$，$d_{fe} \geqslant d_a$。

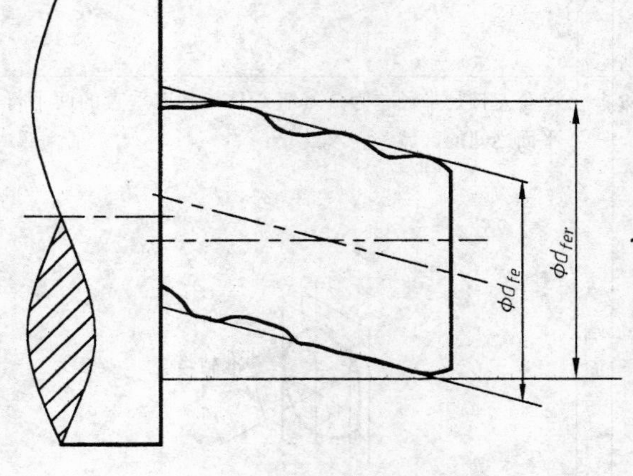

图 9-17　单一作用尺寸和关联作用尺寸

（3）最大实体状态、最大实体尺寸　在尺寸公差范围内，提取要素的局部尺寸处处位于极限尺寸且使其具有材料量最多时的状态称为最大实体状态，该状态下的尺寸称为最大实体尺寸，用 D_M 和 d_M 表示；最大实体尺寸是轴的上极限尺寸和孔的下极限尺寸的统称。

（4）最小实体状态、最小实体尺寸　在尺寸公差范围内，提取要素的局部尺寸处处位于极限尺寸且使其具有材料量最少时的状态

称为最小实体状态，该状态下的尺寸称为最小实体尺寸，用 D_L 和 d_L 表示；最小实体尺寸是轴的下极限尺寸和孔的上极限尺寸的统称。

（5）最大实体实效状态、最大实体实效尺寸（以下简称实效状态和实效尺寸）　拟合要素的尺寸为其实效尺寸时的状态称为实效状态，该状态下的尺寸称为实效尺寸，用 D_{MV} 与 d_{MV} 表示。

$$D_{MV}(d_{MV}) = \text{最大实体尺寸} \pm \text{几何公差（孔取“}-\text{”号、轴取“}+\text{”号）}$$

（6）理想边界　理想边界是设计时给定的，是具有理想形状的极限边界。对于内表面，它的理想边界是相当于一个具有理想形状的外表面；对于外表面，它的理想边界是相当于一个具有理想形状的内表面。

1）最大实体边界（MMB）。当理想边界的尺寸等于最大实体尺寸时，称为最大实体边界，如图 9-18 所示。

2）最大实体实效边界（MMVB）。当理想边界的尺寸为实效尺寸时，称为最大实体实效边界，如图 9-19 所示。

边界是用来控制被测要素的实际轮廓的。如对于轴，该轴的实际圆柱面不能超越边界，以此来保证装配。

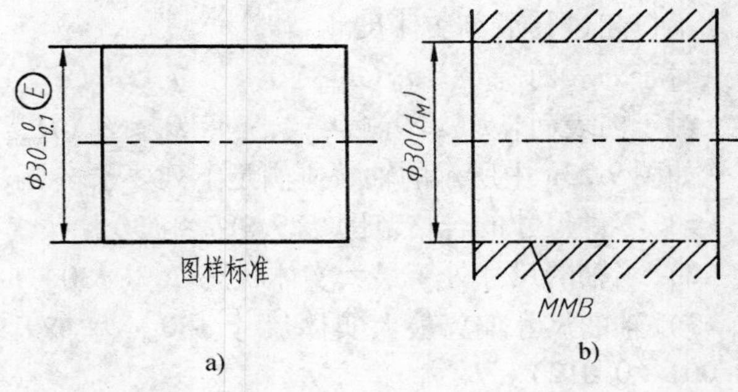

图 9-18　单一要素的最大实体边界

2. 独立原则

独立原则是指被测要素在图样上给出的尺寸公差与几何公差各自独立，需要分别满足要求的公差原则。图 9-20 为独立原则标注示例，标注时不需要附加任何表示相互关系的符号。

该标注表示轴的提取要素的局部尺寸应在 $\phi19.97 \sim \phi20$ 之间，不管实际要素为何值，轴线的直线度误差值都必须小于或等于公差值 $\phi0.05$。

独立原则是几何公差与尺寸公差相互关系的基本原则。

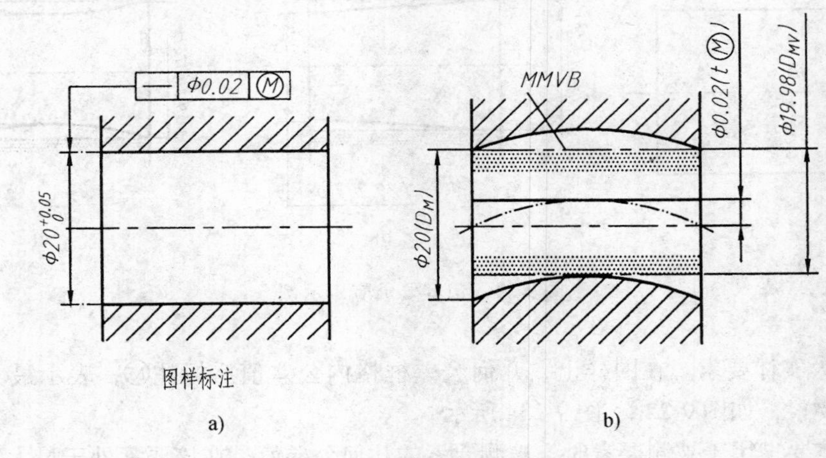

图 9-19　单一要素的最大实体实效边界

3. 相关要求

相关要求是指图样给出的几何公差与尺寸公差相互有关的设计要求。它分为包容要求、最大实体要求等。

（1）包容要求　在图样上，单一要素的尺寸极限偏差或公差带代号后面注有符号Ⓔ时，则表示该单一要素遵守包容要求，如图 9-21a 所示。

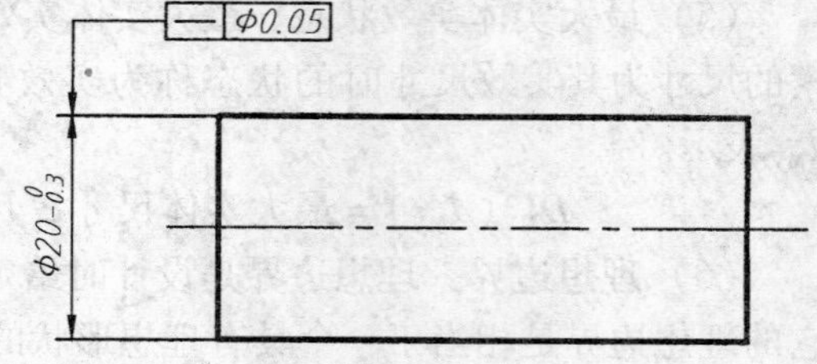

图 9-20　独立原则标注示例

采用包容要求时，被测要素应遵守最大实体边界。即当实际要素处处为最大实体尺寸时，其形状公差为零，当实际尺寸偏离最大实体尺寸时，允许形状误差相应增大，但其作用尺寸不得超过其最大实体尺寸，且提取要素的局部尺寸不得超过其最小实体尺寸。即

对于外表面　$d_{fe} \leqslant d_M(d_{max})$　　　$d_a \geqslant d_L(d_{min})$

对于内表面　$D_{fe} \geqslant D_M(D_{min})$　　　$D_a \leqslant D_L(D_{max})$

如图 9-23a 中所示的轴，应满足下列要求：

1）零件尺寸的合格范围 $\phi 29.987 \sim \phi 30$。

2）当轴的尺寸处于最大实体状态 d_M（$\phi 30$）时，形状误差为零。

3）轴的尺寸偏离最大实体尺寸 $\phi 30$，为 $\phi 29.999 \sim \phi 29.988$ 时，形状公差等于偏离量（$0.001 \sim 0.012$）。

4）当轴的尺寸偏至最小实体状态 d_L（$\phi 29.987$）时，形状误差等于最大的偏离量，即等于尺寸公差 0.030。

包容要求用于机器零件上的配合性质要求较严格的配合表面，如回转轴的轴颈和滑动轴承、滑动套筒和孔、滑块和滑块槽等。

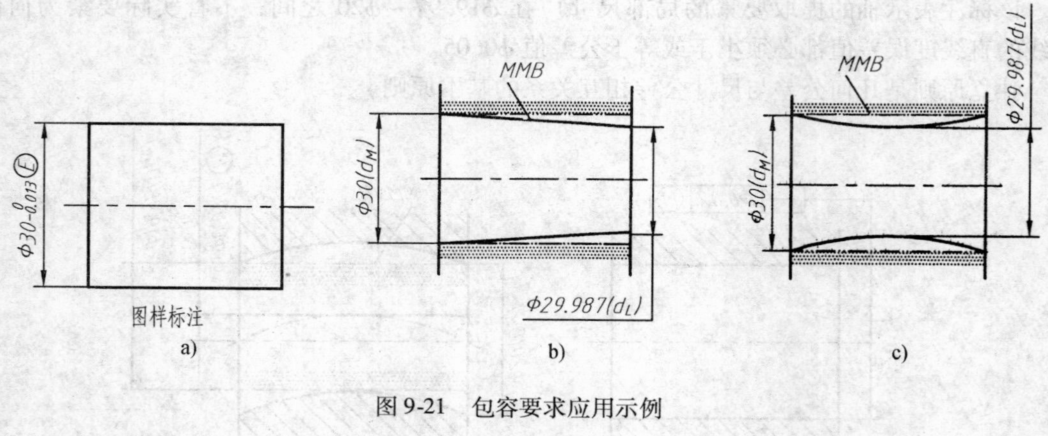

图 9-21　包容要求应用示例

（2）最大实体要求　在图样上，几何公差框格内公差值后标注Ⓜ，表示最大实体要求应用于被测要素，如图 9-22a、图 9-23a 所示。

最大实体要求用于被测要素时，被测要素的几何公差值是在该要素处于最大实体状态时给定的；这时被测要素应遵守最大实体实效边界；即

对于外表面　$d_{fe} \leqslant d_{MV}(d_{max}+t)$　　　$d_{max} \geqslant d_a \geqslant d_{min}$

对于内表面　$D_{fe} \geqslant D_{MV}(D_{min}-t)$　　　$D_{max} \geqslant D_a \geqslant D_{min}$

1）最大实体要求用于单一要素时，如图9-22a中所示的轴，应满足下列要求：

①零件尺寸的合格范围 $\phi19.979\sim\phi20$。

②当轴的尺寸处于最大实体状态 $d_M(\phi20)$ 时，形状公差等于给定值 $\phi0.01$。

③当轴的尺寸偏离最大实体尺寸 $\phi20$，为 $\phi19.999\sim\phi19.980$ 时，形状公差可以用尺寸误差来补偿，等于给定值 $\phi0.01$ 加上偏离量（$0.001\sim0.020$）；偏离量也叫补偿值。

④当尺寸处于最小实体状态 d_L（$\phi19.979$）时，形状公差等于给定值 $\phi0.01$ 加上最大的补偿值（尺寸公差0.021），等于 $\phi(0.01+0.021)=\phi0.031$。

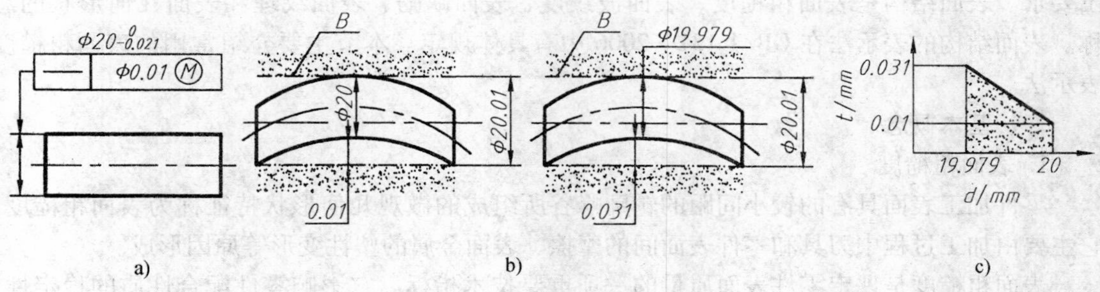

图9-22 实体要求用于单一被测要素示例

2）最大实体要求用于关联要素时，图9-23中所示的孔应满足下列要求：

①零件尺寸的合格范围 $\phi50\sim\phi50.13$。

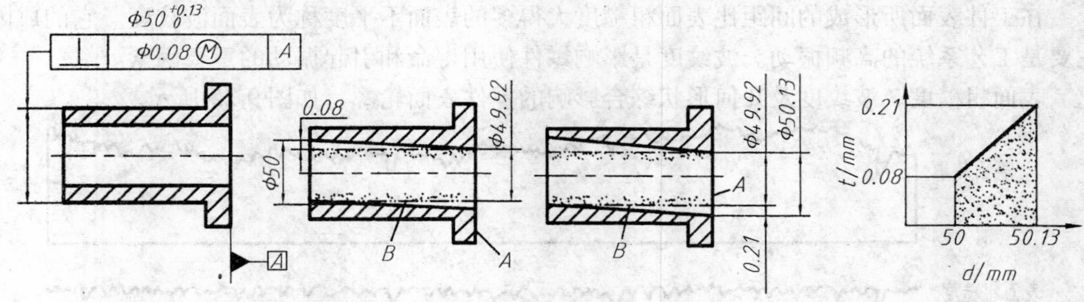

图9-23 最大实体要求用于关联被测要素示例

②当孔的尺寸处于最大实体状态 $D_M(\phi50)$ 时，位置公差等于给定值 $\phi0.08$。

③当孔的尺寸偏离最大实体尺寸 $\phi50$，为 $\phi50.001\sim\phi50.120$ 时，位置公差可以用尺寸误差来补偿，等于给定值 $\phi0.08$ 加上偏离量（$0.001\sim0.120$）。

④当尺寸偏至最小实体状态 $D_L(\phi50.13)$ 时，形状公差等于给定值 $\phi0.08$ 加上最大的补偿值（尺寸公差0.13），等于 $\phi0.08+\phi0.13=\phi0.21$。

最大实体要求常用于对零件配合性质要求不严，但要求保证零件可装配性的场合。

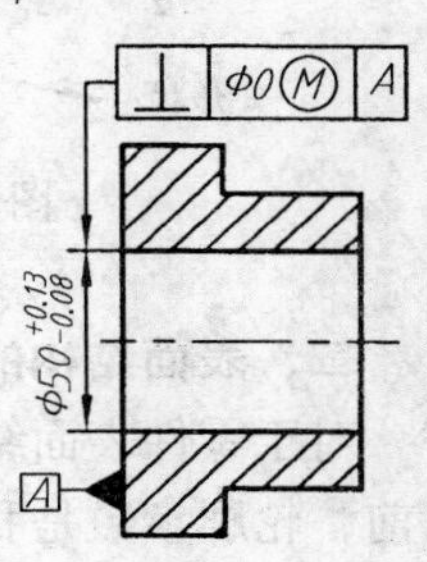

图9-24 零形位公差

3）零几何公差。当关联要素采用最大实体要求，且几何公差为零

时称为零几何公差，用0 Ⓜ表示，如图9-24所示。零几何公差可视为最大实体要求的特例。此时，被测要素的最大实体实效边界等于最大实体边界，最大实体实效尺寸等于最大实体尺寸。

第三节　表 面 结 构

在机械图样上，为保证零件装配后的使用要求，需要对零件的表面质量——表面结构提出要求。表面结构是表面粗糙度、表面波纹度、表面缺陷、表面纹理和表面几何形状的总称。表面结构的表示法在GB/T 131—2006中有具体规定。本节主要介绍常用的表面粗糙度表示法。

一、基本概念

1. 表面粗糙度

零件加工表面具有的较小间距的轮廓峰谷所组成的微观几何形状特征称为表面粗糙度。它主要由加工过程中刀具和零件表面间的摩擦、表面金属的塑性变形等原因形成。

表面粗糙度是评定零件表面质量的一项重要技术指标。它影响零件配合性质的稳定性、疲劳强度、接触刚度、耐磨性、耐蚀性、密封性、测量精度及反射能力等。零件表面工作情况不同，对表面粗糙度的要求也不同。表面粗糙度的选用应该在满足使用要求的前提下，尽量选用较大的参数值，以降低成本。

2. 表面波纹度

在工件表面所形成的间距比表面粗糙度大得多的表面不平度称为表面波纹度。它的成因主要是工艺系统的高频振动。波纹度是影响零件使用寿命和引起振动的重要因素。

表面粗糙度、波纹度及几何形状综合影响的零件表面轮廓，如图9-25所示。

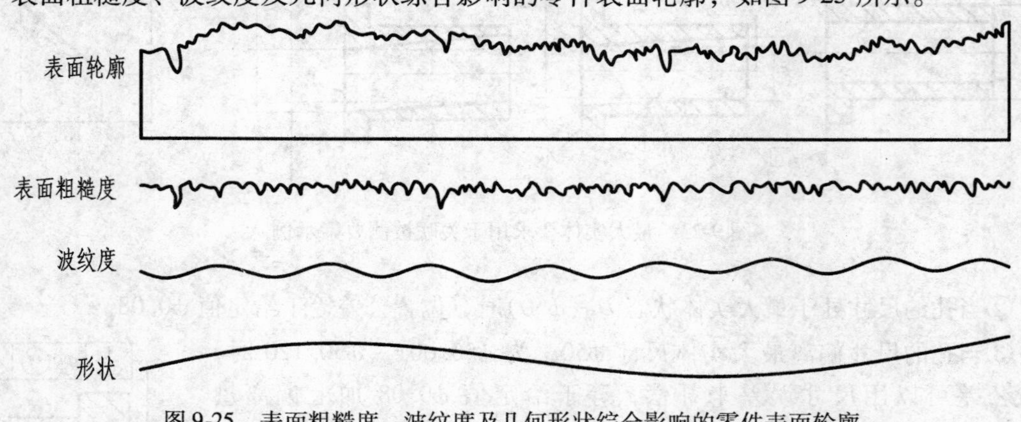

图9-25　表面粗糙度、波纹度及几何形状综合影响的零件表面轮廓

二、表面结构的评定参数

对于零件表面结构的评定主要有三大类参数：轮廓参数、图形参数和支承率曲线参数。目前，轮廓参数是我国机械图样中最常用的评定参数。而轮廓参数又包括 *R* 参数（粗糙度参数）、*W* 参数（波纹度参数）和 *P* 参数（原始轮廓参数）。本节仅介绍 *R* 参数（粗糙度轮廓参数）中的两个高度参数 *Ra* 和 *Rz*。

1. 评定参数的定义

（1）评定轮廓的算术平均偏差 *Ra*　在一个取样长度 *lr* 内纵坐标值 $Z(x)$ 绝对值的算术平均值，如图 9-26 所示。用公式表示为

$$Ra = \frac{1}{lr}\int_0^{lr} |Z(x)| \mathrm{d}x \tag{9-16}$$

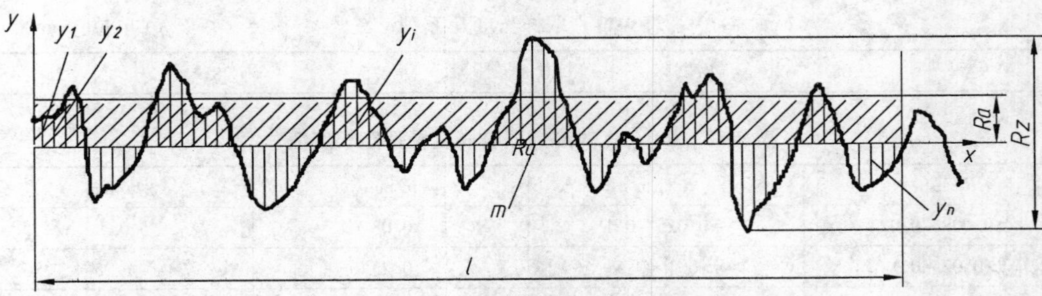

图 9-26　评定轮廓的算术平均偏差 *Ra* 和轮廓最大高度 *Rz*

测得的 *Ra* 值越大，则表面越粗糙。*Ra* 参数能充分反映表面微观几何形状高度方面的特性，一般用电动轮廓仪进行测量，因此是普遍采用的评定参数。*Ra* 的数值一般应在表 9-9 中选取。

表 9-9　评定轮廓的算术平均偏差 *Ra* 的数值　（单位：μm）

Ra	0.012 0.025 0.05 0.1	0.2 0.4 0.8 1.6	3.2 6.3 12.5 25	50 100

（2）轮廓最大高度 *Rz*　在一个取样长度 *lr* 内，最大轮廓峰高与最大轮廓谷深之和为轮廓最大高度，如图 9-26 所示。

Rz 用于控制不允许出现较深加工痕迹的表面，常标注于受交变应力作用的工作表面，如齿廓表面等。此外，当被测表面段很小（不足一个取样长度），不适宜采用 *Ra* 评定时，也常采用 *Rz* 参数。一般可用电动轮廓仪和光学仪器测得。*Rz* 的数值一般应在表 9-10 中选取。

表 9-10　轮廓最大高度 *Rz* 的数值　（单位：μm）

Rz	0.025 0.05 0.1 0.2	0.4 0.8 1.6 3.2	6.3 12.5 25 50	100 200 400 800	1600

注意：旧标准中表面粗糙度代号 *Rz*（微观不平度十点平均高度）已经不再使用，新标准中的 *Rz* 为旧标准 *Ry* 的定义。

2. 评定参数相关的检验规范

检验评定表面结构的参数值必须在特定的条件下进行，国家标准规定，图样中注写参数代号和数值的同时，还应明确其检验规范。

（1）取样长度 lr　在 X 轴方向上判别被评定轮廓不规则特征的长度。

由于表面轮廓的不规则性，测量段过短，测量结果差异较大；测量段过长，测量结果不可避免地包含了表面波纹度的峰值，将影响表面粗糙度的测量结果。取样长度应在轮廓总的走向上量取，在取样长度范围内，一般应包括至少 5 个轮廓峰和轮廓谷。取样长度的推荐值见表 9-11。一般情况下，在测量 Ra、Rz 时推荐按表 9-12 选取相应的取样长度。

表 9-11　取样长度 *lr* 系列　（单位：mm）

lr	0.08	0.25	0.8	2.5	8	25

表 9-12　*Ra*、*Rz* 对应的取样长度及评定长度值

Ra/μm	Rz/μm	lr/mm	ln/mm
≥0.008～0.02	≥0.025～0.1	0.08	0.4
>0.02～0.1	>0.1～0.5	0.25	1.25
>0.1～2	>0.5～10	0.8	4
>2～10	>10～50	2.5	12.5
>10～80	>50～320	8	40

（2）评定长度 ln　用于判别被评定轮廓的 X 轴方向上的长度（一般包含一个或几个取样长度）。

规定评定长度是为了克服加工表面的不均匀性，较客观地反映表面轮廓的真实情况。在测量 Ra、Rz 时，ln 的推荐值见表 9-12，即默认的评定长度为 5 个取样长度（即 $ln=5lr$）；当 $ln\neq5lr$ 时，应注明评定长度所包含的取样长度个数。例如：Ra1.6 表示 $ln=5lr$（1.6 为 Ra 的数值）；Ra3 1.6 表示 $ln=3lr$。

（3）极限值判断规则　表面结构要求越高，评定参数 Ra 和 Rz 的数值越小。在大多数情况下，为满足零件表面工作需求，只需对表面结构评定参数的上限值提出要求。因此在机械图样中，单独的粗糙度轮廓参数的标注值默认为上限值，例如："Ra1.6" 表示上限值为 1.6μm；当仅对参数的下限值提出要求时，需在参数代号前加注"L"，例如"LRa1.6"表示下限值为 1.6μm；当需对上限值和下限值同时提出要求时，需在包含上限值的参数代号前加注"U"，在包含下限值的参数代号前加注"L"，例如："U Ra3.2；L Ra1.6"表示上限值为 3.2μm，下限值为 1.6μm。

零件在加工完成之后，按检验规范测得的轮廓参数值需与图样上给定的极限值比较，其合格的判断规则有两种：

①16%规则：测得的全部参数值中，超过极限值的个数不得多于总个数的 16%。默认规则，不需注明。

②最大规则：测得的全部参数值均不超过极限值。需在评定参数后注写"max"。例如：Ramax 1.6。

3. 评定表面粗糙度值的选用

表面粗糙度值的选用原则是：在满足功能要求的前提下，评定参数的允许值应尽可能大，并在相应的参数值系列（表 9-9、表 9-10）中取标准值。选用方法是类比法，可先根据经验统计资料初步选定表面粗糙度值，然后再对比工作条件适当调整。

表9-13 、表9-14 中列出了表面粗糙度参值选用的部分资料，可供设计时参考。

表9-13 表面粗糙度的表面特征、经济加工方法及应用举例

	$Ra/\mu m$	表面特征	主要加工方法	应用举例
粗糙表面	≤50	明显可见刀痕	粗车、镗、刨、钻	加工表面粗糙、用于加工过程，不能作为最后加工表面
	≤25	可见刀痕	粗车、镗、铣、钻	
	≤12.5	微见刀痕	粗车、刨、铣、钻	不接触表面、不重要接触面，如螺栓孔、倒角、机座表面等
半光泽面	≤6.3	可见加工痕迹	车、刨、铣、镗、钻、粗铰	轴上不安装轴承、齿轮处的非配合表面，紧固件的自由装配表面，轴和孔的退刀槽等
	≤3.2	微见加工痕迹	车、刨、铣、镗、磨、拉、刮、压	半精加工表面，箱体、支架、盖面、套筒等和其他零件结合面无配合要求的表面，需要发蓝处理的表面等
	≤1.6	看不清加工痕迹	车、刨、铣、镗、磨、拉、刮、压	接近于精加工表面。箱体上安装轴承的镗孔表面，齿轮的工作面
光表面	≤0.8	可辨加工痕迹方向	车、镗、磨、拉、刮、铰、磨齿	圆柱销、圆锥销，与滚动轴承配合的表面，普通车床导轨面，内外花键定心表面等
	≤0.4	微辨加工痕迹方向	精镗、磨、刮、精铰	要求配合性质稳定的配合表面，工作时受交变应力的重要零件，较高精度车床的导轨面
	≤0.2	不可辨加工痕迹方向	精磨、研磨、珩磨、超精加工	精密机床主轴锥孔、顶尖圆锥面、发动机曲轴、凸轮轴工作表面，高精度齿轮齿面
极光表面	≤0.1	暗光泽面	精磨、研磨、普通抛光	精密机床主轴颈表面，一般量规工作表面，气缸套内表面，活塞销表面
	≤0.05	亮光泽面	超精磨、精抛光、镜面磨削	保证高度气密性的结合表面，对同轴度有精度要求的孔和轴，滚动轴承的滚珠
	≤0.025	镜状光泽面	超精磨、精抛光、镜面磨削	高压柱塞泵中柱塞和柱塞套的配合表面，中等精度仪器的配合表面
	≤0.012	镜面	镜面磨削、超精研	高精度量仪、量块的工作表面，光学仪器中的金属镜面

表9-14 轴、孔的表面粗糙度推荐值

表面特征			$Ra/\mu m$	
	公差等级	表面	公称尺寸	
			≤50mm	50～500mm
配合表面（间隙、过渡）	IT5	轴	0.2	0.4
		孔	0.4	0.8
	IT6	轴	0.4	0.8
		孔	0.4～0.8	0.8～1.6
	IT7	轴	0.4～0.8	0.8～1.6
		孔	0.8	1.6
	IT8	轴	0.8	1.6
		孔	0.8～1.6	1.6～3.2

三、表面结构的图形符号

1. 图形符号的种类

国家标准 GB/T 131—2006《产品几何技术规范（GPS） 技术产品文件中表面结构的表示法》中规定了表面结构在图样上表示的图形符号及意义，见表 9-15。

表 9-15 表面结构的图形符号及其意义

符号类型	符号	符号的含义
基本图形符号		仅用于简化代号标注，没有补充说明不能单独使用
扩展图形符号		表示指定表面是用去除材料的方法获得的，如通过车、铣、刨、磨等机械加工获得的表面
		表示指定表面是用不去除材料的方法获得的，如通过铸造、锻造等方法获得的表面
完整图形符号		在基本图形符号和扩展图形符号的长边上加一横线，用于标注评定参数或补充要求
完整图形符号加一圆圈		标注图样某个视图上构成封闭轮廓的各表面有相同的表面结构要求

2. 图形符号的画法和尺寸

表面结构的大小应与图样中的尺寸数字、文字和有关符号等相协调，表面结构的图形符号画法及其尺寸见表 9-16。

表 9-16 表面结构的图形符号画法及其尺寸 （单位：mm）

图形符号画法（H_2、H_1、60°、60°）	数字和字母高度 h	2.5	3.5	5	7	10	14	20
	符号线宽 d' 字母线宽 d	0.25	0.35	0.5	0.7	1	1.4	2
	高度 H_1	3.5	5	7	10	14	20	28
	高度 H_2（min）	7.5	10.5	15	21	30	42	60

3. 表面结构要求在图形符号中的注写位置

为了明确表面结构的要求，除了注写表面结构参数和数值外，必要时应标注补充要求，包括传输取样长度、加工工艺、表面纹理及方向、加工余量等，各项要求标注位置如图 9-27 所示。为了保证表面的功能特征，应对表面结构参数规定不同要求。

1）位置 *a*：注写表面结构的单一要求。即标注表面结构参数代号、极限值和传输带或取样长度。为避免误解，在参数代号和极限值之间应插入空格。传输带或取样长度后应有一条斜线“/”，之后是表面结构参数代号，最后是数值。例如：0. 0025—0. 8/*Rz*6. 3（传输带标注），-0. 8/*Rz*6. 3（取样长度标注）。

2）位置 *a* 和 *b*：注写两个或多个表面结构要求。

3）位置 *c*：注写加工方法、表面处理、涂层或其他加工工艺要求等，如车、磨、镀等加工表面。

4）位置 *d*：注写所要求的表面纹理和纹理的方向，如“=”、“X”、“M”等。

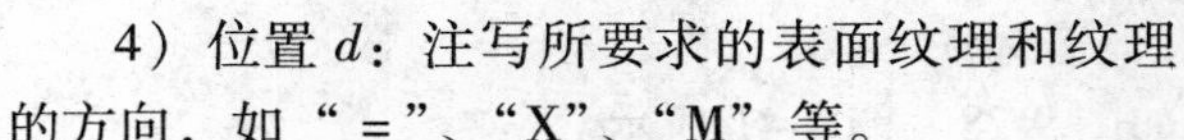

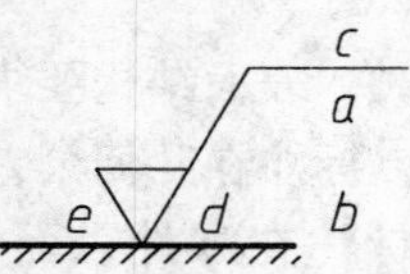

图 9-27　表面结构要求在图形符号中标注的位置

5）位置 *e*：注写所要求的加工余量，以毫米为单位给出数值。

4. 表面结构代号示例及含义

表面结构符号中注写了具体参数代号及数值等要求后即称为表面结构代号。表面结构代号的示例及含义见表 9-17。

表 9-17　表面结构代号的示例及含义

序号	符　号	符号的含义	文本标注
1	Ra 0.4	表示不允许去除材料，单向上限值，默认传输带，*R* 轮廓，算数平均偏差 0. 4μm，评定长度为 5 个取样长度（默认），“16% 规则”（默认）	MMR *Ra*0. 4
2	Rzmax 0.2	表示去除材料，单向上限值，默认传输带，*R* 轮廓，粗糙度最大高度 0. 2μm，评定长度为 5 个取样长度（默认），“最大规则”	MRR *Rz*max0. 2
3	0.008-0.8/Ra 3.2	表示去除材料，单向上限值，传输带 0. 008 - 0. 8mm，*R* 轮廓，算数平均偏差 3. 2μm，评定长度为 5 个取样长度（默认），“16% 规则”（默认）	MRR 0. 008 - 0. 8/*Ra*3. 2
4	-0.8/Ra3 3.2	表示去除材料，单向上限值，传输带根据 GB/T 6062，取样长度 0. 8μm（λ_s 默认 0. 0025mm），*R* 轮廓，算数平均偏差 3. 2μm，评定长度为 3 个取样长度，“16% 规则”（默认）	MRR - 0. 8/*Ra*3 3. 2
5	U Ramax 3.2 L Ra 0.8	表示不允许去除材料，双向极限值，两极限值均使用默认传输带，*R* 轮廓，上限值—算术平均偏差 3. 2μm，评定长度为 5 个取样长度（默认），“最大规则”；下限值—算术平均偏差 0. 8μm，评定长度为 5 个取样长度（默认），“16% 规则”（默认）	MMR U *Ra*max 3. 2；L *Ra*0. 8

四、表面结构要求在图样中的标注

表面结构要求在图样中的标注应遵循以下原则：

1）在同一张零件图上，每个表面一般只标注一次表面结构要求，并尽可能标注在相应的尺寸及其公差的同一个视图上。

2）所标注的表面结构要求通常是对完工零件表面的要求，否则应另加说明。

3）表面结构的注写和读取方向应与尺寸的注写和读取方向一致。

4）表面结构要求可标注在轮廓线上，符号尖端必须从材料外指向材料表面，既不准脱开，也不得超出。必要时，表面结构符号也可以标注在用带箭头或黑点的指引线引出后的基准线上。

5）在不会引起误解时，表面结构要求也可以标注在相关尺寸线上所标尺寸的后面。

6）表面结构要求可以标注在几何公差的框格上方。

7）表面结构要求可标注在零件表面的延长线上，还可以标注在尺寸界线或其延长线上。但需注意图形符号仍应保持从材料外指向材料表面。

8）圆柱和棱柱的表面结构要求相同时，只需标注一次。

表面结构要求在图样中的各种标注方法如图 9-28 ~ 图 9-41 所示。

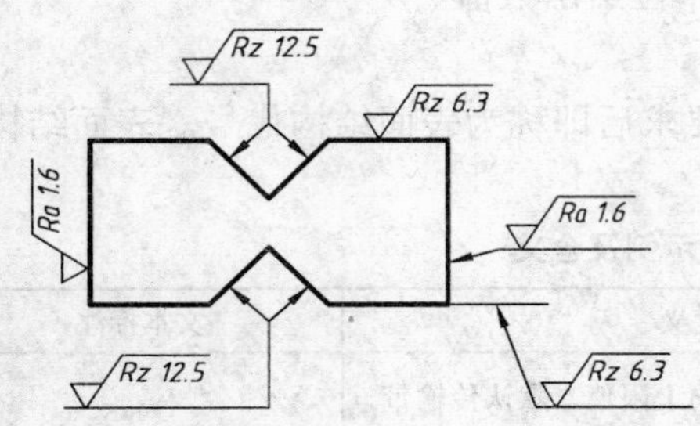

图 9-28　表面结构要求在轮廓线上标注

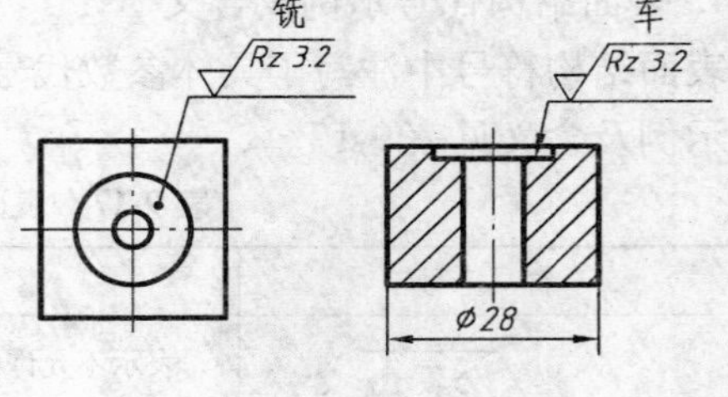

图 9-29　用指引线引出标注表面结构要求

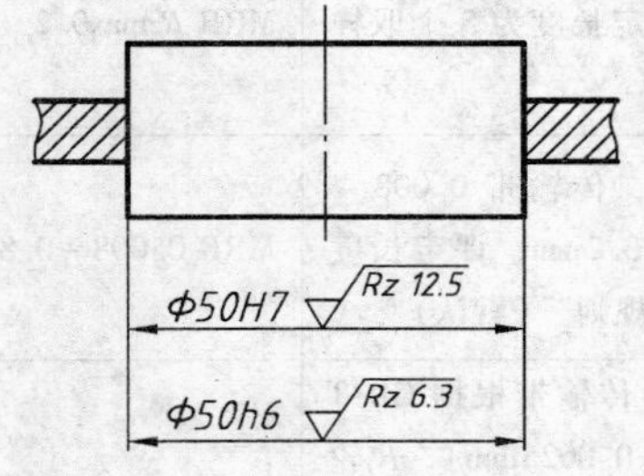

图 9-30　表面结构要求标注在尺寸线上

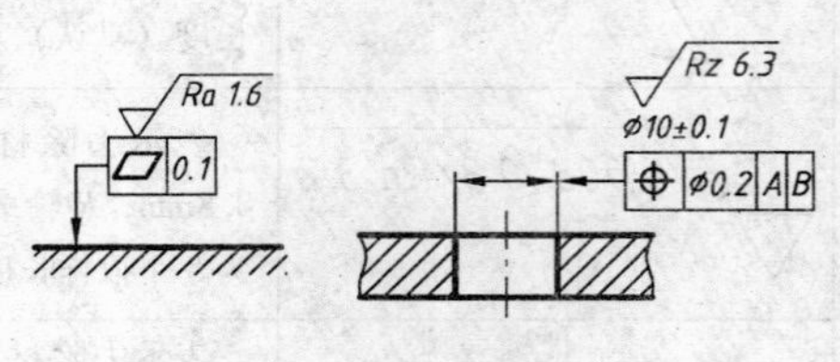

图 9-31　表面结构要求标注在几何公差框格上方

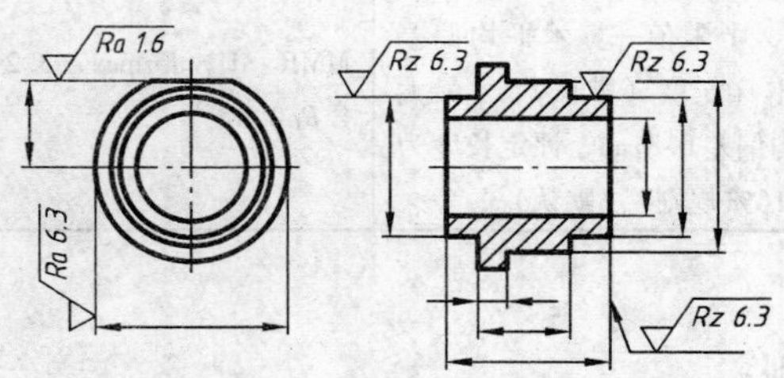

图 9-32　表面结构要求标注在圆柱特征的延长线上

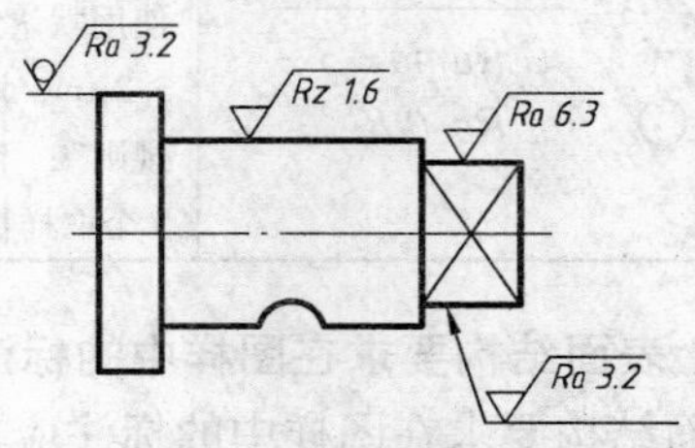

图 9-33　圆柱和棱柱的表面结构要求的注法

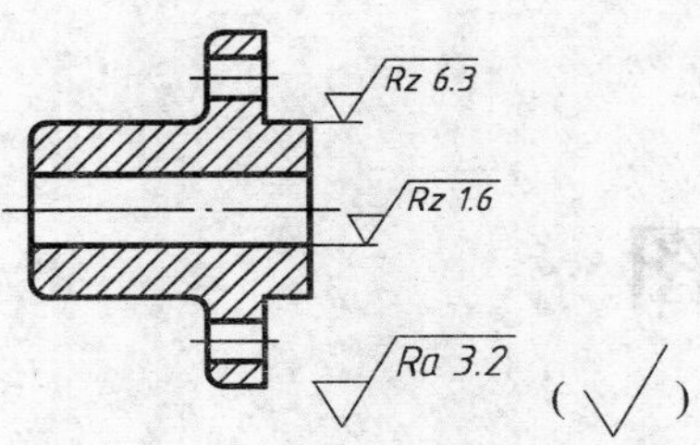

图 9-34　大多数表面有相同表面结构要求的简化注法（一）

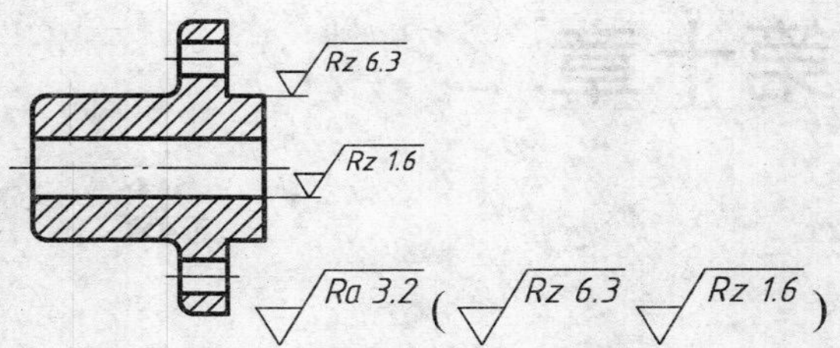

图 9-35　大多数表面有相同表面结构要求的简化注法（二）

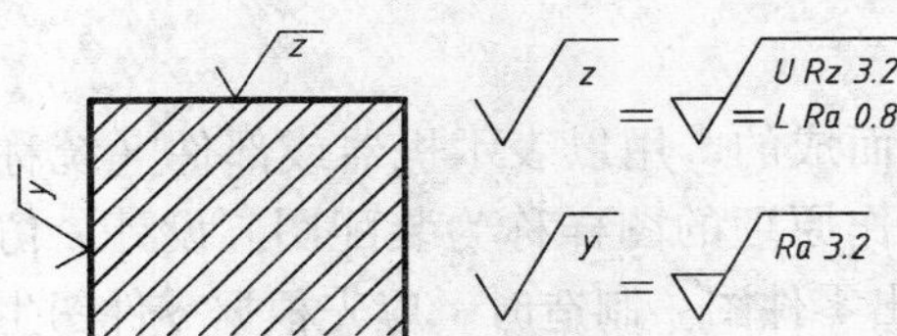

图 9-36　在图纸空间有限时的简化注法

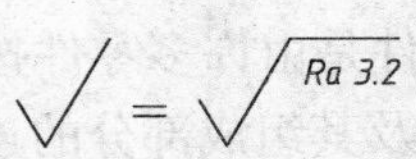

图 9-37　未指定工艺方法的多个表面结构要求的简化注法

= Ra 3.2

图 9-38　要求去除材料的多个表面结构要求的简化注法

= Ra 3.2

图 9-39　不允许去除材料的多个表面结构要求的简化注法

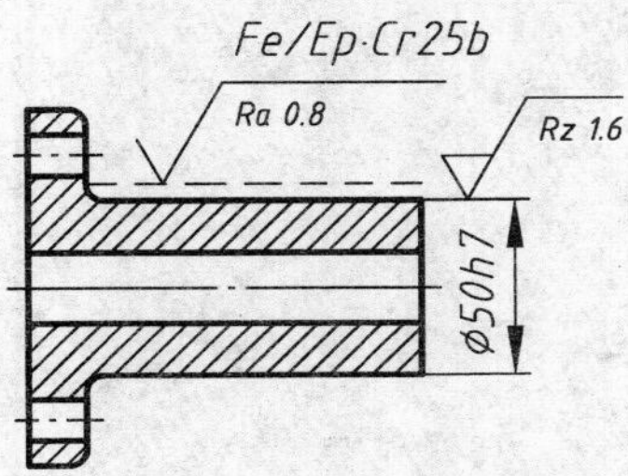

图 9-40　同时给出镀覆前后的表面结构要求的注法

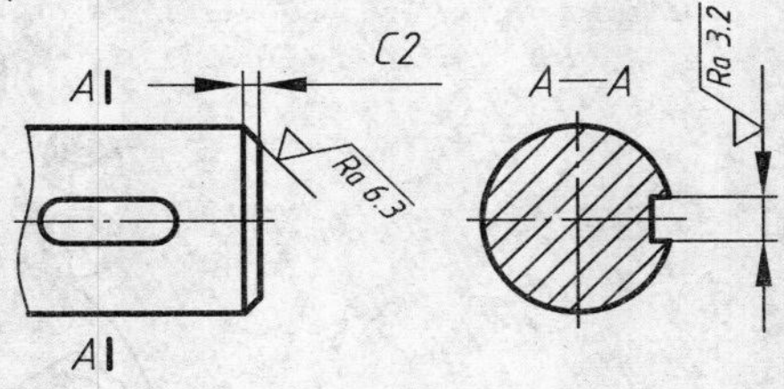

图 9-41　倒角、键槽等工艺结构表面结构要求的注法

第十章

装　配　图

第一节　装配图的作用和内容

一、装配图的作用

机器或部件是由许多零件按一定技术要求装配而成的，用以表示机器或部件（统称装配体）等产品及其组成部分的连接、装配关系、工作原理的图样称为装配图。设计、仿造或改装时，一般先画出装配图，再根据装配图拆画出零件图。制造时，应先根据零件图生产零件，再由装配图装配成部件或机器。因此，装配图是表达设计思想、指导生产及进行技术交流的重要技术文件。

二、装配图的内容

如图 10-1 所示的是滑动轴承的分解轴测图和装配图。装配图必须包含以下四个方面的内容：

（1）一组视图　用视图、剖视图和其他表达方法表明装配体的工作原理，各零件之间的装配、连接关系以及零件的主要结构形状。

（2）必要尺寸　用以表明装配体性能、规格、配合、外形、安装、连接关系等方面的重要尺寸。

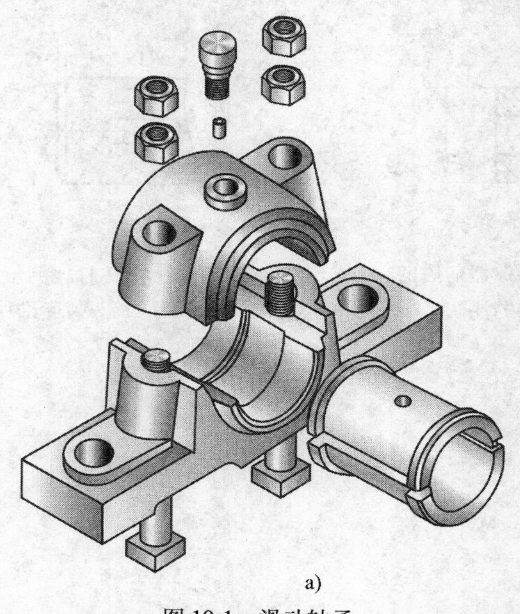

a)

图 10-1　滑动轴承
a）轴测图

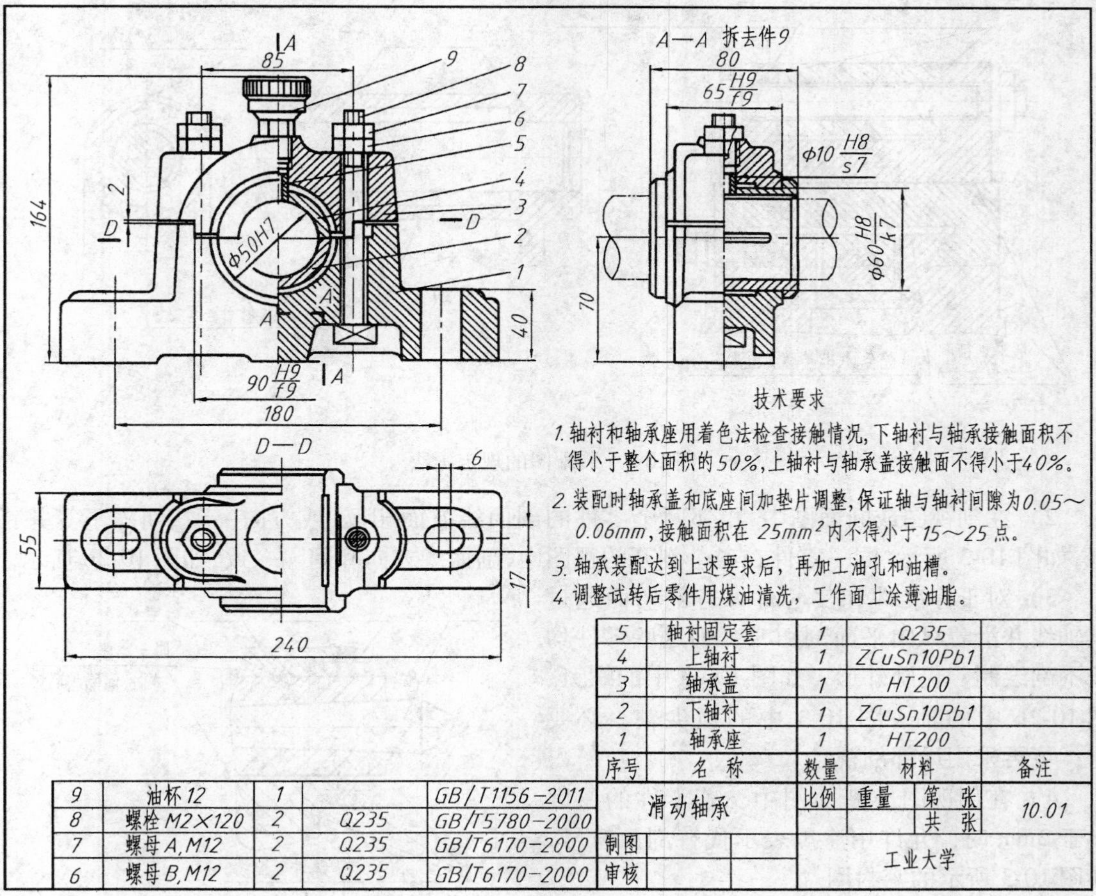

A—A 拆去件9

技术要求

1. 轴衬和轴承座用着色法检查接触情况，下轴衬与轴承接触面积不得小于整个面积的50%，上轴衬与轴承盖接触面不得小于40%。
2. 装配时轴承盖和底座间加垫片调整，保证轴与轴衬间隙为0.05～0.06mm，接触面积在25mm²内不得小于15～25点。
3. 轴承装配达到上述要求后，再加工油孔和油槽。
4. 调整试转后零件用煤油清洗，工作面上涂薄油脂。

5	轴衬固定套	1	Q235	
4	上轴衬	1	ZCuSn10Pb1	
3	轴承盖	1	HT200	
2	下轴衬	1	ZCuSn10Pb1	
1	轴承座	1	HT200	
序号	名　称	数量	材料	备注

9	油杯12	1		GB/T1156-2011	滑动轴承	比例	重量	第　张 共　张	10.01
8	螺栓M2×120	2	Q235	GB/T5780-2000					
7	螺母A,M12	2	Q235	GB/T6170-2000	制图		工业大学		
6	螺母B,M12	2	Q235	GB/T6170-2000	审核				

b)

图 10-1　滑动轴承（续）

b）装配图

（3）技术要求　用符号或文字说明机器（或部件）在装配、检验、调试和使用时应达到的要求。

（4）零件序号、标题栏、明细栏　序号是指对装配体上每一种零件按顺序的编号。标题栏用以注明装配体的名称、图号、比例以及有关责任者的签名、日期等。明细栏用来说明各零件的序号、代号、名称、数量、材料、备注等。

第二节　装配图的规定画法和特殊画法

表达零件图样的各种方法同样适用于表达部件。但是，因为装配图的表达对象和作用与零件图不同，所以表达部件还有一些规定画法和特殊画法。

一、装配图的规定画法

1）两零件的接触面或配合面只画一条线；两零件表面不接触或非配合时，则必须画两条线，如图 10-2 所示。

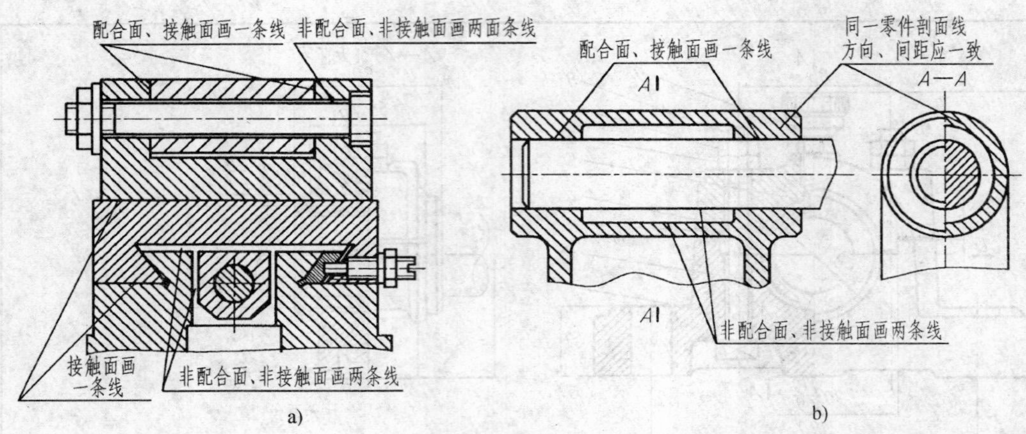

图 10-2 装配图的规定画法

2）在剖视图或断面图中，相邻两个零件的剖面线方面相反，或方向一致、间隔不等并错开，如图 10-3 所示。同一零件在各个剖开的视图中，剖面线方向和间隔一致，如图 10-2b 所示。

3）对于标准件和实心件，若剖切面通过其轴线并沿着纵向平面剖切时，则这些零件均按不剖绘制，仍画外形，如图 10-2a 中的螺钉、图 10-2b 中的轴、图 10-3 中的顶尖轴。必要时，可再采用局部剖视。

4）在剖视图或断面图中，若零件的厚度小于 2mm 时，允许用涂黑表示代替剖面符号，如图 10-3 所示的密封圈。

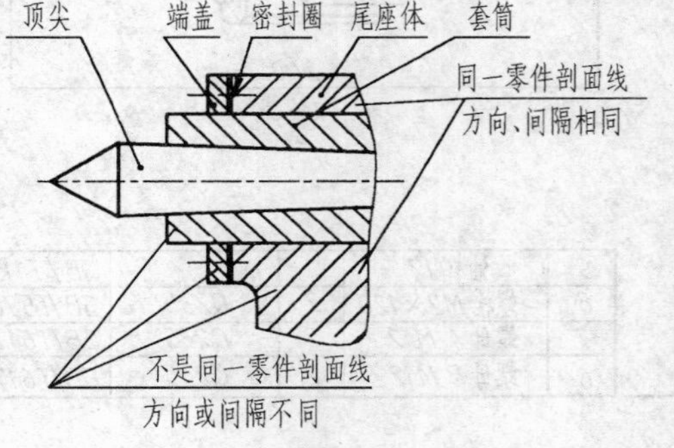

图 10-3 相邻两零件剖面线的画法

二、装配图的特殊画法

1. 沿零件结合面剖切或拆卸画法

在装配图中，为了把被遮挡结构表达清楚，可假想将这些遮挡零件拆卸或沿结合面剖切

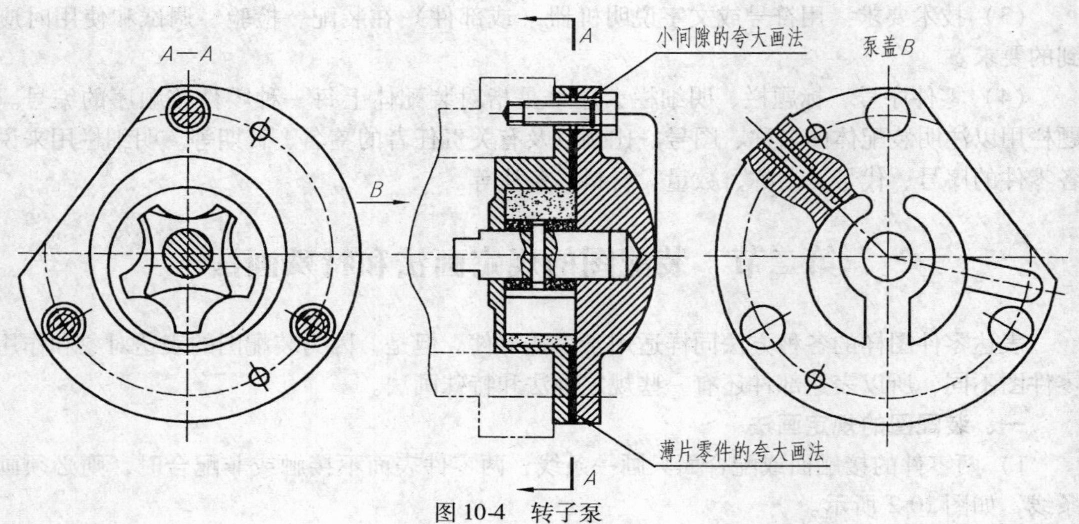

图 10-4 转子泵

后绘制，如图 10-4 所示。

2. 假想画法

在装配图中，当需要表达运动件的运动范围或极限位置时，可用双点画线假想地画出其他位置，如图 10-5 中手柄锁紧时的位置就是用双点画线画出的。另外，必须表达与本部件的相邻零件或部件的安装连接关系时，也可用双点画线画出相邻零件或部件的轮廓，如图 10-6 中右视图所示，表示交换齿轮架安装在双点画线表示的部件上，这种画法称为假想画法。

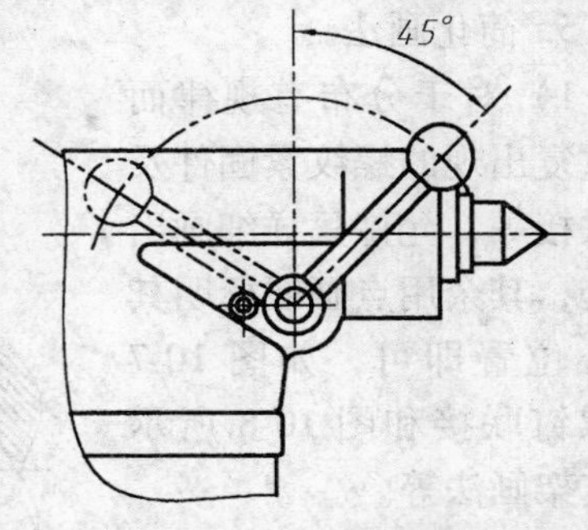

图 10-5 车床尾座锁紧手柄极限位置表示方法

3. 展开画法

为了表达传动机构的传动路线和装配关系，假想按传动顺序沿着各轴线剖切，然后依次展开画在同一平面上，并标注“×—×展开”，这种画法称为展开画法，如图 10-6 所示。

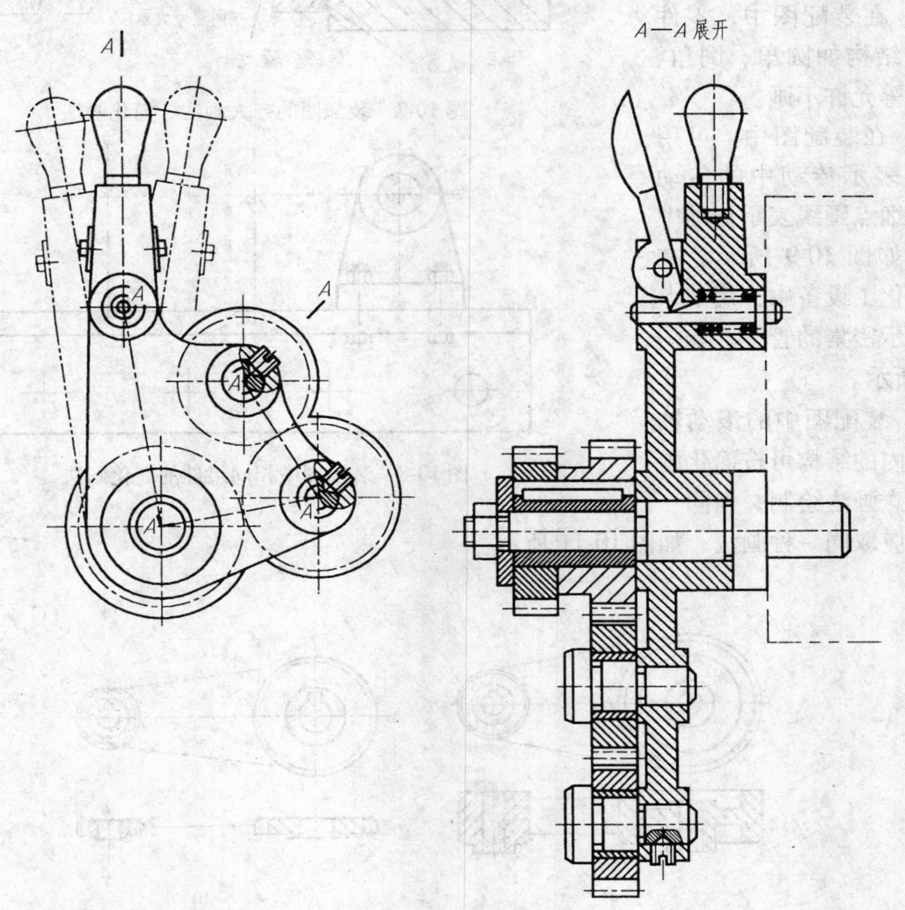

图 10-6 展开画法

4. 夸大画法

部件中非配合面的微小间隙、薄垫片、细弹簧等，如无法按实际尺寸画出时，可不按比例而适当夸大画出，如图 10-7 中的垫片、间隙都是夸大画出的。

5. 简化画法

1）对于分布有规律而又重复出现的螺纹紧固件及其联接等，允许只详细画出一处，其余用点画线标明其中心位置即可，如图 10-7 中螺钉联接和图 10-8 所示的支架画法等。

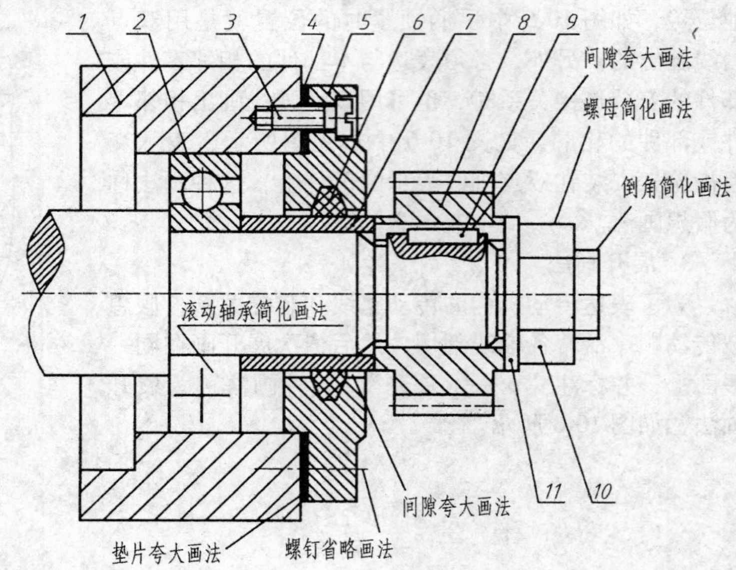

图 10-7　装配图的夸大画法、简化画法

2）在装配图中，当剖切面通过某些标准产品的组合件时，可以只画出其外形图，如图 10-1 中的油杯。

3）在装配图中，零件的工艺结构如圆角、倒角、退刀槽等允许不画。

4）在装配图中，可用细实线表示传动中的传动带；用细点画线表示传动中的链，如图 10-9 所示。在锅炉、化工设备中，用细点画线表示密集的管子，如图 10-10 所示。

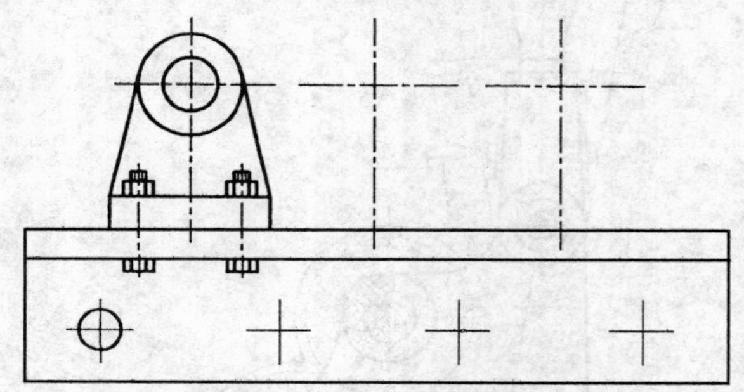

图 10-8　装配图中相同组件的简化画法

5）装配图中的滚动轴承轮廓内的结构可按简化画法或示意画法绘制，但同一图样中应取同一种画法，如图 10-11 所示。

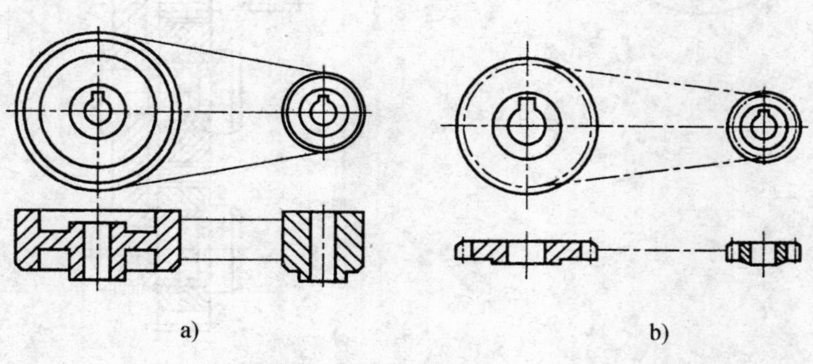

图 10-9　简化画法

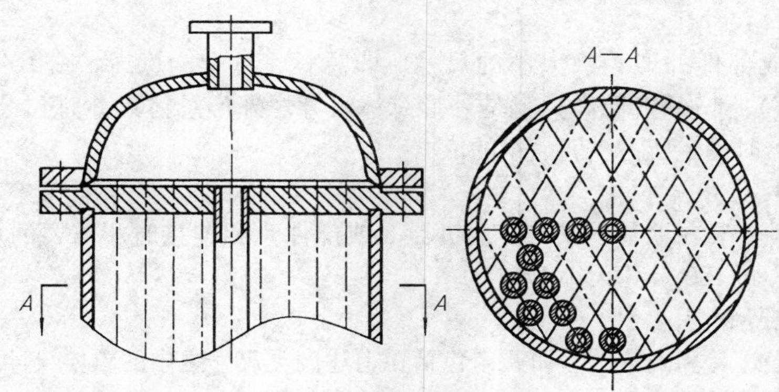

图 10-10　密集管子的表示法

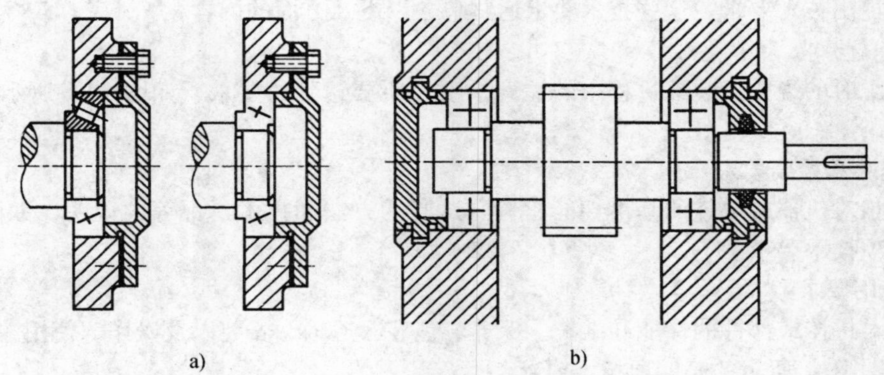

图 10-11　装配图中滚动轴承的画法

第三节　装配图的尺寸标注和技术要求

一、装配图的尺寸标注

装配图的尺寸标注与零件图尺寸标注要求完全不同。零件图是用来制造零件的，所以在图上应注出制造所需的全部尺寸。而按装配图的使用目的、要求，则只需注出与部件性能、装配、安装、运输及工作原理等有关的尺寸，一般应注出下列五类尺寸：

1. 性能规格尺寸

在设计时已确定的、表示机器或部件的性能和规格的尺寸。该类尺寸是设计、选用该装配体的依据，如图 10-1 所示滑动轴承装配图中的孔径 ϕ50H7。

2. 装配关系尺寸

（1）配合尺寸　表示两零件结合表面之间配合种类的尺寸，由轴、孔的公称尺寸和配合代号组成，如图 10-1 所示装配图中的配合尺寸 90H9/f 9、65H9/f 9，ϕ60H8/k7，同时这些尺寸是拆画零件图时，确定零件尺寸公差的依据。

（2）相对位置尺寸　它是表示装配时需要保证的零件之间的较重要的距离、间隙等相对位置尺寸。如图 10-1 中两紧固螺栓中心距 85 影响轴承盖和轴承座装配，制造时应予以保证。

3. 外形总体尺寸

表示机器或部件外形轮廓大小的尺寸，即总长、总宽、总高。图 10-1 中的 240（总长）、80（总宽）和 164（总高）就是外形总体尺寸。外形总体尺寸是包装、运输、储存、安装及使用机器时确定所占空间大小的依据。

4. 安装连接尺寸

机器或部件安装在地基上或与其他机器（或部件）相连接时所需要的尺寸，如图 10-1 中两螺栓孔中心距 180 及孔大小 17、6。

5. 其他重要尺寸

在设计中经过计算确定的、而又未包括在上述四类尺寸之中的重要尺寸。

二、装配图的技术要求

装配图要对机器或部件的性能、使用环境、工作状态、装配时注意事项和所要达到的质量指标等提出技术要求。这些技术要求通常包含以下几方面的内容：

1. 装配要求

指装配时的说明，装配过程中的注意事项和所要达到的要求，如图 10-1 所示的前三项技术要求。

2. 试验和检验要求

它包括对机器或部件的基本性能检验、试验的方法和技术指标等的说明，如图 10-1 所示的前两项技术要求。

3. 使用要求

它是对机器或部件的性能和维护、保养、包装、运输、安装以及操作、使用注意事项的说明，如图 10-1 所示的第四项技术要求。

值得注意的是技术要求的提出要科学、客观、经济、合理，不能有任何随意性。装配图的技术要求涉及机械设计和制造工艺方面的知识，要经过后续课程的学习、教学实习和生产实习以后，才能逐步学会合理制订工艺。

第四节　装配图的序号和明细栏

为了便于读图和装配产品，以及便于图样管理和组织生产等，都需要对装配图中所有的零、部件编写序号、填写标题栏和明细栏等。

一、零、部件的序号及其编排方法

1. 基本规定

1）装配图中所有零、部件都必须编写序号。

2）装配图中一种零、部件可只编写一个序号；同一张装配图中相同的零、部件应编写同样的序号。

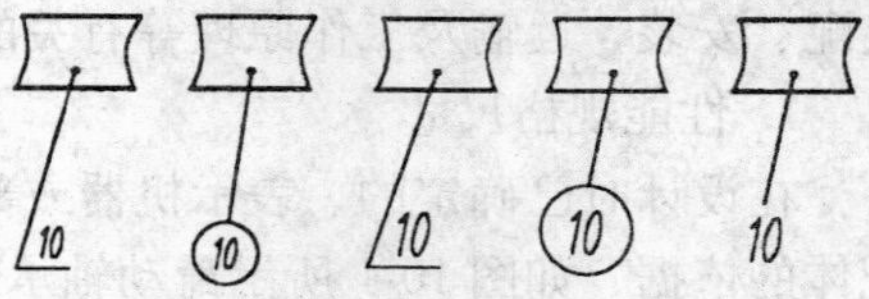

图 10-12　序号数字的注写（一）

3）装配图中零、部件序号，应与明细栏中的序号一致。

2. 序号的编排方法

1）零件序号的标注有三种形式，按图 10-12a 的形式标注时，序号字高应比该装配图中的尺寸数字高度大一号或两号，如图 10-12a、b 所示，当采用图 10-12c 的形式标注时，序号字高应比尺寸字高大两号。

2）指引线（包括指引线的水平线或圆）用细实线绘制，其端部圆点须画在所指零件的轮廓线内，若所指部分内不便画圆点（如很薄的零件或涂黑剖面）时，其指引线端部用箭头指向轮廓线，如图 10-13 所示。

3）指引线相互不能相交，也不能与剖面线平行。必要时可画成折线，但只能曲折一次。

4）一组紧固件或装配关系清楚的零件组，可以采用公共指引线，如图 10-13 所示。

5）装配图中的序号应顺序按水平或垂直方向整齐排列，并按顺（或逆）时针方向顺序填写。

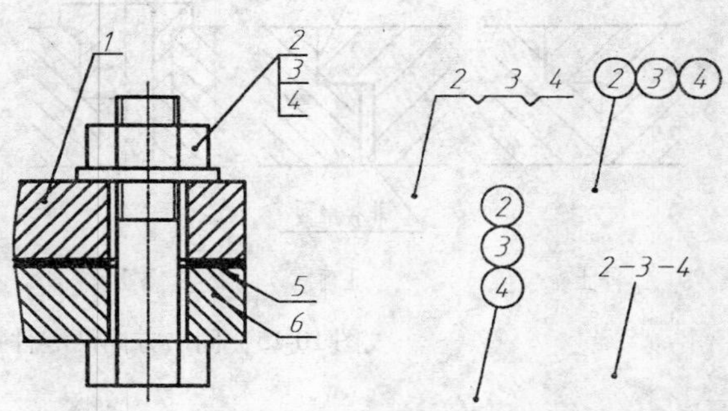

图 10-13　序号数字的注写（二）

二、明细栏

明细栏是部件的全部零件目录，将零件的代号、名称、数量、材料等填写在表格内。

明细栏的格式及内容可由各单位具体规定，图 10-14 所示格式可供学习时使用。

明细栏应紧靠在标题栏的上方，由下向上顺序填写零件编号。当标题栏上方位置不够时，可移至标题栏左边继续填写。

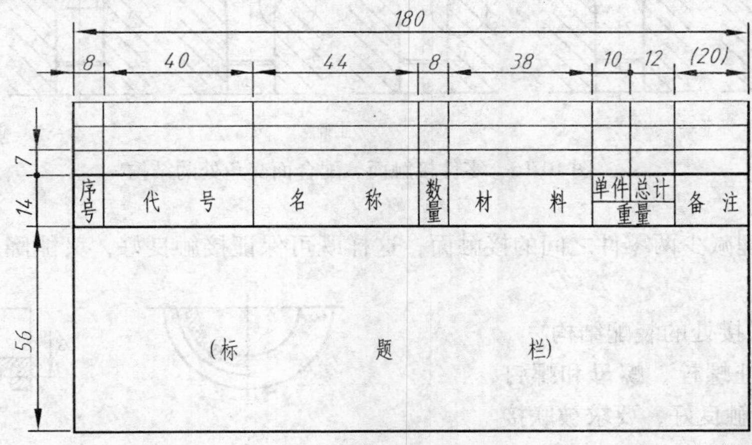

图 10-14　明细栏的格式

第五节　装配结构的工艺性

为了保证装配质量和装卸方便，达到机器或部件规定的性能精度要求，零件除在满足制造工艺，制造精度和技术要求外，还必须适应装配工艺的要求。

一、装配结构的合理性

1. 两零件接触面的装配结构

1）两零件装配后，在同一方向上只允许有一对接触面或配合面，否则难以保证装配精度和质量（图 10-15）。

2）两零件在两个方向上要求同时接触时，在转折处要做出倒角、退刀槽，不应都加工成直角或相同的圆角，以免发生接触干涉，如图 10-16 所示。

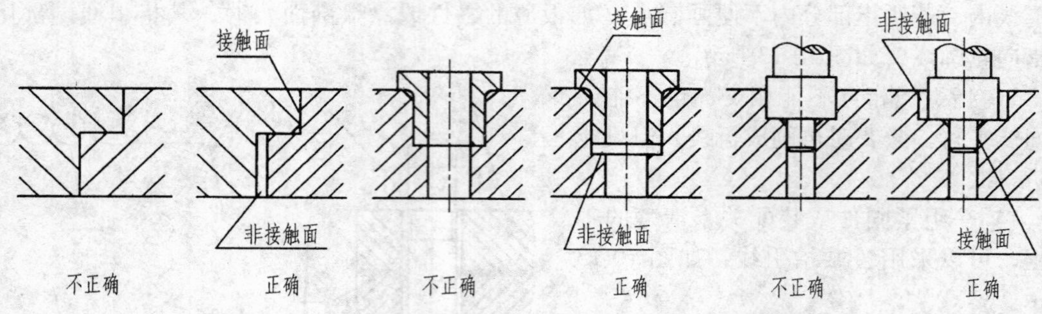

图 10-15　同一方向两零件接触面、配合面的结构

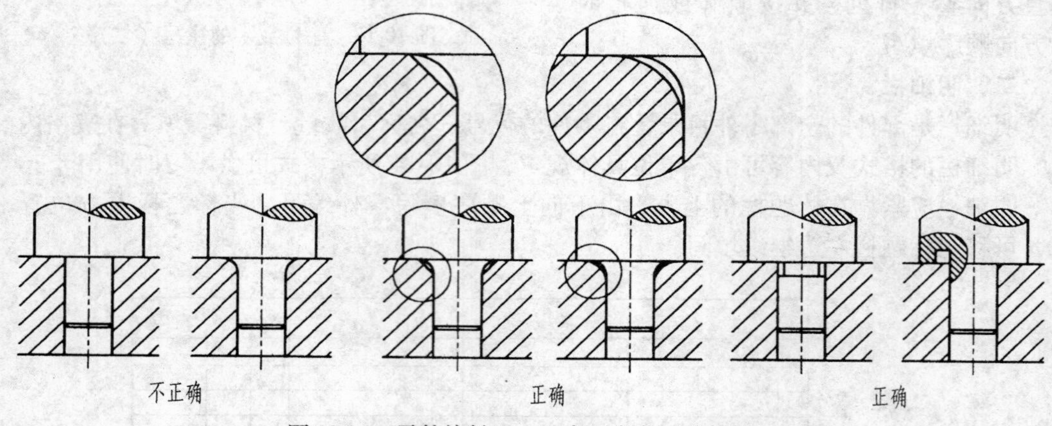

图 10-16　零件接触面、配合面交角处的结构

3）要合理减少两零件之间的接触面，这样既可保证接触良好，又能降低加工成本，如图 10-17 所示。

2. 螺纹联接处的装配结构

1）为保证螺栓、螺母和螺钉与被联接件接触良好，要求被联接件的表面加工凸台或鱼眼坑等结构以便使其受力均匀，联接牢靠，如图 10-18 所示。

2）应采用退刀槽、倒角和凹坑等结构，以保证紧密联接，防止螺尾渐浅部与螺母或螺孔联接不紧，如图 10-19 所示。

3）应考虑到螺纹紧固件的装配、维修等工作的顺利进行，要留有扳手、旋具操作的空间，如图 10-20 所示。

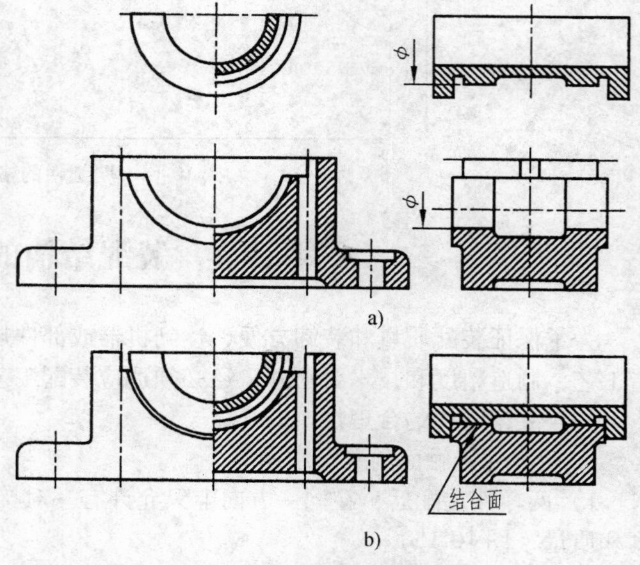

图 10-17　两件接触面的装配结构

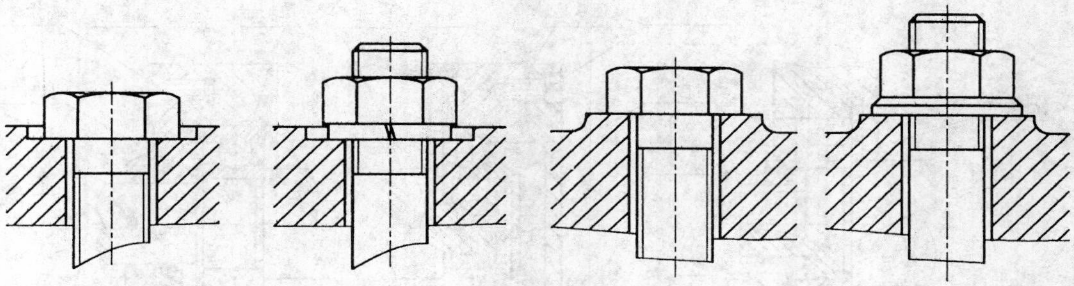

图 10-18　螺纹联接处的装配结构

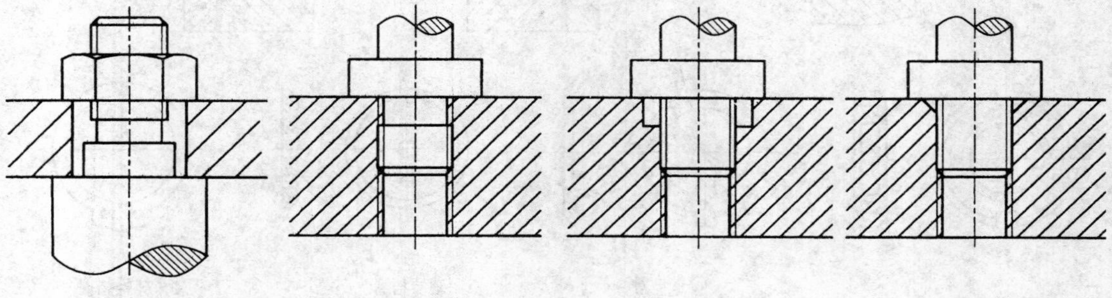

a) 尾部加长　b) 退刀槽　c) 凹坑　d) 倒角

图 10-19　螺纹联接处的装配结构

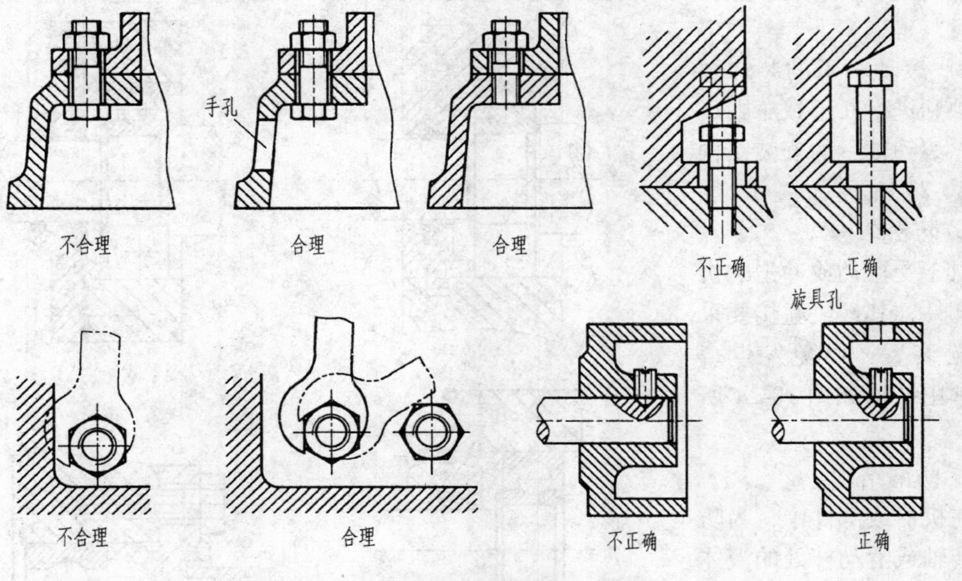

图 10-20　螺纹紧固件装配的合理结构

二、常用的典型装配结构

1. 滚动轴承的固定、密封和拆卸

1）为了防止滚动轴承产生轴向窜动，必须采用一定的结构来固定其内外圈。常用方法有：用轴肩、弹性挡圈、轴端挡圈、圆螺母与止退垫圈等固定，如图 10-21 所示。

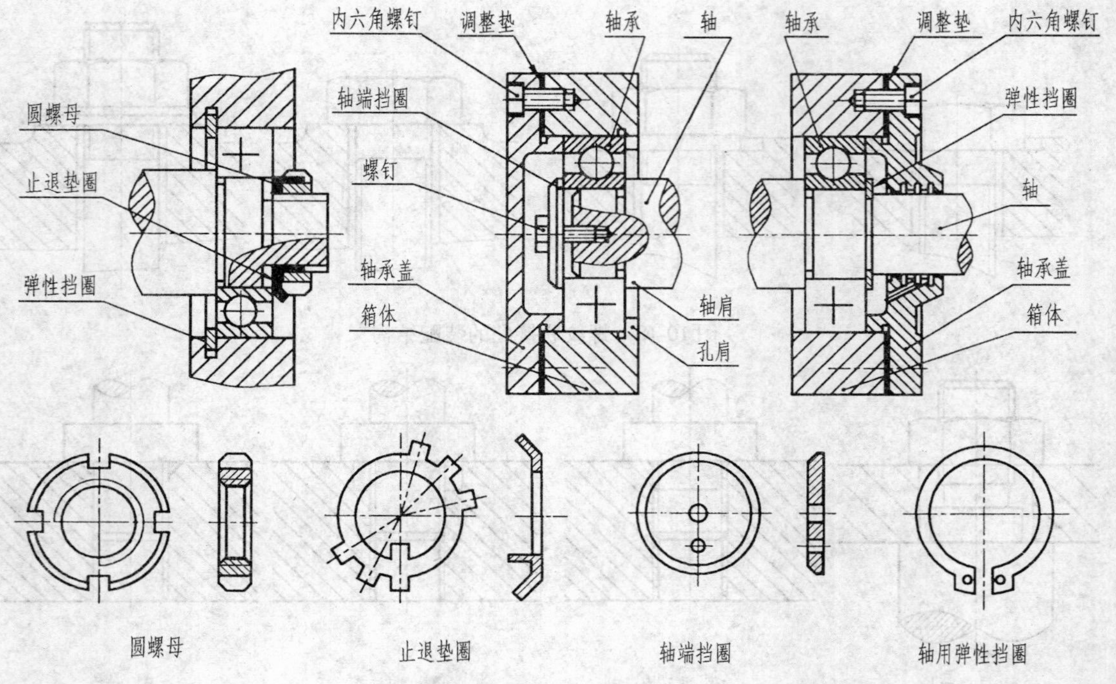

图 10-21　滚动轴承的固定

2）滚动轴承的密封有两个作用，一是防止润滑油流出，二是防止灰尘进入，如图 10-22 所示。

3）滚动轴承的装卸要求能顺利进行，不致于毁坏轴承。滚动轴承的安装结构如图 10-23 所示。

2. 防松结构

对于受振动或冲击的机器或部件，其螺纹联接要采用防松装置，以免发生事故。常用结构如图 10-24 所示。

3. 防漏结构

在机器或部件中，为防止旋转轴或滑动杆处的液体流出和灰尘侵入，应采用防漏密封装置，如图 10-25 所示。从图中可以看出它有一部分空间装满填料，当用螺母或压盖压紧后，就能起到防漏密封作用。

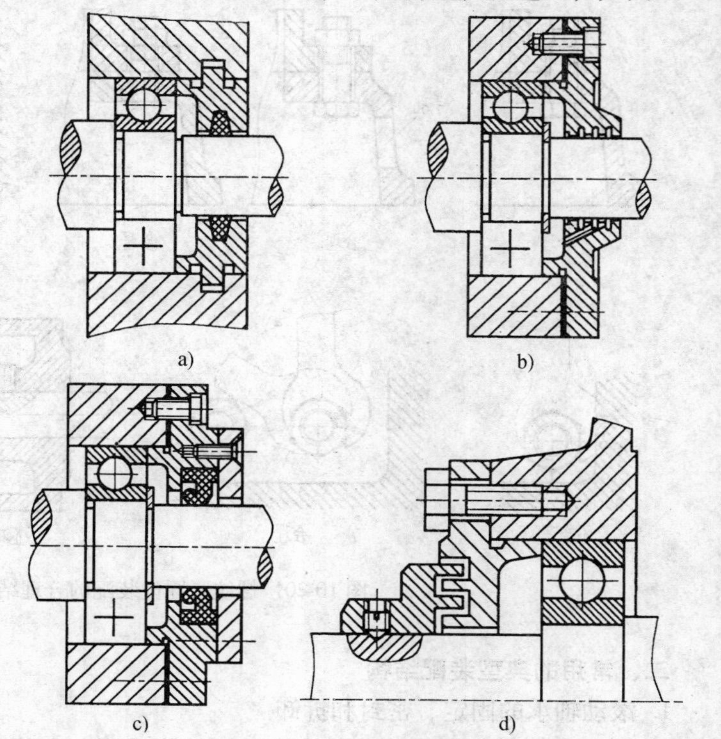

图 10-22　滚动轴承的密封结构
a）毡圈式密封　b）油沟式密封　c）皮碗式密封　d）迷宫式密封

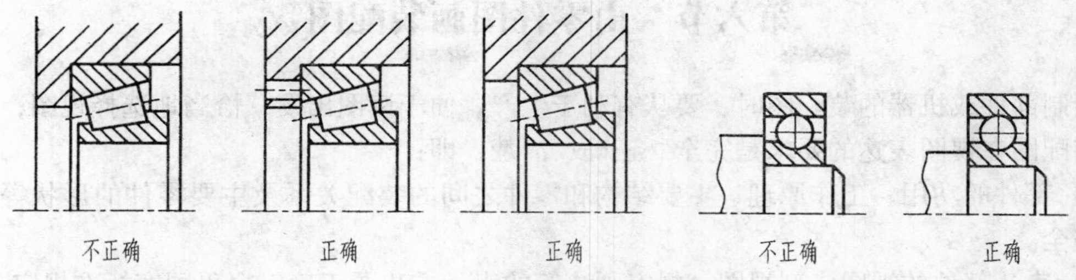

图 10-23　滚动轴承的安装结构

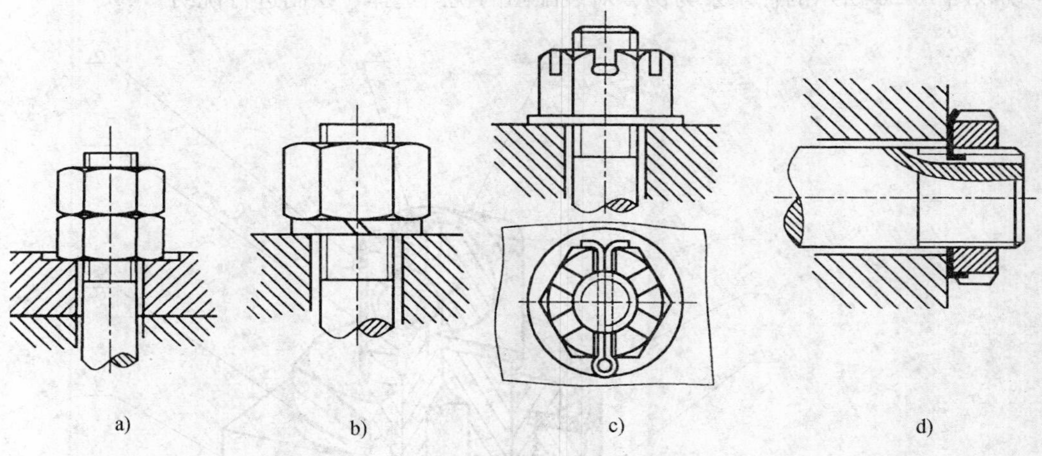

图 10-24　防松结构

a）用双螺母锁紧　b）用弹簧垫圈锁紧　c）用开口销锁紧　d）用制动垫圈锁紧

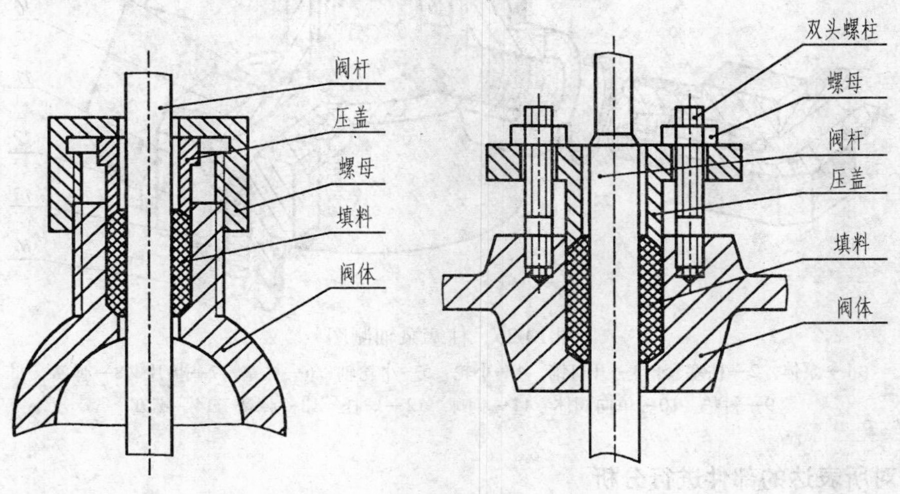

图 10-25　防漏结构

第六节　由零件图画装配图

绘制部件或机器的装配图时，要从有利于生产、便于读图出发，恰当地选择视图，生产上对装配图在视图表达的要求是完全、正确、清楚，即：

1）部件的功用、工作原理、主要结构和零件之间的装配关系及主要零件的形状等，要表达完全。

2）表达部件的视图、剖视图、规定画法等的表示方法要正确，合乎国家标准规定。

3）图样清楚易懂，便于读图。

现以图10-26所示的柱塞泵为例，对装配图的视图选择、绘制进行说明。

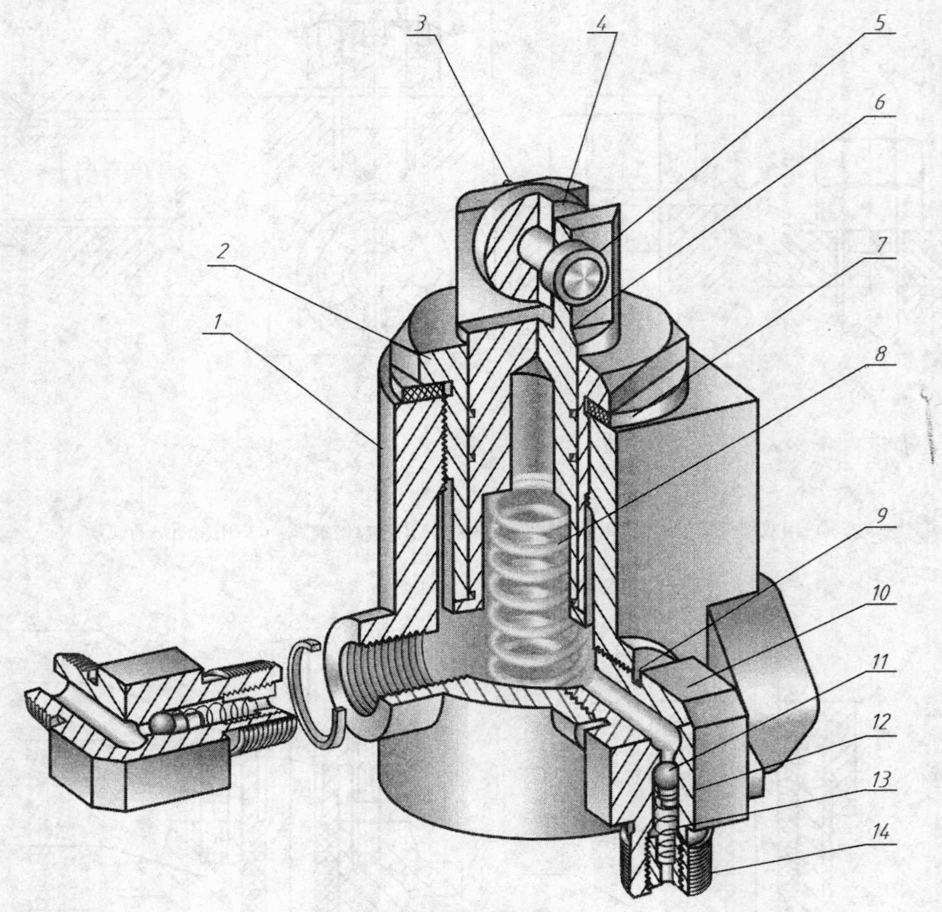

图10-26　柱塞泵轴测图

1—泵体　2—柱塞套　3—开口销　4—小轮　5—小轮轴　6—柱塞　7—垫片　8—弹簧　9—衬垫　10—单向阀体　11—钢球　12—球托　13—弹簧　14—螺塞

一、对所表达的部件进行分析

对部件的功用、工作原理进行分析，了解各零件在部件中的作用及零件间的装配关系、联接等情况。

图 10-26 及图 10-27 所示的柱塞泵是一种用于机床中润滑的供油装置。它的工作原理是：当凸轮（在 A 向视图上用双点画线画出，$cm - cn =$ 升程）旋转时，由于升程的改变，迫使柱塞 6 上下运动，并引起泵腔容积的变化，压力也随之变化。这样就不断地产生吸油和排油，以供润滑。具体工作过程如下：

1）当凸轮上的 n 点转至图示位置时，弹簧 8 的弹力使柱塞 6 升至最高位置，此时泵腔容积增大，压力减小（小于大气压），油池中的油在大气压力作用下，流进管道，顶开吸油嘴，单向阀体（俯视图中）内的钢球进入泵腔。在这段时间内，排油嘴的单向阀门是关闭的（钢球 11 在弹簧 13 作用下顶住阀门）。

2）在凸轮再转半圈的过程中，柱塞往下压直至最低位置，泵腔容积逐步减为最小，而压力随之增至最大，高压油冲出排油嘴的单向阀门，经管道送至使用部位。在此过程中，吸油嘴的单向阀门是关闭的，以防止油逆流。

3）凸轮不断旋转，柱塞就不断地做往复运动，从而实现了吸、排润滑油的目的。

工作原理及运动情况弄清楚之后，再进一步分析其装配及联接关系。柱塞 6 与柱塞套 2 装配在一起，柱塞套 2 则用螺纹与泵体 1 相联接。在柱塞 6 上部装有小轮轴、小轮及开口销等。柱塞 6 下部靠弹簧 8 顶着。吸油及排油处均装有单向阀体 10，控制阀门的开启与关闭。单向阀体由钢球 11、球托 12、弹簧 13 和螺塞 14 等组成。

在柱塞套 2 与泵体 1 连接处以及单向阀体 10 与泵体 1 连接处，装有垫片 7 和衬垫 9，使接触面间密封而防止油泄出。

通过以上细致的分析，可以把柱塞泵的结构和装配关系分为四个部分：柱塞与柱塞套部分、小轴与小轮轴部分、吸油嘴部分、排油嘴部分，也称为四条装配线。柱塞泵装配图的视图选择，主要就是要把这四条装配线的结构、装配关系和相互位置表达清楚。

二、确定主视图

主视图是首先要考虑的一个视图，选择的原则如下：

1）能清楚地表达部件的工作原理和主要装配关系。

2）符合部件的工作位置。

对柱塞泵来说，柱塞 6 和柱塞套 2 部分是表明柱塞泵工作原理的主要装配线。所以，可以图 10-27 所示选择主视图，即按工作位置将泵竖放，使基面 P—P 平行于正面。然后通过泵的轴线假想用切平面将泵全部剖开，这样柱塞 6 与柱塞套 2 部分的装配关系，以及小轮 4 与小轮轴 5 部分的装配关系，排油嘴部分的装配关系都能清楚地表达出来，而且柱塞套 2 与泵体 1 的连接关系以及排油嘴与泵体 1 的连接关系也表达清楚了。比较起来，这样选择的主视图较好。

三、确定其他视图

主视图确定之后，部件的主要装配关系和工作原理一般能表达清楚。但是只有一个主视图，往往还不能把部件的所有装配关系和工作原理全部表示出来。根据表达要完全的要求，应确定其他视图。

对于柱塞泵来说，可以看出：吸油嘴部分的装配关系以及有关油路系统的来龙去脉还是不清楚的，所以在图 10-27 所示的俯视图上应有一个沿 B—B 部分剖开的局部剖视图，这样就把上述两部分内容表达清楚了。

为了给出泵的安装位置，在俯视图上用双点画线假想地表示出了连接板的轮廓和连接方式。

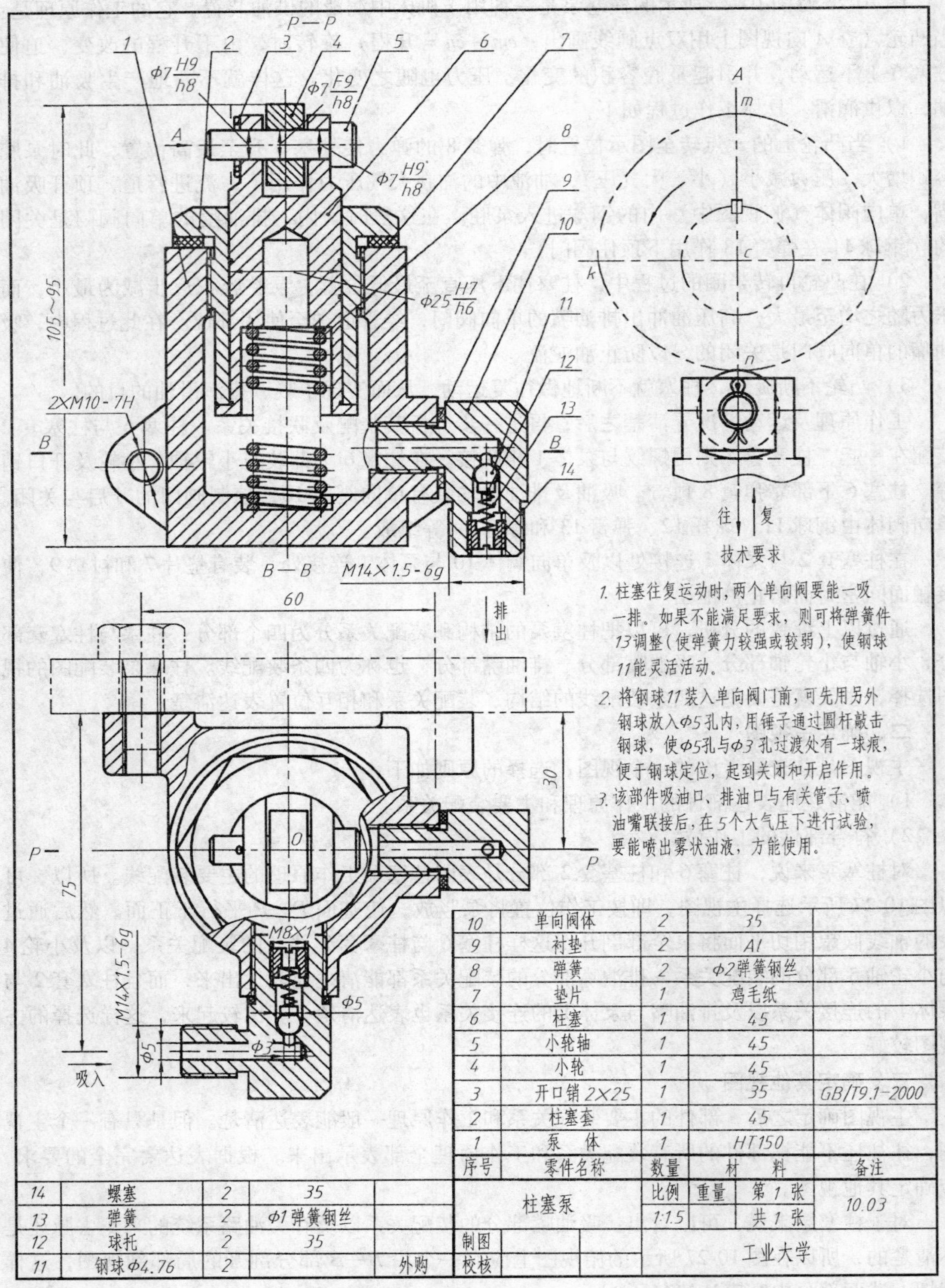

序号	零件名称	数量	材料	备注
14	螺塞	2	35	
13	弹簧	2	φ1弹簧钢丝	
12	球托	2	35	
11	钢球φ4.76	2		外购
10	单向阀体	2	35	
9	衬垫	2	Al	
8	弹簧	2	φ2弹簧钢丝	
7	垫片	1	鸡毛纸	
6	柱塞	1	45	
5	小轮轴	1	45	
4	小轮	1	45	
3	开口销 2×25	1	35	GB/T9.1-2000
2	柱塞套	1	45	
1	泵　体	1	HT150	

柱塞泵	比例	重量	第 1 张	10.03
	1:1.5		共 1 张	
制图			工业大学	
校核				

图 10-27　柱塞泵装配图

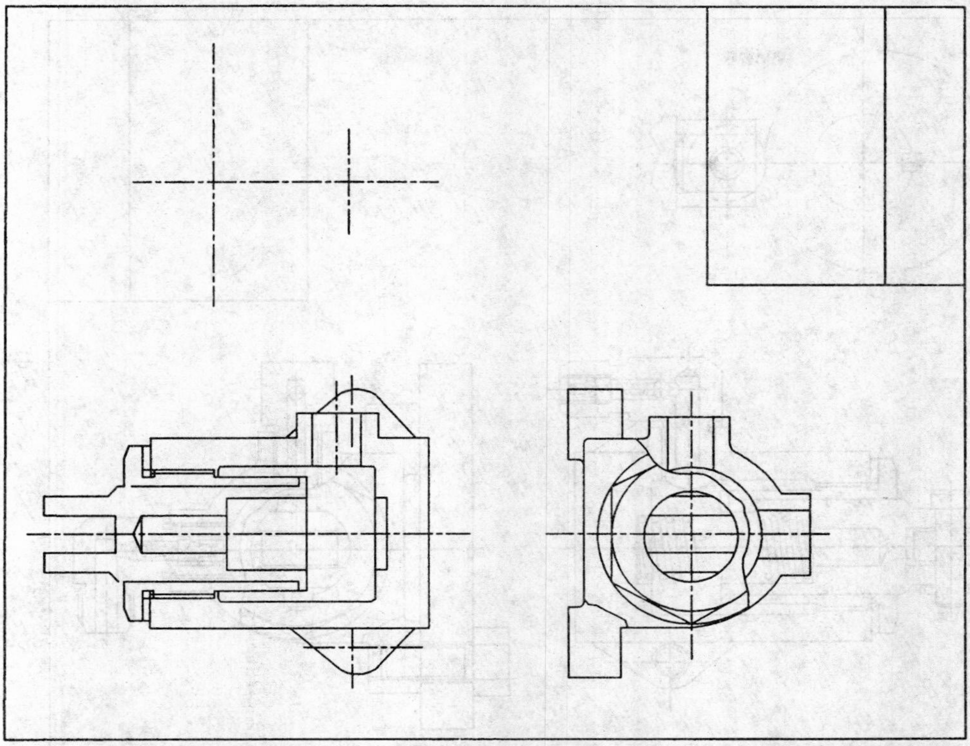

a)

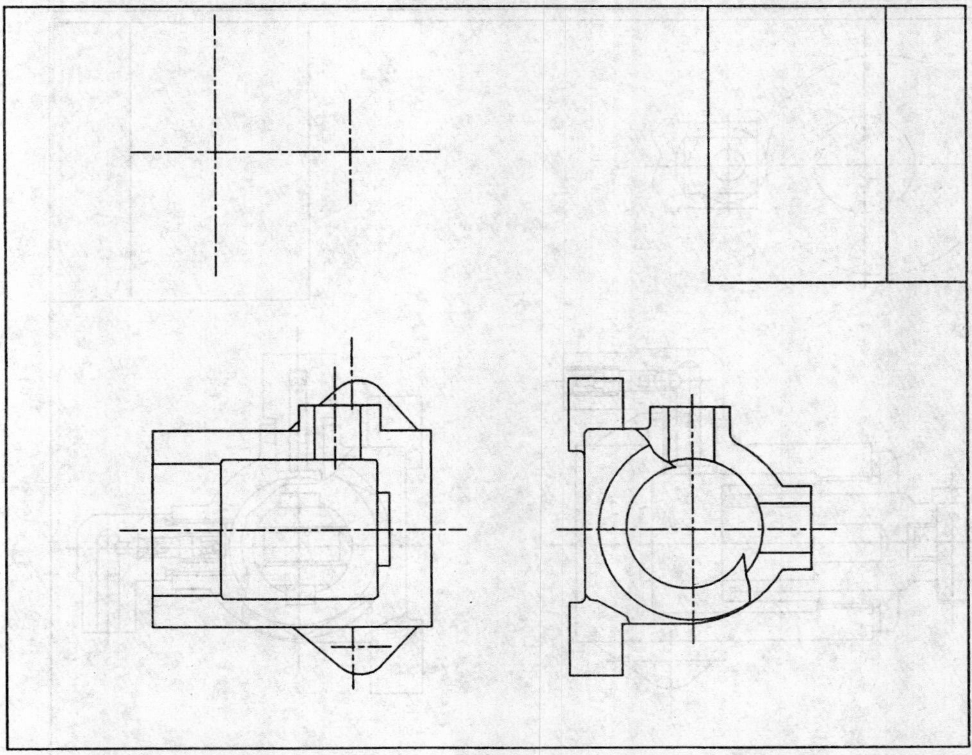

b)

图 10-28

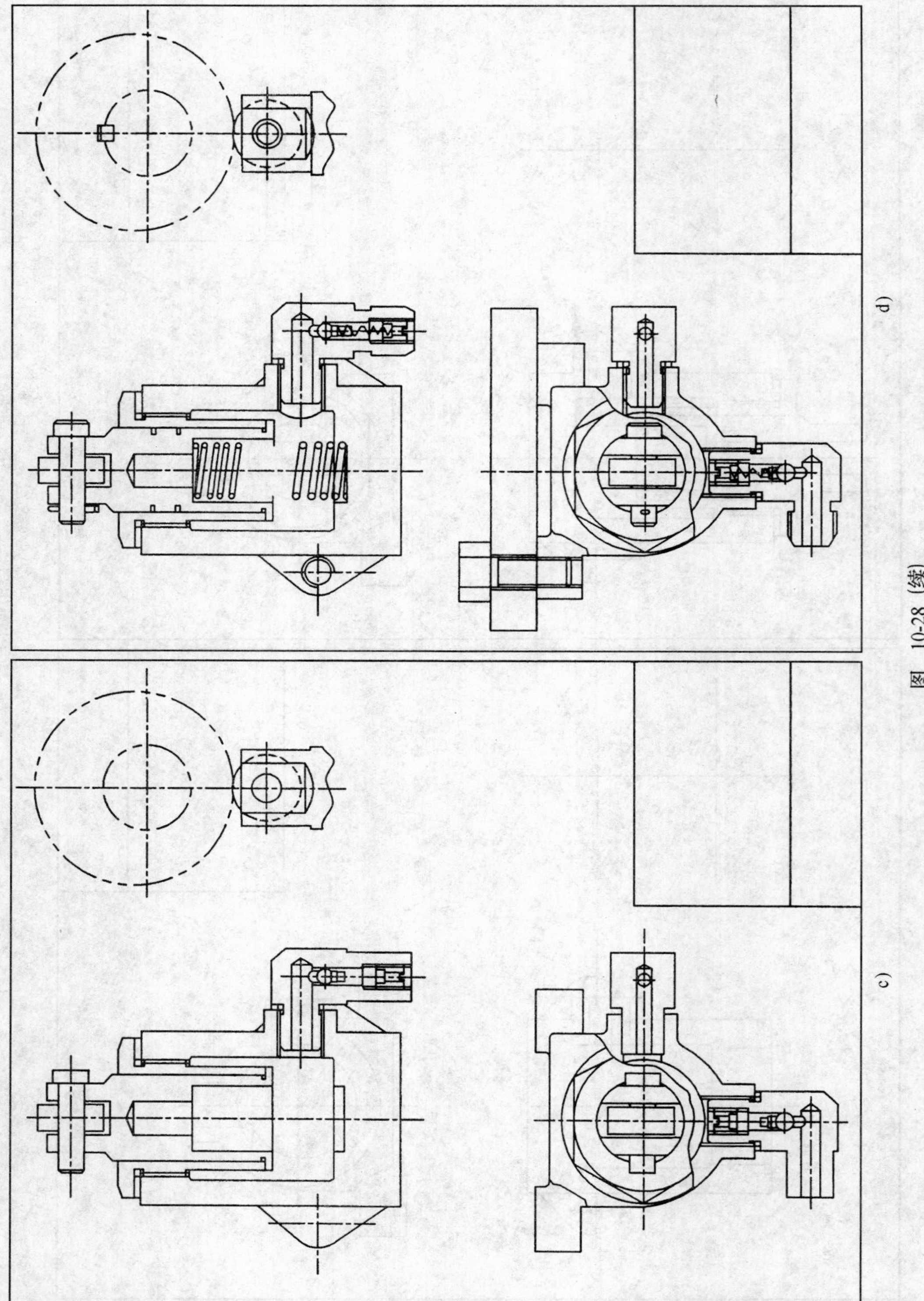

图 10-28（续）

为了更明确地表明柱塞的运动原理，增加了一个 A 向视图，由该视图可清楚地看出柱塞6是怎样通过凸轮的旋转运动而实现上下往复运动的。由于凸轮不属于柱塞泵的零件，所以在 A 向视图中用双点画线假想地画出它的轮廓。

至此，柱塞泵的视图选择便完成了，但有时为了能选定一个最佳方案，最好多考虑几种视图选择方案，以供比较、选用。

四、画装配图的步骤

现以图 10-27 所示的柱塞泵为例来说明画装配图的方法和步骤。

确定了表达方案，即可开始画装配图。一般作图步骤如下：

1）根据部件大小、视图数量，决定图的比例以及图纸幅面。画出图框并定出标题栏和明细栏的位置。

2）画各视图的主要基线，例如主要的中心线、对称线或主要端面的轮廓线等。确定主要基线时，各视图之间要留有适当的间隔，并注意留出标注尺寸、编号位置等（图 10-28a）。

3）画主体零件（泵体）。一般从主视图开始，几个基本视图配合进行画图（图 10-28a）。

4）按装配关系，逐个画出主要装配线上的零件的轮廓。例如柱塞泵中的柱塞套、垫片及柱塞等（图 10-28b）。

5）依次画出其他装配线上的零件，如小轴、小轮轴及进、出口单向阀等，并画出 A 向视图（图 10-28c）。

6）画其他零件及细节，如弹簧、开口销及倒角、退刀槽等（图 10-28d）。

7）经过检查以后描深，画剖面线，标注尺寸及公差配合等。

8）对零件进行编号，填写明细栏、标题栏及技术条件等。

第七节　读装配图和拆画零件图

在装配、安装、使用和维修机器（或部件）时，经常要读装配图并依据装配图指导生产。拆画属于某装配体的零件图，必须根据该装配图弄清各零件名称、数量、材料及结构形状，弄清各零件在装配体中的功用及零件间的相互关系等，技术交流也往往需要读装配图。因此，工程技术人员必须具备读装配图和由装配图拆画零件图的能力。

一、读装配图

以图 10-29 推阀杆装配图为例，说明读装配图的方法和步骤。

1. 概括了解装配体

从图 10-29 标题栏中可知，该装配体的名称为推杆阀，参阅说明书等有关资料知道该装配体用于低压管路中。采用 1∶1.5 的绘图比例，因此装配体在线性方向比图形大 0.5 倍。

由序号可知，该装配体由八种零件组成。按序号阅读明细栏，推杆阀装配体的表达方案由主视图（全剖视图）、左视图、俯视图（全剖视图）和导塞（零件 2）的 B 向视图构成。

2. 分析装配体的工作原理和各零件之间的装配关系

在概括了解装配体的基础上，进一步仔细看装配图，先从主视图入手，紧紧抓住装配干线，弄清各零件的配合种类、连接方法及相互关系。对各零件的功用和运动状态，一般从主动件开始按传动路线逐个进行分析（也可以从被动件开始反序进行分析），从而弄清楚装配体的工作原理和装配关系。

图 10-29 所示的推杆阀装配图的主视图采用全剖视图表达，由主视图可知该推杆阀部件的工作原理和装配关系，当推杆 1 在外力作用下向左移动时，推杆通过钢球 5 和弹簧 6，使钢球向左移动离开 ϕ11 孔，管路中的流体就可以从进口处经过 ϕ11mm 孔的通道流到出口处。当外力消失时，在弹簧作用下又将钢球向右推，将 ϕ11mm 孔的通道堵上，这时流体就被阻而“不通”。弹簧左面的旋塞 8 是用来调节弹簧压力的，而密封圈 3 是为了密封而设置的。主视图清楚地表达了该推杆阀的 8 种零件在装配体中的功用及相互之间的位置关系。左视图表达阀体 4 和接头 7 的形状，并给出拆装时转动接头零件的夹持面宽度。俯视图采用全剖视图，主要表达阀体底板的形状。*B* 向视图单独表达导塞 2 的六棱柱结构。

通过分析，弄清了各视图的表达内容和表达意图。看主视图抓住由推杆、钢球、弹簧和旋塞等组成的装配干线，就明确了推杆阀的工作原理和装配关系。其他三个视图都是为了表达主要零件的形状。

3. 分析零件

随着看图的深入，需对主要零件进行进一步分析，分析零件的目的是弄清零件的功用及其主要结构，加深对零件在装配体中功用和零件之间装配关系的理解，也为拆画零件图打下基础。

零件可分为标准零件和一般零件：

（1）标准零件　标准零件属外购件，一般不需拆画零件图，如推杆阀中的钢球和弹簧。对标准零件要求能正确写出标记、能根据标记查表和编写外购清单。

（2）一般零件　装配图中不属标准零件的均为一般零件，一般零件是拆图的主要对象，这些零件要按装配图所表示的结构形状、大小和有关的技术要求来绘制。具体进行时，应先拆画主要零件，后拆画次要零件。

分析零件的关键是将该零件从装配体中分离出来，然后再通过对投影、想形体，弄清该零件的结构。分离零件的依据就是画装配图的三条基本规定。

以下分析图 10-29 所示推杆阀装配体中的阀体零件，它是推杆阀的主要零件，它支承和包容推杆阀装配体中的其他零件。阀体零件结构可分为上、中、下三大部分：阀体零件的上部右侧制有螺纹孔，连接导塞支承和容纳推杆；阀体零件的上部左侧制有螺纹孔，连接接头，支承和容纳钢球、弹簧和旋塞，而在这两个螺纹孔之间的空腔与进、出口连通，形成流体通道。阀体零件的下部是安装底板，底板的左侧有安装固定用的宽为 11mm 的 U 形槽和 U 形沉槽，在底板中有 G1/2 的螺纹孔，连接管路。阀体零件的中部是轴线铅垂的圆柱筒，连接上下两部分，是流体的通道。工艺结构读者可自行分析。

4. 尺寸分析

推杆阀装配图的性能规格尺寸为 ϕ11，装配尺寸有推杆阀与导塞的 ϕ10H7/h6、导塞和接头与阀体的 M30 × 1. 5-6H/6g 和接头与旋塞的 M16 × 1-7H/6f，安装尺寸为 G3/4A、G1/2、48、11、56，总体尺寸为 118、52。

通过上述分析，对图推杆阀部件的工作原理、组成零件、各零件的结构及其在部件中的功用和零件间的装配关系有了完整清晰的认识。

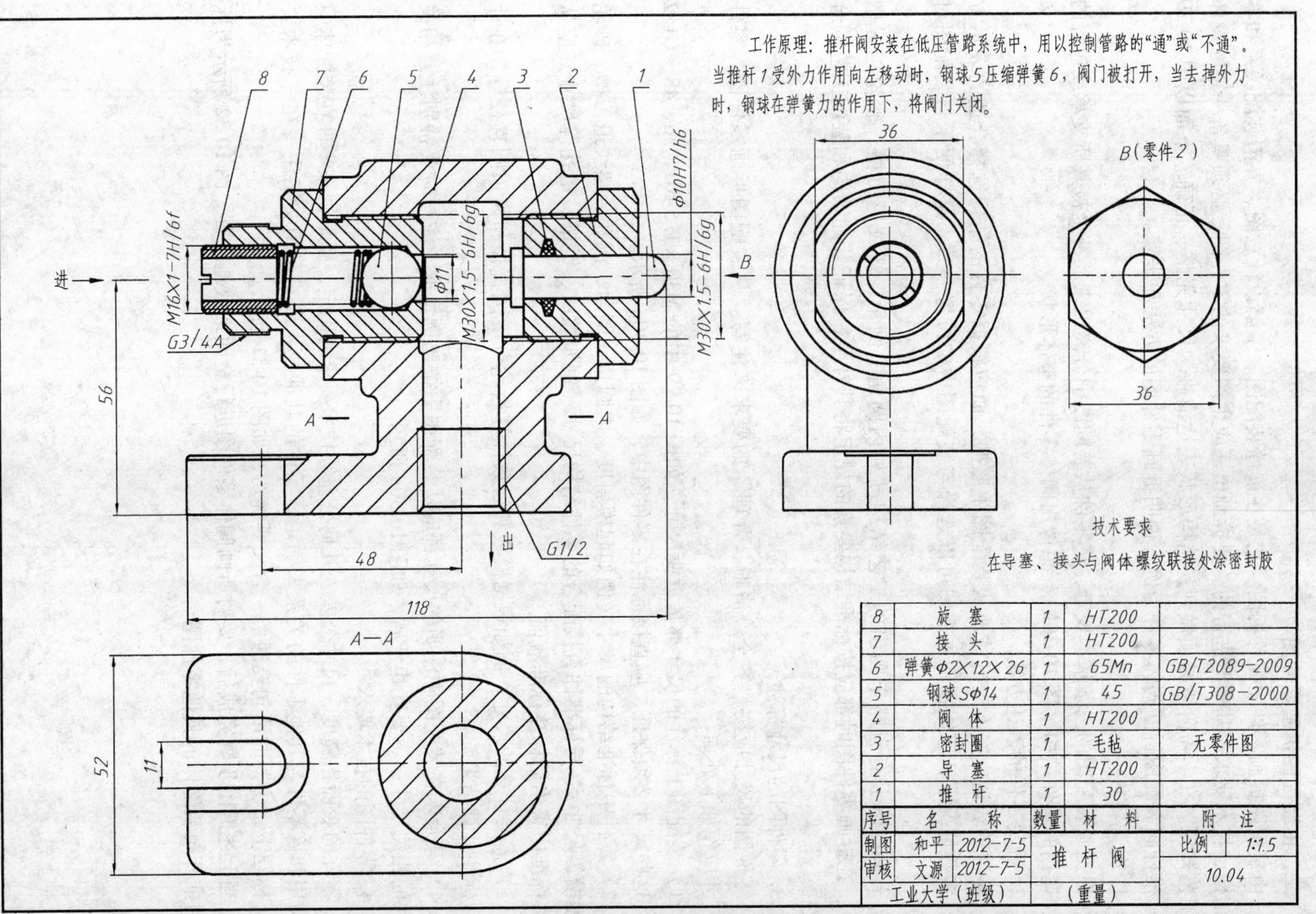

图10-29 推杆阀装配图

二、由装配图拆画零件图

由装配图拆画零件图简称拆图。它是在读懂装配图、了解设计意图、弄清装配关系和零件结构、技术要求等基础上进行的。要拆画出适应生产要求的零件图，必须具备一定的设计和工艺知识。在学习阶段必须做到：结构形状表达清晰，尺寸完整、正确。下面以图 10-29 所示推杆阀装配图拆画阀体零件为例，说明拆画零件图的方法和步骤：

1. 分离零件

根据画装配图的三条基本规定，将零件从装配图中分离出来，补全被其所支承或包容的零件遮挡的零件结构（图 10-30b），想像出阀体零件的整体形状。

2. 确定零件的表达方案

零件的表达方案不应机械地从装配图中照搬，而应根据零件的结构选择合适的表示方法。多数情况下，座体零件主视图可以选择与装配图中的位置一致，这样便于与装配图对照。

若装配图上有省略未画出的工艺结构（如内圆角、倒角、螺纹退刀槽、砂轮越程槽等），在拆画零件图时都应按标准结构要素的规定将其补全，保证装配结构和装配工艺的合理性。

3. 零件图的尺寸标注

零件图的尺寸应按“齐全、清晰、合理”的要求来注写。从装配图拆画零件图，零件的尺寸应作如下处理：

1）装配图上标注的尺寸都是重要尺寸，如图 10-29 中的 M30 × 1. 5-6H、56、48、G1/2 等，这些尺寸必须保证，应直接标注在零件图中，如图 10-30c 所示。

2）零件中标准结构的尺寸（例如起模斜度、内圆角、倒角、沉孔、螺纹退刀槽、砂轮越程槽等尺寸）、与标准件直接配合的零件结构尺寸（例如螺纹、键槽、销孔等尺寸）应从有关标准中查出后标注标准数值。

3）需要计算的尺寸，例如根据模数和齿数计算齿轮分度圆直径和齿顶圆直径等，在计算后标注计算结果。

4）其余未在装配图中注明的尺寸都应从装配图中按比例量取，注写时要特别注意相关零件的相关尺寸，不要互相矛盾，如图 10-30d 所示。

4. 零件图的技术要求

零件的表面粗糙度、尺寸公差、几何公差等技术要求的确定，要根据该零件在装配体中的功用和该零件与其他零件的关系来确定。零件的其他技术要求可用文字注写在“技术要求”标题下，书写时语句要通俗，含义要确切，如图 10-31 所示。

当上述拆图步骤完成后，要对所画阀体零件图进行全面细致地检查。图 10-32 所示为拆画的推杆阀装配体的其他零件图。

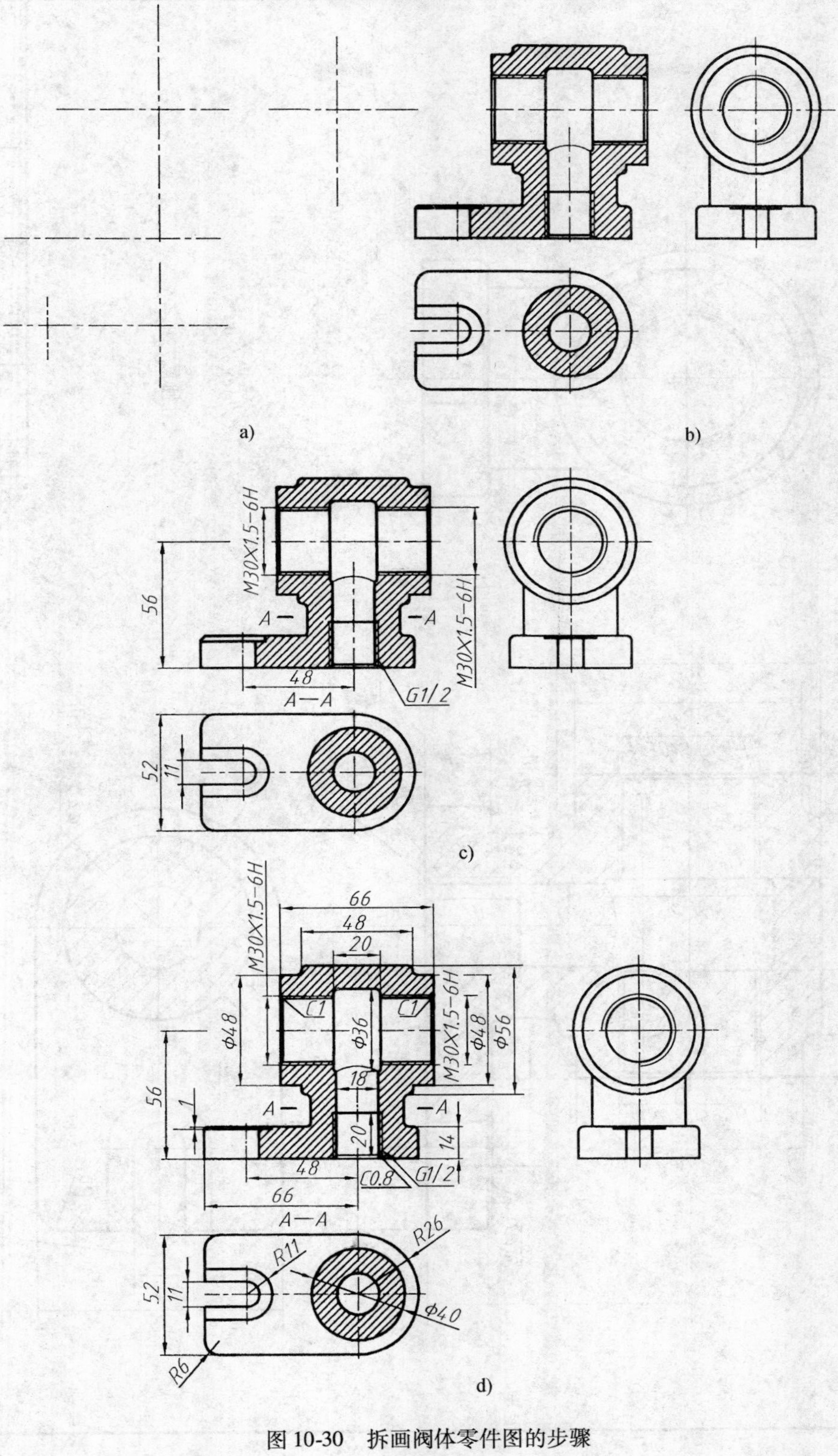

a)　　b)

c)

d)

图 10-30　拆画阀体零件图的步骤

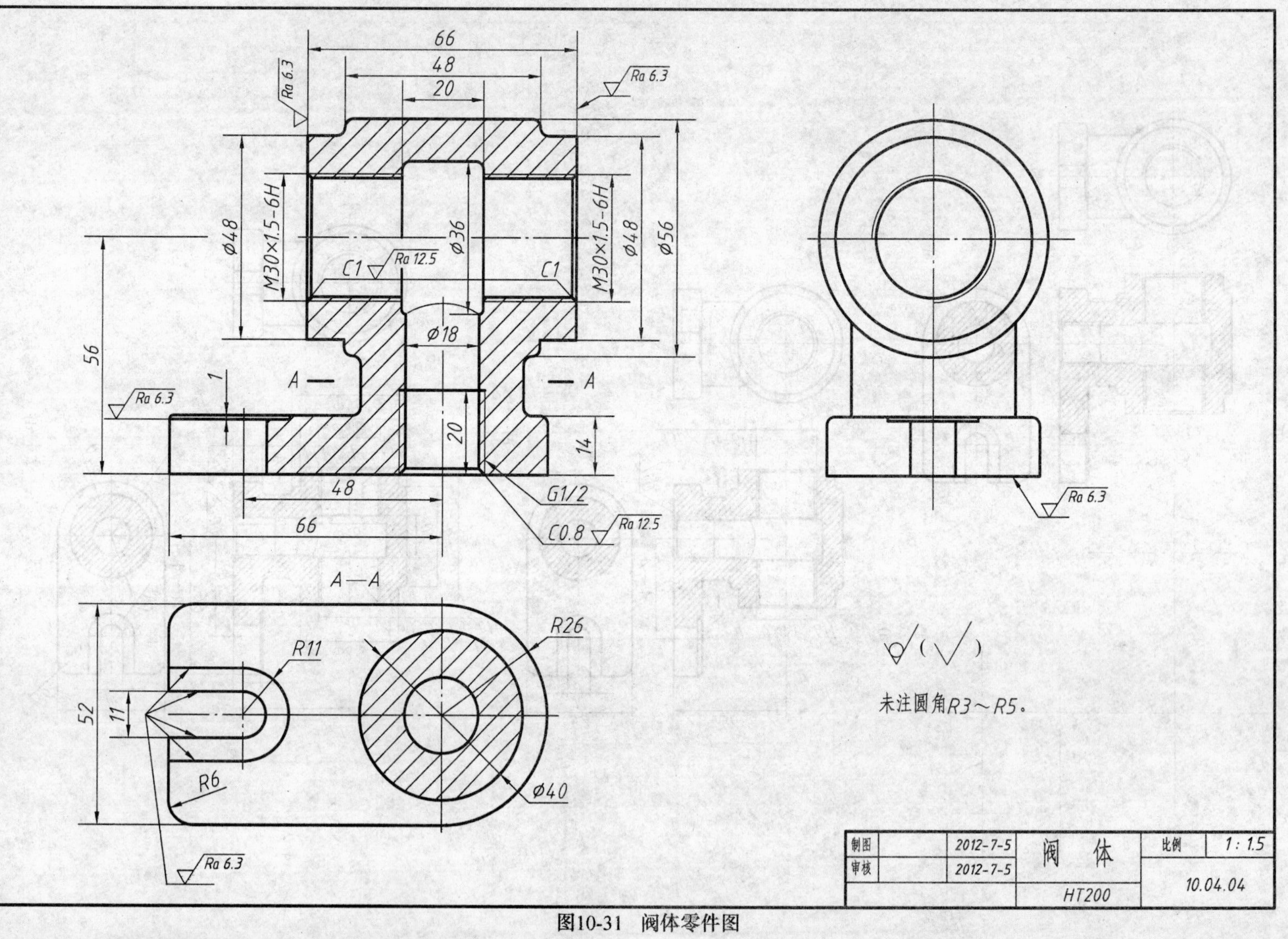

66
48
20
Ra 6.3
Ra 6.3
φ48
M30×1.5-6H
φ36
M30×1.5-6H
φ48
φ56
C1
Ra 12.5
C1
φ18
56
1
A
A
Ra 6.3
20
14
48
G1/2
66
C0.8
Ra 12.5
Ra 6.3
A—A
R26
R11
52
11
R6
φ40
Ra 6.3
未注圆角R3～R5。
制图
2012-7-5
审核
2012-7-5
阀　体
比例
1:1.5
HT200
10.04.04

图10-31　阀体零件图

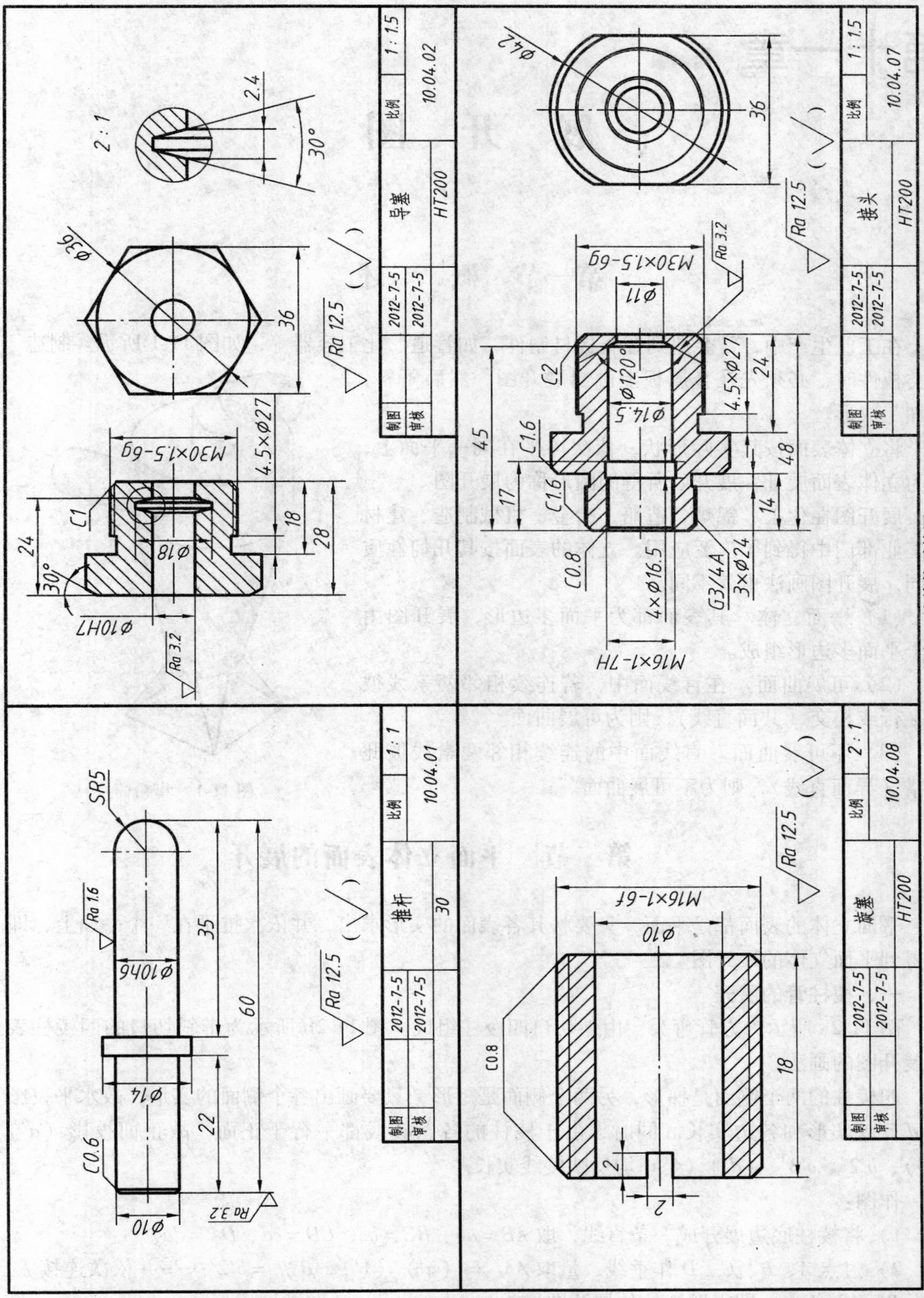
2 : 1
2.4
30°
ϕ36
36
M30×1.5-6g
4.5×ϕ27
C1
24
30°
ϕ18
18
28
ϕ10H7
Ra 3.2
Ra 12.5
制图 2012-7-5
审核 2012-7-5
导塞
HT200
比例 1 : 1.5
10.04.02
ϕ42
36
M30×1.5-6g
Ra 3.2
ϕ11
C2
ϕ120°
4.5×ϕ27
24
ϕ14.5
45
C1.6
4.8
17
C1.6
14
C0.8
ϕ16.5
G3/4A
3×ϕ24
4×ϕ16.5
M16×1-7H
Ra 12.5
制图 2012-7-5
审核 2012-7-5
接头
HT200
比例 1 : 1.5
10.04.07
SR5
Ra 1.6
35
ϕ10f6
60
ϕ14
22
C0.6
ϕ10
Ra 3.2
Ra 12.5
制图 2012-7-5
审核 2012-7-5
推杆
30
比例 1 : 1
10.04.01
M16×1-6f
ϕ10
C0.8
18
2
2
Ra 12.5
制图 2012-7-5
审核 2012-7-5
旋塞
HT200
比例 2 : 1
10.04.08

图10-32 推杆阀的其他零件图

第十一章

展　开　图

第一节　概　　述

在工业生产中，常会遇到金属板材制件，如管道、化工容器等，如图 11-1 所示。制造这类板件时，必须先在金属板上画出展开图，然后下料，再加工成形。

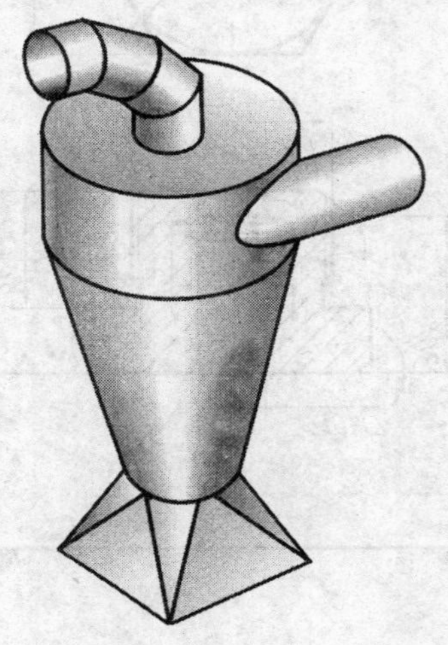

图 11-1　集粉筒

将立体表面按其实际形状，依次摊平在同一平面上，称为立体表面展开，展开后所得的图形称为展开图。

展开图在化工、锅炉、造船、冶金、机械制造、建材等工业部门中得到了广泛应用。立体的表面按其几何性质不同，展开图画法也就不同。

（1）平面立体　其表面都为平面多边形，展开图由若干平面多边形组成。

（2）可展曲面　在直线面中，若连续相邻两素线彼此平行或相交（共面直线），则为可展曲面。

（3）不可展曲面　直线面中的连续相邻两素线彼此交错（异面直线），则为不可展曲面。

第二节　平面立体表面的展开

平面立体的表面都是平面，只要将其各表面的实形求出，并依次推平在一个平面上，即能得到平面立体的展开图。

一、棱柱管的展开

图 11-2a 所示为方管弯头，由斜切口四棱柱组成。图 11-2b 所示为带斜切口的四棱柱表面展开图的画法。

四棱柱的两个侧面是梯形，另两个侧面是矩形，只要画出各个侧面的实形，故水平投影 $abcd$ 反映实形和各边实长。同时，由于棱柱的各条棱线都平行于正面，故正面投影（a'）（$1'$）、$b'2'$、$c'3'$、（d'）（$4'$）均反映棱线实长。

作图：

1）将棱柱底边展开成一条直线，取 $AB=ab$、$BC=bc$、$CD=cd$、$DA=da$。

2）过点 A、B、C、D 作垂线，量取 $A\,I$ =（a'）（$1'$），$B\,II=b'2'$……并依次连接 I、II、III、IV 各点，即得四棱柱的展开图。

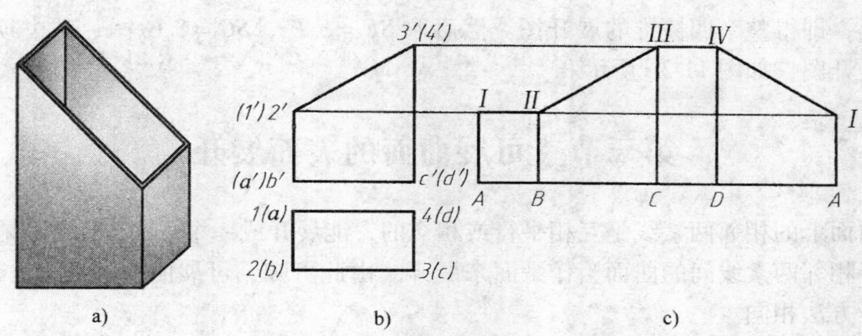

图 11-2　棱柱管制件的展开

a）立体图　b）两视图　c）展开图

二、棱锥管的展开

图 11-3a 所示为方口管接头，主体部分是截头四棱锥。图 11-3b 所示为截头四棱锥表面展开图的画法。

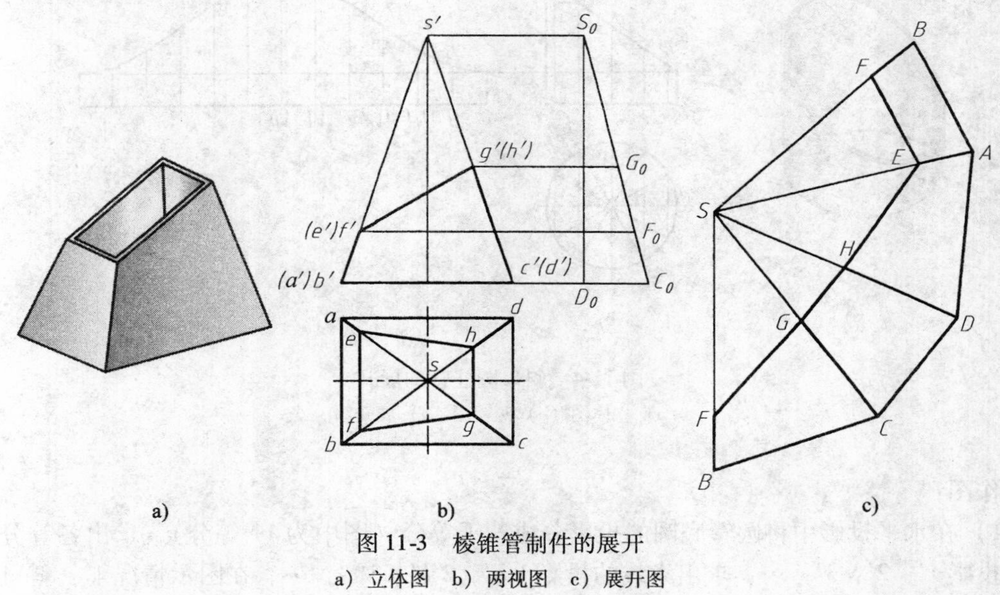

图 11-3　棱锥管制件的展开

a）立体图　b）两视图　c）展开图

画展开图时，先将棱线延长使之相交于点 S，求出整个四棱锥各侧面三角形的边长，画出整个棱锥的表面展开图，然后在每一条棱线上减去截去部分的实长，即得截头四棱锥的展开图。

作图：

1）利用直角三角形法求棱线实长，把它画在主视图的右边。量取 S_0D_0 等于锥顶 S 距底面的高度，并取 $D_0C_0 = sc$，则 S_0C_0 即为棱线 SC 的实长，此也是其余三棱线的实长。

2）经过点 g'、f' 作水平线，与 S_0C_0 分别交于点 G_0 和 F_0，S_0G_0、S_0F_0 即为截去部分的线段实长，如图 11-3b 所示。

3）以点 S 为顶点，分别截取 SB，SC，…等于棱线实长，$BC = bc$，$CD = cd$，…，依次

画出三角形，即得整个四棱锥的展开图。然后取 $SF=S_0F_0$，$SG=S_0G_0\cdots$，截去顶部即为截头棱锥的展开图，如图 11-3c 所示。

第三节　可展曲面的表面展开

可展曲面上的相邻两素线是互相平行或相交的，能展开成一个平面。因此，在作展开图时，可以将相邻两素线间的曲面当作平面来展开。由此可知，可展曲面的展开方法与棱柱、棱锥的展开方法相同。

一、圆柱管的展开

1. 斜口圆柱管的展开

如图 11-4a 所示，当圆柱管的一端被一平面斜截后，即为斜口圆柱管。斜口圆柱管表面上相邻两素线 *Ⅰ A*，*Ⅱ B*，*Ⅲ C*，…的长度不等。画展开图时，先在圆管表面上取若干素线，分别量取这些素线的实长，然后用曲线把这些素线的端点光滑连接起来，如图 11-4 所示。

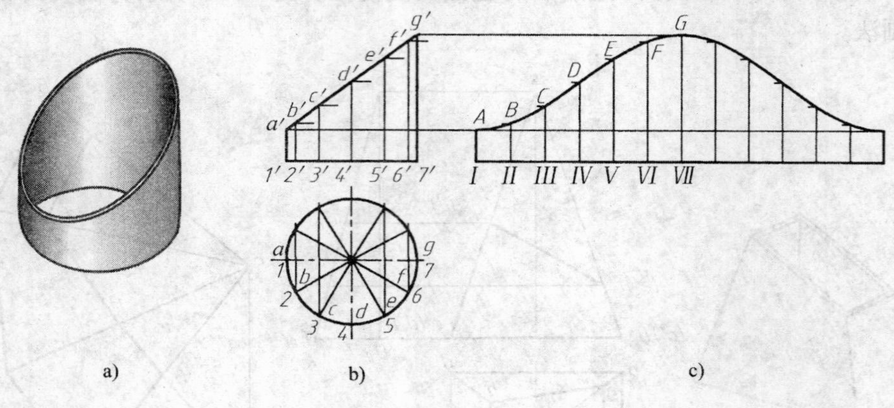

图 11-4　斜口圆柱管的展开
a）立体图　b）两视图　c）展开图

作图：

1）在水平投影中将圆管底圆的投影分成若干等分（图中为 11 等分），求出各等分点的正面投影 1′，2′，3′，…，求出素线的投影 $1'a'$，$2'b'$，$3'c'$，…。在图示情况下，斜口圆管素线的正面投影反映实长。

2）将底圆展成一条直线，使其长度为 πD，取同样等分，得各等分点 *Ⅰ*，*Ⅱ*，*Ⅲ*，…。

3）过各等分点 *Ⅰ*，*Ⅱ*，*Ⅲ*，…作垂线，并分别量取各素线长，使 *Ⅰ A* $=1'a'$，*Ⅱ B* $=2'b'$，*Ⅲ C* $=3'c'$，…得各端点 *A*，*B*，*C*，…。

4）光滑连接各素线的端点 *A*，*B*，*C*，…即得斜口圆管的展开图。

2. 三通管的展开

如图 11-5a 所示的三通管由两个不同直径的圆管垂直相交而成。根据三通管的投影图作展开图时，必须先在投影图上准确地求出相贯线的投影，然后分别将两个圆管展开，如图 11-5b 所示。

作图：

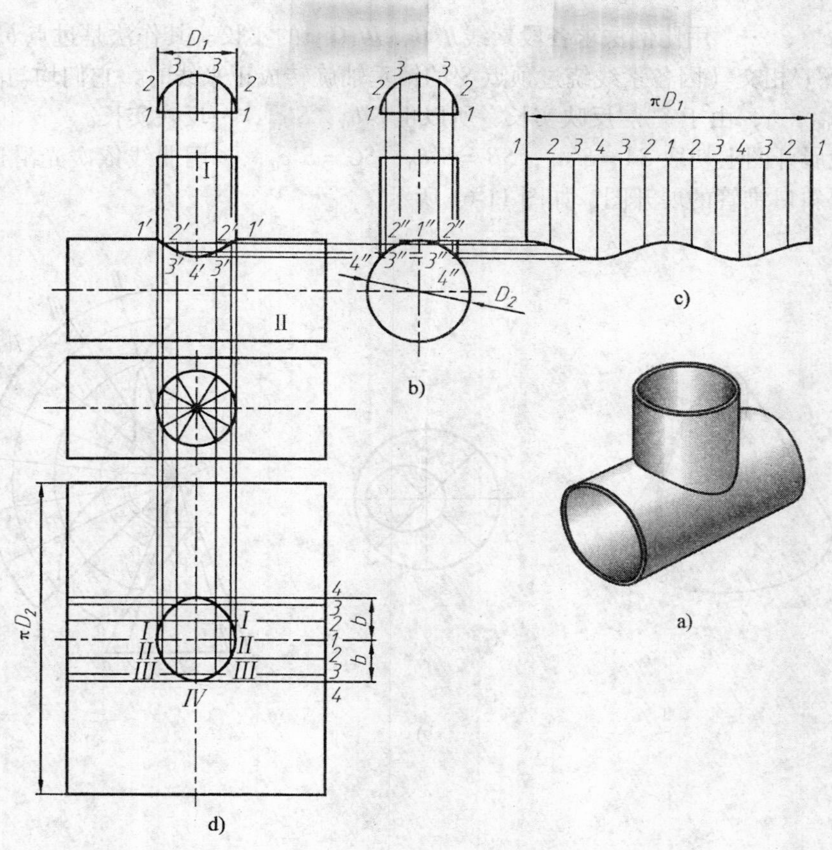

a)

图 11-5　三通管的展开

a）立体图　b）三视图　c）、d）展开图

1）求相贯线。

2）展开管Ⅰ。将管Ⅰ顶圆展成直线并等分（图 11-5 为 12 等分），过各等分点作垂线并截取相应素线的实长，再将各素线的端点光滑连接起来。

3）展开管Ⅱ。先将管Ⅱ展开成矩形，再将侧面投影上 1″4″展开成直线 b，使$\overline{12}=\overset{\frown}{1''2''}$，$\overline{23}=\overset{\frown}{2''3''}$，$\overline{34}=\overset{\frown}{3''4''}$得分点 1，2，3，4，过各分点引横线与正面投影的点 1′，2′，3′，4′所引的竖线分别相交得Ⅰ，Ⅱ，Ⅲ，Ⅳ等点，然后光滑连接，即得相贯线的展开图。

在生产实际中，往往只将小圆管放样展开，弯成圆管后，凑在大圆管上划线开口，然后把两管焊接起来。

二、斜口圆锥管的展开

斜口锥管是圆锥管被一平面斜截去一部分得到的，其展开图为扇形的一部分，如图 11-6a 所示。

作图：

1）等分底圆周（如图为八等分），投影图中，$S'5'$、$S'1'$是圆锥素线的实长，将底圆展开为一弧线，依次截取ⅠⅡ = 12，ⅡⅢ = 23，…过各等分点在圆锥面上引素线 SⅠ，SⅡ，…画出完整圆锥的表面展开图。

2）在投影图上求出各素线与斜口椭圆周的交点 A，B，C，…的投影（a、a'），（b、

b')，(c、c')，…。用比例法求各段素线ⅡB，ⅢC…的实长。其作法是过点b'，c'，d'，…作横线与$S'1'$相交（因各素线绕过顶点S'的铅垂轴旋转成正平线时，它们均与SⅠ重合）得交点b_0，c_0，…，由于S'Ⅰ$'$反映实长，所以也$S'b_0$，$S'c_0$，…反映实长。

3）在展开图上切取$SA=S'a_0$，$SB=S'b_0$，$SC=S'c_0$，…用曲线依次光滑连接点A，B，C，…则得斜口锥管的展开图，如图11-6c所示。

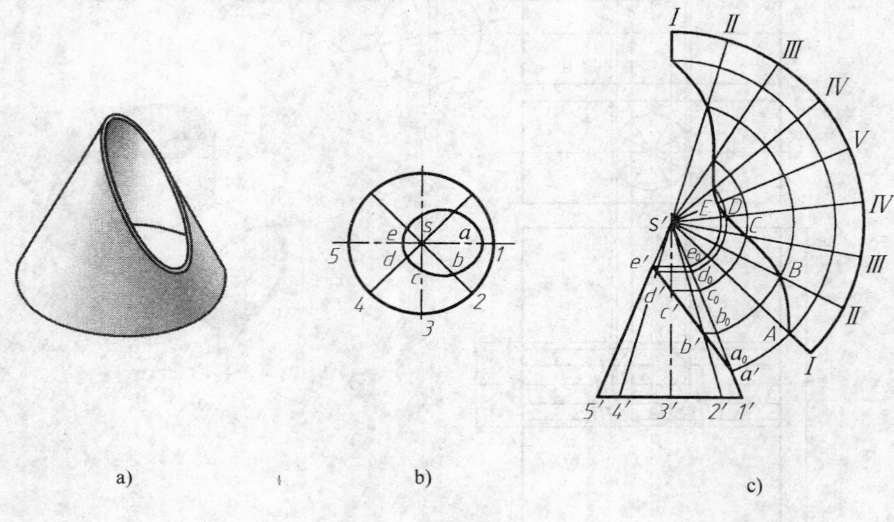

图11-6 斜口圆锥管的展开
a）立体图 b）视图 c）展开图

第四节 变形接头的展开

为了画出各种变形接头的表面展开图，须按其具体形状把它们划分成许多平面及可展曲面、锥面)，然后依次画出其展开图，即可得到整个变形接头的展开图。

如图11-7a所示的上圆下方变形接头，它由四个相同的等腰三角形和四个相同的部分斜圆锥面所组成。

作图：

1）用直角三角形法求出各三角形的两腰实长AⅠ、AⅡ、AⅢ、AⅣ，其中AⅠ$=A$Ⅳ,AⅡ$=A$Ⅲ，如图11-7b所示。

2）在展开图上取$AB=ab$，分别以点A、B为圆心，AⅠ为半径作圆弧，交于点Ⅳ，得三角形ABⅣ；再以点Ⅳ和A为圆心，分别以34的弧长和AⅡ为半径作圆弧，交于点Ⅲ，得三角形AⅢⅣ，同理依次作出各个三角形AⅡⅢ、AⅠⅡ。

3）光滑连接Ⅰ、Ⅱ、Ⅲ、Ⅳ等点，即得一个等腰三角形和一个部分锥面的展开图。

4）用同样的方法依次作出其他各组成部分的表面展开图，即得整个变形接头的展开图，如图11-7c所示，接缝线是IE，$IE=1'e'$。

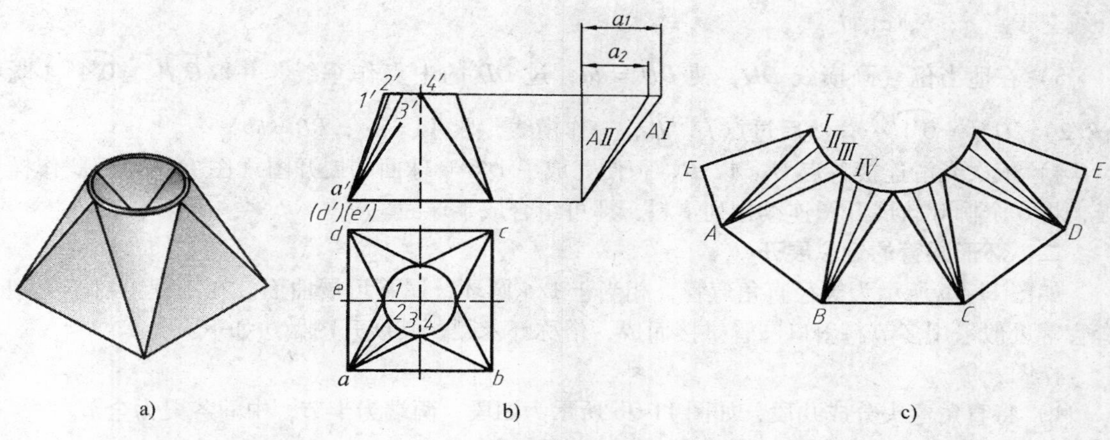

a)　　b)　　c)

图 11-7　变形接头的展开

a）立体图　b）三视图　c）展开图

第五节　不可展曲面的表面展开

工程中常用的不可展曲面有球面、圆环面等，由于不可展曲面不能将其形状、大小准确地展开在一个平面上，所以它们的展开图只能用近似的方法来绘制，也就是先将不可展曲面分成若干部分，然后把一部分近似地看成可展的柱面、锥面或平面，再依次拼接成展开图。

一、球面的近似展开

由于球面属于不可展曲面，因此只能用近似的方法展开。如图 11-8 所示，将球面分成若干等分，把每等分近似地看成球的外切圆柱面的一部分，然后按圆柱面展开，得到的每块展开图呈柳叶状，如图 11-8c 所示。

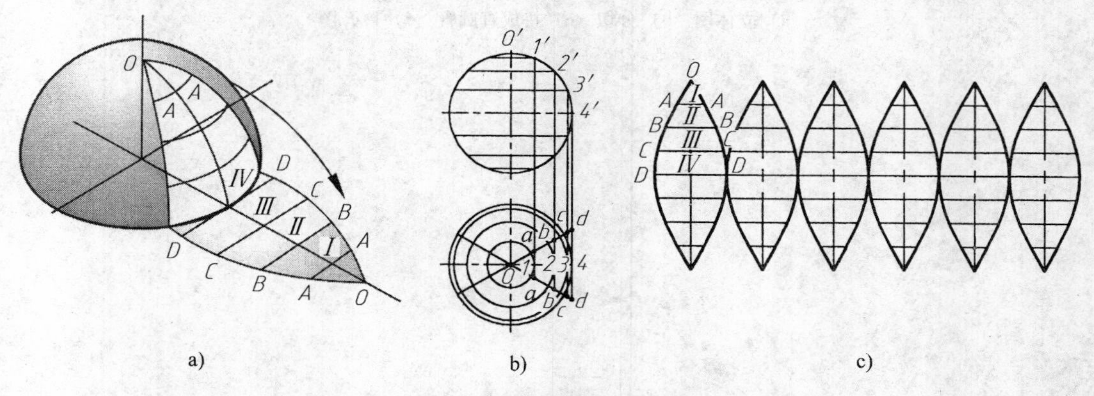

a)　　b)　　c)

图 11-8　球面的近似展开

a）立体图　b）两视图　c）展开图

作图：

1）用通过球心的铅垂面，把球面的水平投影分成若干等分（图 11-8b 中分为 6 等分）。

2）将半球正面投影的轮廓线分为若干等分（图 11-8b 为 4 等分），得分点 1′，2′，3′，4′。对应求出水平投影 1，2，3，4，并过这些点作同心圆与切线，分别与半径水平投影的等

分线交于点 a，b，c，d。

3）在适当位置画横线 DD，使 $DD=dd$，过 DD 的中点作垂线，并取 $\overline{O\,IV}=\widehat{0'4'}$（既 $\pi R/2$），$O\,I=\widehat{0'1'}\cdots$；然后过点 I，II，…作横线，取 $AA=aa$，$BB=bb$，…。

4）依次光滑连接各点 O，A，B，…便完成了 1/6 半球面的展开图（图 11-8c）。此作样板，将 6 个柳叶状展开图连续排列下料，即可组合成半球面。

二、环形圆管的近似展开

如图 11-9a 所示为等径直角弯管，相当于 1/4 圆环，属不可展曲面。在工程上对于大型弯管常近似采用多节料斜口圆管拼接而成，俗称虾米腰，其展开图做法如下：

作图：

1）将直角弯头分成几段，如图 11-9b 所示为四段，两端为半节，中间各段为全节。

2）将分成的各段拼成直圆管，如图 11-9c 所示。

3）按斜口圆管的展开方法，将其展开，如图 11-9d 所示。

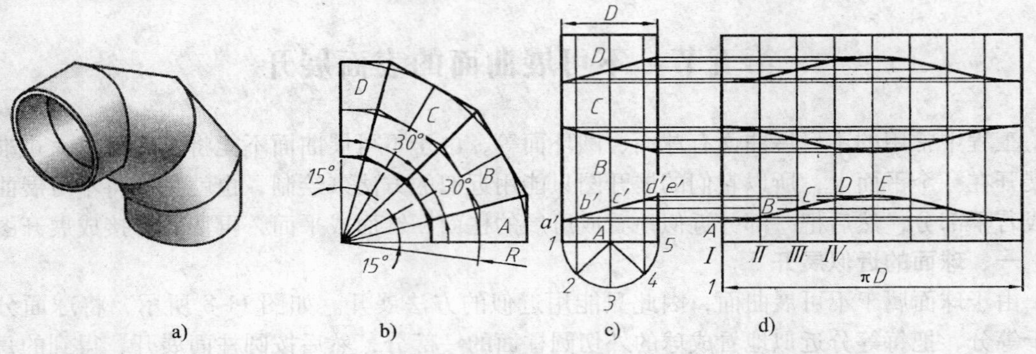

图 11-9 环形圆管（直角弯头）的近似展开

a）立体图 b）分切 c）拼成直圆管 d）展开图

第十二章

焊接图

焊接是工业上广泛使用的一种连接方式，它是将需要连接的金属零件在连接处局部加热至熔化或用熔化的金属材料填充，或用加压等方法使其熔合连接在一起。用这种方式形成的零件称为焊接结构件，它是一种不可拆卸的连接，它具有连接可靠、节省材料、工艺简单和便于在现场操作等优点。焊接主要分为熔焊、接触焊及钎焊三种。

（1）熔焊　它是将零件连接处进行局部加热直到熔化，并填充熔化金属。常用的气焊、电弧焊即属这类焊接，主要用于焊接厚度较大的板状材料，例如大中型电子设备的机箱、框架等。

（2）压焊　焊接时，将连接件搭接在一起，利用电流通过焊接接触处，由于材料接触处的电阻作用，使材料局部产生高温，处于半熔或熔化状态，这时再在接触处加压，即可把零件焊接起来。用于电子设备中的接触焊包括点焊、缝焊和对焊三种，主要用于金属薄板零件的连接。

（3）钎焊　它是用易熔金属作焊料（如铅锡合金）利用熔融焊料的粘着力或熔合力把焊件表面粘合的连接。由于钎焊焊接时的温度低，在焊接过程中对零件的性能影响小，故无线电元器件的连接常用这种方式。

焊接形成的被连接件熔接处称为焊缝。常用的焊接接头有对接接头（图 12-1a）、搭接接头（图 12-1b）、T 形接头（图 12-1c）、角接接头（图 12-1d）等。焊缝形式主要有对接焊缝（图 12-1a）、点焊缝（12-1b）、角焊缝（图 12-1c、d）等。

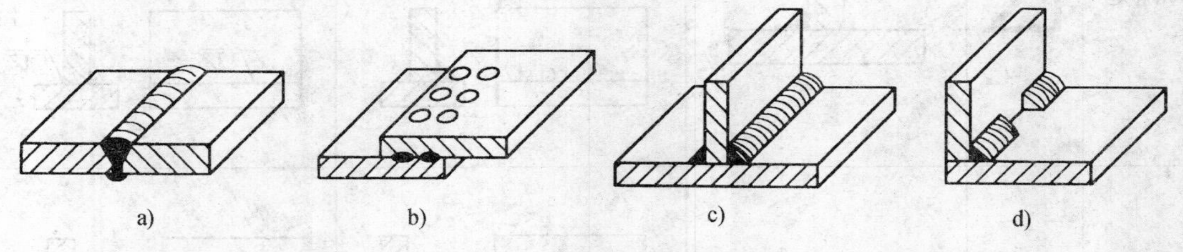

图 12-1　焊接接头和焊缝形式

第一节　焊缝符号

绘制焊接图时，为了使图样简化，一般都用焊缝符号来标注焊缝，必要时也可采用技术制图中通常采用的表达方法表示。焊缝符号由国家标准 GB/T 12212—2012 和 GB/T 324—2008 中给予规定，它一般由基本符号与指引线组成，必要时还可以加上辅助符号、补充符号和焊缝尺寸符号等。

一、基本符号

基本符号是表示焊缝横断面形状的符号，常用焊缝基本符号表示法及标注示例见表 12-1。

表 12-1　常用焊缝基本符号表示法及标注示例

焊缝名称	基本符号	焊缝形式	一般图示法	符号表示法标注示例
I 形焊缝	 ‖		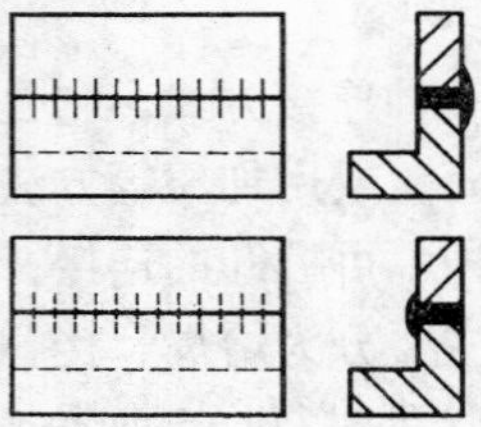	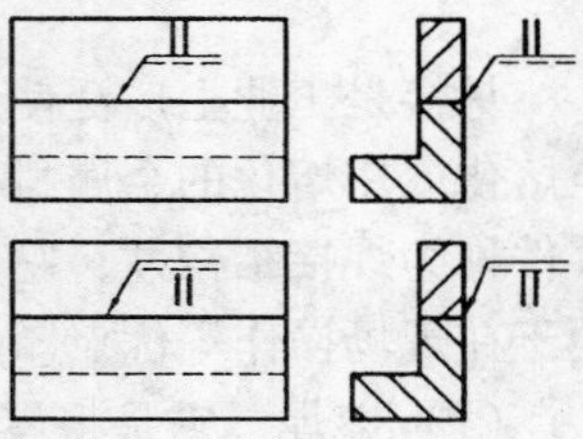
V 形焊缝	 V		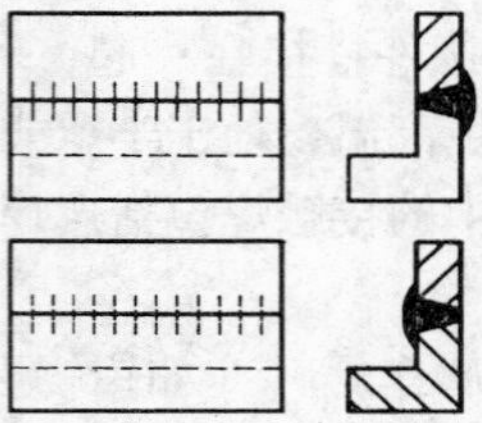	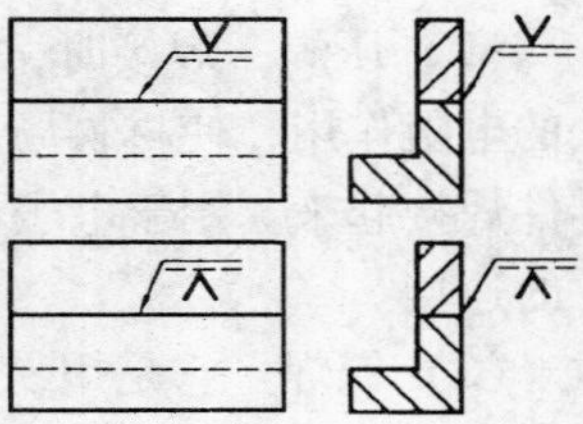
角焊缝	 ◺	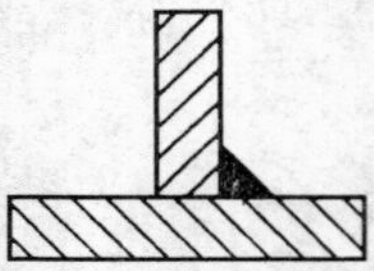	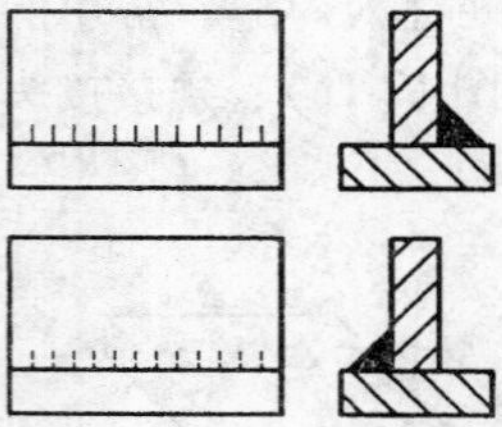	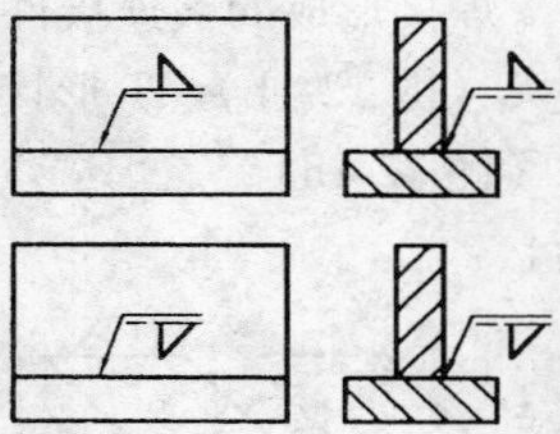
点焊缝	 ○	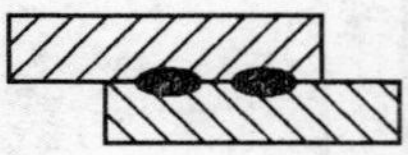	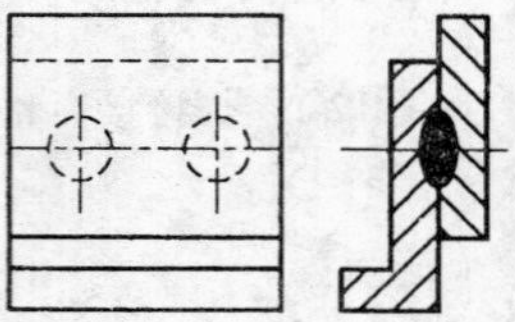	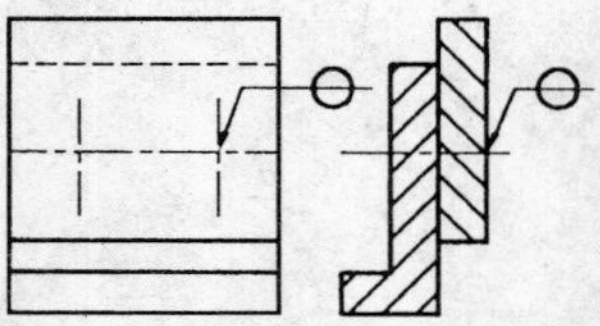

二、辅助符号

辅助符号是表示焊缝表面形状特征的符号，见表 12-2，在不需要确切地说明焊缝表面形状时，可以不用辅助符号。

表 12-2 辅助符号及标注示例

名 称	符 号	符号说明	焊缝形式	标注示例及其说明
平面符号	—	焊缝表面平齐		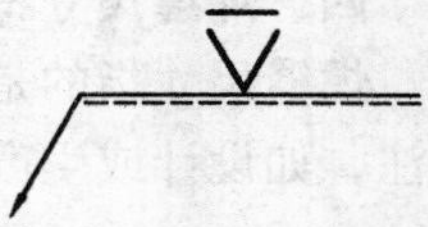 平面 V 形对接焊缝
凹面符号	 ◡	焊缝表面凹陷		 凹面角焊缝
凸面符号	◠	焊缝表面凸起		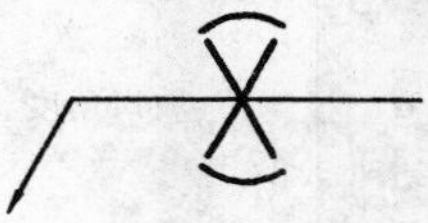 凸面 X 形对接焊缝

三、补充符号

补充符号是为了补充说明焊缝的某些特征而采用的符号，见表 12-3。

表 12-3 补充符号及标注示例

名 称	符 号	符号说明	一般图示法	标注示例及其说明
带垫板符号	▭	表示焊缝底部有垫板		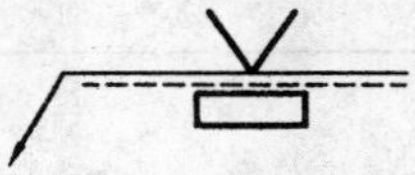 V 形焊缝的背面底部有垫板
三面焊缝符号	 ⊏	表示三面带有焊缝，开口的方向应与焊缝开口的方向一致	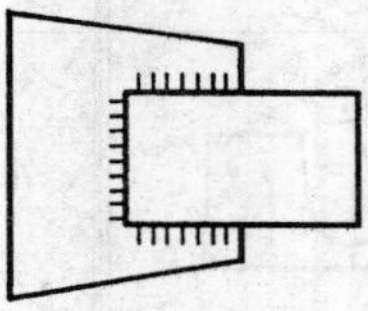	 工件三面有焊缝
周围焊缝符号	 ○	表示环绕工件周周均有焊缝	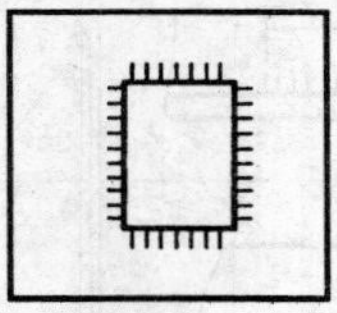	 表示在现场沿工件周围施焊
现场焊缝符号	 ▶	表示在现场或工地上进行焊接		
交错断续焊接符号	 Z	表示焊缝由一组交错断续焊缝组成	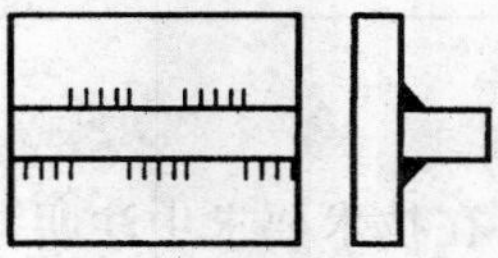	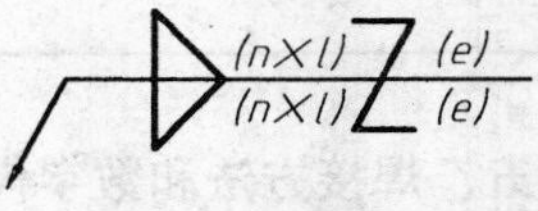 (n×l) (e) (n×l) (e) 表示有 n 段，长度为 l，间距为 e 的交错断续角焊缝

基本符号、辅助符号、补充符号的线宽应与图样中其他符号（尺寸符号、表面粗糙度符号）的线宽相同。

四、焊缝尺寸符号

焊缝尺寸指的是工件的厚度、坡口的角度、根部的间隙等数据的大小，焊缝尺寸一般不标注，如设计或生产需要注明焊缝尺寸时才标注，常用的焊缝的尺寸符号见表 12-4。

表 12-4　焊缝尺寸符号

符号	名称	示意图	符号	名称	示意图
δ	工件厚度	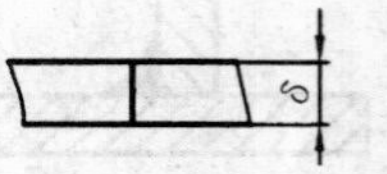 δ	e	焊缝间距	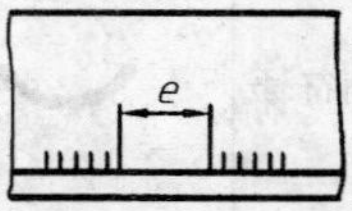 e
α	坡口角度	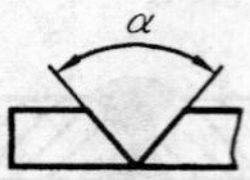 α	K	角焊高度	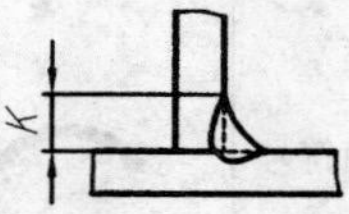 K
b	根部间隙	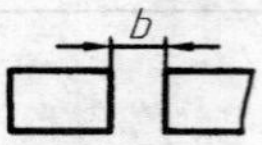 b	d	熔核直径	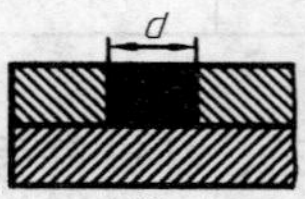 d
p	钝边高度	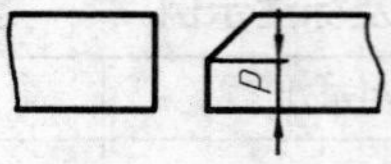 p	S	焊缝有效厚度	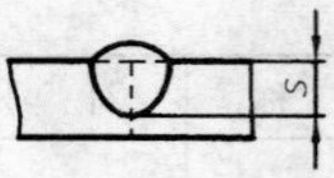 S
c	焊缝宽度	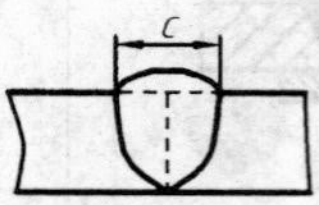 c	N	相同焊逢数量符号	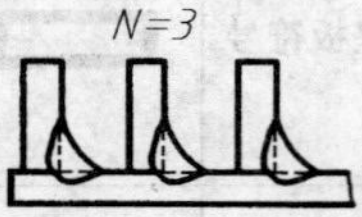 $N=3$
R	根部半径	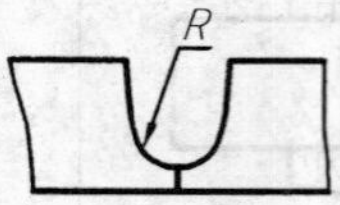 R	H	坡口深度	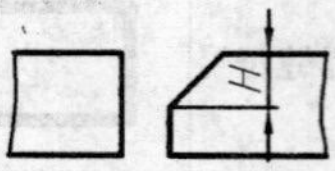 H
l	焊缝长度	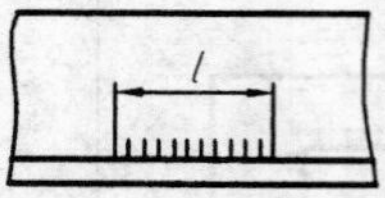 l	h	余高	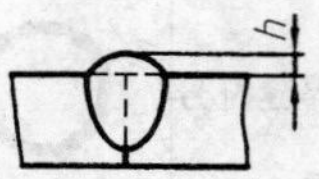 h
n	焊缝段数	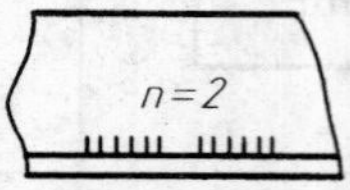 $n=2$	β	坡口面角度	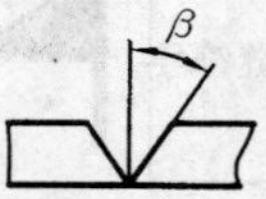 β

五、焊接方法和数字代号

焊接的方法很多，可用文字在技术要求中注明，也可用数字代号直接注写在引线的尾

部，常用的焊接方法的数字代号见表 12-5。

表 12-5　焊接方法的数字代号

焊接方法	数字代号	焊接方法	数字代号
焊条电弧焊	111	激光焊	751
埋弧焊	12	气焊	3
电渣焊	72	硬钎焊	91
电子束焊	76	点焊	21

第二节　焊缝标注的有关规定

一、焊缝的指引线及其在图样上的位置

1. 指引线

指引线一般由箭头线和两条基准线(其中一条为细实线,另一条为虚线)两部分组成,如图 12-2a 所示。基准线的虚线可以画在基准线的实线下侧或上侧,基准线一般应与图样标题栏的长边平行,必要时也可与图样标题栏的长边相垂直,如图 12-2b 所示。

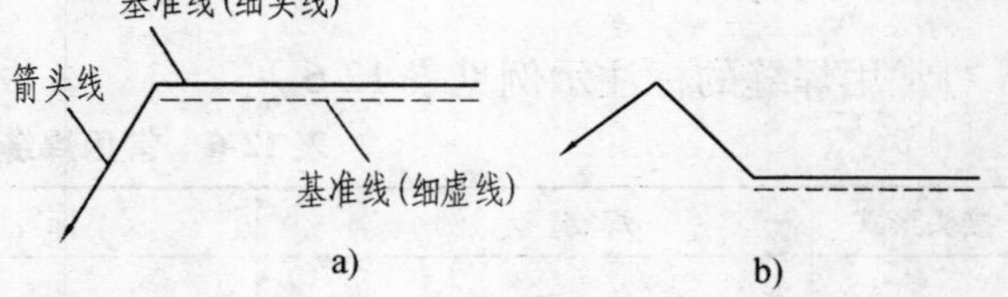

图 12-2　指引线

2. 焊缝符号相对于基准线的位置

1）在标注焊缝符号时，如果箭头指向施焊面，则焊缝的符号标注在基准线的实线一侧，如图 12-3a 所示。

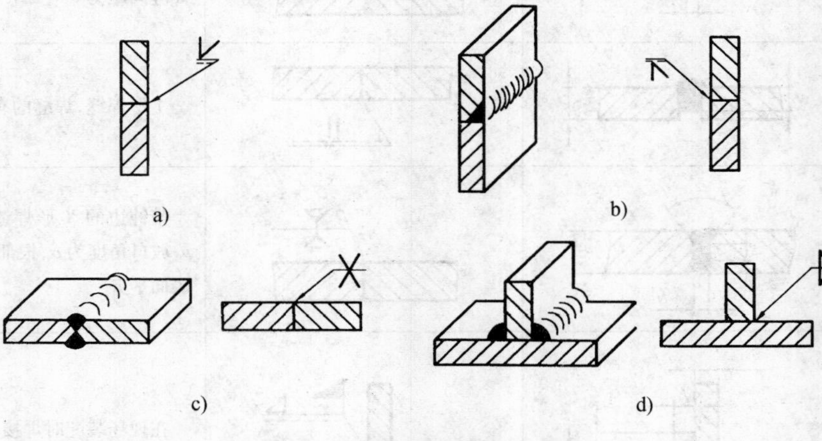

图 12-3　符号在基准线上的位置

a）箭头指向施焊面　b）箭头指向施焊背面　c）对称焊缝　d）双面焊缝

2）如果箭头指向施焊的背面,则焊缝的符号标注在基准线的虚线一侧,如图 12-3b 所示。

3）在标注对称及双面焊缝时，基准线的虚线可省略不画，如图 12-3c、d 所示。

二、焊缝尺寸的标注位置

焊缝尺寸符号及数据的标注原则如下（图 12-4）：

1）焊缝横剖面上的尺寸如钝边高度 p、坡口深度 H、焊角高度 K、焊缝宽度 c 等标注在基本符号左侧。

2）焊缝长度方向的尺寸如焊缝长度 L、焊缝间距 e、相同焊缝段数 n 等标注在基本符号右侧。

3）坡口角度 α、坡口面角度 β、根部间隙 b 等尺寸标注在基本符号的上侧或下侧。

4）相同焊缝数量 N 标在尾部。

当若干条焊缝的焊缝符号相同时，可使用公共基准线进行标注（图 12-5）。

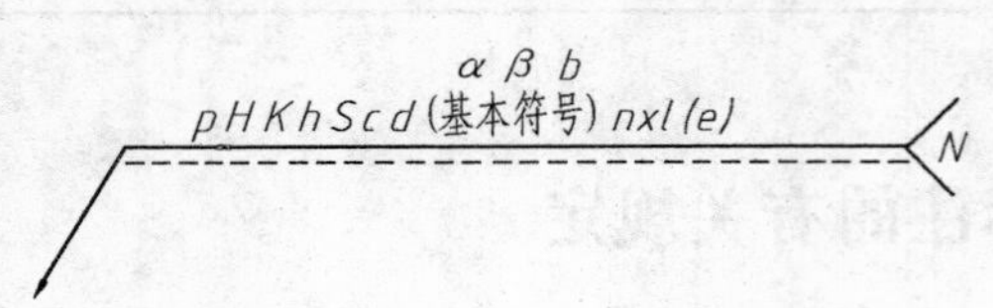

图 12-4　焊缝尺寸标注原则

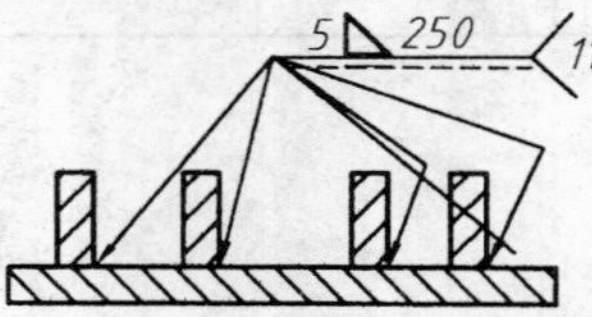

图 12-5　相同焊缝的标注

第三节　焊缝标注的示例

常用焊缝的标注示例见表 12-6。

表 12-6　常用焊缝的标注示例

接头形式	焊缝示例	标注示例	说明
对接接头	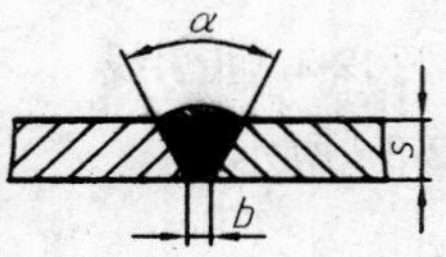	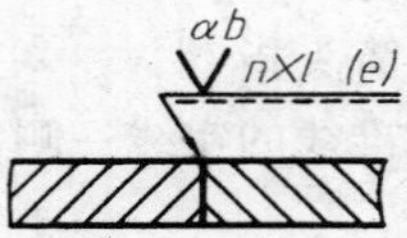	V 形焊缝，坡口角度为 α，根部间隙为 b，有 n 条焊缝，焊缝长度为 l，焊缝间距为 e
		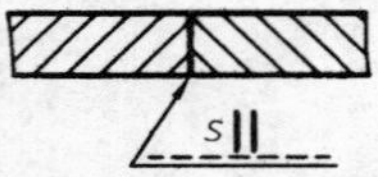	I 形焊缝，焊缝的有效厚度为 s
	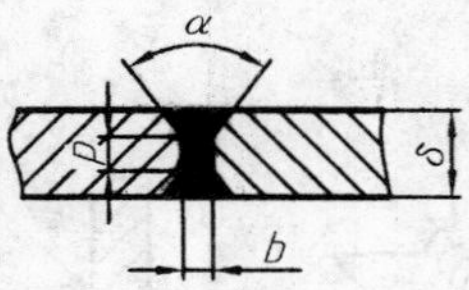	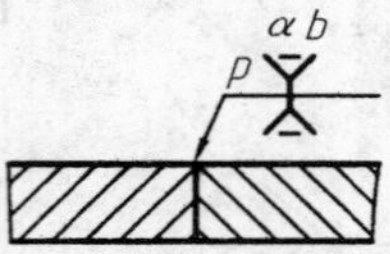	带钝边的 X 形焊缝，钝边高度为 p，坡口角度为 α，根部间隙为 b，焊缝表面平齐
T 形接头	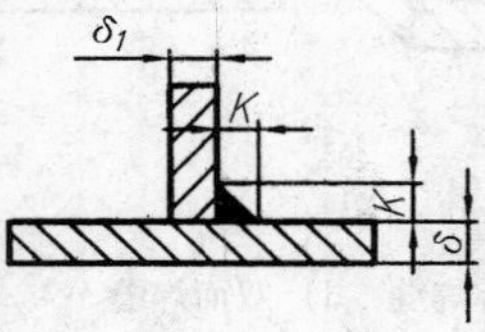		在现场装配时焊接，焊角高度为 K
	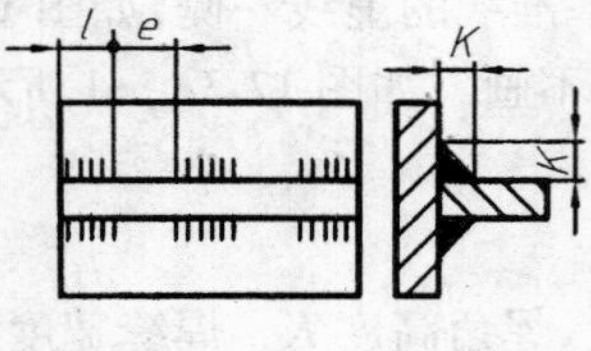	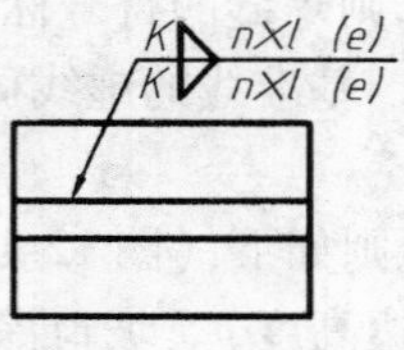	有 n 条双面断续链状角焊缝，焊缝长度为 l，焊缝的间距为 e，焊角高度为 K

（续）

接头形式	焊缝示例	标注示例	说明
T形接头	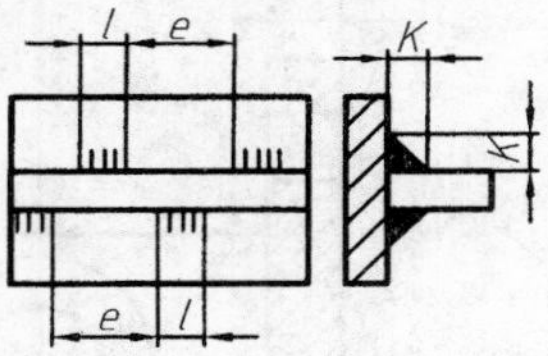	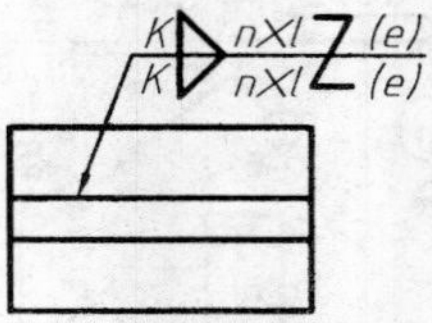	有 n 条交错断续角焊缝，焊缝长度为 l，焊缝间距为 e，焊角高度为 K
	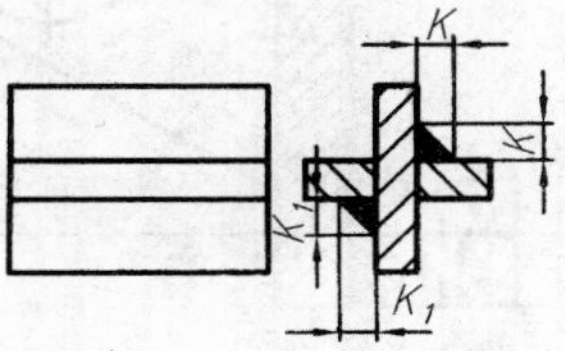	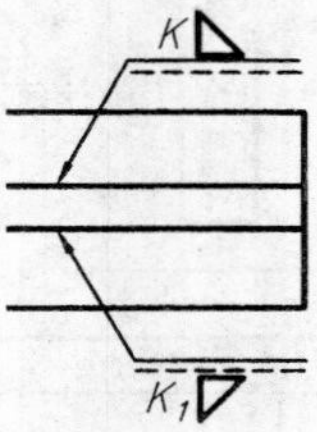	有对角的双面角焊缝，焊角高度为 K 和 K_1
角接接头	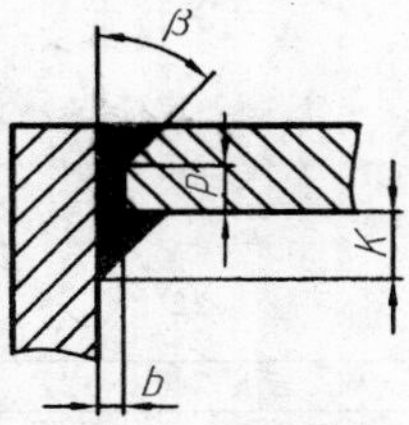	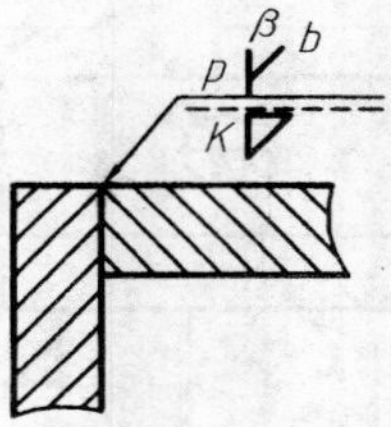	双面焊缝，上面为单边V形焊缝，下面为角焊缝
搭接接头	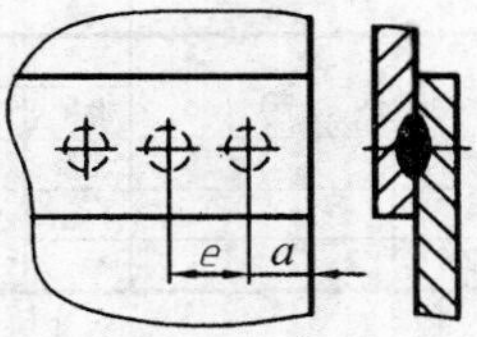	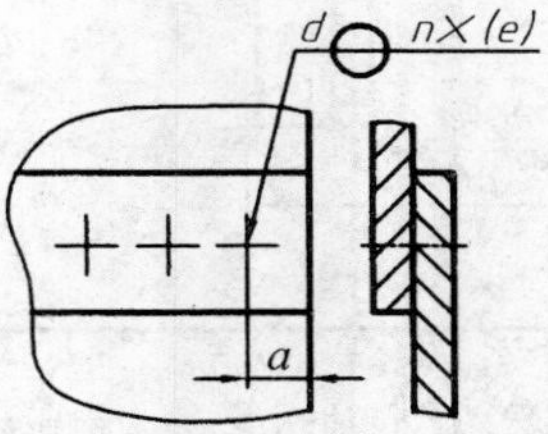	点焊，熔核直径为 d，共 n 个焊点，焊点间距为 e

焊接图例

焊接件图应能表示出各焊件的相对位置、焊接要求以及焊缝尺寸等内容，这类零件的视图的表达应包括以下这几个方面。

1）一组用于表达焊接件结构形状的视图。

2）一组尺寸确定焊接件的大小，其中应包括焊接件的规格尺寸，各焊件的装配位置尺寸等。

3）各焊件连接处的接头形式，焊缝符号及焊缝尺寸。

4）对构件的装配，焊接或焊后说明必要的技术要求。

5）明细栏和标题栏。

读焊接图，需弄清被焊接件的种类、数量、材料及所在部位，了解焊接方法和有关技术要求，下面以支座的焊接图为例，说明读焊接件图的方法、步骤，如图12-6所示。

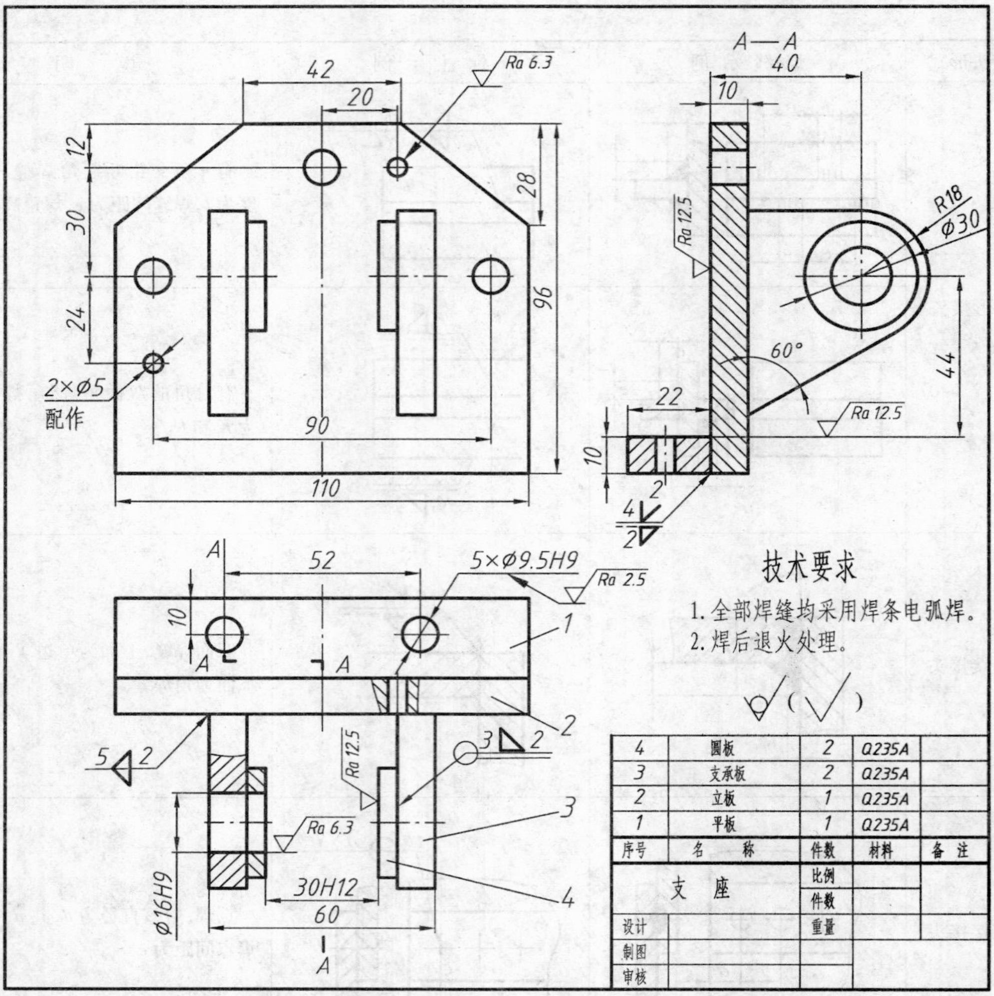

A—A

技术要求

1. 全部焊缝均采用焊条电弧焊。
2. 焊后退火处理。

序号	名称	件数	材料	备注
4	圆板	2	Q235A	
3	支承板	2	Q235A	
2	立板	1	Q235A	
1	平板	1	Q235A	

支座		比例	
		件数	
设计		重量	
制图			
审核			

图 12-6 支座焊接图

1）了解被焊构件的种类、数量、材料及所在部位，了解焊接方法和有关技术要求。

该支座由 4 种共 6 个构件焊接而成，被焊构件材料均为 Q235A，根据技术要求可知，焊接方法为焊条电弧焊，且焊后应进行退火处理。

2）读懂视图，能想像出焊接件及各构件的结构形状，并分析尺寸，了解其加工要求。

3）明确各构件间的焊接装配关系、焊接的内容和要求等。在支座的俯视图中焊缝代号表示支承板与圆板间为单面角焊缝、焊角高度为 3mm，它是绕圆板的周围进行焊接。

支承板是对称的焊接在主板的中部，焊接代号表示支承板与主板间为双面角焊缝，焊角高度为 5mm，这种焊缝有两条。

在左视图中，立板与平板垂直，焊接对其下表面平齐，焊缝代号表示立板与平板间为单边 V 形焊缝，坡口深度为 4mm，对接间隙为 2mm，坡口角度为 40°，平板上表面与立板的焊缝为焊角高度为 2mm 的角焊缝。

附　录

附表 1　普通螺纹直径与螺距系列（摘自 GB/T 193—2003）　　（单位：mm）

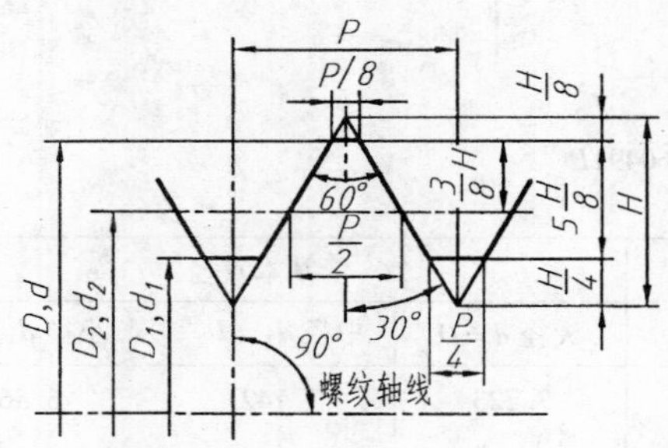

D——内螺纹大径
d——外螺纹大径
D_2——内螺纹中径
d_2——外螺纹中径
D_1——内螺纹小径
d_1——外螺纹小径
P——螺距

标记示例：

M10-6g（粗牙普通外螺纹、公称直径 *d* = 10、右旋、中径及大径公差带代号均为 6g、中等旋合长度）

M10×1-6H-LH（细牙普通内螺纹、公称直径 *D* = 10、螺距 *P* = 1、左旋、中径及小径公差带代号均为 6H、中等旋合长度）

公称直径 *D*、*d*			螺距 *P*	
第一系列	第二系列	第三系列	粗牙	细牙
1	1.1		0.25	0.2
1.2				
	1.4		0.3	
1.6	1.8		0.35	0.25
2			0.4	
	2.2		0.45	
2.5				
3			0.5	0.35
	3.5		0.6	
4			0.7	0.5
	4.5		0.75	
5			0.8	
		5.5		
6			1	0.75
7				
8			1.25	1,0.75
		9		
10			1.5	1.25,1,0.75
		11	1.5	1.5,1,0.75
12			1.75	1.25,1
	14		2	1.5,1.25,1

公称直径 *D*、*d*			螺距 *P*	
第一系列	第二系列	第三系列	粗牙	细牙
		15	2	1.5,1
16				
		17		
	18		2.5	2,1.5,1
20				
	22			
24			3	
		25		
		26		1.5
	27		3	2,1.5,1
		28		
30			3.5	(3),2,1.5,1
		32		2,1.5
	33		3.5	(3),2,1.5
		35		1.5,
36			4	3,2,1.5
		38		1.5
	39		4	3,2,1.5
		40		
42			4.5	4,3,2,1.5
	45			
48			5	
		50		3,2,1.5

注：1. 优先选用第一系列，第三系列尽可能不用。

2. 括号内的尺寸尽可能不用。

附表 2　55°非密封管螺纹（摘自 GB/T 7307—2001）　　（单位：mm）

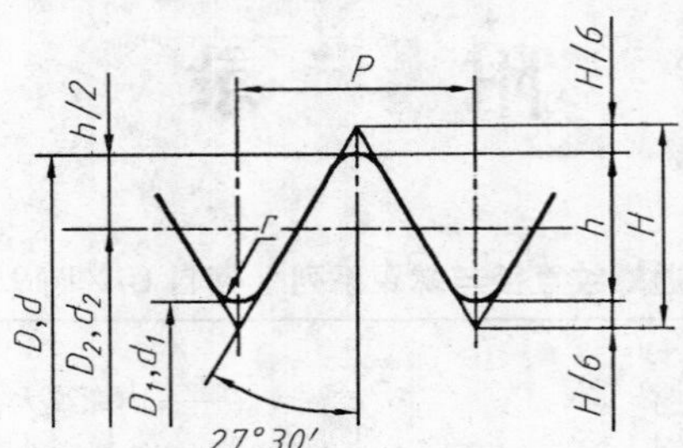

$$P=\frac{25.4}{n}\quad H=0.960491P$$

尺寸代号	每 25.4mm 内的牙数 n	螺距 P	牙高 h	圆弧半径 r	基本直径		
					大径 $d=D$	中径 $d_2=D_2$	小径 $d_1=D_1$
1/16	28	0.907	0.581	0.125	7.723	7.142	6.561
1/8	28	0.907	0.581	0.125	9.728	9.147	8.566
1/4	19	1.337	0.856	0.184	13.157	12.301	11.445
3/8	19	1.337	0.856	0.184	16.662	15.806	14.950
1/2	14	1.814	1.162	0.249	20.955	19.793	8.631
5/8	14	1.814	1.162	0.249	22.911	21.749	20.587
3/4	14	1.814	1.162	0.249	26.441	25.279	24.117
7/8	14	1.814	1.162	0.249	30.201	29.039	27.877
1	11	2.309	1.479	0.317	33.249	31.770	30.291
1⅛	11	2.309	1.479	0.317	37.897	36.418	34.939
1¼	11	2.309	1.479	0.317	41.910	40.431	38.952
1½	11	2.309	1.479	0.317	47.803	46.324	44.845
1¾	11	2.309	1.479	0.317	53.746	52.267	50.788
2	11	2.309	1.479	0.317	59.614	58.135	56.656
2¼	11	2.309	1.479	0.317	65.710	64.231	62.752
2½	11	2.309	1.479	0.317	75.184	73.705	72.226
2¾	11	2.309	1.479	0.317	81.534	80.055	78.576
3	11	2.309	1.479	0.317	87.884	86.405	84.926
3½	11	2.309	1.479	0.317	100.330	98.851	97.372
4	11	2.309	1.479	0.317	113.030	111.551	110.072
4½	11	2.309	1.479	0.317	125.730	124.251	122.772
5	11	2.309	1.479	0.317	138.430	136.951	135.472
5½	11	2.309	1.479	0.317	151.130	149.651	148.172
6	11	2.309	1.479	0.317	163.830	162.351	160.872

附表3　梯形螺纹直径与螺距系列基本尺寸

（摘自 GB/T 5796.1～5796.4—2005）　　　　（单位：mm）

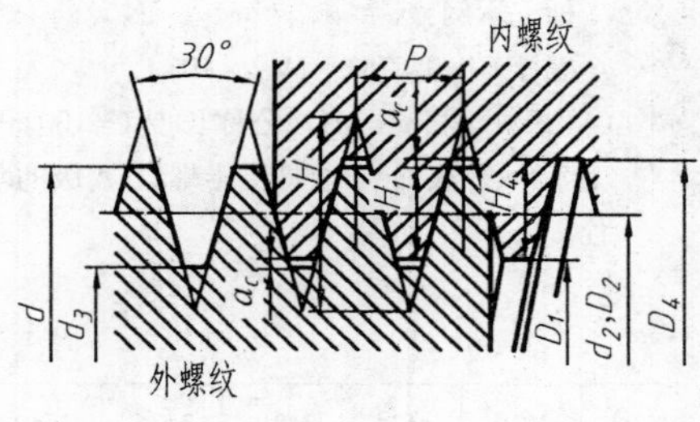

d——外螺纹大径（公称直径）

d_3—外螺纹小径

D_4——内螺纹大径

D_1——内螺纹小径

d_2——外螺纹中径

D_2——内螺纹中径

P——螺距

a_c—牙顶间隙

标记示例：

Tr40×7-7H（单线梯形内螺纹、公称直径 $d=40$、螺距 $P=7$、右旋、中径公差带代号为7H、中等旋合长度）

Tr60×18（P9）LH-8e-L（双线梯形外螺纹、公称直径 $d=60$、导程 $P_h=18$、螺距 $P=9$、左旋、中径公差带代号为 8e、长旋合长度）

公称直径 d		螺距	中径	大径	小径	
第一系列	第二系列	P	$d_2=D_2$	D_4	d_3	D_1
8		1.5	7.25	8.30	6.20	6.50
	9	1.5	8.25	9.30	7.20	7.50
		2	8.00	9.50	6.50	7.00
10		1.5	9.25	10.30	8.20	8.50
		2	9.00	10.50	7.50	8.00
	11	2	10.00	11.50	8.50	9.00
		3	9.50	11.50	7.50	8.00
12		2	11.00	12.50	9.50	10.00
		3	10.50	12.50	8.50	9.00
	14	2	13.00	14.50	11.50	12.00
		3	12.50	14.50	10.50	11.00
16		2	15.00	16.50	13.50	14.00
		4	14.00	16.50	11.50	12.00
	18	2	17.00	18.50	15.50	16.00
		4	16.00	18.50	13.50	14.00
20		2	19.00	20.50	17.50	18.00
		4	18.00	20.50	15.50	16.00
	22	3	20.50	22.50	18.50	19.00
		5	19.50	22.50	16.50	17.00
		8	18.00	23.00	13.00	14.00
24		3	22.50	24.50	20.50	21.00
		5	21.50	24.50	18.50	19.00
		8	20.00	25.00	15.00	16.00
	26	3	24.50	26.50	22.50	23.00
		5	23.50	26.50	22.50	21.00
		8	22.00	27.00	17.00	18.00
28		3	26.50	28.50	24.50	25.00
		5	25.50	28.50	22.50	23.00
		8	24.00	29.00	19.00	20.00
	30	3	28.50	30.50	26.50	27.00
		6	27.00	31.00	23.00	24.00
		10	25.00	31.00	19.00	20.00
32		3	30.50	32.50	28.50	29.00
		6	29.00	33.00	25.00	26.00
		10	27.00	33.00	21.00	22.00
	34	3	32.50	34.50	30.50	31.00
		6	31.00	35.00	27.00	28.00
		10	29.00	35.00	23.00	24.00
36		3	34.50	36.50	32.50	33.00
		6	33.00	37.00	29.00	30.00
		10	31.00	37.00	25.00	26.00
	38	3	36.50	38.50	34.50	35.00
		7	34.50	39.00	30.00	31.00
		10	33.00	39.00	27.00	28.00
40		3	38.50	40.50	36.50	37.00
		7	36.50	41.00	32.00	33.00
		10	35.00	41.00	29.00	30.00

注：1. 本表仅摘录 8～40mm 的直径与螺距系列以及公称尺寸。

2. 应优先选用第一系列的直径。

附表4　六角头螺栓（一）　（单位：mm）

六角头螺栓—A 和 B 级（摘自 GB/T 5782—2000）

六角头螺栓—细牙—A 和 B 级（摘自 GB/T 5785—2000）

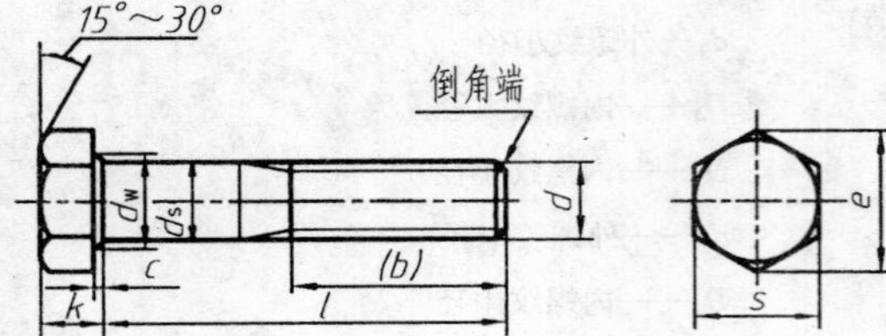

标记示例：

螺栓 GB/T 5782　M12 × 100

（螺纹规格 d = M12、公称长度 l = 100、性能等级为 8.8 级、表面氧化、杆身半螺纹、A 级的六角头螺栓）

螺纹规格	d	M4	M5	M6	M8	M10	M12	M16	M20	M24	M30	M36	M42	M48
	$D \times P$	—	—	—	M8 × 1	M10 × 1	M12 × 15	M16 × 15	M20 × 2	M24 × 2	M30 × 2	M36 × 3	M42 × 3	M48 × 3
$b_{参考}$	$l \leqslant 125$	14	16	18	22	26	30	38	46	54	66	78	—	—
	$125 < l \leqslant 200$	—	—	—	28	32	36	44	52	60	72	84	96	108
	$l > 200$	—	—	—	—	—	—	57	65	73	85	97	109	121
c_{max}		0.4	0.5		0.6			0.8					1	
$k_{公称}$		2.8	3.5	4	5.3	6.4	7.5	10	12.5	15	18.7	22.5	26	30
d_{smax}		4	5	6	8	10	12	16	20	24	30	36	42	48
s_{max} = 公称		7	8	10	13	16	18	24	30	36	46	55	65	75
e_{min}	A	7.66	8.79	11.05	14.38	17.77	20.03	26.75	33.53	39.98	—	—	—	—
	B	—	8.63	10.89	14.2	17.59	19.85	26.17	32.95	39.55	50.85	60.79	72.02	82.6
d_{wmin}	A	5.9	6.9	8.9	11.6	14.6	16.6	22.5	28.2	33.6	—	—	—	—
	B	—	6.7	8.7	11.4	14.4	16.4	22	27.7	33.2	42.7	51.1	60.6	69.4
$l_{范围}$	GB5782	25 ~ 40	25 ~ 50	30 ~ 60	35 ~ 80	40 ~ 100	45 ~ 120	55 ~ 160	65 ~ 200	80 ~ 240	90 ~ 300	110 ~ 360	130 ~ 400	140 ~ 400
	GB 5785											110 ~ 300		
	GB 5783	8 ~ 40	10 ~ 50	12 ~ 60	16 ~ 80	20 ~ 100	25 ~ 100	35 ~ 100	40 ~ 100				80 ~ 500	100 ~ 500
	GB 5786	—	—	—			25 ~ 120	35 ~ 160	40 ~ 200				90 ~ 400	100 ~ 500
$l_{系列}$	GB 5782 GB 5785	20 ~ 65（5 进位）、70 ~ 160（10 进位）、180 ~ 400（20 进位）												
	GB 5783 GB 5786	6、8、10、12、16、18、20 ~ 65（5 进位）、70 ~ 160（10 进位）、180 ~ 500（20 进位）												

注：1. 末端按 GB/T 2—2001《紧固件　外螺纹零件末端》规定。

2. 螺纹公差：6g；力学性能等级：8.8。

3. 产品等级：A 级用于 $d \leqslant 24$ 和 $l \leqslant 10d$ 或 $\leqslant 150$mm（按较小值）；

B 级用于 $d > 24$ 和 $l > 10d$ 或 > 150mm（按较小值）。

附表 5　六角头螺栓（二）　　（单位：mm）

六角头螺栓—C 级（摘自 GB/T 5780—2000）

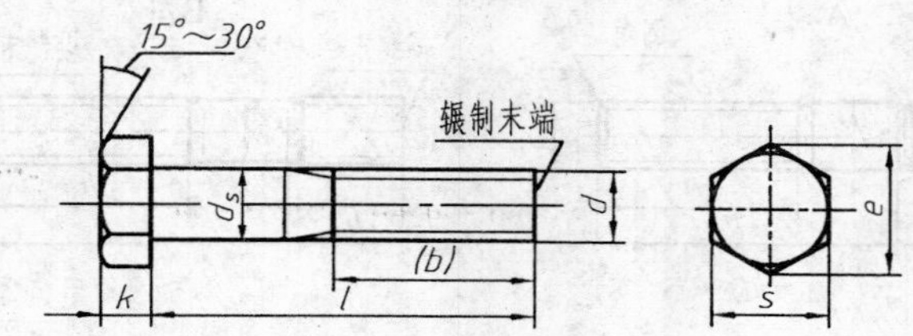

标记示例：

螺栓　GB/T 5780　M20×100

（螺纹规格 d＝M20、公称长度 l＝100、性能等级为 4.8 级、不经表面处理、杆身半螺纹、C 级的六角头螺栓）

示记示例：

螺栓　GB/T 5781　M12×80

（螺纹规格 d＝M12、公称长度 l＝80、性能等级为 4.8 级、不经表面处理、全螺纹、C 级的六角头螺栓）

螺纹规格 d		M5	M6	M8	M10	M12	M16	M20	M24	M30	M36	M42	M48
$b_{参考}$	l≤125	16	18	22	26	30	38	40	54	66	78	—	—
	125＜l≤1200	—	—	28	32	36	44	52	60	72	84	96	108
	l＞200	—	—	—	—	—	57	65	73	85	97	109	121
$k_{公称}$		3.5	4.0	5.3	6.4	7.5	10	12.5	15	18.7	22.5	26	30
s_{max}		8	10	13	16	18	24	30	36	46	55	65	75
e_{max}		8.63	10.9	14.2	17.6	19.9	26.2	33.0	39.6	50.9	60.8	72.0	82.6
d_{smax}		5.48	6.48	8.58	10.6	12.7	16.7	20.8	24.8	30.8	37.0	45.0	49.0
$l_{范围}$	GB 5780—2000	25~50	30~60	35~80	40~100	45~120	55~160	65~200	80~240	90~300	110~300	160~420	180~480
	GB 5781—2000	10~40	12~50	16~65	20~80	25~100	35~100	40~100	50~100	60~100	70~100	80~420	90~480
$l_{系列}$		10、12、16、20~50（5 进位）、（55）、60、（65）、70~160（10 进位）、180、200~500（20 进位）											

注：1. 括号内的规格尽可能不用。末端按 GB/T 2—2001《紧固件　外螺纹零件末端》规定。

2. 螺纹公差：8g（GB/T 5780—2000）；6g（GB/T 5781—2000）；力学性能等级：4.6、4.8；产品等级：C。

附表 6　双头螺柱（摘自 GB/T 897~900—1988）　（单位：mm）

$b_m=1d$(GB/T 897—1988)　$b_m=1.25d$(GB/T 898—1988)　$b_m=1.5d$(GB/T 899—1988)

$b_m=2d$(GB/T 900—1988)

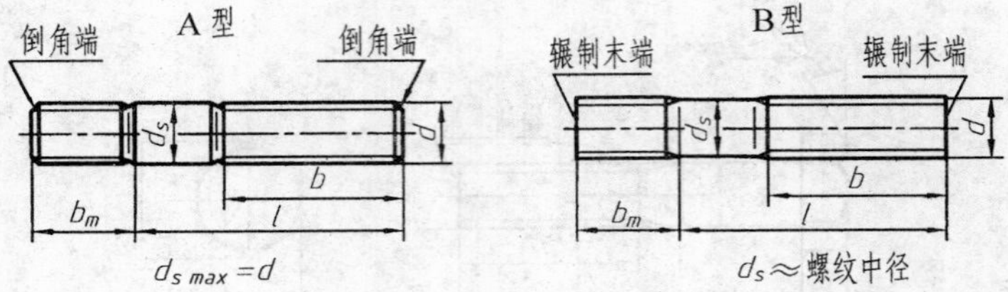

标记示例：

螺柱　GB/T 900　M10×50

（两端均为粗牙普通螺纹、$d=10$、$l=50$、性能等级为 4.8 级、不经表面处理、B 型、$b_m=2d$ 的双头螺柱）

螺柱　GB/T 900　AM10-10×1×50

（旋入机体一端为粗牙普通螺纹、旋螺母端为螺距 $P=1$ 的细牙普通螺纹、$d=10$、$l=50$、性能等级为 4.8 级、不经表面处理、A 型、$b_m=2d$ 的双头螺柱）

螺纹规格 d	b_m（旋入机体端长度）				l/b（螺柱长度/旋螺母端长度）
	GB/T 897	GB/T 898	GB/T 899	GB/T 900	
M4	—	—	6	8	16~22/8　25~40/14
M5	5	6	8	10	16~22/10　25~50/16
M6	6	8	10	12	20~22/10　25~30/14　32~75/18
M8	8	10	12	16	20~22/12　25~30/16　32~90/22
M10	10	12	15	20	25~28/14　30~38/16　40~120/26　130/32
M12	12	15	18	24	25~30/14　32~40/16　45~120/26　130~180/32
M16	16	20	24	32	30~38/16　40~55/20　60~120/30　130~200/36
M20	20	25	30	40	35~40/20　45~65/30　70~120/38　130~200/44
(M24)	24	30	36	48	45~50/25　55~75/35　80~120/46　130~200/52
(M30)	30	38	45	60	60~65/40　70~90/50　95~120/66　130~200/72　210~250/85
M36	36	45	54	72	65~75/45　80~110/60　120/78　130~200/84　210~300/97
M42	42	52	63	84	70~80/50　85~110/70　120/90　130~200/96　210~300/109
M48	48	60	72	96	80~90/60　95~110/80　120/102　130~200/108　210~300/121
$l_{系列}$	12、(14)、16、(18)、20、(22)、25、(28)、30、(32)、35、(38)、40、45、50、55、60、(65)、70、75、80、(85)、90、(95)、100~260(10 进位)、280、300				

注：1. 尽可能不采用括号内的规格。末端按 GB/T 2—2001《紧固件　外螺纹末端》规定。

2. $b_m=1d$，一般用于钢对钢；$b_m=(1.25\sim1.5)d$，一般用于钢对铸铁；$b_m=2d$，一般用于钢对铝合金。

附表7　内六角圆柱头螺钉（摘自 GB/T 70.1—2008）　　（单位：mm）

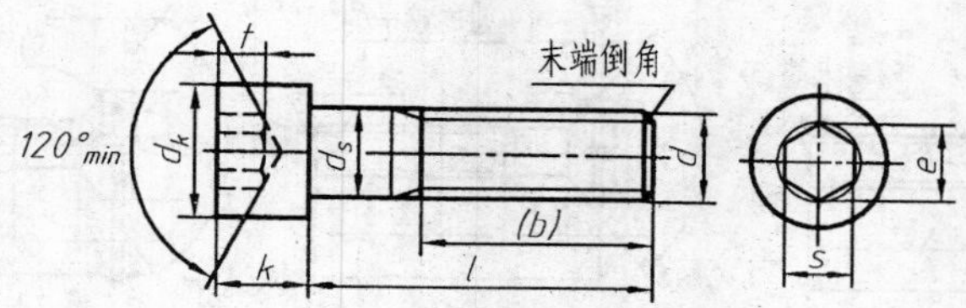

标记示例：

螺钉　GB/T 70.1　M5×20

（螺纹规格 d = M5、公称长度 l = 20、性能等级为 8.8 级、表面氧化的内六角圆柱头螺钉）

螺纹规格 d		M4	M5	M6	M8	M10	M12	（M14）	M16	M20	M24	M30	M36
螺距 P		0.7	0.8	1	1.25	1.5	1.75	2	2	2.5	3	3.5	4
$b_{参考}$		20	22	24	28	32	36	40	44	52	60	72	84
d_{kmax}	光滑头部	7	8.5	10	13	16	18	21	24	30	36	45	54
	滚花头部	7.22	8.72	10.22	13.27	16.27	18.27	21.33	24.33	30.33	36.39	45.39	54.46
k_{max}		4	5	6	8	10	12	14	16	20	24	30	36
t_{min}		2	2.5	3	4	5	6	7	8	10	12	15.5	19
$s_{公称}$		3	4	5	6	8	10	12	14	17	19	22	27
e_{min}		3.44	4.58	5.72	6.86	9.15	11.43	13.72	16	19.44	21.73	25.15	30.35
d_{smax}		4	5	6	8	10	12	14	16	20	24	30	36
$l_{范围}$		6～40	8～50	10～60	12～80	16～100	20～120	25～140	25～160	30～200	40～200	45～200	55～200
全螺纹时最大长度		25	25	30	35	40	45	55	55	65	80	90	100
$l_{系列}$		6、8、10、12、(14)、(16)、20～50(5进位)、(55)、60、(65)、70～160(10进位)、180、200											

注：1. 括号内的规格尽可能不用。末端按 GB/T 2—2001《紧固件　外螺纹末端》规定。

2. 力学性能等级：8.8、12.9 级。

3. 螺纹公差：力学性能等级为 8.8 级时为 6g，为 12.9 级时为 5g、6g。

4. 产品等级：A。

附表 8　螺　　钉（一）　　　　（单位：mm）

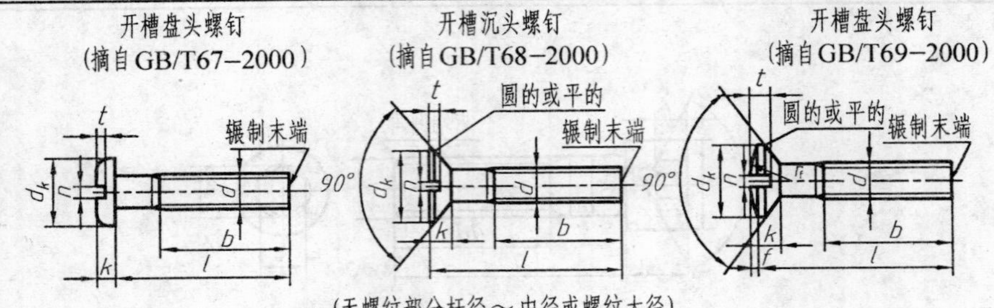

（无螺纹部分杆径≈中径或螺纹大径）

标记示例：

螺钉　GB/T 67　M5×60

（螺纹规格 d = M5、l = 60、性能等级为 4.8 级、不经表面处理的开槽盘头螺钉）

螺纹规格 d	P	b_{min}	n 公称	f	r_f	k_{max}		d_{kmax}		t_{min}			$l_{范围}$		全螺纹时最大长度	
				GB/T 69	GB/T 69	GB/T 67	GB/T 68 GB/T 69	GB/T 67	GB/T 68 GB/T 69	GB/T 67	GB/T 68	GB/T 69	GB/T 67	GB/T 68 GB/T 69	GB/T 67	GB/T 68 GB/T 69
M2	0.4	25	0.5	4	0.5	1.3	1.2	4	3.8	0.5	0.4	0.8	2.5~20	3~20	30	
M3	0.5		0.8	6	0.7	1.8	1.65	5.6	5.5	0.7	0.6	1.2	4~30	5~30		
M4	0.7		1.2	9.5	1	2.4	2.7	8	8.4	1	1	1.6	5~40	6~40	40	45
M5	0.8				1.2	3		9.5	9.3	1.2	1.1	2	6~50	8~50		
M6	1	38	1.6	12	1.4	3.6	3.3	12	12	1.4	1.2	2.4	8~60	8~60		
M8	1.25		2	16.5	2	4.8	4.65	16	16	1.9	1.8	3.2	10~80			
M10	1.5		2.5	19.5	2.3	6	5	20	20	2.4	2	3.8				
$l_{系列}$	2、2.5、3、4、5、6、8、10、12、(14)、16、20~50(5 进位)、(55)、60、(65)、70、(75)、80															

注：螺纹公差：6g；力学性能等级：4.8、5.8；产品等级：A。

附表 9　螺　　钉（二）　　　　（单位：mm）

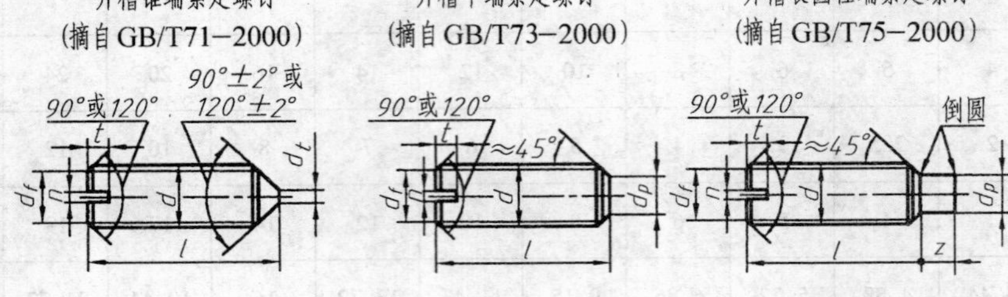

标记示例：

螺钉　GB/T 71　M5×20

（螺纹规格 d = M5、公称长度 l = 20、性能等级为 14H 级、表面氧化的开槽锥端紧定螺钉）

螺纹规格 d	P	d_f	d_{tmax}	d_{pmax}	$n_{公称}$	t_{max}	z_{max}	$l_{范围}$		
								GB 71	GB 73	GB 75
M2	0.4	螺纹小径	0.2	1	0.25	0.84	1.25	3~10	2~10	3~10
M3	0.5		0.3	2	0.4	1.05	1.75	4~16	3~16	5~16
M4	0.7		0.4	2.5	0.6	1.42	2.25	6~20	4~20	6~20
M5	0.8		0.5	3.5	0.8	1.63	2.75	8~25	5~25	8~25
M6	1		1.5	4	1	2	3.25	8~30	6~30	8~30
M8	1.25		2	5.5	1.2	2.5	4.3	10~40	8~40	10~40
M10	1.5		2.5	7	1.6	3	5.3	12~50	10~50	12~50
M12	1.75		3	8.5	2	3.6	6.3	14~60	12~60	14~60
$l_{系列}$	2、2.5、3、4、5、6、8、10、12、(14)、16、20、25、30、35、40、45、50、(55)、60									

注：螺纹公差：6g；力学性能等级：14H、22H；产品等级：A。

附表 10　1 型六角螺母　（单位：mm）

1 型六角螺母—A 和 B 级（摘自 GB/T 6170—2000）

1 型六角头螺母—细牙—A 和 B 级（摘自 GB/T 6171—2000）

1 型六角螺母—C 级（摘自 GB/T 41—2000）

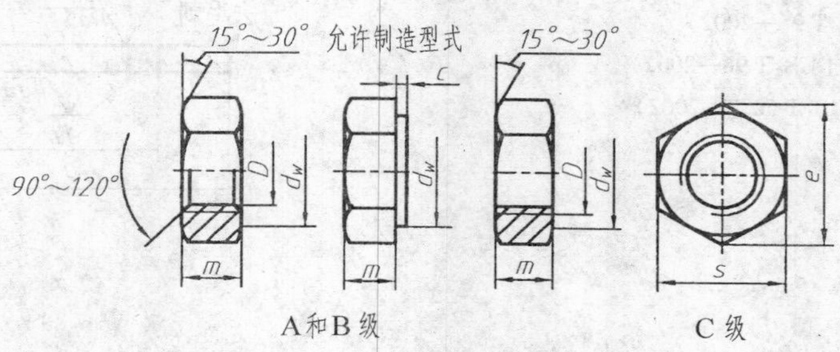

A和B级　　C级

标记示例：

螺母　GB/T 41　M12

（螺纹规格 D = M12、性能等级为 5 级、不经表面处理、C 级的 1 型六角螺母）

螺母　GB/T 6171　M24 × 2

（螺纹规格 D = M24、螺距 P = 2、性能等级为 10 级、不经表面处理、B 级的 1 型细牙六角螺母）

螺纹规格														
螺纹规格	D	M4	M5	M6	M8	M10	M12	M16	M20	M24	M30	M36	M42	M48
	$D \times P$	—	—	—	M8 × 1	M10 × 1	M12 × 1.5	M16 × 1.5	M20 × 2	M24 × 2	M30 × 2	M36 × 3	M42 × 3	M48 × 3
c		0.4	0.5		0.6			0.8				1		
s_{max}		7	8	10	13	16	18	24	30	36	46	55	65	75
e_{min}	A、B 级	7.66	8.79	11.05	14.38	17.77	20.03	26.75	32.95	39.95	50.85	60.79	72.02	82.6
	C 级	—	8.63	10.89	14.2	17.59	19.85	26.17						
m_{max}	A、B 级	3.2	4.7	5.2	6.8	8.4	10.8	14.8	18	21.5	25.6	31	34	38
	C 级	—	5.6	6.1	7.9	9.5	12.2	15.9	18.7	22.3	26.4	31.5	34.9	38.9
d_{wmin}	A、B 级	5.9	6.9	8.9	11.6	14.6	16.6	22.5	27.7	33.2	42.7	51.1	60.6	69.4
	C 级	—	6.9	8.7	11.5	14.5	16.5	22						

注：1. A 级用于 $D \leqslant 16$ 的螺母，B 级用于 $D > 16$ 的螺母，C 级用于 $D \geqslant 5$ 的螺母。

2. 螺纹公差：A、B 级为 6H，C 级为 7H；力学性能等级：A、B 级为 6、8、10 级，C 级为 4、5 级。

附表11 垫 圈

(单位：mm)

小垫圈—A级(摘自GB/T 848—2002)
平垫圈—A级(摘自GB/T 97.1—2002)
平垫圈 倒角型—A级(摘自GB/T 97.2—2002)
平垫圈—C级(摘自GB/T 95—2002)
大垫圈—A和C级(摘自GB/T 96—2002)
特大垫圈—C级(摘自GB/T 5287—2002)

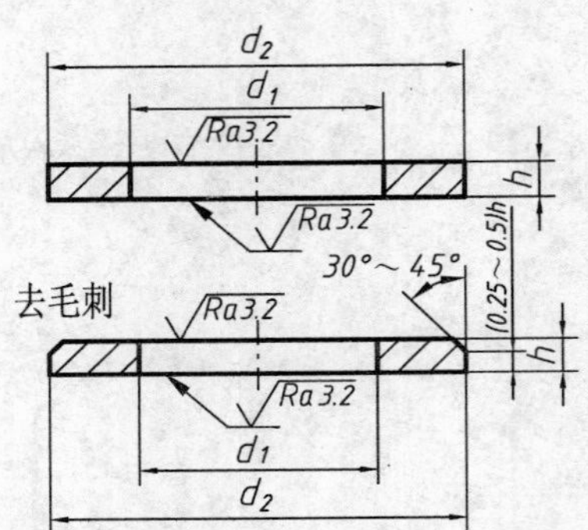

标记示例：
垫圈 GB/T 95 8
(标准系列、公称规格8mm、硬度等级为100HV级、不经表面处理、产品等级为C级的平垫圈)
垫圈 GB/T 97.2 8
(标准系列、公称规格8mm、硬度等级为200HV级、不经表面处理、产品等级为A级、倒角型平垫圈)

公称规格(螺纹大径 d)	标准系列									特大系列			大系列			小系列		
	GB/T 95 (C级)			GB/T 97.1 (A级)			GB/T 97.2 (A级)			GB/T 5287 (C级)			GB/T 96 (A和C级)			GB/T 848 (A级)		
	$d_{1\min}$	$d_{2\max}$	h	$d_{1\min}$	$d_{2\max}$	h	$d_{1\min}$	$d_{2\max}$	h	$d_{1\min}$	$d_{2\max}$	h	$d_{1\min}$	$d_{2\max}$	h	$d_{1\min}$	$d_{2\max}$	h
4	4.5	9	0.8	4.3	9	0.8	—	—	—	—	—	—	4.3	12	1	4.3	8	0.5
5	5.5	10	1	5.3	10	1	5.3	10	1	5.5	18	2	5.3	15	1	5.3	9	1
6	6.6	12	1.6	6.4	12	1.6	6.4	12	1.6	6.6	22		6.4	18	1.6	6.4	11	1.6
8	9	16		8.4	16		8.4	16		9	28	3	8.4	24	2	8.4	15	
10	11	20	2	10.5	20	2	10.5	20	2	11	34		10.5	30	2.5	10.5	18	
12	13.5	24	2.5	13	24	2.5	13	24	2.5	13.5	44	4	13	37	3	13	20	2
14	15.5	28		15	28		15	28		15.5	50		15	44		15	24	2.5
16	17.5	30	3	17	30	3	17	30	3	17.5	56	5	17	50		17	28	
20	22	37		21	37		21	37		22	72	6	21	60	4	21	34	3
24	26	44	4	25	44	4	25	44	4	26	85		25	72	5	25	39	4
30	33	56		31	56		31	56		33	105		33	92	6	31	50	
36	39	66	5	37	66	5	37	66	5	39	125	8	39	110	8	37	60	5
42	45	78	8	45	78	8	45	78	8	—	—	—	45	125	10	—	—	—
48	52	92		52	92	8	52	92	8	—	—	—	52	145		—	—	—

注：1. A级适用于精装配系列，C级适用于中等装配系列。

2. C级垫圈没有 $Ra3.2\mu m$ 和去毛刺的要求。

3. GB/T 848—2002主要用于圆柱头螺钉，其他用于标准的六角螺栓、螺母和螺钉。

附表 12　标准型弹簧垫圈（摘自 GB/T 93—1987）　　（单位：mm）

标记示例：

垫圈　GB/T 93—1987　10

（规格 10、材料为 65Mn、表面氧化的标准型弹簧垫圈）

规格（螺纹大径）	4	5	6	8	10	12	16	20	24	30	36	42	48
$d_{1\min}$	4.1	5.1	6.1	8.1	10.2	12.2	16.2	20.2	24.5	30.5	36.5	42.5	48.5
$S=b_{公称}$	1.1	1.3	1.6	2.1	2.6	3.1	4.1	5	6	7.5	9	10.5	12
$m \leqslant$	0.55	0.65	0.8	1.05	1.3	1.55	2.05	2.5	3	3.75	4.5	5.25	6
$H_{\max}$	2.75	3.25	4	5.25	6.5	7.75	10.25	12.5	15	18.75	22.5	26.25	30

注：m 应大于零。

附表 13　紧固件沉头座尺寸（摘自 GB/T 152.2—1988、GB/T 152.3—1988 GB/T 152.4—1988）　　（单位：mm）

螺栓或螺钉直径 d			4	5	6	8	10	12	14	16	18	20	22	24	27	30	36
通孔直径	精装配		4.3	5.3	6.4	8.4	10.5	13	15	17	19	21	23	25	28	31	37
	中等装配		4.5	5.5	6.6	9	11	13.5	15.5	17.5	20	22	24	26	30	33	39
	粗装配		4.8	5.8	7	10	12	14.5	16.5	18.5	21	24	26	28	32	35	42
用于沉头螺钉	GB/T 152.2—1988	d_2	9.6	10.6	12.8	17.6	20.3	24.4	28.4	32.4		40.4					
		$t\approx$	2.7	2.7	3.3	4.6	5	6	7	8		10					
		α	$90^{\circ}\,{}^{-2^{\circ}}_{-4^{\circ}}$														
用于圆柱头内六角螺钉	GB/T 152.3—1988	d_2	8	10	11	15	18	20	24	26		33	40	40		48	57
		t	4.6	5.7	6.8	9	11	13	15	17.5		21.5		25.5		32	38
		d_3						16	18	20		24		28		36	42
用于开槽圆柱头螺钉	GB/T 152.3—1988	d_2	8	10	11	15	18	20	24	26		33					
		t	3.2	4	4.7	6	7	8	9	10.5		12.5					
		d_3						16	18	20		24					

（续）

	螺栓或螺钉直径 d		4	5	6	8	10	12	14	16	18	20	22	24	27	30	36
用于六角头螺栓带垫圈螺母	GB/T 152.4—1988	d_2	10	11	13	18	22	26	30	33	36	40	43	48	53	61	71
		t	只要能制出与通孔轴线垂直的圆平面即可														
		d_3						16	18	20	22	24	26	28	33	36	42

注：1. 表中的螺栓或螺钉直径 d，即螺纹规格 Md 的公称直径 d。

2. 通孔直径摘自 GB/T 5277—1985。

3. GB/T 152.4—1988 适用于垫圈 GB/T 848—2002、GB/T 97.2—2002、GB/T 97.1—2002。

附表 14　普通平键及键槽各部尺寸（摘自 GB/T 1095—2003）　（单位：mm）

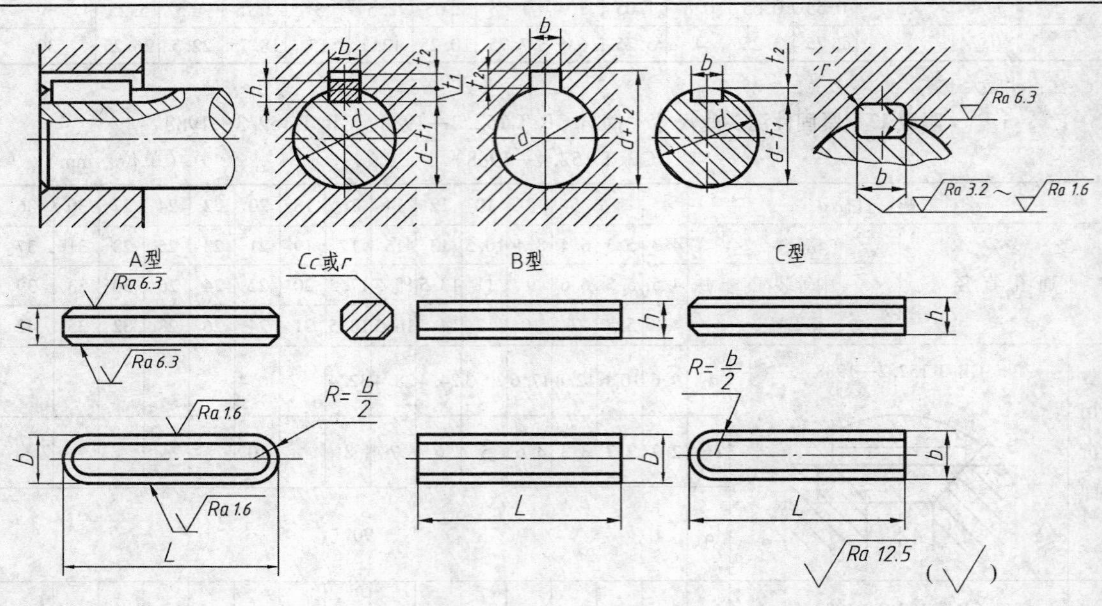

标记示例：

GB/T 1096　键 16×10×100（普通 A 型平键：$b=16$、$h=10$、$L=100$）

GB/T 1096　键 B16×10×100（普通 B 型平键：$b=16$、$h=10$、$L=100$）

GB/T 1096　键 C16×10×100（普通 C 型平键：$b=16$、$h=10$、$L=100$）

轴	键		键槽											
公称直径 d	键尺寸 $b\times h$ (h8)	长度 L (h11)	宽度 b						深度				半径 r	
			公称尺寸 b	极限偏差					轴 t_1		毂 t_2			
				松联接		正常联接		紧密联接	基本尺寸	极限偏差	基本尺寸	极限偏差		
				轴 H9	毂 D10	轴 N9	毂 JS9	轴和毂 P9					最大	最小
>10～12	4×4	8～45	4						2.5		1.8		0.08	0.16
>12～17	5×5	10～56	5	+0.030 0	+0.078 +0.030	0 −0.030	±0.015	−0.012 −0.042	3.0	+0.1 0	2.3	+0.1 0	0.16	0.25
>17～22	6×6	14～70	6						3.5		2.8			

（续）

轴	键		键槽											
公称直径 d	键尺寸 $b\times h$ (h8)	长度 L (h11)	宽度 b						深度				半径 r	
			公称尺寸 b	极限偏差					轴 t_1		毂 t_2			
				松联接		正常联接		紧密联接	基本尺寸	极限偏差	基本尺寸	极限偏差		
				轴 H9	毂 D10	轴 N9	毂 JS9	轴和毂 P9					最大	最小
>22～30	8×7	18～90	8	+0.036	+0.098	0	±0.018	−0.015	4.0		3.3		0.16	0.25
>30～38	10×8	22～110	10	0	+0.040	−0.036		−0.051	5.0		3.3			
>38～44	12×8	28～140	12						5.0		3.3			
>44～50	14×9	36～160	14	+0.043	+0.120	0	±0.022	−0.018	5.5		3.8		0.25	0.40
>50～58	16×10	45～180	16	0	+0.050	−0.043		−0.061	6.0	+0.2	4.3	+0.2		
>58～65	18×11	50～200	18						7.0	0	4.4	0		
>65～75	20×12	56～220	20						7.5		4.9			
>75～85	22×14	63～250	22	+0.052	+0.149	0	±0.026	−0.022	9.0		5.4		0.40	0.60
>85～95	25×14	70～280	25	0	+0.065	−0.052		−0.074	9.0		5.4			
>95～110	28×16	80～320	28						10		6.4			

注：1. $(d-t_1)$ 和 $(d+t_2)$ 两个组合尺寸的极限偏差，按相应的 t_1 和 t_2 的极限偏差选取，但 $(d-t_1)$ 极限偏差应取负号（−）。

2. L 系列：6～22（2 进位）、25、28、32、36、40、45、50、56、63、70、80、90、100、110、125、140、160、180、200、220、250、280、320、360、400、450、500。

3. 键 b 的极限偏差为 h9，键 h 的极限偏差为 h11，键长 L 的极限偏差为 h14。

附表 15　圆柱销（不淬硬钢和奥氏体不锈钢）（摘自 GB/T 119.1—2000）（单位：mm）

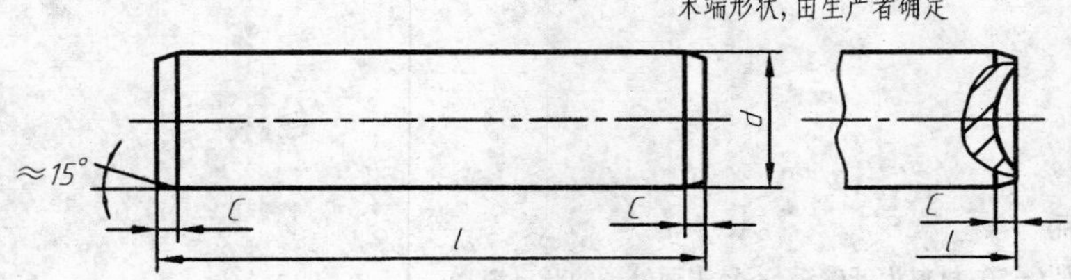

标记示例：

销　GB/T 119.1　6 m6×30

（公称直径 d=6、公差为 m6、公称长度 l=30、材料为钢、不经表面处理的圆柱销）

销　GB/T 119.1　6 m6×30—A1

（公称直径 d=10、公差为 m6、公称长度 l=90、材料为 A1 组奥氏体不锈钢、表面简单处理的圆柱销）

d(公称) m6/h8	2	3	4	5	6	8	10	12	16	20	25
$c\approx$	0.35	0.5	0.63	0.8	1.2	1.6	2	2.5	3	3.5	4
$l_{范围}$	6～20	8～30	8～40	10～50	12～60	14～80	18～95	22～140	26～180	35～200	50～200
$l_{系列(公称)}$	2、3、4、5、6～32（2 进位）、35～100（5 进位）、120～≥200（按 20 递增）										

附表 16　圆锥销（摘自 GB/T 117—2000）　　（单位：mm）

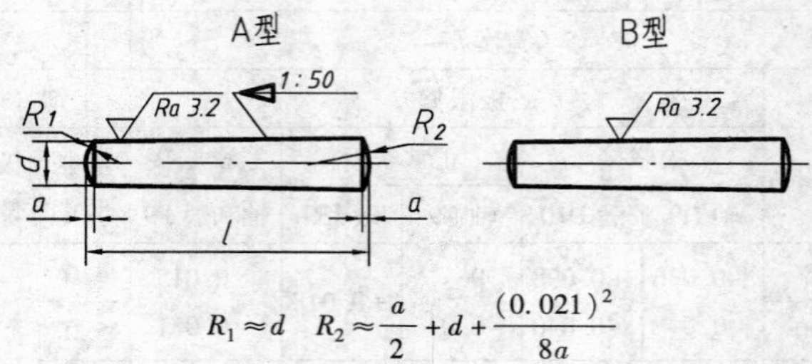

$$R_1 \approx d \quad R_2 \approx \frac{a}{2} + d + \frac{(0.021)^2}{8a}$$

标记示例：

销　GB/T 117　10×60

（公称直径 $d=10$、长度 $l=60$、材料为 35 钢、热处理硬度 28～38HRC、表面氧化处理的 A 型圆锥销）

$d_{公称}$	2	2.5	3	4	5	6	8	10	12	16	20	25
$a\approx$	0.25	0.3	0.4	0.5	0.63	0.8	1.0	1.2	1.6	2.0	2.5	3.0
$l_{范围}$	10～35	10～35	12～45	14～55	18～60	22～90	22～120	26～160	32～180	40～200	45～200	50～200
$l_{系列}$	2、3、4、5、6～32（2 进位）、35～100（5 进位）、120～200（20 进位）											

附表 17　开口销（摘自 GB/T 91—2000）　　（单位：mm）

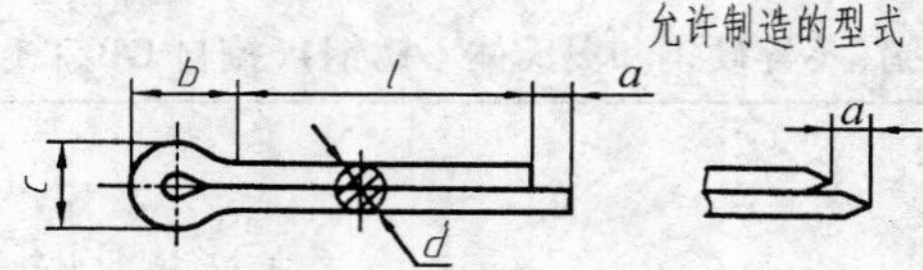

标记示例：

销　GB/T 91　5×50

（公称规格为 5、长度 $l=50$、材料为低碳钢、不经表面处理的开口销）

d	公称	0.8	1	1.2	1.6	2	2.5	3.2	4	5	6.3	8	10	12
	max	0.7	0.9	1	1.4	1.8	2.3	2.9	3.7	4.6	5.9	7.5	9.5	11.4
	min	0.6	0.8	0.9	1.3	1.7	2.1	2.7	3.5	4.4	5.7	7.3	9.3	11.1
c_{max}		1.4	1.8	2	2.8	3.6	4.6	5.8	7.4	9.2	11.8	15	19	24.8
b		2.4	3	3	3.2	4	5	6.4	8	10	12.6	16	20	26
a_{max}		1.6		2.5				3.2	4					6.3
$l_{范围}$		5～16	6～20	8～26	8～32	10～40	12～50	14～65	18～80	22～100	30～120	40～160	45～200	70～200
$l_{系列}$		4、5、6～32（2 进位）、36、40～100（5 进位）、120～200（20 进位）												

注：销孔的公称直径等于 $d_{公称}$，$d_{min}\leqslant$（销的直径）$\leqslant d_{max}$。

附表18 滚 动 轴 承

深沟球轴承
（摘自 GB/T 276—1994）

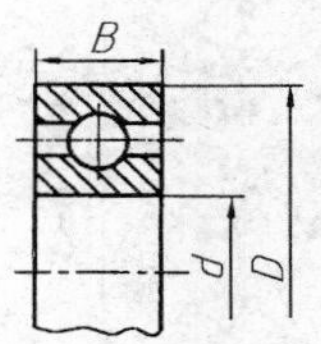

标记示例：

滚动轴承 6310 GB/T 276—1994

轴承型号	尺寸/mm		
	d	D	B
尺寸系列[(0)2]			
6202	15	35	11
6203	17	40	12
6204	20	47	14
6205	25	52	15
6206	30	62	16
6207	35	72	17
6208	40	80	18
6209	45	85	19
6210	50	90	20
6211	55	100	21
6212	60	110	22
尺寸系列[(0)3]			
6302	15	42	13
6303	17	47	14
6304	20	52	15
6305	25	62	17
6306	30	72	19
6307	35	80	21
6308	40	90	23
6309	45	100	25
6310	50	110	27
6311	55	120	29
6312	60	130	31

圆锥滚子轴承
（摘自 GB/T 297—1994）

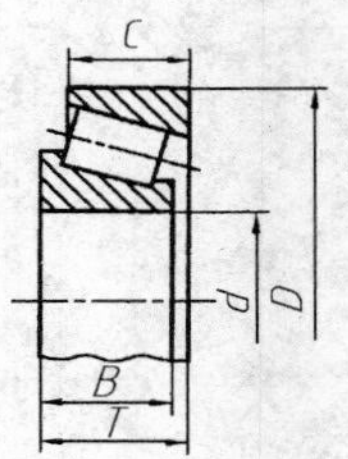

标记示例：

滚动轴承 30212 GB/T 297—1994

轴承型号	尺寸/mm				
	d	D	B	C	T
尺寸系列[02]					
30203	17	40	12	11	13.25
30204	20	47	14	12	15.25
30205	25	52	15	13	16.25
30206	30	62	16	14	17.25
30207	35	72	17	15	18.25
30208	40	80	18	16	19.75
30209	45	85	19	16	20.75
30210	50	90	20	17	21.75
30211	55	100	21	18	22.75
30212	60	110	22	19	23.75
30213	65	120	23	20	24.75
尺寸系列[03]					
30302	15	42	13	11	14.25
30303	17	47	14	12	15.25
30304	20	52	15	13	16.25
30305	25	62	17	15	18.25
30306	30	72	19	16	20.75
30307	35	80	21	18	22.75
30308	40	90	23	20	25.25
30309	45	100	25	22	27.25
30310	50	110	27	23	29.25
30311	55	120	29	25	31.50
30312	60	130	31	26	33.50

推力球轴承
（摘自 GB/T 301—1995）

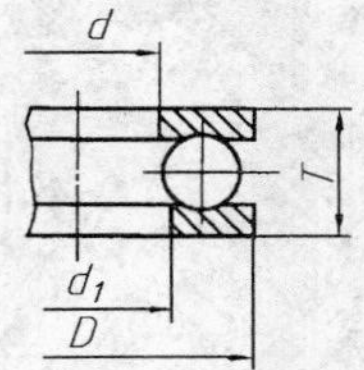

标记示例：

滚动轴承 51305 GB/T 301—1995

轴承型号	尺寸/mm			
	d	D	T	d_1
尺寸系列[12]				
51202	15	32	12	17
51203	17	35	12	19
51204	20	40	14	22
51205	25	47	15	27
51206	30	52	16	32
51207	35	62	18	37
51208	40	68	19	42
51209	45	73	20	47
51210	50	78	22	52
51211	55	90	25	57
51212	60	95	26	62
尺寸系列[13]				
51304	20	47	18	22
51305	25	52	18	27
51306	30	60	21	32
51307	35	68	24	37
51308	40	78	26	42
51309	45	85	28	47
51310	50	95	31	52
51311	55	105	35	57
51312	60	110	35	62
51313	65	115	36	67
51314	70	125	40	72

注：圆括号中的尺寸系列代号在轴承代号中省略。

附表 19 倒角和圆角半径（GB 6403.4—1986） （单位：mm）

型式

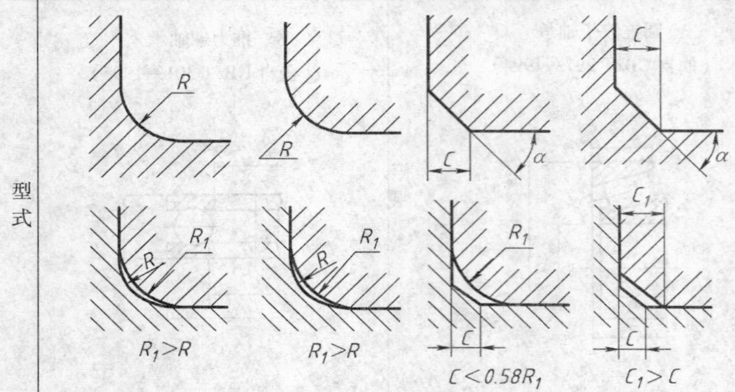

R、C 尺寸系统

0.1、0.2、0.3、0.5、0.6、0.8、1.0、1.2、1.6、2.0、2.5、3.0、4.0、5.0、6.0、8.0、10、12、16、20、25、32、40、50

装配方式

尺寸规定：

1. R_1、C_1 的偏差为正；R、C 的偏差为负
2. 左起第三种装配方式，C 的最大值 C_{max} 与 R_1 的关系如下

R_1	0.1	0.2	0.3	0.4	0.5	0.6	0.8	1.0	1.2	1.6	2.0	2.5	3.0	4.0	5.0	6.0	8.0	10	12	16	20	25
C_{max}	—	0.1	0.1	0.2	0.2	0.3	0.4	0.5	0.6	0.8	1.0	1.2	1.6	2.0	2.5	3.0	4.0	5.0	6.0	8.0	10	12

直径 ϕ 相应的倒角 C 圆角 R 的推荐值

ϕ	≤3	>3~6	>6~10	>10~18	>18~30	>30~50	>50~80	>80~120	>120~180
C 或 R	0.2	0.4	0.6	0.8	1.0	1.6	2.0	2.5	3.0
ϕ	>180~250	>250~320	>320~400	>400~500	>500~630	>630~800	>800~1000	>1000~1250	>1250~1600
C 或 R	4.0	5.0	6.0	8.0	10	12	16	20	25

附表 20 砂轮越程槽（用于回转面及端面）（摘自 GB/T 6403.5—2008） （单位：mm）

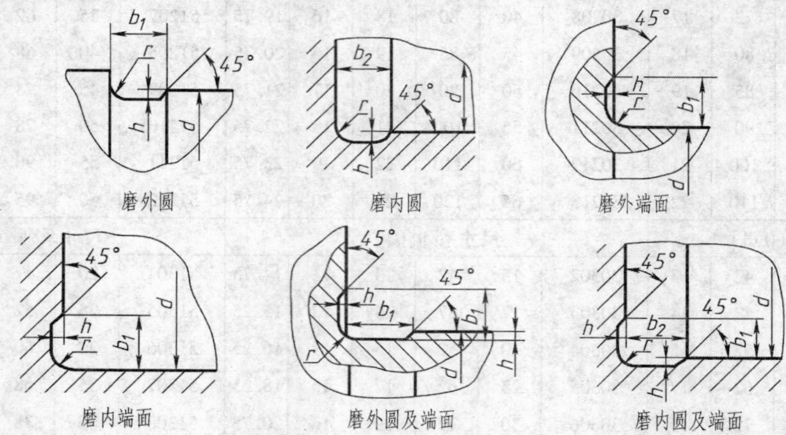

磨外圆　磨内圆　磨外端面

磨内端面　磨外圆及端面　磨内圆及端面

b_1	0.6	1.0	1.6	2.0	3.0	4.0	5.0	8.0	10
b_2	2.0	3.0		4.0		5.0		8.0	10
h	0.1	0.2		0.3	0.4		0.6	0.8	1.2
r	0.2	0.5		0.8	1.0		1.6	2.0	3.0
d	≤10			>10~15		>50~100		>100	

注：1. 越程槽内二直线相交处，不允许产生尖角。

2. 越程槽深度 h 与圆弧半径 r 要满足 $r \leqslant 3h$。

3. 磨削具有数个直径的工件时，可使用同一规格的越程槽。

4. 直径 d 值大的零件，允许选择小规格的砂轮越程槽。

附表 21　标准公差数值（摘自 GB/T 1800.1—2009）

公称尺寸/mm		标准公差等级																	
		IT1	IT2	IT3	IT4	IT5	IT6	IT7	IT8	IT9	IT10	IT11	IT12	IT13	IT14	IT15	IT16	IT17	IT18
大于	至	μm											mm						
—	3	0.8	1.2	2	3	4	6	10	14	25	40	60	0.1	0.14	0.25	0.4	0.6	1	1.4
3	6	1	1.5	2.5	4	5	8	12	18	30	48	75	0.12	0.18	0.3	0.48	0.75	1.2	1.8
6	10	1	1.5	2.5	4	6	9	15	22	36	58	90	0.15	0.22	0.36	0.58	0.9	1.5	2.2
10	18	1.2	2	3	5	8	11	18	27	43	70	110	0.18	0.27	0.43	0.7	1.1	1.8	2.7
18	30	1.5	2.5	4	6	9	13	21	33	52	84	130	0.21	0.33	0.52	0.84	1.3	2.1	3.3
30	50	1.5	2.5	4	7	11	16	25	39	62	100	160	0.25	0.39	0.62	1	1.6	2.5	3.9
50	80	2	3	5	8	13	19	30	46	74	120	190	0.3	0.46	0.74	1.2	1.9	3	4.6
80	120	2.5	4	6	10	15	22	35	54	87	140	220	0.35	0.54	0.87	1.4	2.2	3.5	5.4
120	180	3.5	5	8	12	18	25	40	63	100	160	250	0.4	0.63	1	1.6	2.5	4	6.3
180	250	4.5	7	10	14	20	29	46	72	115	185	290	0.46	0.72	1.15	1.85	2.9	4.6	7.2
250	315	6	8	12	16	23	32	52	81	130	210	320	0.52	0.81	1.3	2.1	3.2	5.2	8.1
315	400	7	9	13	18	25	36	57	89	140	230	360	0.57	0.89	1.4	2.3	3.6	5.7	8.9
400	500	8	10	15	20	27	40	63	97	155	250	400	0.63	0.97	1.55	2.5	4	6.3	9.7
500	630	9	11	16	22	32	44	70	110	175	280	440	0.7	1.1	1.75	2.8	4.4	7	11
630	800	10	13	18	25	36	50	80	125	200	320	500	0.8	1.25	2	3.2	5	8	12.5
800	1000	11	15	21	28	40	56	90	140	230	360	560	0.9	1.4	2.3	3.6	5.6	9	14
1000	1250	13	18	24	33	47	66	105	165	260	420	660	1.05	1.65	2.6	4.2	6.6	10.5	16.5
1250	1600	15	21	29	39	55	78	125	195	310	500	780	1.25	1.95	3.1	5	7.8	12.5	19.5
1600	2000	18	25	35	46	65	92	150	230	370	600	920	1.5	2.3	3.7	6	9.2	15	23
2000	2500	22	30	41	55	78	110	175	280	440	700	1100	1.75	2.8	4.4	7	11	17.5	28
2500	3150	26	36	50	68	96	135	210	330	540	860	1350	2.1	3.3	5.4	8.6	13.5	21	33

注：1. 公称尺寸大于 500mm 的 IT1 ~ IT5 的标准公差数值为试行的。

2. 公称尺寸小于或等于 1mm 时，无 IT14 ~ IT18。

附表 22　轴的基本偏差数值

公称尺寸/mm		基本偏差数值(上极限偏差 es)												基本偏	
		所有标准公差等级												IT5 和 IT6	IT7
大于	至	a	b	c	cd	d	e	ef	f	fg	g	h	js	j	j
—	3	−270	−140	−60	−34	−20	−14	−10	−6	−4	−2	0	偏差 = ± $\frac{IT_n}{2}$，式中 IT_n 是 IT 值数	−2	−4
3	6	−270	−140	−70	−46	−30	−20	−14	−10	−6	−4	0		−2	−4
6	10	−280	−150	−80	−56	−40	−25	−18	−13	−8	−5	0		−2	−5
10	14	−290	−150	−95		−50	−32		−16		−6	0		−3	−6
14	18														
18	24	−300	−160	−110		−65	−40		−20		−7	0		−4	−8
24	30														
30	40	−310	−170	−120		−80	−50		−25		−9	0		−5	−10
40	50	−320	−180	−130											
50	65	−340	−190	−140		−100	−60		−30		−10	0		−7	−12
65	80	−360	−200	−150											
80	100	−380	−220	−170		−120	−72		−36		−12	0		−9	−15
100	120	−410	−240	−180											
120	140	−460	−260	−200		−145	−85		−43		−14	0		−11	−18
140	160	−520	−280	−210											
160	180	−580	−310	−230											
180	200	−660	−340	−240		−170	−100		−50		−15	0		−13	−21
200	225	−740	−380	−260											
225	250	−820	−420	−280											
250	280	−920	−480	−300		−190	−110		−56		−17	0		−16	−26
280	315	−1050	−540	−330											
315	355	−1200	−600	−360		−210	−125		−62		−18	0		−18	−28
355	400	−1350	−680	−400											
400	450	−1500	−760	−440		−230	−135		−68		−20	0		−20	−32
450	500	−1650	−840	−480											

注：公称尺寸小于或等于 1mm 时，基本偏差 a 和 b 均不采用。公差带 js7 ~ js11，若 IT_n 值数是奇数，则取偏差 = ± $\frac{IT_n - 1}{2}$。

（摘自 GB/T 1800.1—2009）　　　　（单位：μm）

差数值（下极限偏差 ei）

IT8	IT4 ~ IT7	≤IT3 >IT7	所有标准公差等级													
	k		m	n	p	r	s	t	u	v	x	y	z	za	zb	zc
−6	0	0	+2	+4	+6	+10	+14		+18		+20		+26	+32	+40	+60
	+1	0	+4	+8	+12	+15	+19		+23		+28		+35	+42	+50	+80
	+1	0	+6	+10	+15	+19	+23		+28		+34		+42	+52	+67	+97
	+1	0	+7	+12	+18	+23	+28		+33		+40		+50	+64	+90	+130
										+39	+45		+60	+77	+108	+150
	+2	0	+8	+15	+22	+28	+35		+41	+47	+54	+63	+73	+98	+136	+188
								+41	+48	+55	+64	+75	+88	+118	+160	+218
	+2	0	+9	+17	+26	+34	+43	+48	+60	+68	+80	+94	+112	+148	+200	+274
								+54	+70	+81	+97	+114	+136	+180	+242	+325
	+2	0	+11	+20	+32	+41	+53	+66	+87	+102	+122	+144	+172	+226	+300	+405
						+43	+59	+75	+102	+120	+146	+174	+210	+274	+360	+480
	+3	0	+13	+23	+37	+51	+71	+91	+124	+146	+178	+214	+258	+335	+445	+585
						+54	+79	+104	+144	+172	+210	+254	+310	+400	+525	+690
	+3	0	+15	+27	+43	+63	+92	+122	+170	+202	+248	+300	+365	+470	+620	+800
						+65	+100	+134	+190	+228	+280	+340	+415	+535	+700	+900
						+68	+108	+146	+210	+252	+310	+380	+465	+600	+780	+1000
	+4	0	+17	+31	+50	+77	+122	+166	+236	+284	+350	+425	+520	+670	+880	+1150
						+80	+130	+180	+258	+310	+385	+470	+575	+740	+960	+1250
						+84	+140	+196	+284	+340	+425	+520	+640	+820	+1050	+1350
	+4	0	+20	+34	+56	+94	+158	+218	+315	+385	+475	+580	+710	+920	+1200	+1550
						+98	+170	+240	+350	+425	+525	+650	+790	+1000	+1300	+1700
	+4	0	+21	+37	+62	+108	+190	+268	+390	+475	+590	+730	+900	+1150	+1500	+1900
						+114	+208	+294	+435	+530	+660	+820	+1000	+1300	+1650	+2100
	+5	0	+23	+40	+68	+126	+232	+330	+490	+595	+740	+920	+1100	+1450	+1850	+2400
						+132	+252	+360	+540	+660	+820	+1000	+1250	+1600	+2100	+2600

附表 23　孔的基本偏差

公称尺寸/mm		基本偏																		
		下极限偏差 EI												上极限						
		所有标准公差等级												IT6	IT7	IT8	≤IT8	>IT8	≤IT8	>IT8
大于	至	A	B	C	CD	D	E	EF	F	FG	G	H	JS	J			K		M	
—	3	+270	+140	+60	+34	+20	+14	+10	+6	+4	+2	0	偏差 = ± $\frac{IT_n}{2}$，式中 IT_n 是 IT 值数	+2	+4	+6	0	0	−2	−2
3	6	+270	+140	+70	+46	+30	+20	+14	+10	+6	+4	0		+5	+6	+10	−1+Δ	—	−4+Δ	−4
6	10	+280	+150	+80	+56	+40	+25	+18	+13	+8	+5	0		+5	+8	+12	−1+Δ	—	−6+Δ	−6
10	14	+290	+150	+95	—	+50	+32	—	+16	—	+6	0		+6	+10	+15	−1+Δ	—	−7+Δ	−7
14	18																			
18	24	+300	+160	+110	—	+65	+40	—	+20	—	+7	0		+8	+12	+20	−2+Δ	—	−8+Δ	−8
24	30																			
30	40	+310	+170	+120	—	+80	+50	—	+25	—	+9	0		+10	+14	+24	−2+Δ	—	−9+Δ	−9
40	50	+320	+180	+130																
50	65	+340	+190	+140	—	+100	+60	—	+30	—	+10	0		+13	+18	+28	−2+Δ	—	−11+Δ	−11
65	80	+360	+200	+150																
80	100	+380	+220	+170	—	+120	+72	—	+36	—	+12	0		+16	+22	+34	−3+Δ	—	−13+Δ	−13
100	120	+410	+240	+180																
120	140	+460	+260	+200	—	+145	+85	—	+43	—	+14	0		+18	+26	+41	−3+Δ	—	−15+Δ	−15
140	160	+520	+280	+210																
160	180	+580	+310	+230																
180	200	+660	+340	+240	—	+170	+100	—	+50	—	+15	0		+22	+30	+47	−4+Δ	—	−17+Δ	−17
200	225	+740	+380	+260																
225	250	+820	+420	+280																
250	280	+920	+480	+300	—	+190	+110	—	+56	—	+17	0		+25	+36	+55	−4+Δ	—	−20+Δ	−20
280	315	+1050	+540	+330																
315	355	+1200	+600	+360	—	+210	+125	—	+62	—	+18	0		+29	+39	+60	−4+Δ	—	−21+Δ	−21
355	400	+1350	+680	+400																
400	450	+1500	+760	+440	—	+230	+135	—	+68	—	+20	0		+33	+43	+66	−5+Δ	—	−23+Δ	−23
450	500	+1650	+840	+480																

注：1. 公称尺寸小于或等于 1mm 时，基本偏差 A 和 B 及大于 IT8 的 N 均不采用。公差带 JS7 至 JS11，若 IT_n 值数是奇数，则取偏差

2. 对小于或等于 IT8 的 K、M、N 和小于或等于 IT7 的 P 至 ZC，所需 Δ 值从表内右侧选取。例如：18 ~ 30mm 段的 K7，Δ = 8μm，特殊情况：250 ~ 315 段的 M6，ES = −9μm（代替 −11μm）。

数值（摘自 GB/T 1800.1—2009） （单位：μm）

差数值

偏差 ES

≤IT8	>IT8	≤IT7	标准公差等级大于 IT7												标准公差等级					
N		P 至 ZC	P	R	S	T	U	V	X	Y	Z	ZA	ZB	ZC	IT3	IT4	IT5	IT6	IT7	IT8
−4	−4		−6	−10	−14	—	−18	—	−20	—	−26	−32	−40	−60	0	0	0	0	0	0
−8 +Δ	0		−12	−15	−19	—	−23	—	−28	—	−35	−42	−50	−80	1	1.5	1	3	4	6
−10 +Δ	0		−15	−19	−23	—	−28	—	−34	—	−42	−52	−67	−97	1	1.5	2	3	6	7
−12 +Δ	0		−18	−23	−28	—	−33	—	−40	—	−50	−64	−90	−130	1	2	3	3	7	9
								−39	−45	—	−60	−77	−108	−150						
−15 +Δ	0		−22	−28	−35		−41	−47	−54	−63	−73	−98	−136	−188	1.5	2	3	4	8	12
						−41	−48	−55	−64	−75	−88	−118	−160	−218						
−17 +Δ	0		−26	−34	−43	−48	−60	−68	−80	−94	−112	−148	−200	−274	1.5	3	4	5	9	14
						−54	−70	−81	−97	−114	−136	−180	−242	−325						
−20 +Δ	0		−32	−41	−53	−66	−87	−102	−122	−144	−172	−226	−300	−405	2	3	5	6	11	16
				−43	−59	−75	−102	−120	−146	−174	−210	−274	−360	−480						
−23 +Δ	0	在大于 IT7 的相应数值上增加一个 Δ 值	−37	−51	−71	−91	−124	−146	−178	−214	−258	−335	−445	−585	2	4	5	7	13	19
				−54	−79	−104	−144	−172	−210	−254	−310	−400	−525	−690						
−27 +Δ	0		−43	−63	−92	−122	−170	−202	−248	−300	−365	−470	−620	−800	3	4	6	7	15	23
				−65	−100	−134	−190	−228	−280	−340	−415	−535	−700	−900						
				−68	−108	−146	−210	−252	−310	−380	−465	−600	−780	−1000						
−31 +Δ	0		−50	−77	−122	−166	−236	−284	−350	−425	−520	−670	−880	−1150	3	4	6	9	17	26
				−80	−130	−180	−258	−310	−385	−470	−575	−740	−960	−1250						
				−84	−140	−196	−284	−340	−425	−520	−640	−820	−1050	−1350						
−34 +Δ	0		−56	−94	−158	−218	−315	−385	−475	−580	−710	−920	−1200	−1550	4	4	7	9	20	29
				−98	−170	−240	−350	−425	−525	−650	−790	−1000	−1300	−1700						
−37 +Δ	0		−62	−108	−190	−268	−390	−475	−590	−730	−900	−1150	−1500	−1900	4	5	7	11	21	32
				−114	−208	−294	−435	−530	−660	−820	−1000	−1300	−1650	−2100						
−40 +Δ	0		−68	−126	−232	−330	−490	−595	−740	−920	−1100	−1450	−1850	−2400	5	5	7	13	23	34
				−132	−252	−360	−540	−660	−820	−1000	−1250	−1600	−2100	−2600						

$= \pm(IT_n-1)/2$。

所以 ES = −2μm + 8μm = +6μm；18 ~ 30mm 段的 S6，Δ = 4μm，所以 ES = −35μm + 4μm = −31μm。

附表 24 常用金属材料

标准	名称	牌号	应用举例		说 明
GB/T 700—2006	普通碳素结构钢	Q215	A级	金属结构件、拉杆、套圈、铆钉、螺栓。短轴、心轴、凸轮（载荷不大的）、垫圈、渗碳零件及焊接件	“Q”为碳素结构钢屈服强度“屈”字的汉语拼音首位字母，后面的数字表示屈服强度的数值。如Q235表示碳素结构钢的屈服强度为235MPa
			B级		
		Q235	A级	金属结构件，心部强度要求不高的渗碳或碳氮共渗零件，吊钩、拉杆、套圈、气缸、齿轮、螺栓、螺母、连杆、轮轴、楔、盖及焊接件	
			B级		
			C级		
			D级		
		Q275	轴、轴销、制动杆、螺母、螺栓、垫圈、连杆、齿轮以及其他强度较高的零件		
GB/T 699—1999	优质碳素结构钢	10	用作拉杆、卡头、垫圈、铆钉及用作焊接零件		牌号的两位数字表示平均碳的质量分数，45号钢即表示碳的质量分数为0.45% 碳的质量分数小于或等于0.25%的碳钢属低碳钢（渗碳钢） 碳的质量分数在（0.25～0.6）%之间的碳钢属中碳钢（调质钢） 碳的质量分数大于0.6%的碳钢属高碳钢 锰的质量分数较高的钢，须加注化学元素符号“Mn”
		15	用于受力不大和韧性较高的零件、渗碳零件及紧固件（如螺栓、螺钉）、法兰盘和化工储存器		
		35	用于制造曲轴、转轴、轴销、杠杆、连杆、螺栓、螺母、垫圈、飞轮（多在正火、调质下使用）		
		45	用作要求综合力学性能高的各种零件，通常经正火或调质处理后使用。用于制造轴、齿轮、齿条、链轮、螺栓、螺母、销钉、键、拉杆等		
		60	用于制造弹簧、弹簧垫圈、凸轮、轧辊等		
		15Mn	制作心部力学性能要求较高且须渗碳的零件		
		65Mn	用作要求耐磨性高的圆盘、衬板、齿轮、花键轴、弹簧等		
GB/T 3077—1999	合金结构钢	20Mn2	用作渗碳小齿轮、小轴、活塞销、柴油机套筒、气门推杆、缸套等		钢中加入一定量的合金元素，提高了钢的力学性能和耐磨性，也提高了钢的淬透性，保证金属在较大截面上获得高的力学性能
		15Cr	用于要求心部韧性较高的渗碳零件，如船舶主机用螺栓、活塞销、凸轮、凸轮轴、汽轮机套环、机车小零件等		
		40Cr	用于受变载、中速、中载、强烈磨损而无很大冲击的重要零件，如重要的齿轮、轴、曲轴、连杆、螺栓、螺母等		
		35SiMn	耐磨、耐疲劳性均佳，适用于小型轴类、齿轮及430°C以下的重要紧固件等		
		20CrMnTi	工艺性特优，强度、韧性均高，可用于承受高速、中等或重负荷以及冲击、磨损等的重要零件，如渗碳齿轮、凸轮等		
GB/T 11352—2009	铸钢	ZG230-450	轧机机架、铁道车辆摇枕、侧梁、铁砧台、机座、箱体、锤轮、450°C以下的管路附件等		“ZG”为铸钢汉语拼音的首位字母，后面的数字表示屈服强度和抗拉强度。如ZG230-450表示屈服强度为230MPa、抗拉强度为450MPa
		ZG310-570	适用于各种形状的零件，如联轴器、齿轮、气缸、轴、机架、齿圈等		

（续）

标准	名称	牌号	应用举例	说　明
GB/T 9439—2010	灰铸铁	HT150	用于小负荷和对耐磨性无特殊要求的零件，如端盖、外罩、手轮、一般机床的底座、床身及其复杂零件、滑台、工作台和低压管件等	"HT"为"灰铁"的汉语拼音的首位字母，后面的数字表示抗拉强度。如HT200表示抗拉强度为200MPa的灰铸铁
		HT200	用于中等负荷和对耐磨性有一定要求的零件，如机床床身、立柱、飞轮、气缸、泵体、轴承座、活塞、齿轮箱、阀体等	
		HT250	用于中等负荷和对耐磨性有一定要求的零件，如阀壳、油缸、气缸、联轴器、机体、齿轮、齿轮箱外壳、飞轮、液压泵和滑阀的壳体等	
GB/T 1176—1987	5-5-5锡青铜	ZCuSn5Pb5Zn5	耐磨性和耐蚀性均好，易加工，铸造性和气密性较好。用于较高负荷、中等滑动速度下工作的耐磨、耐蚀零件，如轴瓦、衬套、缸套、活塞、离合器、蜗轮等	"Z"为铸造汉语拼音的首位字母，各化学元素后面的数字表示该元素含量的百分数，如ZCuAl10Fe3表示含： $w_{Al}=8.1\%\sim11\%$ $w_{Fe}=2\%\sim4\%$ 其余为Cu的铸造铝青铜
	10-3铝青铜	ZCuAl10Fe3	力学性能高、耐磨性、耐蚀性、抗氧化性好，可以焊接，不易钎焊，大型铸件自700°C空冷可防止变脆。可用于制造强度高、耐磨、耐蚀的零件，如蜗轮、轴承，衬套、管嘴、耐热管配件等	
	25-6-3-3铝黄铜	ZCuZn25Al6Fe3Mn3	有很高的力学性能，铸造性良好，耐蚀性较好，有应力腐蚀开裂倾向，可以焊接。适用于高强耐磨零件，如桥梁支承板、螺母、螺杆、耐磨板、滑块、蜗轮等	
	58-2-2锰黄铜	ZCuZn38Mn2Pb2	有较高的力学性能和耐蚀性，耐磨性较好，切削性良好。可用于一般用途的构件，船舶仪表等使用的外形简单的铸件，如套筒、衬套、轴瓦、滑块等	
GB/T 1173—1995	铸造铝合金	ZAlSi12	用于制造形状复杂，负荷小、耐蚀的薄壁零件和工作温度小于或等于200°C的高气密性零件	$w_{Si}=10\%\sim13\%$的铝硅合金
GB/T 3190—2008	硬铝	2Al2	焊接性能好，适于制作高载荷的零件及构件（不包括冲压件和锻件）	2Al2表示$w_{Cu}=3.8\%\sim4.9\%$、$w_{Mg}=1.2\%\sim1.8\%$、$w_{Mn}=0.3\%\sim0.9\%$的硬铝
	工业纯铝	1060	塑性、耐蚀性好，焊接性好，强度低。适于制作储存槽、热交换器、防污染及深冷设备等	1060表示杂质的质量分数小于或等于0.4%的工业纯铝

参 考 文 献

[1] 侯洪生．机械工程图学［M］．3 版．北京：科学出版社，2012．

[2] 巩琦，赵建国，何文平，等．工程制图［M］．2 版．北京：高等教育出版社，2012．

[3] 周鹏祥，何文平．工程制图［M］．3 版．北京：高等教育出版社，2008．

[4] 续丹．3D 机械制图［M］．北京：机械工业出版社，2002．

[5] 何铭新，钱可强，徐祖茂．机械制图［M］．6 版．高等教育出版社，2010．

[6] 大连理工大学工程图学教研室．机械制图［M］．6 版．北京：高等教育出版社，2007．

[7] 陈于萍．互换性与测量技术［M］．北京：高等教育出版社，2000．

[8] 黄云清．公差配合与技术测量［M］．北京：机械工业出版社，2000．

[9] 忻良昌．公差配合与测量技术［M］．北京：机械工业出版社，1989．